中国城市科学研究系列报告
Serial Reports of China Urban Studies

中国绿色建筑2024
China Green Building 2024

中国城市科学研究会　主编
China Society for Urban Studies（Ed.）

中国建筑工业出版社
CHINA ARCHITECTURE & BUILDING PRESS

图书在版编目（CIP）数据

中国绿色建筑. 2024 = China Green Building 2024 / 中国城市科学研究会主编. -- 北京：中国建筑工业出版社, 2025. 5. -- (中国城市科学研究系列报告).
ISBN 978-7-112-31108-8

Ⅰ.TU18

中国国家版本馆CIP数据核字第2025JN3945号

本书是中国城市科学研究会绿色建筑与节能专业委员会组织编撰的第17本绿色建筑年度发展报告，旨在全面系统总结我国绿色建筑的研究成果与实践经验，指导我国绿色建筑的规划、设计、建设、评价、使用及维护，在更大范围内推广绿色建筑理念、推动绿色建筑的发展与实践。本书共设置7个篇章——综合前沿篇、标准规范篇、科研项目篇、技术交流篇、地方经验篇、典型案例篇和附录篇，力求展现我国绿色建筑在2023—2024年度的发展全景。

本书可供从事绿色建筑领域技术研究、开发和规划、设计、施工、运营管理等专业人员、政府管理部门工作人员及大专院校师生参考使用。

责任编辑：杨　允　刘婷婷　冯天任
责任校对：张惠雯

中国城市科学研究系列报告
Serial Reports of China Urban Studies
中国绿色建筑 2024
China Green Building 2024
中国城市科学研究会　主编
China Society for Urban Studies (Ed.)

*

中国建筑工业出版社出版、发行（北京海淀三里河路9号）
各地新华书店、建筑书店经销
国排高科（北京）人工智能科技有限公司制版
天津画中画印刷有限公司印刷

*

开本：787毫米×1092毫米　1/16　印张：27¼　字数：549千字
2025年5月第一版　2025年5月第一次印刷
定价：89.00元
ISBN 978-7-112-31108-8
（44825）

版权所有　翻印必究
如有内容及印装质量问题，请与本社读者服务中心联系
电话：（010）58337283　　QQ：2885381756
（地址：北京海淀三里河路9号中国建筑工业出版社604室　邮政编码：100037）

《中国绿色建筑 2024》编委会

编委会主任：仇保兴

副 主 任：赖　明　江　亿　刘加平[1]　王建国　孟建民　吴志强
　　　　　刘加平[2]　王有为　王清勤　李百战　薛　峰　李久林
　　　　　修　龙　沈立东　毛志兵　叶　青　夏　冰　尹　稚
　　　　　高伟俊

编委会成员：（以姓氏笔画为序）

丁　勇　于　兵　马恩成　王　帅　王　珂　王　昭
王小燕　王广国　王云新　王向昱　王建廷　戈　亮
牛　博　邓建军　石铁矛　叶长青　白　羽　吕萌萌
朱爱萍　朱惠英　朱颖心　刘　京　刘　寅　刘少瑜
刘月莉　刘永刚　严汝洲　李　冲　李　荣　李　炯
李　绥　李　群　李山虎　李丛笑　李博佳　李珺杰
杨　柳　杨玉忠　杨永胜　杨旭东　杨海军　何庆丰
狄彦强　邹　瑜　沈正昊　宋晔皓　张　凯　张　赟
张佐双　张顺宝　张晋勋　张智栋　张遂生　张鹏举
陈　晨　林　奕　林波荣　卓重贤　罗　剑　金　虹
金　淮　金光辉　周　迎　周　荃　周　敏　周海珠
孟　冲　项炳泉　赵　力　赵士永　赵旭东　郝　斌
胡继华　胡翀赫　姜　波　秦学森　袁　扬　袁　静
袁闪闪　贾　珍　夏昶华　徐　伟　徐　峰　高　波
郭晓明　陶昌军　黄晨光　崔明华　盖甲子　盖轶静
剪爱森　梁章旋　葛　坚　韩庆华　傅治国　焦　燕
路　宾　廖江陵　潘　黎　潘正成　魏　刚

学术顾问：张锦秋　褚君浩　吴硕贤　侯立安　周绪红　缪昌文
　　　　　崔　愷　肖绪文　聂建国　陈湘生　岳清瑞　吕西林

编写组长：王有为　王清勤

副 组 长：李丛笑　孟　冲　姜　波　朱爱萍　戈　亮

成　　员：盖轶静　张　森　李大鹏　祁乾龙　王　果　陈乐端
　　　　　石　磊　王　潇　杨冰雅　叶蒙宇　王亚男

1. 刘加平：西安建筑科技大学；2. 刘加平：东南大学材料科学与工程学院

前　言

2023—2024年是全面落实"十四五"建筑节能与绿色建筑发展规划，推动行业高质量发展的攻坚阶段。在此期间，"四好"建设理念持续深化，以"安全、舒适、绿色、智慧"为核心的"好房子、好小区、好社区、好城区"理念加快推广落地；标准体系不断完善，绿色建筑评价标准、既有建筑绿色改造评价标准等重点标准启动修订；技术创新动能强劲，人工智能等前沿技术的突破性发展为行业转型升级注入新活力。

为了全面系统总结我国绿色建筑的研究成果与实践经验，指导我国绿色建筑全生命周期的建设、运维与回收，在更大范围内推广绿色建筑理念、推动行业发展，中国城市科学研究会绿色建筑与节能专业委员会组织了绿色建筑年度发展报告编写。本书是系列报告的第17本，展现了我国绿色建筑在2023—2024年度的发展全景。本书共设置7个篇章——综合前沿篇、标准规范篇、科研项目篇、技术交流篇、地方经验篇、典型案例篇和附录篇。

第一篇是综合前沿篇，从行业视角介绍和分析了当前的新动向、新思路和新举措。阐述了关于我国老旧小区自主更新、零碳热力系统转型路径、极端气候区超低能耗建筑和冬运会体育场馆建造关键技术、雄安新区绿色建筑城市典范建设体系、亚太、英国等地区低碳建筑发展等内容的思考。

第二篇是标准规范篇，选取年度具有代表性的3个国家标准、1个地方标准、4个团体标准，分别从标准编制背景、编制工作、主要技术内容和主要特点等方面，对绿色建筑领域的最新标准编制进展进行介绍。

第三篇是科研项目篇，通过介绍7项代表性科研项目，反映了"十四五"期间绿色建筑技术进步与展望。以期通过多方面的探讨与交流，共同提高绿色建筑的新理念、新技术，为构建宜居、韧性、智慧、低碳的人居环境提供系统性解决方案。

第四篇是技术交流篇，本篇内容是由中国城市科学研究会绿色建筑与节能专业委员会各专业学组共同编制完成，旨在为读者揭示绿色建筑相关技术与发展趋势，推动我国绿色建筑发展。

第五篇是地方经验篇，主要介绍了北京、上海、深圳、浙江、江苏、重庆、湖北、安徽、山东、香港等地区开展的绿色建筑相关工作情况，包括发展绿色建筑的政策法规，主要经验和做法，发展计划和建议等内容。

第六篇是典型案例篇，本篇从2023—2024年的新国标绿色建筑、绿色生态城区、碳中和建筑、宁静住宅项目中，遴选了6个代表性案例，分别从项目背景、主要技术措施、实施效果、社会经济效益等方面进行介绍。

附录篇介绍了绿色建筑定义和标准体系、中国城市科学研究会绿色建筑与节能专业委员会、中国城市科学研究会绿色建筑研究中心，并对2023—2024年度中国绿色建筑的研究、实践和重要活动进行总结，以大事记的方式进行了展示。

本书可供从事绿色建筑领域技术研究、规划、设计、施工、运营管理等专业技术人员、政府管理部门、大专院校师生参考。

本书是中国城市科学研究会绿色建筑与节能专业委员会专家团队和绿色建筑地方机构、专业学组的专家共同辛勤劳动的成果。虽在编写过程中多次修改，但由于编写周期短、任务重，文稿中不足之处恳请广大读者朋友批评指正。

本书编委会
2025年3月18日

目 录

前 言

第一篇　综合前沿篇 ···1

1　老旧小区自主更新和绿色低碳策略（仇保兴）·······························3
2　我国碳中和情境下的热力系统（江亿）··6
3　极端气候区超低能耗建筑关键技术与应用（刘加平，王怡，杨柳，等）······20
4　装配式建筑的发展、现状及未来（孟建民，曾凡博，唐大为，等）··········25
5　绿色低碳建筑工程材料发展趋势（刘加平，于诚，李贞）···················35
6　绿色建筑：碳中和与可持续发展技术的现状及展望
　（赵旭东，崔钰，刘皓文，等）··45
7　如何把老旧小区改成群众所盼的"好社区、好房子"（薛峰）··············61
8　冬季运动会体育场馆绿色建造技术（李久林，武丙龙，王建林，等）········68
9　雄安新区绿色建筑城市典范建设体系研究及应用
　（王清勤，李冲，李劲遐，等）··74
10　全球建筑环境的系统性转型：从共识到行动（盖甲子）······················79
11　亚太地区低碳建筑技术发展趋势与日本实践研究
　（高伟俊，王田，赵秦枫，等）··87
12　英国和欧盟应对气候变化的建筑节能减碳政策和路径
　（李百战，杜晨秋，李仲哲，等）··97
13　德国可持续建筑委员会（DGNB）近年发展介绍（张凯）···················105

第二篇 标准规范篇 111

1 《既有建筑绿色改造评价标准》GB/T 51141—2015 修订
（王清勤，朱荣鑫，赵力，等）113

2 《建筑幕墙保温性能检测方法》GB/T 29043—2023
（刘月莉，袁涛，惠振豪）120

3 《基于项目的温室气体减排量评估技术规范 太阳能热利用》
GB/T 44818—2024（李博佳，张昕宇，边萌萌，等）127

4 《绿色建筑工程验收标准》DB64/T 1910—2023
（狄彦强，李小娜，李颜颐，等）133

5 《好小区技术导则》T/CECS 1801—2024、《好社区技术导则》
T/CECS 1802—2024（王帅，王清勤，孟冲，等）137

6 《健康超低能耗建筑技术标准》T/ASC 48—2024
（陈晨，李晓萍，张成昱）144

7 《零碳乡村评价标准》T/CECS 1700—2024（周海珠，张帅）149

8 《智能适老型居住建筑技术标准》T/ASC 47—2024
（周迎，刘晖，黄艳红）153

第三篇 科研项目篇 161

1 宜居城市环境品质提升关键技术研究与应用（潘黎，郝洛西，张改景）163

2 城市系统韧性功能提升关键技术研究与应用（韩庆华，芦燕）168

3 低碳生态乡村社区建造关键技术研发与应用示范（焦燕，张蔚，杨瑛）172

4 全龄友好完整社区建设及居家适老化环境提升关键技术研究与应用
（赵力，周立宁，裴钰）177

5 光储直柔建筑直流配电系统关键技术研究与应用
（郝斌，陆元元，陈家杨）181

6 室内健康环境营造材料关键技术与应用（孟冲，许瑛，梁金生，等）186

— 7 —

7 高效智能围护结构研发及应用（杨玉忠，孙立新，姜召彩，等）……………190

第四篇　技术交流篇……………………………………………………………195

1 人工智能技术促进建筑行业节能减碳的机遇与挑战（林波荣）……………197

2 建筑运维节能的行业 AI 算法研究：智能优化与模型创新

　（牛博，尤蕊）……………………………………………………………………206

3 全面接入 DeepSeek 全系列 AI 大模型重塑数字城市建造与运营变革发展

　（胡翀赫，江相君，乐欣，等）………………………………………………216

4 零碳工业园区解决方案及实践（袁闪闪）……………………………………223

5 氢能零碳综合应用在北方城市的探索与实践（周敏，李文涛）……………229

6 绿色低碳建材在绿色建筑中的探索与发展（王小燕，叶武平，黄靖）……237

7 建筑企业碳排放核算创新实践：以中建集团为例

　（李丛笑，薛世伟，张爱民，等）……………………………………………243

第五篇　地方经验篇……………………………………………………………251

1 北京市绿色建筑高质量发展（白羽）…………………………………………253

2 上海市立法引航，多措并举，推动绿色建筑高质量发展

　（上海市绿色建筑协会）………………………………………………………259

3 深圳市绿色建筑协会工作经验——培育人才队伍　助力行业发展

　（王向昱，谢容容，高洁丹）…………………………………………………266

4 浙江省绿色生态城区推动城乡建设绿色化发展

　（林奕，梁利霞，徐盛儿，等）………………………………………………271

5 江苏省绿色品质提升　专项试点先行

　（刘永刚，季柳金，夏永芳，等）……………………………………………280

6 重庆市完善标准体系建设，助推城乡建设绿色发展（丁勇，胡文端）……287

7 湖北省立法保障绿色低碳发展，勾勒城乡建设"鲜明底色"

　（罗剑，丁云，秦慧，等）……………………………………………………295

8 安徽省政策标准齐发力，助推绿色建筑高质量发展

（叶长青，刘洋洋，梁倩）……………………………………………… 300

9 山东省城乡建设绿色低碳发展（王昭，王衍争，郭培）……………… 304

10 香港特区从绿色迈向碳中和的经验分享（张智栋）…………………… 312

第六篇 典型案例篇………………………………………………………………… 319

1 长三角一体化绿色科技示范楼零能耗项目（贾珍，张勇伟，傅纵，等）…… 321

2 无锡市广益绿色创新中心（沈正昊，虞静雯，邱佳乐，等）………… 328

3 中建壹品学府公馆高标准商品住宅（吕萌萌，胡秋丽，陈春辉，等）…… 335

4 绍兴鉴水科技城窑湾江总部集聚区绿色生态城区

（李炯，方雨航，王高锋，等）………………………………………… 342

5 中建科创大厦近零能耗项目（黄晨光，周子璐，陈凯，等）………… 349

6 潍坊中海大观天下五期宁静住宅项目（魏刚，张瑞华，金阳，等）…… 356

附录篇……………………………………………………………………………… 363

附录1 绿色建筑定义和标准体系 ………………………………………… 365

附录2 中国城市科学研究会绿色建筑与节能专业委员会简介 ………… 367

附录3 中国城市科学研究会绿色建筑研究中心简介 …………………… 378

附录4 中国绿色建筑大事记（2023—2024）……………………………… 381

英文对照参考信息…………………………………………………………………… 405

第一篇 综合前沿篇

2024年3月，国家发展改革委、住房城乡建设部联合发布《加快推动建筑领域节能降碳工作方案》，提出到2027年，建成一批绿色低碳高品质建筑。2024年12月，住房城乡建设部等3部门联合发布《关于进一步扩大政府采购支持绿色建材促进建筑品质提升政策实施范围的通知》提出，将绿色建筑和绿色建材纳入政府采购工程项目的强制性标准，推动绿色建材产业链发展。2025年1月生态环境部等11部门联合印发《美丽城市建设实施方案》，要求提升新建建筑中星级绿色建筑比例。

本篇收录来自多位权威专家对关键技术、转型路径及经验总结的最新研究。国际欧亚科学院院士、住房城乡建设部原副部长仇保兴撰文，探讨老旧小区自主更新的重要性、模式以及绿色低碳策略。中国工程院院士江亿撰文，聚焦热泵、余热共享和跨季节储热技术，对我国零碳热力系统转型路径进行分析。中国工程院院士刘加平撰文，对极端气候区（如南海岛礁和青藏高原）开发超低能耗建筑的关键技术与应用进行探讨，还对绿色低碳建材的主要技术途径与存在问题进行了分析。英国皇家工程院院士、欧洲科学院院士、国际能源领域终身成就奖得主赵旭东撰文，探讨了绿色建筑在碳中和与可持续发展中的技术现状及未来展望。国家卓越工程师、中国中建设计研究院有限公司总建筑师薛峰撰文，指出老旧小区改造需统筹政策机制与技术支撑，通过创新模式与共同缔造实现可持续更新。国家卓越工程师、北京城建集团有限责任公司总工程师李久林撰文，探讨冬季运动会体育场馆的绿色建造技术，重点介绍北京冬奥会和哈尔滨亚冬会场馆的绿色建造实践。中国城市科学研究会首席技术官、中国建筑科学研究院有限公司原副总经理、"新世纪百千万人才工程国家级人选"王清勤撰文，探讨雄安新区绿色建筑城市典范建设体系的研究与应用。世界绿色建筑委员会亚太地区总负责人盖甲子撰文，探讨了全球建筑行业在应对气候变化和资源消耗挑战中的转型与责任。日本工程院院士高伟俊撰文探讨了亚太地区低碳建筑技术的发展趋势，重点分析了日本在零能耗建筑（ZEB）和智能建筑管理系统（BEMS）等领域的实践经验。重庆大学教授李百战介绍了英国和欧盟在应对气候变化背景下采取的建筑节能减碳政策和技术路径。德国可持续建筑委员会（DGNB）首席执行官、中国事务高级助理张凯先生撰文介绍了德国可持续建筑委员会近年来的发展及其新建建筑认证体系2023版的更新。

  绿色建筑营造健康宜居环境，低碳设计降低能源消耗成本。期盼读者能够通过本篇内容，更好地理解行业发展趋势。

1 老旧小区自主更新和绿色低碳策略
1 Self-Renewal of Old Communities and Green Low-Carbon Strategies

1.1 自主更新的重要性

从政府包办更新到自主更新，是一个非常巨大的转折。改革开放40多年来，部分地方政府仍没有转型，依然停留在传统的政府包办分房模式，更为严重的是形成了一种不思改革的利益集团思维。与之不同的是市场经济比较活跃的浙江省近期推出了一系列自主更新项目，共计12个，杭州市的浙工新村社区便是其中一个典型案例。

危房解危是浙工新村社区居民自发改造的初衷，更关键的在于他们认为该房产重建后具有升值潜力，因而有进行改造的初始积极性。社区548户居民自筹资金，政府则适当提供空间资源。其中有非常细腻的考虑，政府主要关注对区域总体容积率的平衡和减少对周边社区的影响，且总开发套数不增加以免扰乱市场供需关系，政府规定每户人家原则上最多扩面积20m^2，由居民自主选择是否扩面积。为减轻居民临时搬迁和租房过渡的负担，政府补助了3000万元。该项目改造后，小区地上的总建筑面积增加到了5.7万m^2，地下停车库也得到了全面扩建，地下停车位物权由平台公司持有并以低于市场价20%～30%的价格出售给社区居民。

为什么500多户居民坚持不懈向政府提出要自主更新？因为马路对面新楼盘价格是4万元/m^2，而他们的房屋老旧、配套设施不全、无电梯，房价从2021年4万元/m^2下降至2.6万～2.7万元/m^2，项目实施后业主旧房换新房，获取收益按周边毛坯新房限价4.55万元/m^2。这样一来，扣除成本，等于改造后居民每平方米赚了1万～2万元。现在的居民对房产更新后的价值有清晰的认识，如果当地房价低于5000元/m^2，则自主更新的积极性不大。

启动城市老旧小区自主更新非常重要，不仅可以大幅度增加投资，而且与房地产关联家电、装修、建材等行业都可以通过更新去提振。浙江出台的《关于稳步推进城镇老旧小区自主更新试点工作的指导意见（试行）》强调自主更新的重要性与必要性，与过去的政府包办模式截然不同，老旧小区从设计院到建筑公司的选取，都是由居民自行选择决定。

如何促进自主更新自发产生？我们可以参考杭州过去的实践经验。每年都进行最差和最美小区的评选活动，并通过政府组织最差小区的居民到最美的小区参观，在感受到居住环境的巨大差异后，专家再讲解经济效益。居民很会算账，50%住户签字就可以启动自主更新程序，正式动工需100%同意。居民全过程监管，更新质量效益有保障，房主自发监督设计、施工、安装很重要，没有的叫作"三无建筑"。而浙工新村居民自主更新除了派代表监督以外，同时聘请专家全过程监督，以确保项目的顺利进行和质量可靠。

1.2 自主更新的模式

自主更新可以分为三种模式。

第一种模式是原拆原建，不涉及楼层、面积、朝向，产权关系稳定；除了增加地下停车库以外，不涉及容积率的变化；直接推动了住房升级换代；对于独幢楼可推进自主更新，化整为零；规划建设审批程序快捷，不存在重新分配难题；每幢风格独具特色，增加社区美感和适宜性。例如北京西城区桦皮厂胡同是首批以"原拆原建"模式进行更新改造的试点项目，北京市政府垫付资金进行拆建，耗费了不少的力气。

第二种模式是原拆原建基础上优化提升，每户适当增加面积，需独立换算分摊；因层高改变，一般将多层建筑转变为小高层；该模式优点是可单幢启动，协同成本也可控；但是规划审批需征求相邻楼栋业主意见。

第三种模式是整体拆除、重新设计，整体协调难度更大。楼层、面积、朝向、邻里关系需重新分布；可供选择的设计方案增加；但是协调任务重、中途修改调整可能性上升；审批程序复杂，周期也比较长；再加上容积率改变，再分配需要较大力度的精力投入。

杭州浙工新村试点实际上是难度最大的第三种模式，每户面积适当增加后，要就新的户型设计和选择进行协调。浙工新村模式还涉及产权界定和入市交易问题，社区处于核心地段，但改造后入市交易具有明显升值潜力。政府承诺拆建更新后保留原有划拨和出让性质，扩面部分和原产权保持一致，原划拨性质的房改房、单位产权既可保留原性质，也可缴纳土地出让金后入市交易。这一系列探索也需要从顶层设计到地方立法的配套支持。

1.3 自主更新的绿色低碳激励政策

自主更新跟政府建房存在显著差异，自主更新虽然在质量监督、设计方面都表现较好，但是政府建房有一个很好的前置条件，就是打造绿色低碳建筑，比如三星、两星、一星绿色建筑标准的实施，都是由政府前置条件决定的。相较之下，自主更新过程中，居民往往不会主动考虑绿色低碳，除非向他们明确绿色低碳对个人、家庭的具体益处。国家政策已经明确，到 2025 年，城镇新建建筑需全面执行绿色建筑标准，改造以后也必须达到绿色低碳标准；2027 年超低能耗建筑要实现规模化发展。欧盟更是通过法律规定到 2030 年所有新建建筑实现零排放，形成了倒逼。

我们工作重点应放在怎样激励居民在自主更新过程中落实国家的绿色低碳目标，以下为建议的有效方法。

（1）按星级补贴。一星绿色建筑为基准，达到运行二星标准的，每平方米补贴 100 元。（2）安装太阳能屋顶。自发自用按每度 0.3～0.4 元补贴，或业主委员会将全部屋顶出租给新能源公司，不仅不增加住宅更新造价，业主还可以增加收益。（3）雨水收集和中水回用，按实际节约量补贴，加节约用水费。（4）立体园林建筑的推广，按照每平方米 200 元补贴，或者对种花种菜的阳台不计入容积率，从而增加房屋改造后的可使用面积。（5）厨余垃圾就地循环利用，与立体绿化配套，按每吨减排量 200～300 元补贴，实现厨余垃圾就地循环利用。（6）北方地区供热计量改造，其他地区推行热泵，按照每平方米 50 元补贴并结合每户实际节能量给予绿色积分，可充分调动居民节能行为积极性，预计将成为最大的建筑节能项。（7）屋顶太阳能、风能结合电动车双向充放电，按峰谷电价差 1∶5 计算收益，并建立电力物业。（8）对平急两用设施设立达标补贴，平急两用设施用房减半市政配套等费用，或由政府平台公司收购后再租赁，增加在疫情时可转变为临时发热门诊点的邻里中心。

1.4 小　　结

（1）自主更新的优势明显。总体成本低，地方财政开支可以节省 70% 的资金，同时居民全程参与质量监控有保障；项目可以逐幢优选设计方案，多样性丰富，有利于打造美丽宜居小区环境。

（2）建立绿色低碳激励性规制，可进一步调动广大市民参与自主改造的积极性，可众筹创新方案，落实建筑绿色低碳可持续发展方案。

（3）每个城市都可以选择容易启动的小区并结合政策动员，打造自主更新改造样板。

（4）城市更新示范城市可用中央财政支持推动自主更新，建议省财政补贴自主更新省级示范城市，迎接第二、三批中央示范城市扩容布局。

（5）鉴于一般房主通常不会关注绿色低碳等长远目标，每个自主更新项目都需要有经培训的责任设计师，协同建筑节能、可再生能源、给水排水等方面的专家共同完成。

（6）建议建立省级自主更新绿色低碳发展专项奖励，并适当放宽拆建标准，每年评奖推动此项工作，力争 2035 年前新改项目全部实现零碳排放。

作者：仇保兴（国际欧亚科学院院士　住房和城乡建设部原副部长）

2 我国碳中和情境下的热力系统
2 Thermal Systems in the Context of Carbon Neutrality in China

2.1 引　言

为建筑供暖和工业生产提供热能（例如循环热水或蒸汽）是电力、燃料和热力三大能源供给系统的重要组成部分，也是保障人民生活和工业生产正常运行的基础。目前，热力系统的热源中，除少部分来自空气源、水源和土壤源热泵外，90%以上依赖化石燃料的直接或间接燃烧。按照能源革命目标和中央"双碳"目标，基于化石燃料燃烧的热能制备方式难以持续。如何获得足够的零碳热能以满足民生和工业生产需求，是"双碳"目标中的一项重要任务。为满足不断提高的生活水平和制造业持续发展的需求，未来热能需求仍将不断增长。热能需求的增加与碳排放持续降低之间的矛盾，唯有通过全面创新和系统规划才能解决。同时，应在"十五五"期间确定零碳热源的技术路线，制定全面规划并做好各项技术准备，从而在2030年进入碳排放逐年下降阶段后，逐步实施热源转型计划，实现热力系统由化石燃料向零碳能源转型。本文首先分析未来需求与热能来源，根据不同用热需求提出各类零碳供热方案；其次深入探讨实现零碳供热所需的关键技术；最后在确保生产和生活热能供应不受影响的前提下，规划热力系统由现有基于化石燃料的体系向零碳体系逐步转化的时间表和路线图。

2.2 热力需求总量和来源

我国目前工业和建筑用热量及其制备方式以及未来需要的热力类型和数量如表1所示。

我国工业和建筑用热量情况　　　　　表1

		目前		未来	
		年用热量	制备方式	年需热量	用热特点
工业生产用热	>1MPa 蒸汽	88亿GJ	燃煤燃气锅炉自产和热电联产（CHP）	60亿GJ	全年稳定

续表

		目前		未来	
		年用热量	制备方式	年需热量	用热特点
工业生产用热	≤1MPa 蒸汽和热水	117亿GJ	燃煤燃气锅炉自产和CHP	76亿GJ	全年稳定
建筑供暖用热	北方城市建筑供暖	56亿GJ	CHP、燃煤燃气锅炉、热泵	54亿GJ	集中冬季
	农村建筑供暖	10亿GJ	燃煤、燃气、电热	12亿GJ	集中冬季
	南方城市建筑供暖	10亿GJ	燃气、热泵	18亿GJ	集中冬季
建筑其他用热	生活热水	10亿GJ	燃气、电热	15亿GJ	全年稳定
	特殊建筑用蒸汽	5亿GJ	燃气	5亿GJ	全年稳定
总计		296亿GJ		240亿GJ	

据表1，我国目前每年建筑运行和工业生产所需热能约296亿GJ，其碳排放约占全国能源相关碳排放总量的四分之一。未来，随着制造业的发展和人民生活水平的提高，对热能的需求将降至每年240亿GJ。如何在碳中和要求下制备这些热能，是能源转型亟待解决的重大问题。

实现电力零碳化后，虽然可通过电热方式零碳制备热能，但制备240亿GJ热能需要约7万亿 $kW·h$ 电力，这超过未来除供热外电力总需求的50%，使全国未来电力需求由目前估算的16万亿 $kW·h$ 提高至20.5万亿 $kW·h$。考虑到未来风能和太阳能发电对空间、储能、调节资源以及投资的要求，提供如此规模的电力不仅需解决风光电占用巨大空间的问题，还要应对供热电力的季节性平衡。其中，新增5万亿 $kW·h$ 电力中，3.5万亿 $kW·h$ 用于工业用热和生活热水，属全年均衡需求；1.5万亿 $kW·h$ 用于建筑供暖，主要集中在冬季。3.5万亿 $kW·h$ 全年均衡用电约需风光电装机容量25亿 kW 及100亿 $kW·h$ 储能（含逆变及其他费用），投资约15万亿~20万亿元；而1.5万亿 $kW·h$ 冬季集中用电若仍由风光电提供，由于北方高纬度地区冬季日照时数较低，约需60亿 kW 装机容量及150亿 $kW·h$ 储能，投资超过40万亿元，同时导致其他季节大量弃风弃光。部分保留火电供热，由于燃料至电能转换效率不足40%，不如直接燃烧燃料供热。因此，电直接制热不宜作为未来热能制备方式。

电力高效制备热能仅可通过热泵技术实现，即利用电力驱动压缩机从低温热源提取热能，并将其提升至所需温度。热泵的性能系数（COP）一般在2~8，即每消耗1份电力可从低温热源提升1~7份较低温度热能，从而产生2~8份满足要求的热能。COP的高低取决于低温热源温度与目标高温之间的温差。

我国是全球热泵制造和应用的领先国家，也是热泵技术的重要强国。近二十年来，我国主要发展了空气源热泵（从空气中取热）、水源热泵（利用污水处理厂的中水、海水和江水取热）和地源热泵（通过地下换热器从土壤和岩石中取热），广泛应用于建筑供暖、生活热水制备和部分工业用热。尽管国家出台了多项鼓励和补贴政策，并具备成熟技术，但我国北方城市供暖中热泵的应用率仍不足 10%。原因在于，从自然界（除中水外的空气、土壤或湖水）提取低温热能的方式，其取热强度存在上限。每一万平方米地表面积的取热强度不宜超过 1MW，否则可能引发生态环境或地下空间利用问题。北方建筑供暖热负荷约为 $30W/m^2$，而 $1MW/万\ m^2$ 的上限要求园区容积率低于 3，仅能满足低密度别墅型园区的需求。我国城市多为高密度建筑群，园区容积率普遍在 3~8，难以全面采用热泵从周边自然环境提取热能。此外，大部分工业用热需求集中且密集，如一台 14MW 锅炉需要约 14 万 m^2 的覆盖面积，实际场合难以满足这一空间条件。

表 1 中，农村建筑冬季供暖、南方建筑冬季供暖、建筑生活热水制备以及特殊建筑用蒸汽（如医院、洗衣房等）均属低密度用热，满足 $1MW/万\ m^2$ 的要求，因此应大力推广各类热泵技术以解决此类需求。根据表 1，这部分用热总计约 50 亿 GJ，若全部采用电动热泵（COP 可达 3 以上），则全年耗电约 0.5 万亿 $kW·h$。这可大幅替代燃气小锅炉、部分燃煤锅炉以及电热锅炉。

对于饱和压力低于 1MPa 的工业用热，部分场合可利用周边 30~100℃排放的余热资源。大多数工业过程中投入系统的能量，最终均以低温热能形式通过冷却塔、烟气或高温固体（如炉渣）散失。由于这些余热排放强度高且温度高于自然环境，其回收后成为热泵低温热源的理想选择，从而实现工业热能循环利用。电力与热能进入生产过程，经低温排出后，通过专用采集装置回收，再利用热泵提升温度后返回生产。当前，我国在工农业干燥过程中已采用自循环热泵技术替代传统加热方式，不仅实现了干燥过程的精准控制和产品质量提升，还获得了显著的节能效果。从印刷品到污泥干燥、从烤烟到粮食干燥，均已广泛采用该技术，实现了以电代替燃料的烘干。化工、食品制药、生物及轻纺等产业中，热能循环利用同样具有广阔推广前景。经热泵技术循环利用，约可解决低于 1MPa 饱和压力工业用热需求的 1/4。

其余 3/4 低于 1MPa 饱和压力的工业用热，由于排热分散且用热强度大，不适合直接回收周边自然热能；北方城市高密度建筑群冬季供暖亦难以从周边获取足够低温热能。两类热需求合计约 110 亿 GJ，若采用热泵制热，则必须解决低温热能来源问题。实际上，我国存在大量可回收的低温及中温热能，包括：

（1）核电余热：核反应堆发热中不足 40%转化为电力，其余 60%以上以低品位热能排放至邻近海水，造成热污染。未来核电产量达 1.5 万亿 $kW·h$，全年均衡排放热能约 70 亿 GJ，其中北方 25 亿 GJ，南方 45 亿 GJ。

（2）调峰火电余热：为产生 1.5 万亿 $kW·h$ 电力，需 7 亿 kW 调峰火电，其余热通过冷却塔或空冷岛排放，共约 70 亿 GJ，其中冬季 45 亿 GJ、夏季 25 亿 GJ，约半数在北方排放。

（3）垃圾焚烧余热：未来城市垃圾全部焚烧发电，约70%的热能经余热锅炉和冷却塔排放；全年处理垃圾约 5 亿 t，对应排放热能约 15 亿 GJ。

（4）中水余热：年处理量达 700 亿 t，通过热泵降温 5℃，可回收热能约 18 亿 GJ。

（5）冶金业余热：每万吨粗钢生产过程中可回收余热约 4 万 GJ；未来钢产量下调至 5 亿～6 亿 t，全年可回收约 20 亿 GJ。

（6）有色金属产业：可回收热能约 5 亿 GJ。

（7）化工产业余热：除循环利用满足生产热需求外，还可回收余热约 3 亿 GJ。

（8）数据中心余热：未来各类数据中心耗电量约 0.3 万亿 kW·h，全部转为热能排放，约 10 亿 GJ，采用液冷后排热温度可达 50℃以上。

上述余热年总排放高达约 200 亿 GJ，超过城市供暖及工业生产用热需求（110 亿 GJ）。然而，回收利用面临以下问题：

（1）热源与用热地点匹配问题

建筑供暖主要集中在北方大城市，而工业用热分布于各制造业基地，且热源多来自电厂、冶金及有色金属企业。当热源、用热点距离过远或热量规模较小时，输送成本高、热损失大。研究表明，循环热水输热的经济距离与输热温差、管径成正比，与热量功率的平方根成正比。经过二十年技术攻关，我国已实现输送温差由 50℃提升至接近 100℃，最大输热管径由 1m 增至 1.6m，使得一套管线输热功率达 2000MW，100km 输送热损失不超 5%，单位输热成本低于 20 元/GJ。但随着热量规模减小，经济输送距离亦迅速缩短，因此需对各热源与用热点进行匹配分析。研究显示，上述 200 亿 GJ 余热中，可利用比例约为 70%；其余部分因规模或距离原因难以利用。只要将可利用的 140 亿 GJ 余热回收率达到 80%，再加上驱动热泵的电能，即可基本满足建筑供暖与工业用热需求。

（2）产热与用热时间匹配问题

工业用热基本全年均衡，而建筑供暖集中于冬季，且初末寒期用热强度仅为严寒期的一半。前述余热中，除调峰火电余热约2/3集中于冬季外，其余余热均衡产出。分析表明，冬季四个月可用余热约 60 亿～65 亿 GJ，仍不足以满足冬季供暖及工业用热 80 亿 GJ 的需求；在供暖最严寒期，可用余热功率仅约 4 亿 kW，远低于最高 9 亿 kW 需求。只有通过跨季节储能，将春夏秋余热储存于冬季释放，方能满足需求。

（3）余热参数不一致问题

各类余热资源的热参数差异较大，统一系统内跨季节储存时会产生巨大能耗损失。为此，需要采用"热量变换器"，将各余热转换为统一参数后汇集，同时满足不同用热需求的参数要求。类似于电力系统中的变压器，热量变换器实现了不同热源向统一系统的汇聚，并向各用热点提供适宜热能。我国率先提出"热量变换器"概念,已完成装备研发并实现大规模推广,目前年产值超过 20 亿元,已在建筑供暖和工业用热中得到应用。

结合上述三点,余热热量共享系统(图 1)在解决前述三方面问题的基础上,给出未来建筑供暖与工业用热的零碳提供方式。

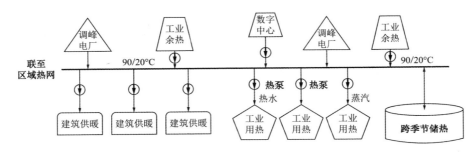

图 1 余热共享系统的结构

上述余热共享系统用于为工业生产提供饱和压力低于 1 MPa 的蒸汽以及循环水形式的热能。蒸汽制备采用热泵从输热管网中提取热能并提升其品位,随后通过闪蒸和蒸汽压缩机加压,达到所要求的压力和温度。当输热管网以循环热水形式提供 100/20℃ 热能时,按照图 2 的流程制备 0.6 MPa 蒸汽,其系统综合 COP 可达 2.0,即蒸汽所获得的能量中,一半来源于电力,另一半来源于输热管网提供的热能。若认为电力来自 40% 效率的火电厂,而热能源自火电排放的冷端余热,则该方式的能源消耗略高于直接抽取并输送热电厂高压蒸汽的方式;但高压蒸汽长距离输送效率低、损耗大,而上述方式适合大规模长距离输送。当电力来源于零碳光伏和风电,且热能来自原本排放的废热时,该方式能耗仅为电锅炉制备蒸汽方式的一半,因而在零碳电力背景下具有明显优势。同时,蒸汽制备设施可分散设置于用汽点,热能释放后的冷凝水易于回收再利用。相比之下,长途管道输送蒸汽的系统中,有效回收凝水的成功案例极为稀少。此外,对于用汽量波动较大的工业用户,长距离输送时难以根据终端需求及时调整热源,易造成热能浪费;而分散制汽可根据实际需求调整,节约蒸汽量超过 20%。

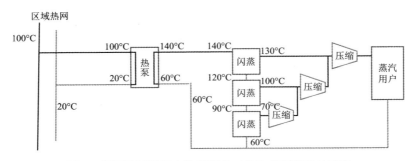

图 2 利用热网循环水热量制备工业生产用蒸汽的流程

对于压力在 1MPa 以上的蒸汽需求，该方式的 COP 不超过 1.5，并随输出压力升高而进一步降低。此时，蒸汽制备设备通过投资折旧获得的节电效益较低，因此采用电锅炉直接制备，或在大规模需求时采用高温气冷堆直接利用核能制备高压蒸汽，可能更为适宜。

综上，表 2 汇总了零碳情境下各类热能需求的零碳制备方案、需求规模及电力消耗情况，其中电力消耗不仅包括热泵耗电，还涵盖供热系统输送过程中风机和水泵的耗电。数据表明，通过热泵和余热共享系统，利用自然热能及人类活动产生的余热，通过电力制备工业生产和建筑运行所需热能，总电耗为 2.5 万亿 kW·h，仅为全电热方式电耗的 36%。

我国未来各类热量需求和零碳制备方案 表 2

		供热方式	需热量	耗电量
工业生产用热	高于 1MPa 的蒸汽	高温气冷堆/电锅炉	60 亿 GJ	采用核能制备
	不超过 1MPa 的蒸汽	余热共享系统加终端蒸汽制备	76 亿 GJ	1 万亿 kW·h
民用建筑用热	生活热水制备	分散的电动热泵	14.2 亿 GJ	0.13 万亿 kW·h
	特殊建筑用蒸汽	分散的电动热泵	1.15 亿 GJ	0.1 万亿 kW·h
	南方城市建筑供暖	分散的电动热泵	21 亿 GJ	0.2 万亿 kW·h
	农村建筑供暖	分散的电动热泵	12 亿 GJ	0.11 万亿 kW·h
	北方城市分散供暖	分散的电动热泵	5 亿 GJ	0.5 万亿 kW·h
	北方城市集中供暖	余热共享系统	54 亿 GJ	0.46 万亿 kW·h
合计			243.4 亿 GJ	2.5 万亿 kW·h

2.3 大规模跨季节储热

上述余热共享系统的重要支撑是大规模跨季节储能设施。该设施既可将春、夏、秋季排放的余热储存于冬季使用，解决余热资源在不同季节间产出与需求的不平衡问题，同时大幅缓解建筑冬季供热系统初寒末寒与严寒期负荷的差异，降低区域供热系统所需的最大功率。通过跨季节储热设施，可有效回收利用非供暖季节排放的宝贵零碳热能资源，缓解零碳能源情境下热源不足的困境，构成零碳能源系统的重要支撑。

近十多年来，国内外不断探索适合大规模跨季节储热的方法，包括利用相变材料、土壤和岩石（地埋管储热）以及地下水（深井回灌储热）作为储热介质。经过理论分析和工程实践，跨季节储热方式最终聚焦于置换式储热水库技术。该技术通过从顶部注入热水置换出深度超过 15m 处的冷水，实现蓄热；反之，从底部注入冷水置换顶部热水，实现取热。蓄热水库全年水位保持不变，库内冷热水界面随储热量变化而上下移动，顶部设有保温密封顶盖。分析表明，只要水库尺寸足够大且顶盖保温密封效果良好，其跨季节储热热损失可低于15%。通过技术措施可有效减少冷热水交界处的混合耗散，确保所储热能维持温度品位，混合耗散率低于10%。该技术在北欧已有数十个工程实例，我国亦有三个以上实验性工程，其性能符合预期。

若库中冷热水温度分别为20℃和90℃，每立方米库容可储存约0.3 GJ热能。不含土地占用费，建设规模在10万m^3以上的大型储热库投资约为150～600元/m^3，即储热设施投资约500～2000元/GJ。在以燃煤制热时，当标准煤价格为1000元/tce，热能的燃料成本约为40元/GJ，即使热能来源成本为零，储热设施的静态回收期也在12～50年，经济性不佳。但与燃气（热能成本85元/GJ，相当于燃气价格3元/m^3）相比，最短静态回收期可降至6年，具有一定经济性。此外，跨季节储热可使热源与用热需求仅需满足全年的总量平衡，而无须满足跨季节功率平衡。对于建筑供热，冬季最冷日热负荷超过冬季平均负荷两倍以上；有了跨季节储热，热源侧最大功率仅为无储热设施时的1/3（例如：原54亿GJ热能、最大负荷90亿kW，有储热设施时为54亿GJ、热源负荷34亿kW），从而大幅降低热源建设投资。我国建筑供暖热源侧平均投资约为60元/m^2（包括电厂热电联产改造、电厂至城市的输热管网及隔压换热站、调峰锅炉或水源热泵投资）；有了跨季节储能后，热源投资可降至约25元/m^2；若供暖总热能的37%来源于跨季节储能，单位供暖面积平均增加储能投资110元/m^2，经节省热源投资后，实际增加投资仅约75元/m^2。

我国冬季热能缺口约20亿GJ，若全部依靠跨季节储热，则全国（主要集中于北方供暖区）需70亿m^3储热水库库容。若水库深度为20m，考虑梯形断面及周边围挡构筑物，占地约100万亩。且储热设施须靠近用热端，建于城市内或近郊，故土地资源成为实现跨季节储热的主要难题。此类土地利用旨在保障城市供暖与提高冬季建筑供热可靠性，属基础设施建设范畴，因而应出台相应政策免征土地使用费，鼓励开发建设。

在零碳情境下，若不采用跨季节储能，则20亿GJ缺口热能只能即时制备，且难以通过热泵从自然环境中提取，故只能依赖风电、光电直接制热。考虑到需求集中于北方冬季4个月内，风光电在该期间满负荷平均发电时间不超过300h，则需装机18.5亿kW的风光电，至少增加6万亿元的投资，并需约100亿m^2（约0.15亿亩）安装空间。相比之下，70亿m^3储热水库的投资不超过2万亿元且占地仅约666.7km^2，显然跨季节储热方式更具经济性且供给保障性更高。

我国现有各类水库9.8万座，总库容9320亿m^3，占地面积3.6万km^2。相比之下，70亿m^3蓄热水库仅占现有水库总库容的不足1%，占地面积不足现有水库的 2%，而可节省的投资超过每年 GDP 的 3%，因此应予以重视并积极发展。

归纳上述分析，可得以下结论：

（1）我国全年可利用余热约 140 亿 GJ，超过建筑供暖及工业生产所需的 110 亿 GJ，但冬季 4 个月仅有余热 60 亿 GJ，低于冬季需求的 80 亿 GJ，需通过跨季节储热储存夏秋 20 亿 GJ 热能以供冬季使用。

（2）综合经济性和储热性能，大规模热水水库为最适宜的储热方式，总需求为 70 亿 m^3 库容，占地约 100 万亩，分别占现有水库总库容及占地面积的不足 1% 与 2%。

（3）建设 70 亿 m^3 跨季节储热水库总投资约 2 万亿元，可回收利用夏秋余热 20 亿 GJ；否则，用风电、光电制热需增加 6 万亿元以上的投资；同时，跨季节储能可使供暖热源建设费用降至无储能设施时的三分之一，从而减少约 7000 亿元的供暖热源建设费用（该部分投资多已发生，不能全部抵扣 2 万亿元投资）。

（4）跨季节储热设施只要储存足够热能，并确保储热池至供暖终端管网运行正常，即可保障一定时段内的供热需求，显著提高供热保障率，降低对热源及一次输热管线可靠性的要求。若储热设施能满足严寒期十天供热需求，则在十天内完成热源及管网故障抢修，不致影响供热效果。

与基于化石燃料的碳基能源系统不同，零碳能源系统中，无论电力还是热力均非来自可控电源或热源（如发电厂或锅炉），而是源自自然界的阳光、风力或人类活动排放，因而必然存在供需时空不匹配的问题。解决这一时间不匹配问题，可能是零碳能源系统面临的最艰巨挑战。如前所述，零碳电力系统的关键在于寻求低成本、高效率的储能方式。

表 3 列示了当前各类直接和间接储能方式，由此可见，储热设施的初期投资远低于各种直接或间接储电设施。热水库储热的初期投资不足抽水蓄能最低储电容量成本的 1%，因此，各类储电方式仅适用于一天以内的储能，其循环次数每年超过 300 次；而热水库储热可作为跨季节储能设施，即使每年仅进行一次储能，其经济性亦不容忽视。

各类储能设施的初投资成本比较 表 3

项目	储能方式	设施投资		储能效率	折合为等效电的初投资 [元/(kW·he)]
		容量投资 [元/(kW·h)]	功率投资（元/kW）		
电到电	化学储能	400	150	0.85	550
	抽水蓄能	100	7000	0.7	800
	空气压缩	500	6000	0.65	1000
	熔岩储热	—	8000	0.85	1000

续表

项目	储能方式	设施投资		储能效率	折合为等效电的初投资 [元/(kW·h)]
		容量投资 [元/(kW·h)]	功率投资 (元/kW)		
电到燃料	制氢储氢	200	12000	0.6	—
热到热	热水库储热	3	0.2	0.85	30
间接储电	跨季节储冰	9	4000	0.50	15

注：1. 热和电之间的折算按照 COP = 10，也就是储存 10kW·h 的热量等于储存 1kW·h 电力，热水库投资按照 300 元/m³ 计算；
2. 储冰浆库按照 500 元/m³ 计算，冰浆最大含冰量按照 60% 计算；
3. 部分数据来自 DeepSeek。

既然储热设施的初期投资较低，就应尽可能以储热替代储电，以解决电力跨季节储存的问题。未来全面实现电气化后，预计超过 20% 的电力将用于制热和制冷。若在电力富余季节直接利用电力制备热能和冷能，供给电力不足季节的需求，即可用储热、储冷替代储电，实现电力的跨季节转移，从而构成"热电协同"的模式。

2.4 工业蒸汽制备过程的热电协同

工业用蒸汽需求在全年各季节基本均衡。采用电动热泵和蒸汽压缩机从 100/20℃ 循环热水中提取热量制备蒸汽，其 COP 约为 2。全年 76 亿 GJ 的蒸汽需求约需 1 万亿 kW·h 电力，占各类热能制备电力消耗的 40%。在用汽终端附近的蒸汽制备设施中安装储热罐，可使 80% 以上的电力转化为柔性负荷，依据风电和光电输出变化调整用电量，从而协助电力系统进行小时级供需调节。

带储能罐的蒸汽制备装置原理如图 3 所示。该装置从全天持续运行的余热共享系统中不断获取热量，热水由储热水箱 A 顶部注入，置换出水箱底部的冷水后冷水返回输热管网。热泵组负责将储热水箱 A 中的低温热水提升至所需高温，并存储于储热水箱 B 中。储热水箱 B 中的热水流入闪蒸器生成低压蒸汽，经蒸汽压缩机压缩至所需压力，以满足工业生产需求。返回的冷凝水与闪蒸器排出的凝水混合后，回流至储热水箱 B 底部。

按照图 3 所示参数运行，每制备 1t 0.3 MPa 的蒸汽，热泵组耗电 245 kW·h，蒸汽压缩机耗电 105 kW·h，总耗电 350 kW·h，系统 COP 为 2。

如果每天有三分之一的时间风电和光电供应充足，则仅在这段时间运行热泵组，热泵功率为 840kW，对应于全天平均每小时生产 1t 蒸汽的能力；若全天持续需要蒸汽，则蒸汽压缩机应持续运行，功率为每吨蒸汽 105kW。在风电和光电大量供应时，热泵组和蒸汽压缩机的总功率为每吨蒸汽 945kW，用电峰谷差为 9 倍。

以一天为周期,与全天持续用电 350kW 的功率相比,可持续提供每小时 1t 蒸汽的系统在生产蒸汽的同时,相当于提供了 4MW·h 的储电能力。若 76 亿 GJ 的工业用蒸汽全部采用这种柔性用电方式利用低品位余热制备,则相当于每小时生产 30 万 t 蒸汽,可提供的等效日内储能容量为 120 万 MW·h,即 12 亿 kW·h,约为全国日内电力储能调峰需求的 6%,相当于投资 1.2 万亿元建设的储能电池。

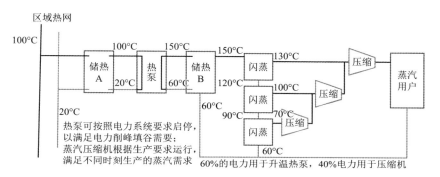

图 3　带储能罐的蒸汽制备装置原理

这种利用低品位余热和电力制备蒸汽的设备初始投资约为每小时每吨蒸汽 200 万元,静态回收期为 10 年,则每吨蒸汽分摊设备折旧为 25 元。采用分时电价 [峰电 0.80 元/(kW·h),谷电 0.3 元/(kW·h)],每吨蒸汽电费为 150 元,支付低品位热量的热费 40 元(30 元/GJ),总的蒸汽成本为 215 元/t,低于天然气蒸汽锅炉 240 元/t 的成本,工业界可以接受。与燃煤锅炉长途输送蒸汽的方式相比,当燃煤价格为每吨标准煤 1000 元,尽管蒸汽的燃料成本为 100 元/t,但长途输送蒸汽导致约 30% 的损失,冷凝水不能回收导致每吨 20 元的损失,至用汽终端的综合成本为 180～200 元/t。热泵制备方式成本增加不多。

2.5　燃煤调峰电厂的热电协同

燃煤调峰电厂未来主要在冬季和夏季运行,以满足这两个季节的电力短缺需求。在运行期间,还需应对日夜电负荷及风光电波动带来的显著差异,在保证总供电量的同时,承担小时尺度的峰谷差调节任务。燃煤火电的锅炉受热惯性影响,短时间内的热调节范围通常为 30%～100%。此外,未来配备的 CCUS 装置在烟气流量大幅波动时,其能效也将降低。因此,可通过储热方式使锅炉热量维持在 40%～100% 范围,而电力输出则可在 0～100% 范围内快速调节,即实现火电厂的"热电协同"。

在电厂内部设置低品位余热的短期储热罐,储存 20～35℃ 的水。当发电机组需要满功率运行时,储存发电排放的 35℃ 左右的低品位余热及通过喷淋方式回收的排烟余热。而当电力输出需求降至最低时，可将锅炉燃烧量降至 40%，同时最大程度抽取低压缸蒸汽，使发电机组功率降至 28%以下。此时，利用抽取的低压蒸汽回收并提升排烟余热及冷端余热，同时利用发电机输出的电力驱动电动热泵，将储热罐中 35℃的水降至 20℃，提取的热量用于加热跨季节储热罐中 20℃的冷水至 95℃，再返回储热罐。

对于两台 60 万 kW 燃煤机组，该模式可实现输出功率在 0~100%范围内快速调节，并确保机组全时段热效率达到 100%。当机组满负荷运行 16h、零负荷运行 8h，全天平均发电效率可达 30%。该模式已在济南某电厂开始实施。

2.6 沿海余热资源作为海水淡化热源的水热联产、水热同送

我国北方沿海地区是全球人均淡水资源最匮乏的区域之一，山东胶东半岛和河北省均属于严重缺水地区。目前，这些地区超过一半的生活和生产用水依赖南水北调和引黄工程的远程调水。然而，这些地区临近大海，借鉴中东、新加坡等地区的经验，海水淡化应成为获取生产和生活用水的重要途径。当前，海水淡化尚未广泛应用的主要原因在于，低能耗的膜法淡化难以满足生活用水水质要求，而热法淡化虽能提供高质量淡水，却因高能耗难以推广。

北方沿海地区核电设施密集，同时也是冶金、化工产业的集中区域。我国低品位余热总量中，约 30%来源于沿海距离海岸线 30km 以内的区域。回收这些余热资源，利用热法海水淡化生产高质量热淡水，实现"水热联产"；再通过管道将热淡水输送至淡水与热量需求城市，实现"水热同送"；最终通过换热方式将热量与常温淡水分离，实现"水热分离"，可在高效、低成本利用余热的同时，解决供热与供水问题。

热法海水淡化过程中，绝大部分热量保留在热淡水中，并可在终端得到有效利用。因此，这种方式可将传统高能耗的热法制水转化为接近"零能耗"的制水模式。常规热法海水淡化追求单位热量制取最大淡水量，因此需尽可能降低换热温差并增大换热面积，导致投资成本较高。而热淡水制备的单位热量制水量固定，无需增加换热面积，从而降低了海水淡化装置的投资成本。此外，"水热同送"可利用单根管道同时输送热量与淡水，功能等同于两条输热管道和一条输水管道，输送成本降低约 50%。在大规模输热、输水条件下，热量的经济输送距离可由 100km 提升至 150~200km。

2020 年，山东海阳核电建成首条实验性系统，成功示范"水热同产""水热同送""水热分离"技术，运行良好。目前，该系统正在扩建跨季节储热设施，以实现全年稳定生产供应淡水，同时将输送的热量储存于跨季节储热水库，用于冬季供热。

在山东、河北及京津地区，依托海阳、石岛湾、龙口、莱阳、海兴五处核电站（装机规模约 0.4 亿 kW），以及曹妃甸、日照、塘沽等地的工业余热，通过"水热同产""水热同送"模式，可满足该区域的供水和供热需求。整个工程年供热量可达 15 亿 GJ，年供淡水 50 亿 t，足以满足 30 亿 m² 建筑的冬季供暖、5 亿 t 工业用蒸汽及 2500 万人口的生活和生产用水需求。其年供淡水量超过南水北调中线工程年调水量的 50%。

2.7 零碳热力系统建设的时间表

热力系统是支撑工业生产和建筑运行的关键能源供给系统。为实现热能利用的零碳化转型，必须坚持"先立后破"原则，在确保供给、满足需求的前提下，逐步推进各类用热需求的零碳化改造。

在低密度热需求领域，未来将主要通过热泵提取自然界空气、水和土壤中的热量，以替代燃煤、燃气及电热锅炉。该改造工作可结合现有设施的使用年限及电力供给状况的改善，在未来 20~30 年内逐步实施。新建建筑应直接采用分散式热泵系统满足各类热需求，不再新建燃煤或燃气锅炉。由于热泵主要从空气和土壤中提取低品位热量，因此应采用分散式布局，避免集中式方案。当前，热泵供热在生活热水制备、农村及南方城市建筑供暖、部分建筑蒸汽制备等领域的应用比例不足 20%。全面推进热泵替代燃煤、燃气锅炉是一项重大工程，并有望带动每年 0.5 万亿元以上的热泵市场规模增长。

工业生产用热改造同样是关键任务之一。应通过热泵回收生产排放的余热，用于蒸汽制备或循环加热，逐步摆脱对外来燃料的依赖，仅依靠电力驱动热泵实现供热。当外来电力实现零碳化时，工业生产即可实现零碳排放。由于该改造涉及生产工艺调整和设备升级，应结合生产线更新或新建时同步推进，以避免对生产运营造成影响。目前，我国大部分制造业生产线建于 21 世纪初的 20 年内，预计至 2045 年将进入更新改造期。若在改造或新建生产线时同步实施余热回收及供热系统改造，可实现工业用热的逐步零碳化。由此可汇总为如下十大任务：

（1）降低建筑供暖回水温度

目前，北方城市供热系统回水温度普遍在 40~55℃，为适应未来余热共享系统，回水温度需降至 20~30℃。可采用以下措施：

1）改善末端换热能力，避免冷热掺混；

2）采用大温差吸收式换热器替代传统换热设备；

3）在回水干管串联热泵机组，提取回水中的热量用于周边供热。

降低回水温度可提高管网输热能力，并有利于低品位余热回收，同时也是大规模跨季节储热的前提条件。预计到 2035 年，北方地区城市供热系统应全面完成改造。

（2）燃煤燃气热电厂深度余热回收

未来，当前承担热电联产任务的燃煤、燃气电厂将逐步转型为调峰电厂。应利用低回水温度条件，全面回收排烟余热及冷端余热，提高供热能力，同时替代燃煤、燃气锅炉热源。目标是到2035年，全面拆除民用建筑供热用的燃煤、燃气锅炉。

（3）推进"工业余热暖民工程"

建设冶金、有色、化工、建材等行业的余热回收系统，将余热接入城市供热管网，弥补燃煤、燃气锅炉退出后产生的热源缺口。该工程计划于2030年全面展开，并于2040年完成。

（4）建设大型清洁热源输送项目

规划并建设唐山曹妃甸至北京的"水热同送"系统、辽宁环渤海核能供暖、河北海兴核电"水热西送"项目、山东胶东半岛核能供热供水系统等，解决京津冀及山东、辽宁等地的建筑及工业供热需求。这些项目计划于2030年启动，2045年全面完成。

（5）跨季节储热设施建设

2030年碳达峰后，部分燃煤火电厂将逐步退出，导致热源短缺。跨季节储热设施将利用非供暖季余热弥补这一缺口。因此，应同步推进储热设施建设。计划在2030—2045年间，于北方城市周边建成总容量70亿 m^3 的热水库（0.5万～1万个）。

（6）推动各类工业及数据中心余热回收利用

随着跨季节储热设施建成，数据中心余热回收、垃圾焚烧余热回收、工业余热回收等项目可陆续投运。预计到2050年，北方城市供热系统将基本实现零碳化。

（7）沿海核能供热及零碳产业园区建设

在江苏、浙江、福建、广东、海南、广西等沿海地区，建设核电余热回收及输热管网工程。同步调整产业布局，在核能热源附近建设"零碳能源生产园区"，实现制造业的零碳化。该工程计划于2025年启动，2045年前后完工。

（8）内陆省份工业热源调整

湖南、湖北、江西、安徽等省份若无法建设内陆核电站，应依托本地冶金、有色等行业余热，为制造业提供生产热源。例如，湖北钢铁产业、湖南及江西有色金属冶炼行业可成为热源。安徽制造业发展迅速，但缺乏足够的余热支撑，应建设余热共享系统，深度回收超算中心及钢铁产业的低品位余热，并合理调整制造业布局。该调整应从当前开始规划，并于2040—2055年间逐步实施。

（9）西部地区产业结构优化

四川、重庆、云南、贵州等地水电资源丰富，应优先发展以电能为主的制造业，并结合风光资源形成零碳电力供应体系。对钢铁、有色金属等冶金产业，应最大化回收余热，在周边布局相关制造业，以实现余热利用最大化。甘肃、宁夏、新疆、青海等地为我国零碳电力核心产区，应优先发展依赖电力的产业，同时回收化工、有色金属行业的余热，合理调整制造业布局。该调整工作预计于2035—2055年完成。

（10）燃气三联供能源站改造

长江以南各省已建成一批燃气热电冷三联供能源站。未来，这些能源站将被风光电及余热共享系统逐步取代，或通过扩建储热储冷设施，使燃气机组主要用于电网调峰，并实现"热电解耦"。此外，可结合冬夏季冷热需求变化，以及春秋季多余电力消纳，优化能源站运行模式。该改造工作计划于2030年启动，并于2045年完成。

作者：江亿（清华大学建筑节能中心）

3 极端气候区超低能耗建筑关键技术与应用
3 Key Technologies and Applications of Ultra-Low Energy Buildings in Extreme Climate Zones

3.1 引 言

习近平总书记在全国科技大会、国家科学技术奖励大会、两院院士大会上指出"科学研究向极宏观拓展、向极微观深入、向极端条件迈进、向极综合交叉发力,不断突破人类认知边界"。我国国土范围内有三处典型极端环境,南海岛礁极端湿热,东北严寒,青藏高原强辐射。其中,东北严寒可通过应用现有热工规范,利用加厚外保温、提高围护结构密闭性等手段达到节能目标。而南海岛礁"四季如夏"、常年气候湿热,青藏高原低压缺氧、供暖期漫长,可开采的化石能源(煤、石油、天然气等)匮乏[1],难以照搬现有超低能耗建筑技术。因此,将极端气候条件下建筑环境调控到健康舒适区间需要的能耗高、碳排放大。

幸运的是,南海岛礁、青藏高原太阳能资源丰富。青藏高原太阳辐射年辐射总量 $6000\sim8000MJ/m^2$,年日照时数 $760\sim3500h$;南海岛礁太阳辐射年辐射总量 $5000\sim7000MJ/m^2$,年日照时数 $1700\sim2300h$[2]。研发以利用太阳能为主的超低能耗建筑,既能满足建筑环境需求,又可大幅度减少碳排放。围绕上述战略目标,以刘加平为首的项目团队经近二十年艰苦努力,创建了极端气候区超低能耗建筑新理论与新技术。

3.2 主要创新成果

3.2.1 极端气候区超低能耗建筑设计基础参数体系

准确可靠的设计计算参数是创建超低能耗建筑的基础,但极端气候区不仅缺少室内外设计参数,甚至缺乏基础数据的科学整编方法。现有数据整编方法不适用于南海与高原下垫面条件,青藏高原与南海气象台站稀少,分布密度不足全国平均水平的 1/3,既有台站数据缺漏、种类不齐,仅 10 余个台站有太阳辐射数据。构建有所依据的超低能耗建筑设计计算参数指日可待。

(1)极端气候区室内热环境关键设计参数

通过对南海岛礁、青藏高原建筑室内热环境开展调研以及问卷调查,项目组建立了高温高湿气候适应模型，揭示了南海岛礁高温高湿环境下人体热适应机理，提出了以相对湿度为核心的室内热环境控制指标；低压缺氧环境下人体的热感觉偏暖比例增加，高原气候适应能力增加，人体可接受温度区间随适应能力增强显著拓宽，建立了针对短期停留和长期居住的建筑室内环境设计参数体系。

（2）极端气候区太阳辐射基础数据

传统太阳辐射参数构建模型难以适用于极端气候区并推广应用，项目组依据青藏高原及南海岛礁海洋下垫面特性修正创建了太阳辐射参数预测新模型。首次提出依据极端气候区下垫面特征的太阳辐射参数构建方法，以仅有的 10 个台站数据为基础，实现了 150 余个站点太阳辐射计算参数全覆盖，为超低能耗建筑设计提供了数据基础。

（3）极端气候区划与室外计算参数

项目组运用建筑气候参数统计整编原理和方法，得到累年南海岛礁室外空气温度和相对湿度的日平均分布，通过现场实测得到日较差分布，最后确定了用于动态模拟分析的极端热湿气候区典型气象年（TMY）数据；首次提出地表气象和太阳辐射耦合影响的气候分区方法，完成了南海岛礁和青藏高原的二级气候区划，构建了室外计算参数体系[3]。

（4）极端气候区典型气象年数据库

项目组在构建南海岛礁典型气象年数据库时，考虑温湿度耦合特性进行了热湿耦合典型年模型修正；在构建青藏高原典型气象年数据库时，考虑辐射要素贡献率进行了强辐射典型年模型修正。在此基础上，面向建筑能耗动态模拟需求，分别建立了针对海洋和高原下垫面的气象与辐射参数计算模型，构建的典型气象年数据库为建筑能耗分析和设计优化提供了有力支持。

3.2.2 极端热湿气候区超低能耗建筑设计新理论与新技术

既有设置隔热层、门窗遮阳等技术难以降低空调负荷，缺乏高温高湿环境下的热工构造技术体系，缺乏与资源条件及负荷特性相匹配的空调系统形式。因此，研发适用于极端热湿气候区的新理论和新技术对于推动当地超低能耗建筑的可持续发展意义重大。

（1）岛礁建筑围护结构热工设计新原理

南海岛礁建筑全年各朝向均受到强太阳辐照，辐射当量温差引起的空调负荷是室内外空气温差的 5～10 倍，现行防热设计难抵御强辐射热作用。项目组首次提出了建筑"全遮阳"设计新原理，即在建筑形体设计中巧妙利用外立面功能部件，隔绝太阳辐射对建筑的直接热作用，可将空调负荷降低 30%以上[4]。在实际设计过程中，通过外部形体设计、外立面设计和室内功能空间组织等途径，可保证建筑使用空间的所有外围护表面均不受太阳直接热作用，有效降低了建筑能耗。

（2）围护结构热工性能"逆向"设计新方法

项目组创新性提出围护结构热工性能"服从"光伏空调系统性能的"逆向"热工设计方法[5]。在资源有约束的情况下，逆向设计程序为设备系统、建筑热工、建筑模式。这种设计方法以光伏空调系统的性能为出发点，根据空调系统的最大供冷量、单位建筑面积"允许"的最大冷负荷等参数，确定围护结构各部分的热工设计指标和分担比例，为实现全太阳能空调建筑奠定了理论基础。

（3）珊瑚砂混凝土砌体构造新技术

南海岛礁珊瑚砂资源丰富，项目组研发了以南海岛礁珊瑚砂为主材的砌体构造技术，通过实验获得了珊瑚砂砌块热物性和围护结构构造设计参数。实验发现，由珊瑚砂颗粒做成的珊瑚砂混凝土砌块，湿度致导热系数增加20%，湿迁移对内表面温度有一定影响。项目组进一步将珊瑚砂砌块应用于外墙及屋面构造，在南海岛礁建设中得到规模化应用，既解决了当地建筑材料运输困难的问题，又充分利用了当地资源，降低了建筑成本。

（4）光热除湿/光伏发电太阳能空调新技术

项目组创新性提出了与负荷特征匹配的太阳能光热除湿、光伏发电制冷的岛礁建筑特有的空调系统形式，构建了光热光伏系统、制冷机组和空调末端等设备之间的优化匹配设计方案，开发了适宜岛礁建筑运行维护的模块化空调机组。针对太阳总辐射的周期性和随机性特征，提出了短期蓄冷与长期蓄电的两级组合蓄调系统方案，系统经济成本最大可降低50%，其中短期蓄电≤24h，长期蓄电3～5d，保证了岛礁建筑太阳能空调系统稳定运行。

3.2.3 高原寒冷气候区超低能耗建筑设计新理论与新技术

高原地区建筑节能水平较低，传统供暖模式和设施较为落后，导致室内热环境较差。在太阳能利用方面，还存在诸多问题：太阳能集热系统容易出现过热爆管、冻裂泄漏等状况，水力热力失衡问题严重，系统稳定性欠佳；蓄热系统不仅热损失较大、㶲效率较低，而且容量配比方法多依靠经验，缺乏科学理论指导。因此，研发适用于青藏高原地区的新理论和新技术迫在眉睫。

（1）太阳能建筑围护结构热工设计新原理

在低纬度高原寒冷区应用既有热工设计方法存在一定问题，该地区全年太阳辐射强烈，最冷月气温不低，围护结构均匀保温技术会阻碍南向太阳能得热。项目组首次提出强化太阳辐射热作用的围护结构"朝向差异化"保温设计原理和方法[6]。根据这一原理，通过朝向热阻配比计算方法，对不同朝向的围护结构进行差异化保温设计，提高了被动式太阳能利用率。

（2）规模化太阳能集热技术与新装置

项目组研发了适用于高海拔、低气压、严寒气候的大尺寸平板太阳能集热器，其集热性能优于现行国标 13.9%。项目组在拉萨建成我国首条大型平板太阳能集热器生产线，年生产能力达 30 万 m^2，创建了大规模集热系统水力热力动态平衡设计方法，研发了集热阵列保护阀组成套技术。传统的等温比摩阻取值方法忽略了温变状态影响，考虑了变温度、变流态下阻力的实际特征，保证了太阳辐射随机波动下，集热系统的稳定运行。

（3）大型太阳能水体蓄热新技术

项目组建立了集热规模、蓄热容量与供暖负荷相匹配的设计计算方法，确保太阳能供暖系统的高效运行。开发了"分层蓄热与定向取热"新技术，通过地上、地下的蓄热水体设计，实现了热量的分层储存和定向取用，减少了热量损失。建成了首套万吨级太阳能蓄热水体（15000t），使太阳能水体蓄、取热效率从 60%提升至 90%以上，有效提高了太阳能的利用效率。

（4）太阳能供暖南北分环双系统

在传统单一环路供暖系统中，通过接热源进行南北向房间单一供暖环路，会导致南向房间过热，南北向室温不均匀，温差可达 2～8℃。项目组首次提出南向以被动利用为主、北向依赖主动系统的太阳能建筑供暖新原理，发明了南北分环供暖双系统[7]。该系统为南北向房间接不同热源的分环双供暖系统，可使南北向室温均匀，有效降低了供暖负荷，相比传统系统负荷降低 20%，提高了室内热环境的舒适度。

（5）技术应用

项目组在青藏高原，完成了首个规模化太阳能集中供暖工程——浪卡子县供暖项目，采用 2.3 万 m^2 大平场集热板、1.5 万 m^3 大型地下水体蓄热和集热、供热控制机房，为浪卡子县城 8.4 万 m^2 的建筑进行供暖。仲巴县太阳能集中供暖项目，集成运用了太阳能建筑热工设计、规模化集热、大型水体蓄热和南北分环供暖系统等技术，为当地居民提供了稳定、高效的供暖服务，取得了良好的社会效益和环境效益。

3.3 主要创新成果

综合运用建筑"全遮阳"、围护结构"逆向"设计和太阳能空调等新理论和新技术，在美济、永暑和渚碧等岛礁建成超低能耗示范建筑约 2 万 m^2，实现了建筑运行全年零碳排放，示范及推广面积达 20 万 m^2，为南海岛礁建设提供了可借鉴模式，有力推动了该地区建筑节能技术的发展（图1）；同时，新技术在夏热冬暖气候区也得到了进一步推广，推广面积达 200 万 m^2，包括广州新城建示范及智能建筑产业园、深圳第二十高级中学、坪山高新区综合服务中心和深圳中建科科研产业基地等项目[8]。

图 1 极端气候区超低能耗示范建筑

除此之外,差异化保温、规模化集热、大型水体蓄热、南北分环双系统等超低能耗建筑关键技术在青藏高原也得到了广泛应用与推广。其中,青藏高原全太阳能供暖建筑示范及推广面积达 800 万 m^2,涵盖了加措乡"八有"项目、日喀则仲巴县集中供暖、日喀则工程评审中心、山南浪卡子县集中供暖、曲水县才纳乡集中供暖、西藏能源研究示范中心、玉树市代格村、山南市乃东区养老院和拉萨市第一职业中学等项目;青藏高原超低能耗大型公共建筑推广面积达到了 40 万 m^2,包括西宁市美术馆、西宁市博物馆、青海国际会展中心、海东朝阳中学和河湟文化博物馆等[9]。这些项目的顺利实施,不仅有效提升了青藏高原地区建筑的能源利用效率,还极大地改善了室内热环境,为高原寒冷气候区的建筑节能和可持续发展提供了有力支撑。

作者:刘加平,王怡,杨柳,王登甲,杨雯(西安建筑科技大学,绿色建筑全国重点实验室)

参考文献

[1] 中华人民共和国住房和城乡建设部. 民用建筑热工设计规范: GB 50176—2016[S]. 北京: 中国建筑工业出版社, 2016.

[2] 刘加平, 谢静超. 广义建筑围护结构热工设计原理与方法[J]. 建筑科学, 2022, 38(8): 1-8.

[3] 刘加平, 谢静超, 王莹莹, 等. 极端热湿气候区超低能耗建筑关键技术与应用[J]. 建设科技, 2023(11): 20-23.

[4] 刘加平, 罗戴维, 刘大龙. 湿热气候区建筑防热研究进展[J]. 西安建筑科技大学学报(自然科学版), 2016, 48(1): 1-9+17.

[5] 何知衡, 陈敬, 刘加平. 热湿气候区超低能耗海岛建筑热工设计[J]. 工业建筑, 2020, 50(7): 1-4+14.

[6] 李恩, 刘加平, 张卫华. 太阳能富集地区居住建筑非平衡保温研究——拉萨市非平衡保温传热系数限值研究[J]. 建筑科学, 2011, 27(8): 56-60+86.

[7] 刘加平, 杨柳, 刘艳峰, 等. 西藏高原低能耗建筑设计关键技术研究与应用[J]. 中国工程科学, 2011, 13(10): 40-46.

[8] 刘加平. 极端热湿气候区超低能耗建筑模式及科学基础[R]. 西安: 西安建筑科技大学, 2021.

[9] 刘加平, 王登甲, 焦青太, 等. 西藏高原零碳太阳能区域供暖新模式与实践[J]. 西安工程大学学报, 2024, 38(5): 1-8.

4 装配式建筑的发展、现状及未来
4 The development, current status, and future of prefabricated buildings

4.1 定义与价值

根据国家标准定义，装配式建筑是指结构系统、外围护系统、设备与管线系统、内装系统的主要部分采用预制部品部件集成，在工地通过可靠的装配方式建造而成的建筑[1]。因此，装配式建筑的核心在于"工厂预制 + 现场装配"，与传统施工相比，它更强调标准化与集成化。

装配式建筑的成功依赖于五大要素：标准化设计、工厂化生产、装配化施工、一体化装修、信息化管理，这些要素共同推动了建筑产业的转型升级。在实践过程中，装配式建筑展示出显著的优势：工期缩短40%、能耗降低40%、精度达到毫米级、垃圾减少80%、成本降低20%[2-3]，证明了其经济与环保的双重价值。

4.2 发展演进

4.2.1 装配式建筑的范式迁移

装配式建筑在中国有着深厚的文化基因与技术积淀。早在新石器时代，河姆渡遗址便出现了成熟的榫卯木构体系，以标准化构件实现快速营建，这种"以制器之道筑屋"的智慧，开创了东方特有的模块化营造传统。当代建筑装配式工业在传承中创新，从木构件的精妙咬合到钢结构的高精度装配（图1），中国正以数智化重构营造法式，为全球建筑业可持续发展贡献东方智慧，彰显着传统营造文化与现代工业文明的深度融合。

4.2.2 装配式建筑的历史沿革

装配式建筑拥有完整连续的演化过程，其发展是渐进式的，不是突变式的；是演化的，不是革命的。每一个历史节点的技术突破都标志着装配式建筑的迭代升级[4]（图2）。（1）前工业时代。砖出现在公元前3500年的两河流域及埃及，砖的形状及大小标志着理性化及标准化意识的雏形。19世纪，首个装配式木构住宅出现在英国海外殖民地，称为曼宁小屋（Manning Portable Cottage）。采用一套标准的木框架及围合构件的体系,具备灵活拼装特性。(2)工业化早期。1851 年伦敦水晶宫(Crystal Palace)成为了首个工业化预制构件生产的建筑。采用铸铁承接了曼宁小屋的木构系统,使用了大量的工厂预制化构件。学界普遍将其称为建筑发展史的一个转折点,不仅展现了工业化生产构件组成建筑的可能性,而且开启了建筑师、工程师以及构件供货商一体化协作的新篇章。(3)工业化时代。1910 年代,柯布西耶提出的多米诺住宅体系(Dom-Ino)成为了大工业时代普适的住宅原型,表示一种类似多米诺骨牌的可复制的住宅标准单元之意,旨在快速恢复一战中法国及比利时的大规模重建。同时期,美国 SEARS 百货公司推出的邮购住宅目录开创了装配式建筑商业化先河。目录提供 30 余种风格住宅套件,消费者仅需根据编号选型订购,自行拼装。这种模式成为现代装配式建筑发展史上的里程碑事件。之后,皮尔斯集团(Pierce Foundation)在此成果上预制设计了包含厨房、卫生间、供水系统、暖通空调系统等服务核心筒,组装在采用金属夹芯板墙系统的预制模块化房屋内,成为早期箱体模块化住宅的典型。1950 年代,苏联为解决战后住房危机,推动"赫鲁晓夫楼"大规模建设。这类住宅采用预制混凝土板构件,标准化设计、工厂化生产,现场仅需吊装拼接。其技术体系深刻影响了我国、东欧等国家和地区的预制板楼建设。(4)后工业时代。以 1960 年 SI 建筑体系为代表,让建筑由标准化走向定制化。SI 体系的 S(Skeleton)表示支撑体,内容包括柱、梁、楼板和承重墙体这些建筑主体结构,具有使用年限的长效性;I(Infill)代表填充体,指的是住宅套内的内装部品、专用部分设备管线、内隔墙等自用部分和分户墙、外墙(非承重墙)、外窗等围合部分,具有使用灵活性。(5)新工业时代。2010 年后 BIM(建筑信息模型)、数控机床 CNC(Computer Numerically Controlled)技术与 3D 打印技术的成熟,驱动建筑向数字化、智能化转型。维基住宅(Wiki House)等参数化平台加速菜单式个性化定制的发展。维基住宅的网站平台是一套开源的房屋设计和建造系统,致力于简化建造、节省材料和增强大众参与性,让每个住户都能打造真正个性化家园。

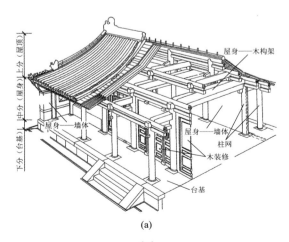

(a)

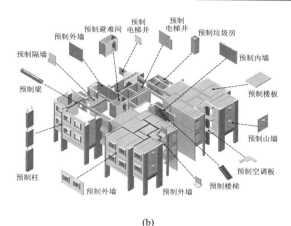

(b)

图 1　从古代榫卯到现代装配的范式迁移

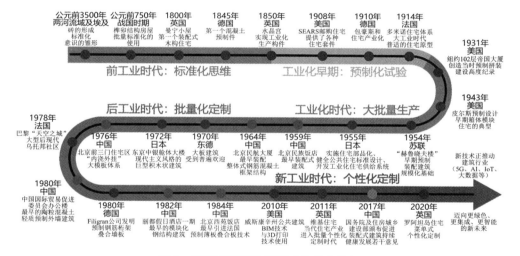

图 2　装配式建筑的演变（作者自绘）

4.3　先锋实践

4.3.1　全球装配式建筑发展现状

全球视野下，各国根据自身需求，形成了差异化的技术路线（表1）。美国以模块化智能集成（MiC）为导向，兼容个性化与预制；英国则青睐钢结构快速建造与交付，关注绿色施工；法国注重预制混凝土大板的功能与艺术融合，强调环保全生命周期；德国以钢木结构为主，提出工业4.0发展下的节能智能体系；瑞典优势在于轻钢大木板体系，提倡经济适用；丹麦突显模块化设备集成和轻钢大板结构；日本重视抗震性能突出的预制混凝土、KSI体系的全链条协同。

全球装配式建筑发展国际版图　　　　　　　　　　　表1

	特点	制造商	典型案例
美国	模块智能集成MiC，兼容个性化与预制	ONX On Grandville	
英国	钢结构，快速交付，绿色施工	Premier Modular 詹姆斯库克大学医院治疗中心	
法国	预制混凝土大板，功能融合艺术，环保全周期	COUGNAUD 马恩河谷省委员会办公区	
德国	钢木结构，工业4.0发展下的节能智能体系	WEISS Frohms Garden	
瑞典	轻钢大木板体系，经济适用	Boklok Bunke Flo Strand	
丹麦	模块化设备集成，轻钢大板结构	DK	
日本	预制混凝土，KSI体系，侧重抗震，全链协同	积水住宅	

（注：表格内图片均来自网络）

4.3.2 我国装配式建筑发展现状

装配式建筑的普及、模块化建筑的推广、数字化管理平台的应用以及智慧化工厂的生产，都为我国装配式建筑的发展提供了有力保障。我国装配式建筑正在朝普及化、模块化、数字化、智能化的方向发展。

1. 装配式建筑普及

随着国务院在2016年出台的《关于大力发展装配式建筑的指导意见》对住宅建筑工业化的加快发展提出要求，我国的装配式建筑发展态势良好，促进建筑产业转型升级，推动城乡建筑领域绿色发展和高质量发展。（1）在深圳长圳公共住房项目中，上万个预制构件在现场高精度拼装，实现像造汽车一样建房子。中建科技集团有限公司（简称中建科技）与深圳市建筑设计研究总院有限公司（简称深总院）的联合体采取EPC模式下的装配式混凝土体系，让9672套保障房实现"毫米级"品质管控，树立保障性住房的"深圳标准"［图3（a）］。（2）在巴布亚新几内亚学校项目中，深总院采用标准化设计，中建科工集团有限公司（简称中建科工）通过国内预制与海外组装模式，设计生产制造一体化的装配式钢结构技术使建造效率提升50%，减少80%的现场湿作业，让中国制造走向海外［图3（b）］。（3）深圳市特区建工集团有限公司（简称特区建工）自主研发的钢混组合装配式快速建造体系，为眼镜智造产业大厦项目带来全新变革。通过创新的结构设计与工艺优化，极大缩短施工周期。施工全程借助信息化管控，精准把控每个环节，实现毫米级精度。最终，在保障工程质量的同时，实现快速建造与优质交付［图3（c）］。（4）在深总院设计的深圳市体育中心项目中，中建深圳装饰有限公司（简称中建深装）通过BIM技术实现双曲蜂窝铝板幕墙精益制造，从板材定制到加工流程都实现精准模拟与管控。施工借助模型数据引导，工人完成高精度拼装，幕墙误差控制在极小范围，为体育中心打造出极具视觉震撼力的外观［图3（d）］。

(a)

(b)

 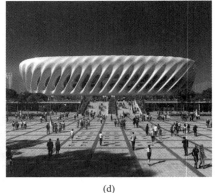

(c)   (d)

图 3   装配式建筑普及

2. 模块化建筑推广

随着技术进步，模块化建筑广泛应用于建筑领域，提高建筑效率和质量。中建国际建设有限公司的中建海龙科技有限公司的混凝土模块化技术正在改写保障性住房建设。深圳市龙华区华章新筑项目是国内第一个高层混凝土 MiC 项目、全国最高的模块化建筑。将 5 栋近百米建筑拆分为 6028 个独立模块单元，使项目从开工到精装交付只需 365 天，工期仅为传统建造方式的三分之一，是国内建造速度最快、工业化程度最高的高层保障性住房项目（图 4）。

图 4   模块化建筑推广（深圳市华章新筑项目）

3. 数字化管理平台

华润置地有限公司打造 BIM 底层能力，构建华润置地智能建造平台，在全周期各专业开展科技赋能，升级产业全要素，连接工程项目全参与方。平台覆盖设计、招采、生产、施工、交付以及后期运维价值链，系统性实现全产业链资源优化配置和整个智慧建造体系的转型升级，最大化提升生产效率，让施工进入毫米级时代。

4. 智能化工厂生产

智能制造的应用，显著提升工业化水平，工厂内采用自动化和智能生产线，实现建筑部件的精确制造，减少现场作业。中建科技、中建科工、中建国际、中建深装、特区建工等的智能生产线，用机械臂完成从切割到焊接的无人化操作。正是这些"看不见的创新"，支撑着深圳装配式建筑以年均30%的增速领跑全国，实现"像造汽车一样造房子"。

4.3.3 装配式建筑发展机遇

在"双碳"目标引领与建筑产业转型升级需求下，我国装配式建筑迎来政策与市场双轮驱动的强劲发展态势（图5）。（1）发展目标：截至2025年，我国装配式建筑占新建建筑比例在"十四五"规划目标不低于30%，广东省珠三角城市群目标不低于35%，深圳市目标不低于60%[图5（a）]。（2）面积增长：我国装配式建筑新开工面积从2018年的2.9亿平方米至2024年的12.5亿平方米，新开工建筑面积增长率连续6年超过30%。（3）市场规模：2023年装配式建筑市场规模达到约1.73万亿元,其中装配式混凝土结构1.11万亿元,占比64%;钢结构0.62万亿元，占比36%。

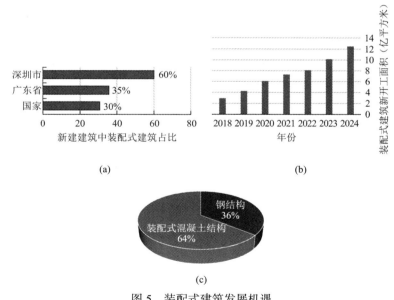

图5 装配式建筑发展机遇

4.4 未来图景

未来装配式建筑将融合智能建造、新材料与太空建造等尖端技术，推动循环经济与净零能耗的可持续发展模式，重构韧性、可感知、公平的城市系统（图6）。

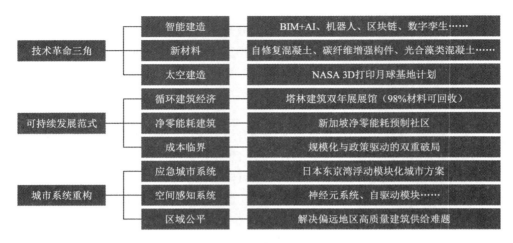

图6　装配式建筑未来图景

4.4.1 技术革命三角

（1）智能建造

BIM+AI技术实现数据集成与智能分析，让AI驱动自动化设计。如采用BIM+AI技术优化工艺管道布局，通过AI算法预测设备安装碰撞问题，并生成最优装配路径。同时，机器人建造覆盖高危、重复性工作（如砌筑、检测、运输等环节），使得效率翻倍，还大大降低了安全风险。此外，区块链技术协助供应链溯源及合同管理，使部件从生产到安装的全生命周期可追溯，杜绝供应链风险。

（2）新兴材料

自修复混凝土技术是一种通过内置修复材料或微生物，使混凝土在出现裂缝时能够自主修复的新型建筑材料技术。自修复混凝土技术已在桥梁、超高层建筑、文化设施等领域成功应用（如上海中心大厦、南京长江大桥等），未来随着材料科学与生物技术的进步，其应用场景将进一步扩展至海洋工程、抗震结构等复杂环境。此外，碳纤维增强构件具有轻质高强耐腐蚀的特性，是以碳纤维材料为核心增强体的高性能构件，通过将碳纤维（高强度、轻量化）与树脂等基体复合制成，具有抗拉强度高、耐腐蚀、重量轻等优势，广泛应用于航空航天、汽车制造、建筑加固（如桥梁修复）等领域。

（3）太空建造

NASA月球基地计划，采用月球土壤（月尘）和3D打印技术，在月球构建可持续的居住和工作设施，实现"太空模块化社区"。

4.4.2 可持续发展范式

（1）循环建筑经济

装配式建筑是实现"双碳"目标的必要抓手。易组装可拆解构件实现建材循环再生，"闭环"的建筑材料系统可大幅度减少建筑垃圾和对新原料的依赖，移动微工厂削减生产碳排放，装配式"乡村宜居房"打造乡村振兴低碳社区，推动建筑减排与示范效应双提升。

（2）净零能耗建筑

净零能耗建筑要求建筑自身产生能源量不高于消耗能源量。采取高效隔热材料减少热量传递；智能照明系统按需调光；能量回收通风系统回收废气能量；"光储直柔"系统实现能源自给与灵活调控。同时具备主动+被动节能策略，实现装配式+清洁能源=未来标配。

（3）成本临界

规模化与政策驱动的双重破局。可持续意味着要达到成本临界。到2028年，装配式成本将与现浇混凝土持平。这个数字背后有三个技术支点：工厂集群化、移动预制站、碳积分显性化。通过规模化生产降低边际成本，物流优化降低运输损耗，隐性效益纳入成本核算等，最终实现成本对标传统施工。

4.4.3 城市系统重构

（1）应急城市系统

未来或许会出现适应气候和防灾的城市系统，集公共住房、医学研究、食品生产等为一体的大型社区。如日本东京湾漂浮城市项目，这座漂浮的"无病"社区占地约158万 m^2，一次可容纳40000人，圆形结构将能够抵御自然灾害，并包含公共住房、医学研究中心、食品生产设施，甚至航天器发射场。

（2）空间感知系统

提高城市的空间感知能力，比如神经元自驱动模块化城市、数字革命下的城市设计等，以机器人技术、人工智能、物联网、自动驾驶、大数据为代表的新型科技驱动下的城市设想。比如人工智能让建筑"会呼吸"：早高峰扩大停车位，夜间变公园，资源按需分配，空间随叫随到。"为城市注入控制论"——研究人类、动物和机器如何相互控制和通信，为下一代城市设想新的范式。

（3）区域公平

在社会层面，公平性与战略安全并重，解决偏远地区高质量建筑供给难题。装配式建筑能真正推动社会公平与战略安全，比如破解西藏"三高一脆"的恶劣施工环境下建筑供给难题的西藏日喀则精准扶贫房。

4.4.4 实施路径：三步走战略

在迈向未来的征程中，装配式建筑发展将分阶段稳步推进。

2030 年前的近期阶段，重点聚焦于突破成本瓶颈。目前装配式建筑成本较高，限制其大规模普及，后续会借助标准化设计、规模化生产、数字化管理等手段降低成本。同时，全力推进前沿技术标准制定，为行业发展筑牢根基。

到 2035 年前的中期，建筑产业区块链平台将投入使用，实现设计、生产、施工等全流程数据共享与协同，提升行业效率与透明度。此外，还将开展月球建造模拟实验，探索装配式建筑在太空极端环境下的应用可能，为未来太空基地建设积累经验。

展望 2040 年的远期，装配式建筑有望成为主流建造模式。随着技术成熟、成本降低、标准完善，其环保、高效、质量稳定等优势将充分凸显，在各类建筑项目中广泛应用。彼时，成熟的"地球-太空"智能建造体系也将构建完成，从地面到太空，装配式建筑都能凭借智能技术实现精准建造，推动人类建造领域迈向新高度。

4.5 总结

装配式建筑以"工厂预制＋现场装配"推动建造业革新，实现经济环保双优。历经手工业到智能化的范式跃迁，各国差异化发展，我国通过装配式建筑的普及、模块化建筑的推广、数字化管理平台的应用以及智慧化工厂的生产来引领创新。未来将融合智能建造等新兴技术构建可持续建筑与城市。

装配式建筑是建造文明的范式跃迁。装配式建筑不仅是技术革新，更是生产关系的系统性变革。未来的城市将是"智能生长的有机体"[5]，而中国建造者需从跟随者转变为规则制定者，引领这场建造文明的范式跃迁。

作者：孟建民[1]，曾凡博[1]，唐大为[1]，张文清[2]，曾国昆[2]（1. 深圳大学本原设计研究中心；2. 深圳市微空间建筑科技有限公司）

参考文献

[1] 住房和城乡建设部. 装配式建筑评价标准: GB/T 51129—2017[S]. 北京: 中国建筑工业出版社, 2018.

[2] SMITH R E. Prefab architecture: a guide to modular design and construction[M]. New Jersey: John Wiley & Sons, Inc., 2010.

[3] BERTRAM N, FUCHS S, MISCHKE J, et al. Modular construction: from projects to products[R]. 2019.

[4] 曾凡博, 王晓东. 模块化建筑体系的流变[J]. 建筑创作, 2024(4): 177-185.

[5] 孟建民. 关于泛建筑学的思考[J]. 建筑学报, 2018(12): 109-111.

5 绿色低碳建筑工程材料发展趋势

5 Development trend of green and low-carbon construction materials

5.1 引 言

习近平总书记在中央政治局第三十六次集体学习时强调指出，实现碳达峰碳中和，是贯彻新发展理念、构建新发展格局、推动高质量发展的内在要求，是党中央统筹国内国际两个大局作出的重大战略决策。建筑领域碳达峰碳中和是实现"双碳"目标的重要方面，据《中国城乡建设领域碳排放研究报告（2024年版）》，2022年我国建筑业的碳排放总量为51.3亿 t CO_2，占全国能源相关碳排放的48.3%，其中以钢筋、水泥混凝土为主的建筑工程材料生产运输阶段的碳排放就达27.2亿 t，占全国碳排放总量的25.6%。因此，发展绿色低碳建筑工程材料，全力推进碳减排工作，对实现"双碳"目标具有重要意义。

面向国家"双碳"目标，国家相继出台了《关于完整准确全面贯彻新发展理念做好碳达峰碳中和工作的意见》和《2030年前碳达峰行动方案》，对建筑材料的低碳发展进行了顶层设计。同时住房和城乡建设部、建材联合会等也在"十四五"规划中明确提出了以水泥混凝土为主的绿色低碳建筑工程材料发展规划与技术方向。目前，绿色低碳建筑工程材料主要技术途径包括以下三个方面：（1）**源头减量**，即一方面通过提高混凝土的耐久性来延长结构服役寿命，节约材料消耗，另一方面通过大幅提升混凝土的力学性能，促进结构体系轻量化创新，从而有效减少材料用量；（2）**过程减排**，通过减少硅酸盐水泥生产工艺能耗、开发新型低碳胶凝材料、大规模使用工业固废作为辅助胶凝材料等手段实现材料制备过程的碳减排；（3）**末端固碳**，结合水泥混凝土生产与应用过程的特点，通过碳捕集、存储和利用成果技术，固化烟气中排放的二氧化碳。

5.2 源头减量——混凝土高耐久与高强韧

5.2.1 混凝土材料与结构高耐久与长寿命

对于混凝土材料而言，设计年限每提升一倍，就相当于材料用量减少一半，相应的碳排放量也减少一半，因此，提升混凝土耐久性，延长混凝土结构工程服役寿命对于减少碳排放具有重要的意义，实现混凝土材料与结构高耐久与长寿的技术途径如下：

（1）建立多因素耦合的耐久性量化设计方法，有效保障服役寿命

混凝土耐久性保障及长寿命理论逐渐由单一因素耐久性问题向多因素耦合作用下的损伤发展，同时考虑材料损伤对结构安全性的影响。目前已开展氯盐-硫酸盐破坏、硫酸盐-冻融、氯盐-碳化等不同损伤条件下的破坏机理研究，其中对于氯盐-硫酸盐破坏开展了大量试验研究协同作用下的侵蚀机理[1]，并取得显著成果，建立了考虑孔隙度变化、含水饱和度、钙浸出和硫酸氯侵蚀影响的多离子扩散反应模型[2,3]。结合混凝土结构形式和服役特点，考虑荷载和初始损伤对结构混凝土劣化行为的影响以及混凝土损伤后对结构安全性的影响[4,5]。

（2）建立"隔、阻、缓、延"的混凝土表层与基体耐久性提升技术体系（图1）

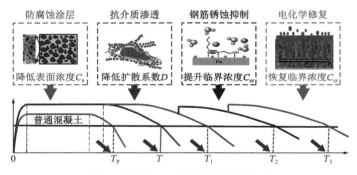

图 1　混凝土耐久性提升技术体系

"隔"是指通过防腐涂层直接将混凝土基体与腐蚀介质物理隔离，使混凝土免于侵蚀性物质的腐蚀。通过对混凝土进行表面硅烷浸渍处理，氯离子扩散系数减少约35%；采用疏水涂层，能实现混凝土的超疏水性能，混凝土表面水接触角达148.1°，同时能够减少75.31%的离子渗透进入混凝土[6]。但表面涂层在紫外线、干湿循环条件下存在老化等问题，因此如何实现涂层的长寿命以及实现涂层的保温、隔热、自清洁等功能仍需进一步研究。"阻"是指抑制有害离子的传输。传统降低水胶比、使用矿物掺合料等手段可以有效抑制离子的传输，但是易产生开裂问题，因此通过使用化学外加剂提升混凝土的抗介质渗透性能已成为国内外研究与应用热点[6]。使用硅烷类、硬脂酸类、有机羧酸酯类等抗介质渗透材料能显著优化混凝土孔结构、抑制离子传输，混凝土水分传输系数降低90%以上[7]。"缓"是指通过提升钢筋抗锈蚀性能来延长结构服役年限。目前主要的钢筋耐蚀技术包括涂层钢筋、电化学阴极保护与钢筋阻锈剂技术等。其中阻锈剂因其施工方便、价格较低等因素得到广泛的应用，通过使用合适的阻锈剂，钢筋锈蚀的临界氯离子浓度可

以达到 9.5kg/m³[8]。目前阻锈剂的发展方向为阻锈高效性、长效性和环保化，以及新型阻锈剂分子结构的探索[9]。"延"是指通过电化学手段对已经产生锈胀开裂的混凝土结构进行修复，从而达到延长结构使用寿命的目的。电化学修复技术主要包括电化学除氯、混凝土再碱化、电渗阻锈、双向电迁移及其他新型联合修复方法[10]。但电化学修复过程中针对不同锈蚀程度和结构部位条件下的电化学参数的选择尚缺乏明确的依据，同时修复后钢筋锈蚀发展规律以及与混凝土粘结性能演变规律需要进一步开展相关研究。

（3）建立基于实际服役工况的混凝土抗裂性能设计方法，通过分阶段、全过程的收缩裂缝控制功能材料，避免混凝土的收缩开裂

混凝土浇筑完成后，在胶凝材料水化、水分蒸发、温度变化等作用下，其宏观体积收缩变形主要可以分为塑性阶段收缩、自收缩（由化学收缩引起）、温度收缩和干燥收缩。在约束条件下，混凝土的收缩变形产生的拉应力超过混凝土材料的抗拉强度，混凝土一般就会产生开裂。实际工程中，混凝土开裂是材料、环境、结构等复杂因素交互作用的结果，在混凝土的开裂风险量化评估基础上，优选混凝土材料和抗裂材料、优化施工工艺是控制混凝土裂缝的主要技术途径。

在抗裂性评估过程中，主要是对于实际工程复杂的交互作用，采用多因素耦合、多尺度模拟的方法来实现。基于水化和相对湿度作用基本状态量，结合温湿度传输，建立混凝土材料水化和环境的交互作用，在此基础上，引入结构约束、弹模、徐变等，建立多因素耦合作用的收缩应力评估方法。在开裂风险控制参数方面，目前主要基于应力准则，通过采取拉应力和抗拉强度比值计算开裂风险系数，并通过控制开裂风险系数不超过阈值（如 0.7）来控制混凝土的收缩开裂[11]。

在裂缝控制方面，从材料层面降低混凝土的收缩，施工层面控制温度和湿度梯度、减小约束，是收缩裂缝控制的主要技术措施，例如使用低热硅酸盐水泥[12]、全断面一次浇筑成型技术[13]等手段可以有效减少开裂风险。同时，混凝土抗裂新材料、新技术的出现，也为混凝土收缩裂缝控制，提供了新的技术途径，包括水分蒸发抑制材料、水化温升抑制材料、补偿收缩技术、内养护技术、化学减缩技术等，分阶段、定向解决混凝土各个服役阶段的收缩问题。

5.2.2 混凝土高强韧

通过提高混凝土的力学性能，在满足结构抗弯承载力不变的情况下，可以一定程度上减少结构的截面尺寸或者纵筋的配筋率，减轻构筑物自重，从而减少结构中钢筋、混凝土的用量，从而降低碳排放。但是混凝土是一种准脆性材料，韧性差、延性小，且随着抗压强度的提高，其脆性特征更加明显，容易导致开裂等问题，不仅大幅缩短构筑物的服役寿命，而且降低承载能力，严重影响结构安全性。因此，减量的核心是实现混凝土的强韧化，需要从分子和微纳观层次，调控

混凝土浆体、基体和界面过渡区的微结构，实现高强和高韧的统一[14]。

基体调控方面，主要通过纳米改性和聚合物等技术，从分子到微纳观层次调控水化产物，例如降低水化硅酸钙（C-S-H）凝胶的钙硅比值，提高硅氧四面体的聚合度；采用纳米碳基材料和功能有机高分子材料，促进水化产物有序排列，形成有序且致密的结构，减少缺陷；掺加功能性聚合物，在水泥基体中形成聚合物网状结构，显著提高混凝土的抗拉强度，并缓解混凝土内应力，减少微裂缝的产生。在界面调控方面，主要通过纤维物理桥接技术，将应力从基体有效传递到微裂缝桥接纤维上，抑制微裂缝的生成和非稳态扩展，实现混凝土材料的应变硬化和多缝开裂，可大幅提升混凝土断裂能和细化裂缝宽度[15]。基于该思路开发的超高性能混凝土材料（UHPC），可以有效减少材料用量，促进结构体系轻量化创新，从而减少构筑物的整体碳排放。

5.3 过程减排——水泥混凝土低碳制备

水泥的碳排放主要来自于：（1）煅烧过程中碳酸盐的分解，约占55%～60%；（2）煅烧过程中燃料燃烧产生的 CO_2，约占30%～35%；（3）粉磨、冷却、运输过程中消耗的电能，约占10%。因此，根据水泥碳排放的来源，可以从提高水泥生产能效、使用可替代燃料、使用辅助胶凝材料减少熟料用量、开发低碳胶凝材料等方面来降低水泥混凝土的碳排放。

5.3.1 水泥生产工艺能效提升与替代燃料

水泥生产能效提升方面，目前我国水泥企业全部采用了新型干法生产技术，通过生料粉磨工艺优化、余热回收发电等技术，在水泥生产能耗已经处于国际领先水平，达到110kg标准煤/t.cl，降低碳排放约33kg CO_2/t.cl，未来通过富氧燃烧、余热利用等技术，仍有35～50kgCO_2/t.cl的减排潜力[16]。在水泥生产中，煤炭依然是使用量最大的燃料。固体废物燃料、生物质燃料，以及氢能、绿电等替代燃料在水泥工业中的应用不仅可以节约一次能源，同时可以有效地减少水泥生产的 CO_2 排放量，具有显著的经济、环境和社会效益[17]。我国已有20多个省份建成或正在推进建设水泥窑协同处置垃圾、污泥、危废弃物等生产线200条，通过城市垃圾、污泥替代化石燃料，可以有效减低生产过程的碳排放。目前替代燃料在我国水泥行业的使用率约为5%～10%，未来随着替代燃料产业的规范化与标准化，替代燃料在水泥行业的应用比例有望进一步提高。

5.3.2 新型低碳胶凝材料

国内外科研人员围绕低碳胶凝体系已经开展了广泛的研究工作，主要包括低钙水泥熟料、碱激发胶凝材料、碳化硬化胶凝材料和煅烧黏土-石灰石水泥体系（LC_3）（表1）。在低钙水泥熟料方面相继开发了铝酸盐水泥、硫铝酸盐水泥与高贝利特硅酸盐水泥[18-21]。碱激发胶凝材料是一种利用碱激发剂与固体硅铝酸盐矿物反应生成水化产物的低碳水硬性胶凝材料，然而其性能随原材料的物相组成变化波动大，且存在收缩大、表面泛碱、流动性能不足等缺点[22,23]。碳化硬化胶凝材料是一种利用加速碳化技术，在较低湿度条件下激发低钙硅酸盐矿物（C_3S_2、$γ-C_2S$等）硬化活性的材料，其不仅能减少烧成过程中的CO_2排放量，同时在碳化过程中也能够吸收大量的CO_2[24,25]。但是受到CO_2扩散深度与速率的限制，碳化硬化胶凝材料目前只能适用于小型预制构件混凝土的生产，同时由于碳化后混凝土pH值相对较低，钢筋易产生锈蚀[26]。LC_3是在原有的硅酸盐水泥体系中添加煅烧黏土和石灰石的新型低碳胶凝体系，通过煅烧黏土和石灰石的协同反应提高材料的胶凝性能[27]。由于黏土的煅烧温度低于水泥熟料，且煅烧过程不分解释放CO_2，相较于硅酸盐水泥，LC_3可减少高达40%的CO_2排放[28]。但是目前LC_3存在早期强度发展较慢，流动性不足等缺点，且大量消耗高品质黏土资源，不符合我国可持续发展的国情[29]。各种新型低碳水泥受制于原材料价格高、性能不足、应用技术不成熟等缺点，目前仍无法大量取代传统硅酸盐水泥，未来亟需结合中国矿物资源现状，提出同时具备低碳与可持续特征的新型胶凝材料。

不同低碳胶凝材料的特点 表1

低碳胶凝材料种类	优点	减排潜力	局限性
高贝利特硅酸盐水泥	制备工艺与使用方法与硅酸盐水泥一致	减少10%	早期强度发展较慢
高贝利特硫铝酸盐水泥	早期强度发展快，制备与应用工艺成熟	减少30%~35%	原材料（铝矾土）价格较高
碱激发胶凝材料	早期强度高，碳排放低	减少80%	施工性能差、耐久性不足、原材料与传统矿物掺合料重合
磷酸镁、氯氧镁水泥	早期强度高	取决于MgO来源	来自$MgCO_3$，碳排放反而增加；来自$MgSiO_3$，减少90%，但技术不成熟
煅烧黏土-石灰石复合水泥（LC_3）	原材料来源广泛，制备与使用工艺与硅酸盐水泥相近	减少30%~40%	工作性能较差，原材料性能差异性较大
碳化硬化胶凝材料	碳排放低，减排潜力巨大	考虑碳化碳排放为0	目前仍处于研究阶段，无法实现批量生产与应用

5.3.3 固废资源化利用

我国目前大宗固废累计堆存量超620亿t，年新增产量超过35亿t，种类繁多，包括粉煤灰、煤矸石、尾矿、冶金渣、工业副产石膏和建筑固废。然而，我国固废资源利用率较低，占用大量土地资源，存在较大环境安全隐患。大宗固废的主要元素组成为钙、硅、铝，与普通硅酸盐水泥混凝土相似（图2），无论从产量匹配，还是物相组成相似性来说，水泥混凝土都是消纳大宗固废的最有效途径。

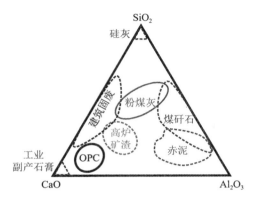

图2 大宗固废与水泥的三元相图

（1）传统矿物掺合料

以粉煤灰、矿粉、硅灰为代表的矿物掺合料已成为现代混凝土的重要组分之一，可以减少水泥用量与碳排放，同时矿物掺和料通过发挥自身火山灰效应和形态效应，改善拌合物工作性、降低混凝土内部温升、增进混凝土后期强度，提高混凝土耐久性，已在我国工程中得到广泛应用。同时也应该注意到，大掺量矿物掺和料会影响混凝土的工作性能与早期强度，需要匹配适宜的化学外加剂，以提升混凝土早期性能。而且矿物掺合料会消耗水泥熟料水化产生的氢氧化钙，降低硬化水泥浆体碱度，导致混凝土早期碳化加剧。

（2）建筑固废

建筑固废破碎、筛分后制成的再生骨料和微粉可替代天然砂石资源制备混凝土，降低环境负荷。然而由于再生骨料与微粉的物理性能不及天然骨料和掺合料，导致再生混凝土工作、力学与耐久性性能难以保证，限制了其在结构上的应用。因此，突破流动性调控与强度保障技术瓶颈，是实现建筑固废低碳利用的关键。在再生骨料和微粉性能提升方面，一是通过破碎装置升级改造，提高表面砂浆的剥离率和改善颗粒粒型；二是采用碳化、裹浆和酸处理方式对骨料表面进行强化；三是通过增大再生微粉的比表面积、破坏晶格形态的方式可激发其反应活性；四是通过开发具有非选择性吸附特征专用减水剂，实现在水泥和再生微粉表面的均匀吸附，从而提高混凝土的分散性和高适应性[30]。

（3）其他工业固废

相比传统矿物掺合料，其他工业固废，如钢渣、工业副产石膏、尾矿、煤矸石由于自身存在反应活性较低、安定性差、碱性高、含有有害重金属、杂质等各类问题，目前在水泥混凝土中的应用比例相对较低[31-33]。以钢渣为例，虽然目前采用液态重构技术和新一代热焖技术可有效降低 f-CaO 含量，实现钢渣的稳定化，但是由于其本身反应活性相对较低，额外活性激发处理的成本相对较高，因而利用率相对还是偏低，未来针对这类工业固废资源，需要针对性开发活性激发、稳定化、无害化处理技术，实现其在水泥混凝土中的高效利用。

5.4 水泥混凝土碳捕集、存储与利用技术（末端固碳）

作为水泥混凝土行业碳减排的"兜底"手段，未来碳捕集、储存、利用（CCUS）技术将充当极具重要性的技术路径，为水泥行业碳中和做出巨大贡献。水泥、钢铁、电力、煤化工及炼化厂等碳排放大户均进行了 CO_2 的捕集、利用和封存方面的研究探索，形成了基于自身行业特点的不同 CCUS 技术方法。相对来说，水泥混凝土行业的 CCUS 技术目前仍处在研发与试点阶段。

5.4.1 碳捕集

碳捕集是指将大型工业企业产生的 CO_2 采用各种方法捕捉收集起来，以防止其直接排放至大气中的一种技术。水泥混凝土领域的碳捕捉技术目前主要围绕水泥生产环节展开，目前主要通过燃烧后 CO_2 分离技术、全氧（富氧）燃料燃烧技术和燃烧前 CO_2 分离技术等实现碳捕集。燃烧后 CO_2 捕集技术主要包括化学吸附、膜吸附和固体吸附，全氧（富氧）燃料燃烧技术则可以提升尾气中 CO_2 的浓度，便于燃烧后捕集。燃烧前捕获是利用煤气化和重整反应，在燃烧前将含碳组分分离出来，转化为以 H_2、CO 和 CO_2 为主的水煤气，然后利用相应的分离技术将 CO_2 从中分离，剩余 H_2 作为清洁燃料使用。该技术捕获的 CO_2 浓度较高，分离难度低，相应能耗和成本也会降低，但投资成本高，可靠性有待提高。

5.4.2 碳存储

碳储存是指将无法短时间内消纳利用的二氧化碳进行长时间储藏，以消除或暂缓其温室效应的可行方法。目前最常见的碳储存技术是地质封存，即将二氧化碳充入废气油井或气井内封存，但诸多研究表明，地质封存存在极大的泄漏风险和隐患。在水泥混凝土领域的碳封存则主要是使二氧化碳与水泥基材料发生碳化反应生成碳酸盐，以化合物形式达到稳定封存二氧化碳的效果，主要分为以下两类：（1）碳化再生骨料和混凝土；（2）工业固废碳酸化后利用。虽然目前对于再生骨料、工业固废的碳化处理研究已经取得了一定进展，但相关技术仍处于早期阶段，大多停留在实验室阶段，尚未实现规模化应用。

5.4.3 碳利用

碳利用是通过工程技术手段将捕集的二氧化碳实现资源化利用的过程，按应用方式可分为二氧化碳直接利用和二氧化碳转化利用，按工程技术手段可分为地质利用、化工利用和生物利用。在水泥混凝土领域，碳利用方法主要包括二氧化碳养护水泥混凝土、二氧化碳拌合水泥混凝土等。传统观点认为暴露在空气（或二氧化碳环境）中的水泥基材料会发生碳化，进而加速钢筋锈蚀，影响结构耐久性，而近期研究表明，混凝土碳化反应后生成的碳酸钙可以进一步密实微观结构，提高结构的抗渗性，延缓侵蚀离子的扩散，反而有利于混凝土的耐久性。

5.5 小 结

水泥混凝土生产环节是实现建筑行业碳中和目标的关键阶段，从混凝土生产与服役阶段入手降低碳排放是主要方向。

（1）通过提高混凝土的力学与耐久性能，减小结构断面与自重，并且延长混凝土结构工程服役寿命，可以有效节约材料，降低碳排放。

（2）结合我国目前矿物资源分布与固体废弃物处理的现状，采用高炉矿渣、粉煤灰、钢渣等工业固废作为混合材，减少熟料与水泥的用量，是未来实现水泥行业碳减排的重要技术途径。新型低碳水泥受制于原材料价格高、性能不足、应用技术不成熟等缺点，目前仍无法大量取代传统硅酸盐水泥，未来亟需结合中国矿物资源现状，提出同时具备"低碳"与"可持续"特征的新型胶凝材料。

（3）鉴于水泥生产中熟料工艺排放的特点，在没有新兴技术大规模代替熟料的情况下，碳捕集、存储与利用技术（CCUS）将成为水泥行业实现碳中和的唯一技术选择，但是目前水泥混凝土行业的 CCUS 技术仍处在起步阶段，存在投资成本大、收益低的问题，有待进一步规模化推广。

作者：刘加平[1]，于诚[2]，李贞[2]（1. 东南大学材料科学与工程学院；2. 江苏苏博特新材料股份有限公司，重大基础设施工程材料国家重点实验室）

参考文献

［1］ CHEN Z, WU L, BINDIGANAVILE V, et al. Coupled models to describe the combined diffusion-reaction behaviour of chloride and sulphate ions in cement-based systems[J]. Construction and Building Materials, 2020, 243(3): 118232.

［2］ ZHANG C L, CHEN W K, MU S, et al. Numerical investigation of external sulfate attack and its effect on chloride binding and diffusion in concrete[J]. Construction and Building Materials, 2021, 285(5): 122806.

[3] ZHUANG Z, MU S, GUO Z, et al. Diffusion-reaction models for concrete exposed to chloride-sulfate attack based on porosity and water saturation[J]. Cement and Concrete Composites, 2024, 146(2): 105378.

[4] WANG X, BA M, YI B, et al. Experimental and numerical investigation on the effect of cracks on chloride diffusion and steel corrosion in concrete[J]. Journal of Building Engineering, 2024, 5(2): 108521.

[5] 刘四进, 何川, 封坤, 等. 管片钢筋锈蚀对盾构隧道衬砌结构受力性能的影响研究[J]. 现代隧道技术, 2015, 52(4): 86-94.

[6] 来晓鹏, 王元战, 王禹迟, 等. TA/SiO_2 疏水涂层及其对混凝土抗侵蚀性能的影响[J]. 建筑材料学报, 2024, 27(1): 30-36.

[7] 缪昌文, 穆松. 混凝土技术的发展与展望[J]. 硅酸盐通报, 2020, 39(1): 1-11.

[8] ZHANG H, MU S, CAI J, et al. Water transport channel of cement paste modified by hydrophobic agent: X-ray nanotomography based analysis[J]. Nondestructive Testing and Evaluation, 2023.

[9] BERKE N S, HICKS M C. Predicting long-term durability of steel reinforced concrete with calcium nitrite corrosion inhibitor[J]. Cement and Concrete Composites, 2004, 26(3): 191-198.

[10] 张军, 金伟良, 毛江鸿, 等. 混凝土梁电化学修复后的耐久性能及力学特征[J]. 哈尔滨工业大学学报, 2020, 52(8): 72-80.

[11] LIU J, TIAN Q, WANG Y, et al. Evaluation method and mitigation strategies for shrinkage cracking of modern concrete[J]. Engineering, 2021, 7(3): 348-357.

[12] 樊启祥, 李文伟, 李新宇. 低热硅酸盐水泥大坝混凝土施工关键技术研究[J]. 水力发电学报, 2017, 36(4): 11-17.

[13] 陈韶章, 苏宗贤, 陈越. 港珠澳大桥沉管隧道新技术[J]. 隧道建设, 2015, 35(5): 396-403.

[14] 刘加平, 汤金辉, 韩方玉. 现代混凝土增韧防裂原理及应用[J]. 土木工程学报, 2021, 54(10): 47-54+63.

[15] TANG J, GAO C, LI Y, et al. A review on multi-scale toughening and regulating methods for modern concrete: from toughening theory to practical engineering application[J]. Research, 2024, 7: 0518.

[16] 中国建筑材料联合会. 中国建筑材料工业碳排放报告 (2020年度) [J]. 中国建材, 2021(4): 59-62.

[17] 夏凌风, 郭珍妮, 邱林, 等. 水泥行业碳减排途径及贡献度探讨[J]. 中国水泥, 2022(11): 14-19.

[18] SCHNEIDER M. Process technology for efficient and sustainable cement production[J]. Cement and Concrete Research, 2015, 78: 14-23.

[19] 王燕谋, 苏慕珍, 张量. 硫铝酸盐水泥[M]. 北京: 北京工业大学出版社, 1999.

[20] GARTNER E, SUI T. Alternative cement clinkers[J]. Cement and Concrete Research, 2018, 114: 27-39.

[21] SUI T, FAN L, WEN Z, et al. Properties of belite-rich Portland cement and concrete in China[J]. J. Civ.Engineering and Architecture, 2015, 4: 384-392.

[22] SHI C, QU B, PROVIS J L. Recent progress in low-carbon binders[J]. Cement and Concrete

［23］ TURNER L K, COLLINS F G. Carbon dioxide equivalent (CO_2-e) emissions: A comparison between geopolymer and OPC cement concrete[J]. Construction and Building Materials, 2013, 43: 125-130.

［24］ 管学茂, 刘松辉, 张海波, 等. 低钙硅酸盐矿物碳化硬化性能研究进展[J]. 硅酸盐学报, 2018, 46(2): 5.

［25］ MU Y, LIU Z, WANG F, et al. Carbonation characteristics of γ-dicalcium silicate for low-carbon building material[J]. Construction and Building Materials, 2018, 177: 322-331.

［26］ 张程, 刘松辉, 畅祥祥, 等. 固碳低钙胶凝材料碳化硬化性能的研究进展[J]. 功能材料, 2021, 52(12): 12036-12042.

［27］ SCRIVENER K, MARTIRENA F, BISHNOI S, et al. Calcined clay limestone cements (LC_3)[J]. Cement and Concrete Research, 2018, 114: 49-56.

［28］ SHARMA M, BISHNOI S, MARTIRENA F, et al. Limestone calcined clay cement and concrete: A state-of-the-art review[J]. Cement and Concrete Research, 2021, 149: 106564.

［29］ 秦国庆, 李中洋, 单正伦, 等. 利用煤矸石和铜尾矿替代黏土煅烧水泥熟料[J]. 武汉理工大学学报 (材料科学版), 2011, 26(6): 1205-1210.

［30］ 李贞, 刘加平, 乔敏, 等. 基于减水剂吸附行为的再生微粉-水泥浆体黏度调控机理研究[J]. 材料导报, 2023, 37(8): 43-49.

［31］ 李宇, 刘月明. 我国冶金固废大宗利用技术的研究进展及趋势[J]. 工程科学学报, 2021, 43(12): 1713-1724.

［32］ 薛生国, 朱铭星, 杨兴旺, 等. 赤泥激发胶凝材料及路用研究进展[J]. 中国有色金属学报, 2023, 33(10): 3421-3439.

［33］ 张峻, 解维闵, 董雄波, 等. 磷石膏材料化综合利用研究进展[J]. 材料导报, 2023, 37(16): 167-178.

6 绿色建筑：碳中和与可持续发展技术的现状及展望

6 Green Buildings: Current Status and Prospects of Carbon Neutrality and Sustainable Development Technologies

6.1 引　　言

随着全球气候变化，资源枯竭和生态系统退化问题日益严峻，绿色建筑已然成为建筑领域实现可持续发展和应对气候变化的重要策略。联合国《2030年可持续发展议程》(SDGs)[1]将绿色建筑确立为构建低碳韧性城市的关键手段。根据国际能源署(IEA)的研究，建筑及其相关行业在全球能源消耗中占比约30%[2]，碳排放贡献率更高[3]，行业转型直接关乎碳中和目标的达成。

近年来，各国政府通过政策、法规和认证体系的协同作用，加速推动绿色建筑技术的发展。自2020年中国提出"双碳"目标以来，绿色建筑作为碳减排的重要路径，正受到政策的广泛支持。《"十四五"节能减排综合工作方案》[4]提出要推动绿色建筑与节能建筑标准的融合，并加大对建筑能效提升的政策支持力度。在此背景下，绿色建筑市场需求持续攀升，行业正加速向低碳、零碳目标转型。英国政府自2019年提出"净零碳"目标后，强化了绿色建筑政策，包括要求新建住宅到2025年必须符合"未来住宅标准"(Future Homes Standard)，实现更低的碳排放水平[5]。同时，英国在既有建筑改造方面也取得积极成效，如通过"绿色住宅拨款"(Green Homes Grant)[6]和"公共部门脱碳计划"(Public Sector Decarbonisation Scheme)[7]推动建筑能效升级。欧盟则计划到2030年将建筑能耗减少至少14%，并推动"欧盟建筑翻新浪潮"(Renovation Wave)[8]战略，以提高既有建筑的能源效率。此外，德国、法国和荷兰等国家纷纷出台本国的绿色建筑政策，以支持近零能耗建筑(nZEB)和碳中和建筑的发展。同时多种认证体系在推动绿色建筑发展方面发挥着重要作用。例如，美国LEED认证体系[9]、英国BREEAM认证体系[10]、德国DGNB评价体系[11]等认证体系通过市场化机制引导技术发展与行业转型，而中国《绿色建筑评价标准》[12]则尝试了政策激励模式，将绿色建筑从技术选项升级为行业转型的基石。

当前，绿色建筑技术已形成主被动式并行的解决方案。一方面，通过被动式设计优化建筑本体能效；另一方面，结合高效能源系统、可再生能源集成与智能化控制技术,实现动态节能,最终构建系统性的脱碳路径,迈向零碳建筑目标。

然而,绿色建筑的推广仍面临诸多挑战。高成本是首要问题,特别是新兴技术在初期投入上的资金压力较大。此外,政策执行力度在不同地区存在差异,使得绿色建筑的实施存在不确定性。同时,市场对新技术的接受度也相对滞后,尤其在技术支持不足或保守的地区,新技术的推广往往受到制约。未来,绿色建筑的发展不仅依赖于技术创新和政策优化,更需要社会各界的共同努力,推动成本降低、政策完善和市场认可,以促进全球范围内绿色建筑的可持续发展。

6.2 技术创新与突破

6.2.1 被动式设计

被动式设计通过优化建筑的设计和构造,使其在不依赖外部能源的情况下,充分利用自然资源(如太阳能、风能、自然通风等),以降低建筑运营阶段的能源消耗并提高室内舒适性[13]。基于被动房设计理念,德国被动房研究所开发了被动房规划软件 PHPP 技术规范[14]作为一种能效评估工具,帮助实现建筑能效优化并符合被动房标准。此外,自然通风[15]、热质量利用[16]和自然采光[17]等被动式设计策略已被广泛研究和应用,在降低建筑能源消耗和碳排放方面发挥了重要作用。

然而,由于被动式设计对环境条件的高度依赖,其在实际应用中仍面临一定限制。为突破这一瓶颈,英国赫尔大学可持续能源技术研究中心赵旭东教授团队 Liu 等人创新性地提出了复合式热管理方案,将主动式热电技术与被动式建筑围护结构相结合,成功研发出分离式热电建筑墙体系统(SC-TEC 结构)(图 1)。该系统突破了传统热电装置的结构限制,使其热端和冷端可以分离布置,从而更灵活地适配建筑外墙、外窗和屋顶等部位。通过将高换热通量特性的半导体热电设备与建筑围护结构深度融合,该系统不仅有效克服了被动式系统在热传导效率上的瓶颈,还实现了对建筑墙体热管理的智能化调控。这种热电-建筑一体化设计为被动式节能建筑的发展开辟了全新的技术路径[18]。

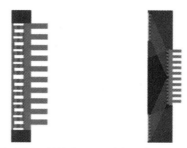

(a) 分离式热电-建筑围护　(b) 分布式建筑侧-集中式环境侧
混合构型热电-建筑围护

图 1　两种热电-建筑围护结构[18]

6.2.2 高效能源设备

在绿色建筑的发展过程中，高效冷热源和空调系统仍然是关键技术之一，其中冷却技术的创新正不断为高性能空调系统设定新的基准。例如，结合 Rankine/Maisotsenko 循环的先进露点冷却技术正在成为传统节能冷却系统的有力替代方案。该技术利用空气湿度差异和蒸发冷却原理，通过精准控制空气的湿度和温度，使冷凝器的冷却水温度低于传统冷却塔系统所能达到的水平。这样，在相同的环境条件下，可用更低的温度冷却冷凝器，从而提高热效率和发电效率。这一技术尤其适用于空气湿度较低的干热气候环境，在此类地区能够实现更高效的冷却效果[19]。基于这一原理，赵旭东教授团队 Ma 等人开发了一种新型高性能露点冷却系统（图2），该系统结合了混合式换热换质片、先进的吸水材料和优化的风机配置。在英国数据中心的实际测试中，该系统展现出卓越的性能，最高能效比（COP）达到 48.3，节能效果高达 90%，远优于传统制冷方式，具有广阔的应用前景[20]。

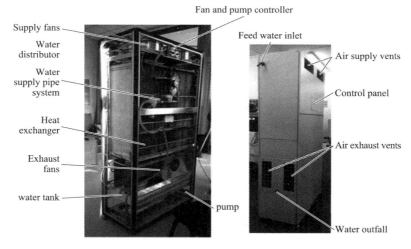

图 2　露点冷却器单元的结构视图：内部结构及完整单元展示[20]

6.2.3 可再生能源应用

在绿色建筑的发展过程中，可再生能源的转型已成为关键要素。光伏技术与热泵系统等可再生能源的集成，受到越来越多关注。特别是不同可再生能源系统之间的高效耦合，展现了巨大的发展潜力。

（1）光伏系统

近年来，光伏技术在多个方面取得了显著进展，包括光伏材料（如碲化镉电池）、光伏板结构（如双面电池板）以及安装方式（如光伏聚光系统）。这些创新不仅提升了光伏系统的发电效率，同时降低了成本，使其在住宅、商业和工业建筑中的应用更加广泛，推动了建筑光伏一体化（BIPV）技术的发展。

与此同时，光伏-热电（PV-TE）耦合系统因其能够更高效地利用全太阳光谱而受到广泛关注。研究表明，在光伏（PV）系统中集成热电发电模块（TEG）可有效提高电能输出。Rejeb 等人[21]通过数值模拟对比了传统 CPVT（聚光光伏-热能）系统与集成 TEG 的 CPVT-TE 系统，发现采用 0.5%石墨烯/水纳米流体冷却的 CPVT-TE 系统在夏季可提高电能输出 11.15%，冬季提高 5.14%，证明了热电模块的增益效应。此外，赵旭东教授团队 Shittu 等人[22]的实验研究进一步证明，结合微通道热管的光伏-热电系统（图 3）不仅能提升光电转换效率，还可利用更广泛的太阳光谱进行能量收集，同时具备制热能力，进一步提升了系统的综合性能。这些研究为 PV-TE 系统的优化设计和应用提供了重要的理论支持和实验依据，推动了这一技术在绿色建筑领域的应用发展。

（2）热泵系统

空气源热泵（ASHP）和地源热泵（GSHP）正成为建筑供暖与制冷的关键技术，其中热泵与可再生能源系统及储能系统的集成方案正在逐步受到重视。赵旭东教授团队 Zhang 等人开发了一种太阳能光伏/环路热管（PV/LHP）模块化热泵系统（图 4），可同时实现发电与热水供应。该系统采用涂层铝合金基板替代传统 TPT 基板，提高光伏组件的散热能力，使电池温度降低 5.2℃，从而提升光伏发电效率至 9.18%。室外测试显示，其平均日发电效率 9.13%、热效率 39.25%，整体能量利用率达 48.37%，显著高于传统太阳能/空气能系统。同时，该系统的热泵性能系数（COP）达 5.51，光伏/热综合性能系数（COPPV/T）达 8.71，展现出更高的太阳能利用效率。此外，经济和环境分析表明，该系统在上海和伦敦的回收周期分别为 16 年和 9 年，全生命周期碳减排可达 12.06t 和 2.94t，具有良好的经济可行性和环境可持续性，适用于建筑供能、工业余热回收和区域能源管理等领域。

(a) 完整设置

(b) PV-TE-MCHP

(c) 带背面绝缘的 MCHP　　(d) 不带绝缘的 MCHP

图 3　实验测试台

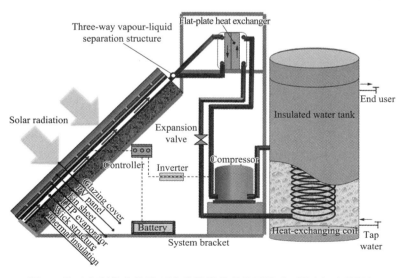

图 4　基于太阳能光伏及环路热管模块的热泵热水系统原理图设计

除自然热源外，有效利用建筑废热亦是提高热泵性能的重要手段。在建筑中，建筑排风的余热资源尤为丰富。在冬季，建筑排气温度通常可达 23～26℃，显著高于 0～10℃的室外冷空气，具有较高的能源品位，是理想的热泵热源。赵旭东教授团队 Li 等人[23]提出了一种多热源余热回收热泵，通过与建筑通风系统集成，无需额外能耗即可实现建筑排气余热回收。这种新型多热源热泵系统可以提高热泵的冬季制热能效，同时有效防止结霜，降低除霜能耗，减少冬季供暖费用。基于实验数据，通过进一步地模拟分析，该系统能提高建筑供热系统的冬季能效比。相较于普通热泵与全热回收装置的建筑供热系统，最终实现 20.64%～54.36%的节能减排[24]。该新型多热源余热回收热泵原型结构如图 5 所示，能够在低环温高水温条件下高效运行并实现近零能耗除霜。联合太阳能集热器阵列后，该系统相较于传统的燃气供热系统，可以实现 67 元/t 的碳减排费用，使其更具全球推广价值，为低碳建筑供暖和可持续发展提供了重要的技术支撑[25]。

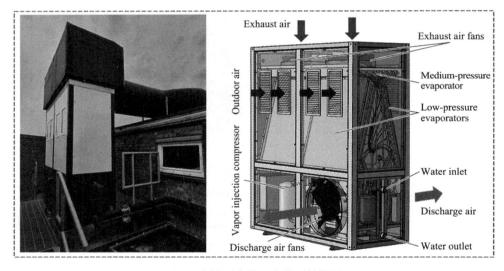

图 5　多热源余热回收热泵结构图

6.2.4　智能化建筑

算法和生成式大模型的高速发展，为绿色建筑的进一步发展提供了崭新的机遇与挑战。其中，基于算法的建筑性能预测、数据驱动的多目标优化设计以及智能化建筑控制系统等领域在推动绿色建筑设计和运营效率中有着突出的表现。

（1）预测算法与建筑能耗预测模型

预测算法的快速发展促进了单一算法与组合算法在建筑设计中的应用。针对传统建筑能耗模型预测精度低且手动校准依赖专家经验的问题，赵旭东教授团队 Cui 等人探索了贝叶斯校准（BC）方法在预测模型校准中的应用，具体实施框架如图 6 所示[26]。研究基于广东省办公建筑的几何信息数据库，利用贝叶斯校准方法校准-准动态能耗模型，并通过案例分析验证了其有效性。研究结果表明，该方法能够有效减少模型的不确定性，并显著提高建筑能耗模型的预测精度。数据驱动的贝叶斯校准方法不仅提升了建筑能耗预测的准确性，还增强了建筑能耗数据库的数据质量和完整性，为进一步优化建筑节能策略提供了科学依据。

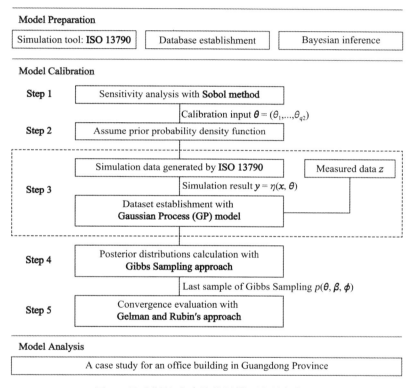

图 6　贝叶斯校准建筑能耗模型实施框架[26]

（2）多目标优化算法与建筑设计综合优化

多目标优化方法在建筑性能分析中不断发展，以平衡能效、热舒适性和经济性等关键因素。针对传统光伏-热电系统效率低下的问题，赵旭东教授团队 Zhao 等人[27]提出了一种新型光伏-微通道热管-相变储能-热电发电（PV-MCHP-PCM-TEG）系统。该系统利用微通道热管（MCHP）将光伏组件背部的废热传输至热电发电（TEG）模块的热端，并结合相变材料（PCM）进行热量存储，以延长 TEG 模块在无太阳辐射条件下的运行时间。研究者构建了该系统的数学模型，并在中国武汉进行了实验验证，综合考虑了光伏基准效率、TEG 模块数量和 PCM 板厚度等关键因素，并采用混合非支配排序遗传算法Ⅱ-多目标粒子群优化算法（NSGA

Ⅱ-MOPSO），以实现电气效率的最大化和生命周期成本的最小化。

（3）动态预测与系统控制

数据驱动方法的探索扩展到系统的操作优化及动态运行预测侧面。针对建筑整体的运行模式，赵旭东教授团队 Cui 等人[28]开发了一种数据驱动的日程设定方法，结合 K-medoids 聚类、主成分分析（PCA）及动态时间规整（DTW）距离测度，将建筑能耗数据按年-月、周-日、日-小时三个时间尺度进行聚类，并据此构建日程矩阵。研究进一步利用神经网络进行建模，并对比不同日程设定方法的预测效果，研究框架如图 7 所示。实验结果表明，该数据驱动日程设定方法相比固定日程设定提高了 25.7%的预测精度，相较基于日历数据的方法提升了 9.2%，显著增强了数据驱动 BEM 的适用性和准确性。

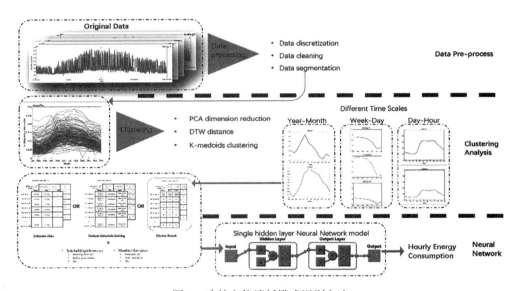

图 7　建筑电能消耗模式识别方法

综上，数据算法在提升绿色建筑智能化系统性能方面发挥了关键作用。无论是建筑设计中的多目标平衡、性能预测精准度提高，还是控制优化的实时性与有效性，数据驱动方法均展现出强大的计算能力和优化效果。通过神经网络、聚类分析、贝叶斯校准等算法的应用，不仅提高了系统预测精度和稳定性，还显著降低了参数设定的不确定性，为绿色建筑智能化的发展提供了坚实的技术支撑。

6.3　技术应用与优秀案例：英国亨伯斯通慈善基地的可持续改造

在绿色建筑技术不断创新与发展的同时，新型技术的示范应用也在迅速推进。

英国亨伯斯通慈善基地（Humberstone Charity Site）的生态改造项目由赵旭东教授团队精心策划与实施，示范性地应用了一系列可再生能源与高效节能技术，使建筑及其配套园区成功实现零碳运行，成为未来绿色建筑的示范性案例。

6.3.1 项目概述

亨伯斯通慈善基地位于英国格里姆斯比（Grimsby）附近，如图8所示。核心开发区作为先进节能技术的试点区域，部署了露点冷却系统、空气源和地源热泵、生物质锅炉，以及创新型绿色生态建筑。而自然区域将作为风能与太阳能农场，安装风力涡轮机、太阳能集热器、光伏及光伏光热技术，并开发绿色氢能技术。本项目成功展示了如何通过先进的可持续能源技术，将传统建筑改造为自给自足、高效节能、环保友好的绿色示范基地。

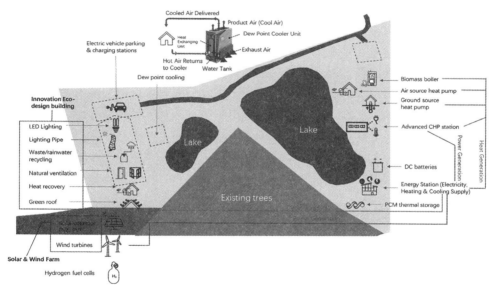

图8 亨伯斯通慈善基地绿色生态改造项目技术布局图

6.3.2 创新技术运用与示范

（1）露点冷却系统

露点冷却技术[29]作为一种创新型间接蒸发冷却方式，因其理论上可将空气冷却至露点温度，从而突破传统间接蒸发冷却器送风温度过高的局限。在此基础上项目试点运用了水基露点空调，这一新型露点空调采用无导流板换热器和智能间歇式供水系统，核心换热器由多个高效换热片组成，每个换热片结合了干侧与湿侧材料，不仅降低空气流动阻力，更大幅提升换热面积。湿侧材料卓越的吸水性能确保长时间持水，从而实现精准间歇供水，有效减少水资源消耗和水泵能耗。

相较于传统露点空调，该新型设备在能源利用与制冷效果方面均大幅提升。如图9所示。

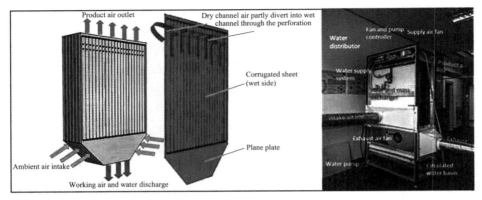

图9　露点冷却器——创新的热质交换系统及实验室原型机[30]

该露点冷却技术在多个方面实现了创新突破[31]。首先，优化的几何结构设计有效改善了热交换路径，提高了传热速率并降低了气流阻力，从而提升了整体热交换效率。其次，升级的湿表面技术增强了水分的吸收、扩散与蒸发能力，进一步提高了冷却性能。此外，智能间歇供水策略结合高吸湿材料的应用，既减少了水资源浪费和水泵能耗，又有效避免水膜形成，从而提升蒸发效率。该系统可直接采用自来水供给，无需额外水泵，不仅降低了能耗，还简化了运行维护。凭借这些技术创新，该露点冷却器的能效（COP）较全球同类最优产品（M系列，水冷型，Coolerado®，美国）提升100%～180%，其制冷效率（湿球效能）提高11%～38%，在绿色节能空调领域树立了新的标杆。

（2）新型多通道流动微通道太阳能集热器阵列

传统太阳能热水系统通常采用平板式集热器，通过涂有特定吸收涂层的吸热板吸收太阳能并转换为热能，热量经焊接于吸热板下方的圆形铜管传递至水箱。然而，在大规模热水系统中，集热器内部水管通常由多个弯头管串联连接，导致温度分布不均匀，集热器末端水温升高、热性能下降，同时较大的摩擦阻力增加了水泵能耗。为优化换热效率并降低流动阻力，项目中应用一种新型多通道流动微通道太阳能集热器阵列[32]。该系统采用四个带有锯齿凸起结构的矩形微通道，以提高水的对流换热系数并增大吸热板与流体的换热面积。此外，创新性地采用直管连接各集热器微通道，仅在阵列首末端使用弯头管，优化流体流动路径（图10）。

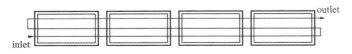

图10　多通道流动微通道连接示意图

图 11 展示了该新型太阳能集热器的结构,其设计在换热性能、流动阻力和系统效率方面具有显著优势。锯齿凸起微通道结构有效提高对流换热系数并增大换热面积,从而增强热传递效率。同时,优化的流体流动路径减少了弯头管数量,降低摩擦阻力,提高水流速率,并显著降低水泵能耗。此外,该系统改善了温度分布均匀性,提高了光热转换效率。实验测试结果表明,该系统在夏季运行时,光伏/热电(PV/TE)集热器的发电效率达到 11.5%,热水集热器的热效率达到 46.8%,显著提升了太阳能热利用效率,实现整体效率提升 10%,流体流动阻力降低 50% 的节能目标。

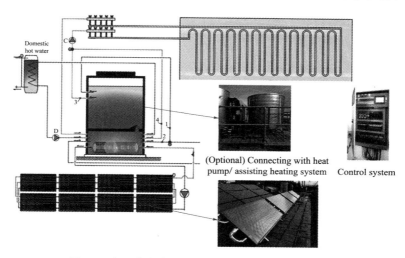

图 11 多通道流动微通道太阳能集热器阵列结构[33]

(3)新型平板微通道热管光伏(PV)热电(TE)混合发电系统

光伏系统的主要技术瓶颈在于其工作过程中积累的热量限制了其效率。新型平板微通道热管光伏(PV)热电(TE)混合发电系统通过将热电发电模块(TEG)与光伏系统结合,并采用微通道热管进行高效热管理,克服了这一限制,如图 12 所示。通过充分利用光伏和热电发电的互补特性,这个创新耦合系统不仅提高了电能转化效率,还通过优化的热管理方案,最大化了从太阳辐射和热量中收集的能量。

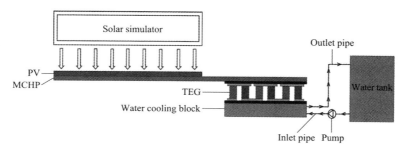

图 12 带冷却系统的新型平板微通道热管光伏-热电混合发电系统原理图[34]

该结合光伏系统与热电发电机（TEG）及微通道热管的耦合发电系统，通过提高光伏模块的散热性能来增强光电转换效率。微通道热管作为一种高效的被动热传导装置，能够在较长距离内有效转移热量，从而促进光伏模块的散热，提升系统的电气性能。该混合系统相比单独的光伏系统，在发电性能方面表现出显著优势的同时还可以产生少量热水。此外，在集中光伏热能系统中集成热电发电机，将热电模块置于光伏模块与吸热板之间，可以进一步提高系统的电力输出。通过对能量和熵效的详细分析，该耦合系统在增强电力输出的同时，提升了整体能效，使太阳能发电效率提高了 5%～10%，具有较好的应用前景。

（4）太阳能光伏（PV）/光热（PV/T）辅助的新型环路热管（LHP）地源热泵系统

新型太阳能光伏/光热辅助的地源热泵系统[35]融合微通道光伏/热电（PV-TE）、环路热管（LHP）和地源热泵（GSHP）技术，高效利用太阳能、废水（污水/灰水）及废气，实现冬季近零碳供暖，并在其他季节提供免费充电和热水供应。图 13 展示了系统的工作原理和环路热管冷凝器和废水/废气热存储/交换单元。

微通道 PV-TE 面板同时提供电力与热能，环路热管高效回收废水、废气中的低品位热能，并通过地源热泵提升至可用温度。太阳能集热器与地源热泵的耦合设计提升了系统 COP，减少设备规模及初始投资，同时采用新型石蜡-膨胀石墨复合材料储热，提高热回收效率。变蒸发温度热泵适应不同低温热源，智能监控系统优化运行，实现高效、低成本、近零能耗的建筑能源解决方案。

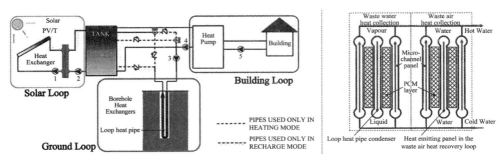

图 13　新型环路热管（LHP）地源热泵系统工作原理图

6.3.3　项目成果与意义

英国亨伯斯通慈善基地的绿色生态改造项目通过应用创新的可再生能源和高效节能技术，成功实现了建筑的零碳运行，并为未来绿色建筑的发展提供了示范性案例。项目的核心成果包括多个创新技术的应用和集成，如露点冷却系统、新型多通道流动微通道太阳能集热器阵列、光伏-热电混合发电系统和光伏/热电辅助的地源热泵系统等。这些技术不仅显著提升了建筑的能源利用效率，同时减少了碳排放和水资源消耗，展现了绿色建筑技术节能降碳的巨大潜力。

在实现低碳和可持续发展的过程中，项目突破了传统建筑技术的局限，将先进的可持续能源技术与现代建筑设计紧密结合，为零碳建筑的实现提供了可行路径。此外，项目通过优化能量存储、热回收和能源管理系统，不仅提高了建筑的能源自给能力，也降低了运行成本。该项目的成功实施为全球范围内的绿色建筑和节能改造提供了宝贵的经验，具有重要的示范意义，推动了绿色建筑技术的普及与应用，为实现全球能源转型和减排目标作出了积极贡献。

6.4 结论及展望

在全球气候变化与资源紧缺的双重压力下，绿色建筑已成为推动可持续发展、提升建筑能效和降低碳排放的重要途径。本文回顾了绿色建筑领域的技术进展，包括被动式设计、高效能源设备、可再生能源集成以及智能化建筑控制系统，并通过优秀案例示范探讨了多种创新技术在绿色建筑中的应用前景。

然而，面对更高的碳减排要求，未来的建筑发展需要进一步深化在**建筑智能化、区域能源设计及可持续城市顶层设计**三个关键方向的探索。

建筑智能化发展：随着人工智能（AI）、物联网（IoT）及大数据分析技术的快速进步，智能建筑正成为绿色建筑发展的重要方向。基于数据驱动的能耗预测、智能运维优化、建筑行为分析等新技术，将进一步提高建筑系统的运行效率和节能降碳能力。同时，智能化控制系统可实现室内环境的动态调节，提高能源使用效率，增强建筑的自适应能力。

区域能源设计：建筑碳中和不仅涉及单体建筑的优化，更需要从区域角度进行系统性规划。区域能源系统（District Energy System，DES）在提高能源利用效率、降低碳排放方面具有显著优势。未来的区域能源设计将聚焦多能互补，包括光伏、风能、地热、余热回收等多种能源形式的协调优化，结合能源存储及智能调度技术，实现区域范围内的能源共享与最优配置。

可持续城市顶层设计：建筑的低碳发展需要与城市规划相结合，推动可持续城市转型。从城市级别的角度来看，未来的绿色建筑发展将与城市基础设施（如交通、供热、供冷、水资源管理）形成更紧密的协同。构建智慧城市级别的碳排放监测平台，通过 AI 和大数据分析进行动态优化调控，将成为实现城市级碳中和的重要路径。综上，未来绿色建筑的发展将超越单一建筑技术的优化，而向更加智能、协同、系统化的方向演进。建筑智能化、区域能源设计、多系统耦合及可持续城市顶层设计，将成为推动建筑行业迈向零碳目标的核心驱动力。通过技术创新、政策优化及社会协同，绿色建筑将在全球可持续发展进程中发挥更加重要的作用。

作者：赵旭东[1]，崔钰[2]，刘皓文[1]，李云海[1]（1. 哈尔滨工业大学（深圳）机器人与先进制造学院；2. 中国建筑科学研究院有限公司，建筑环境与能源研究院）

参考文献

[1] United Nations. Transforming our world: The 2030 agenda for sustainable development[R/OL]. 2015. https://sdgs.un.org/2030agenda.

[2] International Energy Agency. Energy consumption in buildings by fuel in the Net Zero Scenario, 2010—2030[R/OL]. 2022. https://www.iea.org/reports/buildings.

[3] International Energy Agency. CO_2 emissions[R/OL]. 2022. https://www.iea.org/reports/buildings.

[4] 中华人民共和国国务院. "十四五"节能减排综合工作方案[Z]. 2021.

[5] CBRE. What is the 2025 Future Homes Standard and how will it impact residential real estate? [EB/OL]. (2023-03-12) [2025-03-12]. https://www.cbre.co.uk/insights/articles/what-is-the-2025-future-homes-standard-and-how-will-it-impact-residential-real-estate.

[6] UK Government. Apply for the Green Homes Grant scheme[EB/OL]. (2020) [2025-03-12]. https://www.gov.uk/guidance/apply-for-the-green-homes-grant-scheme.

[7] UK Government. Public Sector Decarbonisation Scheme[EB/OL]. (2020) [2025-03-12]. https://www.gov.uk/government/collections/public-sector-decarbonisation-scheme.

[8] European Commission. Energy Efficiency Building: Renovation wave[EB/OL]. (2023) [2025-03-12]. https://energy.ec.europa.eu/topics/energy-efficiency/energy-efficient-buildings/renovation-wave_en.

[9] U. S. Green Building Council. LEED v4 impact category and point allocation process overview[EB/OL]. 2019. https://www.usgbc.org.

[10] RE Global Ltd. BREEAM communities technical guidance manual[EB/OL]. 2009. https://www.breeam.co.uk.

[11] DGNB GmbH German Sustainable Building Council. Deutsche Gesellschaft für Nachhaltiges Bauen[EB/OL]. https://www.dgnb.de.

[12] 住房和城乡建设部. 绿色建筑评价标准: GB/T 50378—2019[S]. 2024年版. 北京: 中国标准出版社, 2022.

[13] Gil-Ozoudeh I, Iwuanyanwu O, Okwandu A C, et al. The role of passive design strategies in enhancing energy efficiency in green buildings[J]. Engineering Science & Technology Journal, 2022, 3(2): 71-91.

[14] Passivhaus Planning Package[EB/OL]. (2025) [2025-02-19]. https://passivehouse.com.

[15] Gilvaei Z M, Poshtiri A H, Akbarpoor A M. A novel passive system for providing natural ventilation and passive cooling: Evaluating thermal comfort and building energy[J]. Renewable Energy, 2022, 198: 463-483.

[16] Mushtaha E, Salameh T, Kharrufa S, et al. The impact of passive design strategies on cooling loads of buildings in temperate climate[J]. Case Studies in Thermal Engineering, 2021, 28:

101588.

[17] MAHAR W A, VERBEECK G, REITER S, et al. Sensitivity analysis of passive design strategies for residential buildings in cold semi-arid climates[J]. Sustainability, 2020, 12: 1091.

[18] LIU H, SHEN L, LI Y, et al. Investigation of a novel separately-configured thermoelectric cooler: A pathway toward the building integrated thermoelectric air conditioning[J]. Advances in Applied Energy, 2025: 100218.

[19] MA X, ZHAO X, ZHANG Y, et al. Combined Rankine Cycle and dew point cooler for energy efficient power generation of the power plants-A review and perspective study[J]. Energy, 2022, 238: 121688.

[20] MA X, ZENG C, ZHU Z, et al. Real life test of a novel super performance dew point cooling system in operational live data centre[J]. Applied Energy, 2023, 348: 121483.

[21] REJEB O, SHITTU S, LI G, et al. Comparative investigation of concentrated photovoltaic thermal-thermoelectric with nanofluid cooling[J]. Energy Conversion and Management, 2021, 235: 113968.

[22] SHITTU S, LI G, ZHAO X, et al. Experimental study and energy analysis of photovoltaic-thermoelectric with flat plate micro-channel heat pipe[J]. Energy Conversion and Management, 2020, 207: 112515.

[23] LI Y, LI Z, FAN Y, et al. Experimental investigation of a novel two-stage heat recovery heat pump system employing the vapor injection compressor at cold ambience and high water temperature conditions[J]. Renewable Energy, 2023, 205: 678-694.

[24] LI Y, CUI Y, SONG Z, et al. Eco-economic performance and application potential of a novel dual-source heat pump heating system[J]. Energy, 2023, 283: 128478.

[25] LI Y, LI Z, SONG Z, et al. Performance investigation of a novel low-carbon solar-assisted multi-source heat pump heating system demonstrated in a public building in Hull[J]. Energy Conversion and Management, 2024, 300: 117979.

[26] CUI Y, ZHU Z, ZHAO X, et al. Bayesian calibration for office-building heating and cooling energy prediction model[J]. Buildings, 2022, 12(7): 1052.

[27] ZHAO R, ZHU N, ZHAO X, et al. Multi-objective optimization of a novel photovoltaic-thermoelectric generator system based on hybrid enhanced algorithm[J]. Energy, 2025: 135046.

[28] CUI Y, ZHU Z, ZHAO X, et al. Energy schedule setting based on clustering algorithm and pattern recognition for non-residential buildings electricity energy consumption[J]. Sustainability, 2023, 15(11): 8750.

[29] A novel dew point air conditioning system: PCT/GB 2009/002276[P]. 2009-03.

[30] MA X, ZENG C, ZHU Z, et al. Real life test of a novel super performance dew point cooling system in operational live data centre[J]. Applied Energy, 2023, 348: 121483.

[31] MA X, ZHAO X, ZHANG Y, et al. Combined Rankine Cycle and dew point cooler for energy efficient power generation of the power plants-A review and perspective study[J]. Energy, 2022, 238: 121688.

[32] ZHOU J, ZHAO X, YUAN Y, et al. Mathematical and experimental evaluation of a

mini-channel PV/T and thermal panel in summer mode[J]. Solar Energy, 2021, 224: 401-410.
［33］ Thermal storage tank for heat pump system: PCT/GB2020/052276[P]. 2020.
［34］ SHITTU S, LI G, ZHAO X, et al. Experimental study and exergy analysis of photovoltaic-thermoelectric with flat plate micro-channel heat pipe[J]. Energy Conversion and Management, 2020, 207: 112515.
［35］ ZHANG X, ZHAO X, SHEN J, et al. Design, fabrication and experimental study of a solar photovoltaic/loop-heat-pipe based heat pump system[J]. Solar Energy, 2013, 97: 551-568.

7 如何把老旧小区改成群众所盼的"好社区、好房子"

7 How to Transform Old Residential Communities into Desired "Better Neighborhoods and Better Homes"

7.1 存在问题

我国 2000 年以前建成的住宅小区大概是 22 万个，涉及居民近 3900 万户，需要改造的住宅小区总面积为 60 多亿 m²，既有社区也已超过千亿 m² 规模。老旧小区普遍存在四大问题：①圈建围墙、道路不通、私搭乱建、车位短缺；②配套设施和公共活动场所严重不足，围护结构缺乏保温节能措施，外墙和屋顶渗漏，房屋设施老化，缺少出行充电设施；③缺乏适老化和人性化关怀的环境和设施；④社区智能服务功能单一，机器人装备还没有走进社区和家庭。

虽然近年来我国已开展了大量的老旧小区改造实践，但在改造机制、实施方法、关键技术体系等方面仍处于探索阶段。所以，如何构建"系统谋划、一体协同、精细营造、共同缔造"四位一体的统筹实施模式和方法，是我们应着重探讨的问题。

7.1.1 老旧小区改造机制方法存在的问题

（1）**缺少依法开展社区改造的相关规定**。很多国家采取了"自上而下"的住宅维护立法，通过法律手段规定其维护出资要求，督导业主定期对自己的住房和所涵盖的公共空间进行维护和提升改造。虽然我国相关的立法工作正在逐步完善，但针对社区长久维护和迭代升级改造的相关立法工作还没有开展。

（2）**缺少多主体统筹共建的机制与模式**。新中国成立后到 20 世纪末，建设标准较低，居住环境与品质亟待改造提升，但对于"谁来出资，谁来补短板、补欠账"却没有形成有效的机制和模式。虽然大多数居民都清楚改造后对自身生活和房屋价值会有较大提升，但普遍认为改造提升的责任人应是国家或原单位，是原有的"欠账"，特别是公共空间的土地所有权是国家的，改造出资更与自己无关，即使住宅公共空间加建设施（如电梯等）也很难形成一致意见。且我国社区居民习惯有"烦心事、揪心事"找"组织""社区""原单位"，依赖"组织"出面出钱解决问题。

（3）**缺少一体化改造的系统性整合机制**。与其他国家的小街区低层、多层住宅或独立住宅不同，我国普遍是多层、高层、高密度集聚的社区空间，改造内容庞杂，涉及的相关要素众多。当前缺少"大系统"融合的机制和实施方法，难免会出现"头疼医头，脚疼医脚""贴皮刷面""千区一面"等问题。

（4）**缺少以人的需求为导向的改造方法**。很多老旧社区中的居民长期在此生活，对社区感情很深，他们对生活场景的人性化细节非常关心。这就需要"专业人员"（特别是建筑师）在现场与居民面对面地深入沟通。然而，目前很多"设计人员"还没有真正"走出图纸，走进生活"，仅从标准角度套用"标准图集"，致使人性化需求落实不足，难免会缺少"设计颜值"，出现技术和产品的堆砌。

7.1.2 老旧小区改造技术服务模式存在的问题

（1）**缺少改造全要素大系统设计统筹**。当前，我国缺少能够将社区居民需求、功能性能、配套服务、文化艺术、环境友好等要素进行一体化统筹的技术体系和"新技术服务"模式。改造的业主（街道或原单位）普遍没有能力设置"设计管理部"，认为委托设计就可以了，而设计院基本就是做几张透视图，然后套用标准图集出施工图，而施工单位再照图施工，既不会管那么多的细事，也没有能力管。

（2）**缺少满足高品质改造的模式方法**。老旧社区千差万别，这就需要设计师们像"家庭医生"一样，细细地去"诊断和调理"，只有处处都有设计，才能将人性化设计和服务设计落到实处，才能改出"有温度、有味道、有颜值"的好社区。当前，还没有形成行之有效的模式方法，仅仅是靠个别建筑师的情怀做了些亮点项目。

7.2 相关建议

7.2.1 政策层面的建议

（1）**建立激励扶持政策**。为激励产权单位（单位自建住宅）、设计、施工等企业实施和参与改造，可给予上缴利润部分返还（国有企业），以及增值税、企业所得税优惠等政策；对企业用于符合规定条件的支出，准予在企业所得税前扣除；对片区改造项目实行优惠贷款和财政贴息等。

（2）**建立协同绿色通道**。老旧小区改造项目很多是一两栋建筑，如按此办理各类招标投标和开工建设手续，耗时耗力。可建立多区域、多部门协同的"项目群"手续办理和绿色通道，解决手续繁杂问题。

（3）**理顺历史遗留问题**。社区中有很多公共用房和设施因各种历史原因没有办理建设或产权手续，无法进行改造利用。可建立由本行政区域内主要领导牵头的领导小组办公室和跨部门联席会议机制,理顺历史遗留问题,简化审批流程,盘活存量资源。

7.2.2 机制层面的建议

(1)**整体统筹,规划在先**。建立以街道和街坊为谋划单元的社区片区统筹规划和实施方案,对应社区"15分钟生活圈"编制社区更新规划,针对"人、地、房、钱、文化、卡点、活力、共建"的复杂巨系统,通过统筹片区整体资源,进行"再规划"布局,形成整体解决方案(图1)。

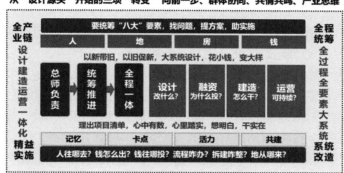

图 1　整体统筹的解决方案

(2)**一体整合,模式创新**。充分发挥政府财政资金的引导性作用,调动社会资金以市场化方式统筹实施改造建设。采用建筑师负责制+工程总承包(EPC)等建设运营模式,对改造项目进行统一管理。建立起多部门、多主体的统筹协同的整合机制,推行一体整体实施模式。

(3)**构建可持续维护机制**。一方面,探讨社区住宅和公共空间的定期维护条例和更新维护保险机制,保证更新改造的可持续性。建议在相关规定中明确,经过评估性能和质量无法满足要求的住房或社区,必须进行提升改造。否则,其住房将作为不完善产品,其租售和房产抵押应受到限制。要求具有独立产权住房的居民(产权单位)依法针对需要出资的社区公共环境、住宅主体结构和围护结构改造和维护进行出资。另一方面,探讨改造工程与房屋价值提升紧密结合,建立基于"保险机制"的社区改造出资、议事机制和管理方法。向社区居民公示"社区更新规划、设计方案"和"房屋租售增值分析评估报告"等,使居民放心出资来共同提升自己家园的价值。

(4)**构建"加建重建"机制**。探索在"减量"发展的前提下,相应土地权属不变,"土地、设施分离"的配套服务设施加建机制,以及相应的资产认定等规定,如通过加建停车设施、立体操场和服务设施等临时设施补齐短板。探索性能不满足基本居住标准的住宅"拆除原址重建"的认定标准,为拆除重建项目提供立项依据。探索利用"拆除原址重建"建设一定数量的社区居家养老租赁住房、新市民租赁公寓等相关机制。

7.2.3 实施方法层面的建议

(1)"三师一体"的实施方法。"三师"指片区总师、社区责任规划师与负责建筑师。"一体"指一体化服务模式和技术体系。①倡导片区统筹改造总师负责制。结合上位规划要求,编制由片区总师牵头统筹的社区更新规划,形成整体解决方案。②形成"多师协同"改造负责机制。落实社区责任规划师规划引领与监督责任,社区责任规划师、建筑师与景观设计师等"多师协同"精细化实施落地。③创新"1+3+N"一体化服务模式和技术体系。"1+3+N"一体化改造模式指1个片区1位总师,"设计建造、社区运营、服务统筹"3项统筹,以及N类品质提升场景(适老化、儿童友好等)。

(2)"过程管控"的实施方法。①采用"五个一"的系统实施方法(图2)。"一书"指整体改造实施方案建议书;"一图"指片区更新再规划图;"一表"指体检与性能对标表;"一体"指全要素一体化整合;"一人"指片区总师负责制,结合"城市片区规划设计、城市设计街区风貌、街区产业导入场景"进行管控。②做好"三大步骤"把控。抓源头,通过明确清单、建立协同、源头组织三步,建立建筑师全程把关的管理模式。抓过程,通过技术把关、细化优化、跟踪评估与共治共建,严格按照施工质量标准体系进行施工作业。抓验收,通过工程验收、居民体验、交流研讨与传播推广,激发居民共同参与的热情,形成"大家一起来"的共建、共治、共享的验收方法。

图2 "1+3+N"模式、"三项抓手"与"五个一"实施方法

（3）建筑师负责制的实施方法。 建筑师负责制是团队组织方式，既要明确谁是责任建筑师，更要建立有效的团队组织方法，三类职能是必不可少的。

1）总体设计有点类似于开发商的设计部，主要解决：在一定的资金情况下，改哪些内容？解决了什么"痛点"问题？性能配置标准是什么？如何协调政府相关部门的审批和政策支持？如何协调组织各类专项设计（如标识、彩绘、无障碍、信息化等专项技术）？设计全流程的节点管控等。

2）要建立精细设计与工程协同监管机制。建立关键工程节点"看样、选材、成本优化"的一体化机制，负责影响建筑品质的技术管控（绿色低碳、健康舒适、适老无障碍等），特别是管控建筑材料的品质、性能和构造。协助施工单位建立与居民的沟通机制，针对关注点进行管控（停车、充电、漏水、无障碍、配套服务等）。

3）社区和住房改造"产品使用说明书"的制定。补齐长期以来所缺失的工作内容，既要让居民了解自己居住的住宅产品性能，也要让居民知道所应担负的维护责任，不能将所有责任推给政府或单位。

7.2.4 技术支撑层面的建议

当前社区改造亟需解决的关键技术包括：场景推演和诊断模型，解决科学决策难题；融合适配大系统设计技术，解决复杂场景的全程协同管控难题；社区低干扰、高性能改造关键技术，解决居民住宅施工和免搬迁加固等扰民难题。

（1）前馈推演和耦合诊断模型技术。 内容包括：将社区与建筑更新系统各关键要素、制约条件进行提炼，找出各要素之间的耦合关系。建立基于社区与建筑更新的人因需求、服务场景、融合适配、环境提升、功能迭代的大数据分析模型。利用人工智能、大数据技术，形成各要素之间耦合适配的量化分析技术工具和推演方法。

（2）人因—场景—环境融合适配大系统设计技术。 内容包括：分解更新改造系统设计流程，建立社区服务设计、多专业整合的大系统设计流程管控框架，形成"全过程协同设计、全系统整合设计、全要素精益设计"的全流程精细设计管控要点、方法和平台工具（图3）。

图3　全周期大系统融合改造模式与关键体系框架

（3）社区全龄友好环境品质提升技术模块与装备。内容包括：形成全龄友好环境"人-环-机"融合理论与设计方法、社区与建筑的人性化设计＋装配化装修＋"拟人化"智能服务整体解决方案，开发适老化出行与社区智能屋产品。

（4）低干扰高品质改造所需的关键技术。"绿色低碳、健康舒适、安全耐久、智慧便捷"的关键技术包括：

① 防止外墙渗漏和开裂的外保温技术；
② 防水保温装饰一体板外墙装配式技术；
③ 提高门窗安装密封性能的构造技术；
④ 户间墙体、楼板和户门隔声降噪技术；
⑤ 卫生间集成卫浴和健康环境技术（防返味、适老、集成利用等）；
⑥ 厨房设备集成和健康环境技术（防串味、燃气泄漏报警等）；
⑦ 免搬迁外套筒加固技术；
⑧ 低干扰上下水管快装技术；
⑨ 室内外适老化环境改造技术（消除室内高差、入户门槛高差、适老化环境设计等）；
⑩ 装配式装修与绿色健康建材技术；
⑪ 装配式环境设施技术；
⑫ 地下机械车库技术；
⑬ 水、电、气、热和电梯等运行质量监测技术；
⑭ 自行车和电动轮椅太阳能光伏充电技术；
⑮ 老年人意外风险数字监测技术；
⑯ 社区智能屋集成模块技术（老年人打车、快递机器人、轮椅租借等）；
⑰ 社区智慧监控技术（停车管理、安全监控、高空抛物等）；
⑱ 垃圾杂物智能收集技术（智能垃圾箱，楼道杂物堆放监测）；
⑲ 健身慢跑道健康监测技术等。

作者：薛峰（中国中建设计研究院有限公司）

参考文献

[1] 住房和城乡建设部. 完整居住社区建设指南[Z]. 2021.
[2] 国务院办公厅. 国务院办公厅关于全面推进城镇老旧小区改造工作的指导意见：国办发〔2020〕23号[EB/OL]. (2020-07-20)[2023-12-01]. https://www.gov.cn/zhengce/content/2020-07/20/content_5528320.htm.
[3] 薛峰. 城市社区居家适老化改造研究与实践应用[M]. 北京：中国建筑工业出版社, 2024.
[4] 中国中建设计研究院有限公司. 老旧小区改造技术导则（2023版）[Z]. 2023.
[5] 刘奋. 应城聚力"四好"建设提升群众居住品质[EB/OL]. (2025-02-17)[2025-02-24]. http://

www.yingcheng.gov.cn/bmdt/1990540.jhtml.

[6] 吴二军, 王秀哲, 甄进平, 等. 城市老旧小区改造新模式及关键技术[J]. 施工技术, 2020, 49(3): 40-44.

[7] 葛顺明. 老旧小区改造的实践及建议[J]. 城市开发, 2019(22): 62-63.

[8] 蒋方, 陈琼, 徐华宇. 北京老旧小区外环境无障碍改造设计研究[J]. 北京规划建设, 2019(6): 98-101.

[9] 支文军. 精细化再生: 城镇老旧小区改造[J]. 时代建筑, 2020(1): 1.

[10] 郑广, 颜美玲. 浅谈城市老旧小区综合整治的问题与策略[J]. 城市建筑, 2019, 16(26): 91-93.

8 冬季运动会体育场馆绿色建造技术
8 Green Construction Technology for Winter Games Stadiums

8.1 引言

在21世纪的今天,随着全球气候变化、资源枯竭及环境问题的日益严峻,可持续发展已成为人类社会发展的核心议题。国家"十四五"规划中对国民经济和社会发展提出了明确要求,建设绿色城市成为推动新型城市建设的一个重要目标,在绿色建设的目标下,建筑业正面临着前所未有的转型压力与机遇。由此,绿色建造理念应运而生,它不仅是一种对传统建造模式的革新,更是实现建筑业可持续发展、促进人与自然和谐共生的关键路径。

绿色建造技术与冬季体育场馆建设的协同创新体系,通过生态保护、材料革新与能源转型的系统性整合,其核心在于通过技术创新与集成实现冬季体育场馆建设全生命周期低碳化转型,为高寒地区大型体育设施建设提供了可复制的技术范式。作为践行联合国《2030年可持续发展议程》的创新实践,以北京冬奥会和哈尔滨亚冬会为代表的冬季体育场馆建设,通过系统性整合生态保护、材料革新与能源转型三大技术集群,开创了全生命周期低碳化转型的技术范式,这种系统性创新不仅重塑了高寒地区建筑标准体系,更催生出冰雪产业与绿色经济深度融合的新业态。随着绿色金融政策对超低能耗建筑的支持力度持续加大,冰雪产业正加速突破资源依赖型发展路径,向着技术驱动、生态友好的高质量增长模式跃迁。

冬季运动会体育场馆绿色建造关键技术以生态优先为核心,通过技术创新与资源集约化利用,为全球大型赛事树立了低碳化标杆典范。场馆全周期清洁能源供电以及冬夏运动场景的高效切换等实践,不仅验证了冰雪场馆建设从"耗能体"向"供能体"转型的可行性,更通过场馆与城市生态的深度融合,为后奥运时代基础设施绿色升级提供了可复用的建造技术。

8.2 冬季运动会体育场馆绿色建造关键技术

8.2.1 国家速滑馆绿色建造技术

国家速滑馆"冰丝带"(图1)作为2022北京冬奥标志性工程,其创新技术体系经三年运营验证持续展现卓越性能。该场馆突破性采用单层双向马鞍形索网柔性结构,通过开展索网成型理论分析、多工况数字模拟以及 1:12 缩尺模型试验等系列研究,创新性融合环桁架支撑体系与幕墙斜拉索结构,在国内首次实现异面壳体复合结构在大跨度空间(198m×124m)的工程化应用。为保障运动员取得优异成绩,实现举办"绿色"奥运的理念,建造了目前世界上速度最快、最环保的超大面积冰面。

图 1　国家速滑馆

(1) 超大跨度 (198m×124m) 索网体系高效高精度建造关键技术

首创了单层马鞍形索网+环桁架+异面拉索网壳体系,降低了制冰运行能耗。自主研制建筑用国产大直径高钒密闭索,并首次应用于国家重点工程,打破了欧美市场的垄断;首创了平行施工的高效高精度技术体系,形成了超大跨度单层正交索网主被动、大吨位同步张拉技术,将大型体育场馆结构施工精度由厘米级提高到毫米级。

(2) 金属单元柔性屋面及复杂曲面幕墙建造关键技术

首创单元式柔性金属屋面,解决了与索网结构配套使用的围护系统技术难题,填补了装配式模块化屋面系统的空白;研发了单索支承异面网壳曲面玻璃幕墙体系,推动了曲面玻璃幕墙的技术进步,创造了建筑工艺美学新高度,实现功能、科学和艺术的结合。

(3) 超大面积二氧化碳跨临界制冷系统关键建造技术

建立了适用于多功能超大冰面的亚临界、跨临界宽温区并行 CO_2 直接蒸发制冰集中式制冷系统,攻克了二氧化碳集中式制冷中压回油、两段调温蓄能式热回收等关键技术难题。经中国制冷学会评定,与采用卤代烃制冷加盐水载冷系统的冰场相比制冰系统能效提升 20% 以上;避免使用作为温室气体的制冷剂,直接减少碳排放 2.5 万 t;每年节电 200 万 kW·h,同时有效回收利用了制冷系统余热。

(4) 智慧及可持续场馆建造关键技术

研发了智慧场馆实时运行集成技术和高精度 BIM 大模型的高效渲染技

术，搭建了场馆数字孪生系统，打造了智慧运维大脑，提高了冬奥场馆智慧观赛服务水平。国家速滑馆在后冬奥时代通过多元化运营策略实现了场馆资源的高效利用与可持续发展，将赛事功能与文化、商业、公共活动深度融合，构建"赛事 + 商业 + 公共服务"的复合生态圈。此外，场馆通过保留冬奥文化遗产、开发红色研学路线，持续强化城市公共空间属性，让冬奥红利转化为长期惠民成果。

8.2.2 国家高山滑雪中心绿色施工关键技术

国家高山滑雪中心秉承延庆赛区"山林场馆，生态冬奥"的总体规划设计理念，面向复杂山地条件、雪上运动和奥运赛事的复杂性，努力打造成涉及多业务领域综合立体布局的雪上项目竞赛场馆，并通过了国际滑雪联合会对雪道的质量认证，取得了显著的社会、经济和环境效益，具有良好的示范和推广应用前景。其主要的绿色施工关键技术包括以下几项：

（1）雪道生态修复技术

雪道施工对山体生态环境会造成部分的影响，为了减少对山体环境的破坏，满足可持续发展要求，结合工程规模、地域特点、技术特点、工期要求、工程造价，多方面比选，以典型坡体为基地，进行雪道表面及边坡水土保持工程设施的施工。其中雪道生态修复主要采用了植物纤维毯、生态袋水平阶施工技术，保证了雪道工程与周边环境协调共生，达到可持续发展的要求。

（2）山林场馆绿色施工技术

国家高山滑雪项目位于延庆区小海陀山，山地既有森林茂密，部分地层为玄武岩，溪水长流，光照充足。占地范围的非名贵树木、灌木需要伐除，伐木后留有原木进行二次利用，同时在土方开挖的过程中会产生大量石材，赛区内天然水资源丰富，融雪水的体量大。通过既有资源的综合应用，实现了挡墙石材的无外购，施工用水采用天然水源，废木来源于森林，造雪用水为赛区内循环，节约了施工成本，降低了运输过程中的碳排放，实现了可持续发展。

（3）复杂山地边坡及大直径波纹钢管隧道施工技术

国家高山滑雪中心工程地处山西断块隆起区、燕山褶皱带的南缘、华北断坳断陷西北部北缘地带，是新构造活动强烈地区，山体不稳定，受崩塌、滑坡、泥石流等不良地质影响。常规的钢筋混凝土隧道无法满足施工需要，应用了钢板波纹管涵隧道结构技术，采用标准化模块化加工制作，达到装配式安装技术，施工效率高，实现了绿色施工。

8.2.3 国家冰上训练中心绿色建造技术

北京冬奥会国家冰上训练中心绿色建造技术以生态优先、科技赋能为核心理念,将荒漠治理与冰雪场馆建设深度融合,在河北承德塞罕坝国家冰上项目训练中心等重点工程中开创了高寒地区生态友好型施工模式。作为全球首个亚高原"四合一"冰上运动场馆,该项目总建筑面积 2.4 万 m^2,集速度滑冰、短道速滑、花样滑冰及冰壶四大功能于一体。

(1) 抗冻混凝土与钢结构体系创新

通过自主研发的制冰系统与钢纤维抗冻混凝土技术,其抗冻等级达到 F250,冰板承压层混凝土平整度误差控制在 2mm,攻克了零下 30℃冰面稳定性难题。同时应用耐寒钢材与可拆卸钢结构体系,使 85%的设施具备赛后功能转换潜力,降低拆除重建的资源消耗,实现冰板承压层混凝土无缝浇筑。

(2) 生态修复与低扰动施工技术

针对塞罕坝高寒、多风沙的脆弱生态特征,施工团队采用"近自然绿化技术",通过"小反坡造林法"修复施工扰动区域,使植被恢复速度提升 30%,水土流失量减少 80%。构建包含 256 个传感器节点的"天-空-地"一体化监测体系,实时追踪土壤墒情、微生物活性等 16 项生态指标,数据更新频率达毫秒级,为动态调整施工方案提供科学依据。

(3) 可持续运营与生态效益

在设计阶段时考虑规划场馆赛后功能,将冰壶赛道改造为全民健身中心,利用装配式内装技术实现 72 小时内空间重构。场馆周边配套生态教育基地,展示塞罕坝治沙经验与冬奥绿色技术融合成果。监测数据显示,冬奥工程实施后周边区域空气负氧离子浓度提升 27%,鸟类种群新增 13 种,土壤有机质含量提高 15%。国际奥委会评价该技术体系"重新定义了寒区大型设施建设标准",其经验被纳入《联合国防治荒漠化公约》最佳实践案例库"。

8.3 亚洲冬季运动会体育场绿色建造技术

哈尔滨市八区体育场作为第九届亚洲冬季运动会冰球比赛核心场馆,在改造过程中以"绿色、智能、节俭、安全"为核心理念,通过多维度技术创新与全生命周期管理,构建了寒地城市大型体育场馆低碳改造的标杆性实践。作为兼具历史价值与现代化功能需求的综合性场馆,其改造工程通过结构优化、材料革新、能源循环和智能管控等技术的集成应用,实现了环保效益与赛事需求的深度融合,为国际冰雪运动场馆建设提供了可复制的技术范式。

8.3.1 装配式建造及碳纤维加固技术

场馆改造采用预制钢结构构件实现快速拼装,减少现场焊接作业产生的空气污染与噪声干扰，施工效率大幅提升。针对始建于 20 世纪的老旧建筑主体，项目团队运用碳纤维加固技术和混凝土修复工艺对承重结构进行改造升级，既保留原有建筑的历史风貌，又将抗震等级提升至 8 度设防标准，确保场馆安全性与功能性平衡。

8.3.2 可再生能源与智能系统协同技术

屋面分布式光伏发电系统年发电量可满足训练馆日常照明需求；地源热泵系统利用地下恒温层能量，为冰场制冷与观众区供暖提供稳定能源。智能化管控平台集成光纤传感、温湿度联动调节等子系统，实时监测 800 余个能耗节点，通过机器学习算法优化设备运行策略。例如，新风系统根据实时人流密度调整换气频率，在 $PM_{2.5}$ 浓度控制低于 $35\mu g/m^3$ 的同时降低通风能耗。

8.3.3 全周期施工管理与资源循环技术

项目团队运用 BIM 技术建立三维施工模型，模拟构件吊装路径与管线交叉布局，减少施工返工率 15%。通过倒排工期法将总进度分解为 72 个关键节点，采用网络计划技术实现土建、机电、装饰等 12 个专业工序无缝衔接，施工效率得到了显著提升。废弃物管理方面，建立混凝土破碎再生利用体系，破碎后再回收利用，钢材边角料回收率 100%，累计减少建筑垃圾外运量 1200t。

8.4 总　　结

北京作为全球首个"双奥之城"，在筹办 2022 年冬季奥运会过程中创造性传承 2008 年夏季奥运会遗产，构建起奥运场馆可持续利用的典范模式，生动诠释了奥林匹克运动绿色发展的核心理念。通过历史文脉传承、低碳技术集成与数字化管控的深度融合，不仅为亚冬会提供了国际一流的竞赛场地，更开创了寒地城市既有建筑绿色改造的新模式，为全球寒地建筑的绿色改造提供了可复制的技术体系。通过"双奥"遗产的有机串联，北京形成覆盖场馆全生命周期的碳足迹管理机制，推动冰雪运动与城市发展深度融合，中国正通过"技术输出 + 标准引领"的双重路径，推动冰雪运动从资源消耗型发展向技术创新型进化转型，为人类应对气候变化、实现可持续发展提供了具象化的实践样本。这种转型既是对"十四五"规划绿色城市建设的积极响应，更是构建人与自然生命共同体的时代答卷。

作者：李久林[1]，武丙龙[1]，王建林[1]，杨应辉[1]，张洁[1]，王振兴[2]，陈利敏[1]，刘廷勇[1]（1. 北京城建集团有限责任公司；2. 北京城建北方集团有限公司）

参考文献

［1］ 国家发展和改革委员会. 国民经济和社会发展第十四个五年规划和 2035 年远景目标纲要[EB/OL]. (2021-03-13) . https://www.gov.cn/xinwen/2021-03/13/content_5592681.htm.

［2］ 钱七虎. 关于绿色发展与智能建造的若干思考[J]. 建筑技术, 2022, 53(7): 951–952.

［3］ 潘博浩. 亚冬会背景下哈尔滨市冰雪运动场馆的发展研究[J]. 冰雪体育创新研究, 2024, 5(3): 4-6.

［4］ 王帅. 亚冬会背景下哈尔滨冰雪产业高质量发展研究[J]. 当代体育科技, 2024, 14(13): 75-77.

9 雄安新区绿色建筑城市典范建设体系研究及应用

9 Research and Application of the Green Building Model System in Xiong'an New Area

9.1 引 言

2017年4月，中共中央、国务院印发通知，决定设立河北雄安新区，这是党中央深入推进京津冀协同发展的重大决策部署，是千年大计、国家大事。建设雄安新区是疏解北京非首都功能、推进京津冀协同发展的历史性工程[1]，对探索人口经济密集地区优化开发新模式，调整优化京津冀城市布局和空间结构，具有重大现实意义和深远历史意义。

雄安新区自设立以来，坚持高起点规划、高标准建设。习近平总书记提出将建设绿色智慧新城、打造优美生态环境、构建快捷高效交通网等作为规划建设雄安新区的重点任务。2018年4月，中共河北省委、省人民政府发布《河北雄安新区规划纲要》，将雄安新区发展定位为京津冀世界级城市群的重要一极、推动高质量发展的全国样板，提出全面推动绿色建筑设计、施工和运行。2024年1月，国家发展改革委、河北省人民政府发布《关于推动雄安新区建设绿色发展城市典范的意见》，将"绿色建筑城市典范"列为绿色发展城市典范的重要任务之一。

"绿色"是雄安新区的鲜明底色和重要属性，发展绿色建筑，是雄安新区建设绿色发展城市典范的重要途径，是国家绿色发展战略的重要实践，也是对中国城市发展模式的创新和探索，意义重大。为此，项目团队针对雄安新区高质量发展过程中的关键技术和瓶颈问题，从绿色建筑关键技术、智慧平台、标准规范、政策措施四个层面开展全链条科技攻关及大规模多场景工程应用，创建了雄安新区绿色建筑城市典范建设体系。

9.2 主要创新成果

9.2.1 绿色建筑城市典范规划建设关键技术

结合雄安新区发展实际和特点，项目组研究建立了雄安新区绿色生态城区规划量化指标体系，提出了高质量绿色建筑设计集成技术，研发了绿色建造效能提升技术及绿色电力市政基础设施建造成套技术，破解了新区高质量快速发展背景下适用技术缺失难题。

（1）新区绿色生态城区规划指标体系

雄安新区快速发展中，人口、建成区面积增长导致资源环境承载力与高质量建设、高品质生活追求间存在矛盾，项目组在准确评估雄安新区建设现状条件的基础上，构建了分阶段、分级量化的雄安新区绿色生态城区建设指标体系，包括环境生态、安全韧性、资源高效、绿色低碳、智慧管理和生活美好 6 大类一级指标，并具体细化为 18 项二级指标、52 项三级指标，从全尺度、全要素、全过程实现了雄安新区近期可实施和远期可示范的目标全覆盖，量化指标达 100%，高于国家标准要求的指标占 33%，新增指标占 48%[2]，通过顶层设计创新为创建绿色生态宜居新城区建设模式提供了引领。

（2）高质量绿色建筑设计集成技术

针对雄安新区绿色建筑等级起点高、质量要求严、周期限制短、多领域协同难的特点，研发了"一高、二低、三全、四化、五创新"的高质量绿色建筑设计集成技术，形成了全过程、全专业、全主体的协同贯通。该技术从管理方法、技术内容和实施模式 3 个维度出发，提出了具体的"高质量"实施途径要求；强调被动优先、主动优化的设计理念，提出"能碳双控"目标；从全过程工程咨询、全专业协同设计和全主体统筹管理方面，创新管理模式；强调雄安新区绿色建筑的性能化、人性化、长寿化、智慧化四项基本属性，提出践行先进理念要求；从街坊协同、空间延拓、全龄友好、健康舒适、绿色感知等方面提出保障技术先进性要求。

（3）绿色建造效能提升关键技术

面对新区高标准、高质量、高速度建设要求下，建筑工程建造过程中资源低消耗、低碳排放的实际需求，提出了以资源高效循环利用和环境保护为目标的绿色建造效能提升关键技术，研发水泥稳定土混合料装车自动推平设备、混凝土搅拌机高效下料设备、混凝土回收循环设备、建筑废弃物破碎设备等多项高效施工装置，通过提高工程建设施工效率，降低资源消耗，有效支撑工程项目的高效、绿色建设。

（4）绿色电力市政基础设施建造成套技术

项目组提出了建筑设计-施工-外保温一体化高效节能关键技术，研发了超低能耗保温装饰一体板及其配套安装技术，实现了变电站外墙高精度、装配式快速安装，缩短了建设工期；研发了楼面装配式附加月牙肋叠合板，提高了双向受弯性能，可实现节省钢材用量 15%，降低人工成本 30%；研发了全寿命周期清水混凝土工程质量控制技术，提出了清水混凝土碳化深度计算方法，碳化深度预测精度达 81%，建立了具备低螺栓孔、易装卸特性的镜面清水混凝土大模板体系。

9.2.2 绿色城市精细化运营管理智慧平台

项目以智慧化途径提升城市管理效益为目标，研发了绿色城市精细化运营管理智慧平台，创建的雄安新区绿色建设全寿命期 BIM 管理平台，实现了从核心引擎到上层应用的完全国产化，填补了国内空白，支撑新区实现了从"一张蓝图绘到底"到"一张蓝图管到底"的跨越。

（1）绿色建设全寿命期 BIM 管理平台

针对雄安新区数字城市与现实城市同步规划、同步建设的需求，研发了面向雄安新区"数字共享、全民共创、全局联动"的绿色建设全寿命期 BIM 管理平台。国内率先提出了贯穿数字城市与现实世界映射生长的建设理念与方式，研发具备 BIM 合规性审查功能的雄安新区规划建设 BIM 管理平台，研发横跨多 BIM 软件的公开数据格式（XDB），自主构建以 XDB 为代表的一整套数据标准体系，解决了不同专业、不同建设阶段的空间数据采集、应用和交互难题，保障雄安新区规划蓝图从控详规划、城市设计、单体设计到施工设计的全链条完整性。

（2）绿色建材认证评价及采信应用管理信息平台

项目组以建立绿色建材产品清单和产业链信息为目标，构建了开放式的绿色建材框架目录体系，提出了面向多属性集成的绿色建材生命周期定量化评价和减碳计算方法。开发了绿色建材认证评价标识管理信息平台，细化建立了雄安新区绿色建材采信应用与数据管理服务子平台，完善了雄安新区绿色建材应用和信息数据库，为雄安新区绿色建材规模化应用、支撑建筑品质提升提供信息依据。

9.2.3 全过程全领域的绿色建筑城市典范建设标准体系

项目立足"雄安标准"引领产品、工程、服务和品质持续提升的总体目标，基于系统论、标准化、质量管理等基础理论，创建了雄安新区绿色建筑城市典范建设标准体系，涵盖城区、街区、建筑三个子体系[3]，具有系统完整全面、层次清晰适当、范围边界明确、未来可扩展等特点，填补了雄安新区城乡建设领域绿色发展标准体系的空白。

（1）绿色城区创建标准体系

围绕雄安新区特色、建设定位和绿色发展目标，以绿色低碳、安全韧性、信息智能、健康舒适为基础，明确了新区绿色建筑城市典范建设路径和分解指标，建立了突出数字孪生、空间孪生等全要素的绿色城区创建标准体系，涵盖建筑工程、岩土工程、交通工程、防灾减灾、地下空间、市政水利、生态环境、信息化技术等绿色城市建设全要素。突出上位规划引领作用，制定了重点标准编制计划，组织发布了 42 部绿色城区创建相关标准，兼顾了大尺度的城市空间格局构建和小尺度的环境基础设施建设。

（2）绿色街区建设标准体系

立足雄安新区街区尺度，以绿色、低碳理念为指导，引导并规范绿色街区规划建设，构建了以营造尺度适宜、功能完善的生活空间为目标的绿色街区建设标准体系，包括规划设计、街区生态、街区降碳、街区风貌等，组织发布5部绿色街区建设相关标准，支撑建设安全健康、设施完善、管理有序的绿色街区环境。

（3）绿色建筑技术标准体系

针对雄安新区高质量发展中绿色建筑全过程标准体系空白、建设标准缺失的问题，建立了覆盖规划设计、施工建造、使用维护的全过程绿色建筑技术标准体系，组织发布24部绿色建筑重点标准，突破了雄安新区确保绿色建筑的高标准落地实施亟需解决的标准依据不足难题。其中项目团队主编了两代新区绿色建筑设计标准、新区绿色建筑施工图审查要点、新区绿色建筑工程验收指南等，突出强化设计师主导的全过程绿色理念及技术创新，强调全寿命期减碳，以约束性指标为高质量绿色建筑底线要求，以提高性要求预留高星级绿色建筑提升空间，为新区绿色建筑快速、规模化高标准建设提供了有力的标准依据。

9.2.4　雄安新区"1+5+2"绿色建筑城市典范建设政策体系

为助力雄安新区高质量发展"实景"落地，项目团队开展10余项专题研究，涵盖绿色建筑发展方案、技术标准、实施机制、绿色建造、碳排放核算及"双碳"实施方案等，牵头制定雄安新区"1+5+2"绿色建筑城市典范建设政策，构建起政策体系的"四梁八柱"，为绿色发展城市典范建设提供制度保障。

（1）城乡建设领域碳达峰全链条实施新模式

项目组开展了雄安新区城乡建设领域科技创新、标准引领、示范先行、政策机制双驱动的全链条实施路径研究，提出了雄安新区城乡建设领域碳达峰的明确目标和时间表，确定了建设绿色低碳智慧新城的具体任务，明确了强化保障措施的具体要求，研究出台了《雄安新区城乡建设领域碳达峰实施方案》，为城乡建设绿色低碳转型、提升能源资源利用效率及改善人居环境提供顶层政策引领。

（2）绿色发展细化实施方案

以绿色建筑、近零能耗建筑、绿色建材、绿色建造、智能建造等为抓手，研究提出了高质量发展的目标与实施路径，先后出台了《雄安新区绿色建筑高质量发展的指导意见》《雄安新区推进工程建设全过程绿色建造的实施方案》《雄安新区政府采购支持绿色建材促进建筑品质提升工作实施方案》《雄安新区近零能耗建筑核心示范区建设实施方案》《雄安新区智能建造试点城市实施方案》等5项细化实施方案，为打造雄安新区城乡建设高质量发展的全国样板提供实施指引。

（3）绿色金融支持绿色城市政策体系

项目结合雄安新区绿色发展实际特点，创新建立了财政金融支持绿色城市的政策体系，出台了雄安新区城乡建设领域发展补贴资金管理办法、金融机构支持绿色建筑发展前置绿色信贷认定管理办法，为创新绿色金融产品与服务、构建绿色金融基础设施提供重要抓手和依据。出台《雄安新区银行业金融机构支持绿色建筑发展前置绿色信贷认定管理办法（试行）》，创造性解决了信贷投入和绿色建筑认定期限错配的问题，降低了绿色信贷成本，填补了相关领域政策空白，极大促进了绿色建筑的发展。

9.3 关键技术推广与应用

项目从关键技术、平台、标准、政策方面开展了系统性研究，形成了以关键技术为核心、智慧平台为工具、标准规范为依据、政策措施为引领的全链条创新成果，在新区绿色建设过程中进行了全面应用，绿色建设成效显著，为推动新区建设绿色发展城市典范提供了全方位的技术支撑与政策保障。

基于研究制定的符合雄安新区发展实际的支持政策，分阶段细化和明确了雄安新区绿色建筑城市典范建设目标和实施路径，直接指导雄安新区绿色发展和"双碳"目标的实现。构建的高度契合雄安新区发展需求的财政金融配套支持体系，累计为雄安新区28个绿色建筑项目的1000余栋楼宇提供了金融支持，获得银行授信2251亿元，绿色信贷资金达478亿元。

项目形成的绿色建筑城市典范规划建设关键技术、运营管理智慧平台、重点标准等核心成果，在雄安新区容西片区贤溪社区、雄安城市计算中心、雄安市民服务中心、雄安高铁站、雄安新区昝西220kV输变电工程等重点工程中进行了全面应用，截至2024年6月，推动新区实现了184.05km²的开发实施，新建建筑累计开工4475.6万m²、竣工2500万m²，高星级绿色建筑占比100%，实现了雄安新区高品质绿色建筑集中成片，新建片区绿色街坊和绿色社区全覆盖，为建设国家绿色发展城市典范提供了有力支撑。

作者：王清勤[1]，李冲[2]，李劲遐[2]，刘敬疆[3]，孟冲[1]（1. 中国建筑科学研究院有限公司；2. 河北雄安新区管理委员会建设和交通管理局；3. 住房和城乡建设部科技与产业化发展中心）

参考文献

[1] 习近平. 决胜全面建成小康社会, 夺取新时代中国特色社会主义伟大胜利[M]//十九大以来重要文献选编（上册）. 北京: 中央文献出版社, 2019.

[2] 住房和城乡建设部. 绿色生态城区评价标准: GB/T 51255—2017[S]. 北京: 中国建筑工业出版社, 2018.

[3] 王清勤, 李冲, 孟冲, 等. 标准助力雄安新区绿色高质量发展——地方标准《雄安新区绿色建筑设计标准》《雄安新区绿色街区规划设计标准》《雄安新区绿色城区规划设计标准》编制简介[J]. 工程建设标准化, 2024(9): 45-48+21.

10 全球建筑环境的系统性转型：从共识到行动

10 Systemic Transformation of the Global Built Environment: From Consensus to Action

在这个充满挑战与希望的时代，建筑环境正经历着一场深刻的嬗变。这不仅是应对气候变化的必然选择，更是重新思考人与建筑、建筑与自然关系的难得契机。让我们共同探索这场变革背后的故事，以及它为我们带来的启示。

10.1 觉醒：行业的责任担当

建筑环境是人类活动最重要的物质载体，也是全球资源消耗和环境影响的核心领域。当前，全球建筑及相关活动约占能源和过程相关碳排放的40%，消耗近50%的全球原材料，每人每年产生12t废弃物[①]。这些数据不再仅仅是统计数字，而是行业深刻认识到自身影响力的转折点。

建筑行业的每一个决策，都在以看得见和看不见的方式影响着地球的未来。从材料的选择到设计的理念，从施工的方式到运营的模式，行业的一举一动都在塑造着人类与环境的关系。正是这种深刻的认知，推动着行业从传统的增长模式向可持续发展模式转变。

距离2030年气候目标仅剩不到2000天，这个时间节点对建筑行业而言，既是挑战，更是展现担当的机遇。传统的、碎片化的环保措施已不足以应对当前的挑战，唯有通过系统性的变革，才能实现行业的可持续转型，履行应有的社会责任。

10.2 转型：全面脱碳之路

随着行业对自身角色认知的深化，建筑环境的转型正从理念走向实践。这场变革不仅体现在技术和标准的更新，更反映了整个行业对可持续发展理解的升华。就像一个成熟的生态系统，每个要素都在发生着微妙而深刻的变化，最终形成新

---

① 数据来源：WorldGBC Annual Report 2023—2024

的平衡。

在全生命周期碳排放（WLC）管理方面，过去三年的进展尤为显著。欧洲市场的实践证明，系统性的碳排放管理不仅可行，更能创造长远价值。从最初60%的参与国家对WLC仅有初步认识，发展到现在所有参与国家都在积极将相关措施纳入国家政策体系[1]，这一转变印证了行业从被动接受到主动求变的决心。

特别值得关注的是，已有15个国家制定了国家脱碳路线图，超过1550个来自建筑建设行业、政治和金融领域的利益相关者参与了路线图的制定。这种前所未有的协作规模，展现了行业对系统性变革的共识。每一个参与者都在为这场变革贡献自己的力量，从材料供应商到设计师，从开发商到最终用户，形成了完整的价值链协同。

2024年3月，欧洲议会通过的新版《建筑能效指令》（EPBD）具有里程碑意义。这份文件是行业转型的重要推手。通过将WLC管理纳入法规框架，标志着建筑碳排放管理进入新阶段。更为重要的是，这一政策突破带来了整个行业思维方式的转变：从关注单体建筑的节能降耗，转向对建筑全生命周期的系统思考；从被动响应政策要求，转向主动创造可持续价值。

这种不断演变的方法有望在未来重塑整个建筑价值链，尽管目前在行业内的实施仍然不均衡。虽然一些先行设计师已开始在早期阶段考虑材料的碳足迹，但这一做法尚未成为行业标准。同样，前瞻性的开发商也已开始将全生命周期成本纳入决策框架，不过这仍属例外而非普遍现象。建筑公司越来越意识到其流程中的环境影响，尽管对运营进行系统性变革仍在逐步推进。物业运营商对效率提升显示出日益浓厚的兴趣，但全面的方法仍然有限。当前，该行业并未实现完全转型，而正处于为全新生态系统做准备的阶段；这一生态系统可能会在2030年起所有新建筑必须进行全生命周期碳排放报告且国家全生命周期碳限制值确立后，更加全面地浮现。人们希望，这些监管要求的实施能加速并标准化整个价值链中的变革，而目前这种变革主要存在于零星的创新领域中。

净零碳建筑承诺（Net Zero Carbon Buildings Commitment）的发展便是这种转变的生动写照。从2018年成立时的38个签署方，发展到现在的175个，覆盖约20000个建筑资产，年营业额达4000亿美元[2]。这些数字背后，是无数建筑从业者对行业未来的信心和期待。市场调查显示，80%的绿色建筑委员会报告其所在地区的企业和行业正在积极采纳可持续建筑原则，72%的市场对可持续性的认识显著提升[3]。

更令人鼓舞的是，这种转变已经开始产生实质性的经济效益。获得绿色认证

---

[1] 数据来源：WorldGBC BuildingLife National Roadmap Analsysis
[2] 数据来源：WorldGBC Annual Report 2023—2024
[3] 数据来源：WorldGBC Member Value Survey 2023—2024

的建筑不仅在运营成本上具有优势，在资产价值、租金水平和出租率等方面也显著优于传统建筑。随着环境、社会和治理（ESG）因素日益受到投资者重视，可持续建筑正成为机构投资者的优选资产类别。这种市场认可，进一步坚定了行业转型的信心和决心。

10.3 蜕变：健康、公平与韧性的新图景

建筑环境正在经历一场深刻的价值重构，从追求单一的环境效益，转向创造更全面的社会价值。这种转变反映了行业对建筑本质的重新思考：建筑不仅是物质空间的营造，更是连接人与自然、促进社会和谐的重要纽带。

10.3.1 可持续经济适用房：从理想到现实

在亚太地区，快速城市化进程催生了对经济适用且可持续住房的迫切需求。WorldGBC 的 *Sustainable and Affordable Housing Report* 指出，通过整合创新设计、先进技术与政策支持，部分经济适用房项目不仅能确保建造成本合理，同时在运营过程中实现了高达 40% 的成本节约。这一成果表明，将可持续建筑理念应用于经济适用房开发具有巨大潜力，能够有效降低运营费用，并改善低收入群体的居住条件。报告进一步提到，在中国，"十四五"期间超过 2000 万套保障性住房的建设目标正在逐步推进，越来越多的项目在设计中引入绿色建筑标准，例如通过优化朝向设计、强化自然通风和雨水收集系统，实现了环境效益与经济效益的有机结合，从而推动经济适用房从理想到现实的转变。

10.3.2 建筑韧性：迎接气候挑战

在 WorldGBC 的 *Climate Change Resilience in the Built Environment* 报告中，强调了在气候风险日益加剧的背景下，建筑行业必须全面提升韧性，以确保长期安全与可持续发展。报告指出，亚太地区正面临台风、洪水、干旱和酷暑等多样化的极端气候挑战，新建项目应在设计阶段纳入长期气候变化预测，并通过综合韧性指标来评估建筑性能，确保建筑在未来几十年内仍能稳定运行。报告还强调，灵活的设计策略至关重要，例如，设计应使建筑在极端天气或紧急状况下具备功能转换能力，能够迅速将公共空间转变为应急避难场所，从而最大限度地保护居民安全。这样的理念和实践，不仅能有效降低气候灾害带来的风险，还为构建具有高复原力和可持续性的城市环境提供了坚实理论支撑。

10.3.3 健康建筑：后疫情时代的新思考

后疫情时代，健康建筑理念正迎来全新转型。联合国环境规划署金融倡议

（UNEP FI）在其报告 *A New Investor Consensus: The Rising Demand for Healthy Buildings* 中指出，全球房地产投资者正逐步将健康与福祉战略纳入资产管理和开发决策，以期实现长期资产价值的提升与运营风险的降低。报告强调，采用健康建筑策略，包括改善室内空气质量、优化采光设计和提升整体环境舒适度，不仅有助于增强居住者和员工的健康与幸福感，同时也能带来可观的经济效益。在后疫情时代，疫情暴露了室内环境对公共健康的重要性，各国和企业均开始重新审视并推动健康建筑标准的完善，从而构建更安全、弹性更强且更具可持续性的城市环境。

10.4 重生：自然再生与循环价值

10.4.1 从循环经济到再生设计

建筑行业正在经历一场深刻的转型，从传统的"取用-制造-废弃"模式，向"再生-循环-重生"的新范式迈进。这种转变不仅是对环境压力的回应，更是对自然智慧的深刻领悟。就像自然界中不存在真正的废物，每一片落叶都会滋养新的生命，建筑环境也在学习和实践这种循环再生的智慧。

根据 WorldGBC 发布的 *The Circular Built Environment Playbook*，建筑循环性不仅意味着减少废弃物，更强调在整个建筑生命周期内实现资源的高效回收与再利用。该手册指出，在设计阶段就应充分考虑材料的可拆卸性和再利用潜力，建议建立"材料护照"和数字化管理系统，以便在建筑拆除后能追踪、分类和重新投入使用。这样的设计理念使建筑从传统的线性模式转变为闭环系统，既降低了资源消耗，也减少了环境负担。此外，手册强调，要构建一个高效的循环建筑生态系统，必须实现建筑师、开发商、供应链企业和回收企业之间的紧密协同合作，共同建立透明且高效的材料流通体系，管理从原材料采购、设计施工到拆除回收的全流程。这种全生命周期管理模式为后疫情时代构建更具韧性和可持续性的城市环境提供了坚实支撑。

10.4.2 生态修复的积极贡献

根据 WorldGBC 发布的 *Sustainable Reconstruction & Recovery Framework*，在灾后或危机后的重建过程中，生态修复被视为实现全面可持续重建的重要策略。该框架指出，重建不仅要恢复基础设施和经济活动，更要通过恢复和增强自然生态系统，促进社会、经济与环境的协调复苏。通过引入如绿化重建、湿地恢复和生物多样性提升等生态修复措施，城市和建筑环境可以从传统的资源"消耗者"转变为生态"修复者"，从而降低未来灾害风险、改善居民生活质量，并创造持久的环境和经济效益。这样的理念为后疫情时代的建筑环境重生提供了全新的思路，即在重建过程中实现人与自然的和谐共生，使建筑成为促进生态修复和环境再生在新加坡，国家环境局（NEA）发布的 *National Biodiversity Strategy and Action Plan* 为实现这一目标提供了明确的指导。该计划要求新建项目在规划与设计阶段充分融入生态保育措施，例如通过原生植被种植、绿色廊道的构建和可持续的水资源管理，有效缓解城市化进程对生物多样性的冲击。实践中，许多新加坡项目采用了这种"生物多样性敏感设计"策略，不仅减少破坏生态环境，还积极提升了本土物种的生存环境，为城市生态系统的修复提供了有力支撑。

根据澳大利亚于2024年3月发布的 *A Nature Roadmap for the Built Environment*，在后疫情时代，建筑行业正积极探索生态修复与自然再生的路径。该报告指出，通过在建筑设计、建设和运营过程中引入生态修复措施，例如恢复本土植被、构建绿色廊道以及优化雨水管理系统，不仅可以显著降低建筑对周边生态系统的负面影响，还能实现生态净正效益的提升。部分示范项目显示，通过这些措施，生态系统的健康改善幅度甚至达到了约 30%，为城市生物多样性的恢复和提升提供了有力支撑。报告强调，这一转型不仅有助于资源的循环再利用，也为全球应对气候变化和生态退化提供了重要借鉴。

WorldGBC 发布的 *Building a Water Resilient Future* 报告中提出在应对气候变化和城市水资源紧缺的背景下，建筑应从传统的水资源"消耗者"转变为"水资源再生者"。报告中强调，未来的建筑设计必须在规划阶段就嵌入水敏感设计原则，例如，整合雨水收集、灰水回用以及高效水管理系统，以确保在建筑全生命周期内实现水的高效利用和再生。报告指出，这种方法不仅能显著降低建筑对市政供水的依赖，还能够在运营过程中回收和再利用水资源，从而为城市水生态系统的恢复和韧性构建提供支撑。正如报告所言，"建筑应成为城市水循环的积极参与者"，这一理念为构建更可持续、更具韧性的未来城市环境提供了新的思路。

10.5 展望：建筑环境的长远之路

在全球气候变化与城市化加速的背景下，建筑环境正迎来前所未有的变革机遇。WorldGBC 的多份报告为我们描绘了一个宏伟愿景：到 2050 年，实现建筑环境的全面脱碳，同时创造健康、公平且具备韧性的建筑、城市和社区。这个愿景不仅要求我们在设计、施工和运营全过程中贯彻可持续性理念，更呼唤政府、企业、学界与国际社会在政策、市场、技术和人才培养等多个层面协同合作，共同推动行业转型。

10.5.1 政策引领：从愿景到行动

WorldGBC 在 *Global Policy Principles for a Sustainable Built Environment* 报告

中，构建了一套涵盖碳排放、韧性、循环性、水资源、生物多样性、健康、公平与可及性等关键领域的政策体系。该报告为各国政府和行业制定长远战略提供了明确的方向，宛如一幅精准的航图，引导各国在转型过程中坚持科学规划和目标导向。通过推动绿色法规和激励机制，政策框架促使建筑行业逐步摆脱传统线性模式，向整合设计和闭环管理的全新模式迈进，从而实现环境、社会与经济效益的协同提升。

10.5.2 市场转型：从共识到繁荣

WorldGBC *Member Value Survey 2023—2024* 中显示，全球多数地区的企业已开始积极采纳可持续建筑原则，市场共识正逐步由理念转化为实践。这一转变标志着绿色建筑正从小众领域向主流资产类别扩展，并逐渐改变传统建筑市场的价值构成。*Beyond the Business Case* 报告进一步强调，绿色建筑不仅能降低能耗和提升运营效率，其在提高资产保值能力、实现租金溢价以及降低维护成本等方面均展现出明显优势。虽然报告并未过分关注具体数值，但其调研结果清晰表明，绿色建筑的商业模式正日益成熟，为开发商和投资者提供了前所未有的市场机遇。

10.5.3 技术创新、人才培养与国际协作

WorldGBC *Annual Report 2023—2024* 中指出，技术创新正不断推动建筑环境向数字化、智能化转型。新技术的应用，不仅在建筑设计与施工中实现了高效节能，更通过智能运营和数据监控系统，为建筑管理提供了实时反馈和优化方案。同时，该报告中提到，全球网络培训项目已覆盖超过 63000 名专业人士，这不仅提升了行业整体技能水平，更为可持续发展理念的普及与实践奠定了坚实基础。更为重要的是，WorldGBC 的全球网络现已覆盖全球约 60%的建筑存量，这一庞大的合作网络为跨国知识共享、经验交流和区域协同提供了广阔平台，各区域间的成功案例正不断推动全球建筑环境的整体进步。

10.5.4 未来路径：从现在到永续

WorldGBC 明确提出，未来建筑环境转型的三大核心目标为：实现建筑环境的全面脱碳；构建健康、公平与韧性的建筑、城市和社区；促进自然系统的再生与循环经济的繁荣。

这一愿景不仅要求技术和商业模式的创新，更需要政策支持、市场转型以及跨国合作的共同推动。正如 WorldGBC *Annual Report 2023—2024* 所强调的，建筑环境不仅要减少对地球的伤害，更要创造积极的影响。这为行业指明了一条从现在到永续发展的道路。未来，我们必须将可持续性目标纳入每个建筑项目的初期规划，并通过多方协同确保这些目标得以实现。各利益相关方，无论是政府、企

业还是消费者，都应肩负起推动这一转型的责任，共同构建一个更安全、更高效、更加生态友好的建筑环境。

10.5.5 共同责任与区域协同

WorldGBC 的报告还展示了国际合作的重要性。全球网络的扩展使得各国之间可以在绿色建筑技术、政策经验和最佳实践方面进行广泛交流。例如，亚太地区的绿色建筑示范、欧洲的循环经济创新以及北美的技术革新正通过 WorldGBC 平台迅速扩散，共同推动全球建筑环境的可持续转型。从最初的 8 个创始成员国到如今覆盖 74 个成员方和超过 47000 个会员机构，这一数字增长不仅见证了全球建筑行业对可持续发展承诺的深化，也彰显了共同责任在实现未来绿色建筑目标中的关键作用。

展望未来，建筑环境的长远之路是一条充满希望和挑战的道路。我们正站在转型的关键节点上，面对 2030 年气候目标的紧迫压力，各界必须凝聚共识、坚定信心，将政策、市场、技术与国际协作有机融合，共同推动建筑环境实现全面、持久的绿色转型。让我们以创新为动力、以合作为桥梁，共同开启建筑环境可持续发展的新篇章，为全球创造一个更加健康、公平、具韧性与永续的未来。

10.6　结语：承载梦想的永续之路

在建筑环境转型的长河中，每一个当下都是承前启后的重要时刻。就像一位匠人在完成一件作品时，既要回顾过往的历程，也要展望未来的可能。今天，建筑行业正站在这样一个独特的历史节点上。

从世界绿色建筑委员会 2002 年成立之初的 8 个成员，到今天覆盖全球 60% 建筑存量的广泛网络；从最初关注单体建筑的节能环保，到今天追求建筑环境的整体重生，这些转变不仅是数字的增长，更是行业集体智慧的结晶。就像一棵茁壮成长的大树，深深扎根于可持续发展的土壤，伸展枝叶迎接时代的挑战。

然而，这不是终点，而是新的起点。在距离 2030 年气候目标仅剩 2000 天的关键时期，建筑行业比以往任何时候都更需要凝聚共识、坚定信心。正如世界绿色建筑委员会所倡导的：建筑环境不仅要减少对地球的伤害，更要创造积极的影响，为所有人构建一个更健康、更公平、更具韧性的未来。

这是一个需要勇气的时代，更是一个充满希望的时代。就像每一块砖石都在诉说着建筑师的梦想，今天我们所做的每一个决定，都将影响未来世界的模样。通过政策的引领、市场的力量、技术的创新、人才的培养和国际的合作，我们正在共同编织一个可持续的建筑环境未来。

在这个充满挑战与机遇的时代，让我们携手同行，用智慧和决心，在建筑环境的发展史上写下新的篇章。最好的建筑不仅是砖石的堆砌,更是梦想的栖居之所。而今天,我们的梦想就是创造一个与自然和谐共生、让人类福祉得到充分实现的建筑环境。

这不仅是一个责任,更是一个使命;不仅是一个挑战,更是一个机遇。让我们以行动践行承诺,以创新开启未来,共同建设一个更可持续的明天。

作者:盖甲子(世界绿建委亚太地区总负责人)

11 亚太地区低碳建筑技术发展趋势与日本实践研究

11 Study on the Development Trend of Low-Carbon Building Technology in the Asia-Pacific Region and Practice in Japan

11.1 摘　　要

作为碳排放的重要领域，建筑行业在全球气候目标的推动下，正经历深刻的绿色低碳变革。亚太地区是建筑行业增长最快的区域，在零碳建筑技术领域积极探索，并展现出多样化的发展路径。本文系统梳理亚太地区国家在零碳建筑发展方面的政策、技术及实践进展，并深入分析日本在零能耗建筑（ZEB）、智能建筑管理系统（BEMS）等方面的核心实践经验。研究发现，亚太地区各国在零碳建筑上存在发展阶段差异，日本、澳大利亚等国已形成成熟体系，而部分东南亚国家仍处于起步阶段。未来，亚太地区零碳建筑的发展需加强国际合作，并进一步强化政策引导、推动技术创新，以加速建筑行业向低碳转型，助力地区乃至全球碳中和目标的实现。

11.2 引　　言

11.2.1 研究背景

建筑行业碳排放约占全球排放总量的 40%，已成为各国碳中和承诺中的重点关注领域。世界绿色建筑委员会认为推广绿色建筑可减少 50% 的能耗并有效减少碳排放[1]，联合国政府间气候变化专门委员会（IPCC）也将建筑行业的低碳化视为是实现全球 1.5℃ 温控气候目标的重要途径[2]。

亚太地区作为全球经济增长的核心引擎，贡献了全球近 40% 的 GDP，同时也产生了全球约 50% 的碳排放[3]。凭借其全球 60% 的人口基数，亚太地区在经济力量不断壮大的同时，城市化进程也在快速推进，建筑行业随之蓬勃发展。这也使得亚太地区的建筑行业能源消耗和碳排放问题尤为突出。亚太地区各国中，我国房屋建筑全过程碳排放占全国总量的 38%[4]；日本建筑行业碳排放占全国碳排放的 30%[5]；印度建筑业的碳排放量占其排放总量的近 20%；澳大利亚建筑活动产生了全国 18%的直接碳排放[6]。

预计到 2050 年，亚太地区将新增约 12 亿城市人口，建筑存量也将随之增长约 65%[7]。快速推进的城市化和扩大的建筑存量规模将使建筑行业的碳排放压力将进一步加剧。在此背景下，如何在满足经济增长和建筑需求的同时推动建筑行业低碳转型，已成为亚太地区各国共同面临的紧迫挑战。

11.2.2 研究目的与意义

本文旨在系统梳理亚太地区零碳建筑发展的政策、技术及实践进展，分析各国在零碳建筑推进过程中的异同及关键影响因素，并重点探讨日本在绿色低碳发展政策、零碳建筑创新、智能建筑管理系统等方面的实践经验。通过比较亚太国家在零碳建筑发展阶段的差异，总结日本的成功模式，以期为建筑行业可持续发展提供前瞻性参考，助力亚太地区建筑业向零碳目标迈进。

11.2.3 建筑从"绿色"到"零碳"

如图 1 所示，建筑行业的低碳发展经历了从节能建筑到绿色建筑、近零能耗建筑、零能耗建筑，最终将迈向零碳建筑的演进路径。

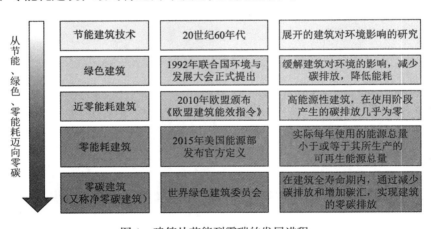

图 1 建筑从节能到零碳的发展进程

20 世纪 60 年代，建筑节能技术的研究开始兴起，主要关注建筑能效，探索如何降低能源消耗。1992 年，联合国环境与发展大会正式提出绿色建筑的概念，强调减少建筑对环境的不利影响，包括减少能源消耗、降低碳排放和提高资源利用效率。2010 年，欧盟发布《欧盟建筑能效指令》，首先提出近零能耗建筑概念，其核心目标是在建筑使用阶段实现接近零的化石能源消耗，高能效建筑设计和可再生能源应用是其主要实现途径。2015 年,美国能源部正式定义零能耗建筑,强调建筑每年使用的能源总量小于或等于其所生产的可再生能源总量,依靠智能管理系统、储能技术和分布式能源系统来实现零净能耗。

随着碳中和目标的推进,建筑行业正由关注能效优化向全生命周期碳减排转变。世界绿色建筑委员会提出了零碳建筑(又称净零碳建筑)的概念,要求建筑在全生命周期内通过减少碳排放和增加碳汇,实现整体碳中和[8]。该概念将一年设定为碳排放计算周期,强调高度节能,鼓励可再生能源的高效利用,要求运营所需能源均来自可再生能源,并实现年度净零碳排放。此外,该概念还涵盖材料生产运输、建筑施工和拆除等建筑全生命周期的碳排放,通过低碳建材、碳捕集和碳补偿等手段推动建筑行业迈向真正的"净零碳"目标。

由于能源结构、政策导向和技术发展水平的差异,亚太地区各国的建筑行业发展处在不同的阶段。由于能源结构、政策导向和技术发展水平的不同,亚太地区各国在零碳建筑发展上处于不同阶段。澳大利亚和新西兰已迈入零碳建筑初期,对建筑运营阶段的碳排放实施严格管控,计划 2030 年实现净零排放,并在 2050 年前推动建筑全生命周期碳中和[9-10]。

中国、日本、韩国正处于零能耗建筑推广阶段。日本注重被动式节能,优化建筑设计以降低能源消耗;韩国侧重能源自给,通过可再生能源减少负荷,但允许一定比例的化石能源。两国政策要求 2030 年所有新建建筑达到零能耗标准,2050 年实现全面净零排放[11]。中国结合节能技术与可再生能源,要求建筑年碳减排量大于或等于碳排放量,并按照《近零能耗建筑技术标准》推进,计划 2030 年普及近零能耗建筑,2050 年推广净零碳建筑[12]。新加坡、马来西亚等国以绿色建筑为基础,推动更高能效标准。新加坡建设局(BCA)提出"Super Low Energy (SLE)"目标,马来西亚 GreenRE 评级体系鼓励行业向低碳方向发展,计划到 2050 年推广近零碳建筑。

印度、泰国、菲律宾、印度尼西亚等国尚未建立全国性零碳建筑目标,主要依托具体项目和行业标准推进低碳建筑。印度仍缺乏统一政策框架;泰国通过森林碳汇支持低碳建筑;菲律宾依靠国家能源效率计划推动建筑节能;印尼出台"碳法"建立建筑行业碳排放法律框架,但实施细则尚不明确。总体来看,各国在节能设计和可再生能源利用上达成共识,但在碳排放计算范围和政策约束力方面仍存差异。

11.2.4 政策与法规动态

政策立法和标准发布可以有效的推进建筑零碳发展。图 2 呈现了亚太地区主要国家在建筑标准发展和政策推进的历程。各国在不同时间节点发布了节能法规、绿色建筑标准、能效评级体系及零碳建筑政策。整体上呈现出从基础节能法规、绿色建筑评价标准、近零能耗建筑、零能耗建筑、零碳建筑的演进趋势。

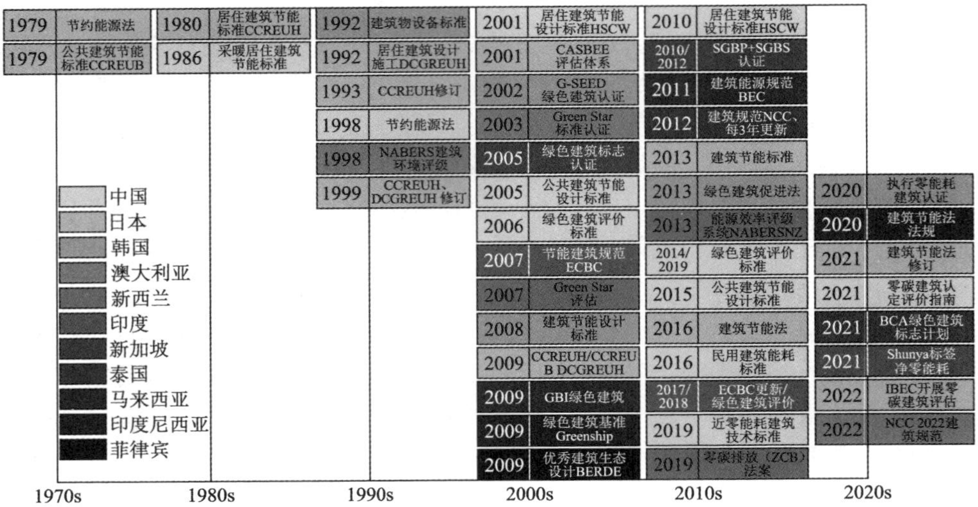

图 2 亚太主要国家建筑法规标签的动态发展

20 世纪 70—90 年代，亚太地区建筑节能法规进入萌芽期。日本率先颁布建筑节能法规，1979 年出台《节约能源法》和《公共建筑节能标准》，奠定节能政策基础。随后，中国、韩国、澳大利亚等国陆续制定建筑节能法规，加强建筑能耗管理，为绿色建筑发展提供政策支撑。

进入 21 世纪后，亚太国家加快绿色建筑体系建设，相继推出绿色建筑认证和评价标准。中国在 2001 年发布《夏热冬冷地区居住建筑节能设计标准》，2005 年推出《公共建筑节能设计标准》，日本建立 CASBEE 绿色建筑评估体系，韩国推出 G-SEED 绿色建筑认证，澳大利亚于 2003 年推出 Green Star 标准，新加坡建立 BCA 绿色建筑评估体系，而印度则在 2007 年颁布 ECBC 建筑能效规范。这些标准推动了建筑行业向可持续方向发展，并促进更高效的能耗管理和低碳技术应用。

2010 年后，各国政策逐步向更严格的能耗控制和碳排放管理转型，近零能耗建筑（nZEB）和零能耗建筑（ZEB）成为政策重点。中国 2013 年发布《绿色建筑评价标准》，新西兰推出 NABERSNZ 能效分级系统，印度于 2017 年推出绿色建筑评价标准，并推动近零能耗建筑发展。

2020 年起，亚太国家加快建筑碳减排进程，多个国家正式提出零碳建筑目标。中国提出建筑碳达峰战略并启动零碳建筑认证，新加坡更新 BCA 绿色建筑标准，强化零碳要求。日本、澳大利亚修订节能法规，加速建筑行业低碳转型。未来，亚太地区将持续提升建筑节能标准，并通过严格的绿色建筑认证体系，加快建筑行业向全面低碳化迈进。

11.3 日本建筑绿色低碳政策发展

11.3.1 绿色建筑评价体系

绿色建筑认证为建筑行业提供了明确的标准和指南，在零碳建筑发展中至关重要。日本在 2001 年推出了建筑物综合环境性能评价体系（CASBEE），作为绿色建筑的核心认证标准。该体系综合考虑建筑的环境影响，并从服务性能、室内外环境、能源、资源和材料、建筑用地外环境等六个方面对建筑进行全面评估，以推动建筑行业的可持续发展。

CASBEE 特别重视建筑能效管理，推广高效暖通空调系统、智能建筑管理系统等节能技术，并鼓励使用太阳能、风能等可再生能源，以实现低能耗乃至近零能耗或零能耗目标。此外，该体系倡导使用可再生、可回收的低碳建材，并优化施工阶段的资源管理，以减少建筑全生命周期内的碳排放。为降低建筑对周边环境的影响，CASBEE 鼓励城市绿化、雨水管理和热岛效应控制，以改善建筑外部生态环境。整体而言，该体系通过能效提升、资源优化、环境友好和全过程碳排放控制，推动日本建筑行业向绿色低碳转型，并为全球绿色建筑评价体系提供了重要参考。

11.3.2 建筑物节能效益标签

日本于 2014 年引入了建筑物节能效益标签（BELS），作为评估和标识建筑节能性能的第三方认证体系，如图 3 所示。该体系通过明确的评级体系，提高了建筑性能的透明度，鼓励开发商和业主关注建筑节能效果，推动日本建筑行业向低碳、节能方向发展。

2016 年，BELS 被日本《建筑节能法》正式采用，要求开发商通过第三方机构的评估和评级来明确住宅的能源效益表现。2017 年，BELS 认证被应用于非住宅建筑，要求超过 2000m^2 的大型建筑必须通过认证。超过 300m^2 的中型建筑，则必须提交建筑能效指数的计算结果。这些一系列政策旨在强化建筑节能规定，提升建筑物的能源性能。

建筑能效指数是 BELS 的主要指标之一，如图 3 中①所示。依据一次能源消耗量对建筑物进行评级，星级越高表示能源效率越高，达到六星级的建筑可减少超过 50%的能源消耗。图 3 中②表示房屋保温隔热性能，分别从建筑物外皮平均热传导率和供冷期的平均太阳辐射热获取率两方面进行评价，值越小代表隔热保温性能越高，住宅的节能性能越高。其次，在保证住宅节能的基础上，将建筑物全年水电使用成本透明化，如图 3 中③所示。此外，BELS 还用于评定实现零能耗住宅的级别，如图 3 中④所示。

图 3　BELS 显示的节能性能标签（住宅）
图片来源：https://www.yamatojk.co.jp/sumai/bels

11.4　智慧城市与零碳建筑实践

11.4.1　智能建筑与可再生能源融合

日本在可再生能源的建筑应用中取得了重要进展，特别是在多能源的集成利用。根据日本经济产业省（METI）发布的能源战略计划，到 2040 年日本将实现适宜建筑的太阳能光伏全覆盖，并开发 30～45GW 的海上风电[13]。为促进光伏建筑一体化和分布式光伏发展，日本政府实施 Feed-in Premium 补贴政策，并推动电力购买协议（PPA）模式，提升建筑能源自给率[14]。

在智能社区应用方面，东京纲岛 SST（Tsunashima Smart Town）被认为是下一代可持续智慧城市的典范。纲岛 SST 构建了多能源智能城镇，通过能源中心协调电力和热力供应，实现全城能源的最优管理。借助 SCIM（Smart Community Integrated Management）平台，对整个城镇的能源使用情况进行可视化和监控，提高能源利用效率。此外，城镇积极引入氢能等清洁能源，推动可再生能源的利用，减少碳排放。

在建筑和设施方面，纲岛 SST 配置了先进的发电、储能及节能系统，提升能源自给能力，并通过雨水回收和节水设备减少水资源消耗，强化环境保护措施。同时，为增强韧性，城镇还建立了紧急能源供应体系，在灾害发生时能够保障最低限度的电力、热力和水供应，确保居民基本生活需求。这些措施共同构建了高效、低碳、安全的智能社区，为未来可持续城市的发展提供了示范（图 4）。

11 亚太地区低碳建筑技术发展趋势与日本实践研究

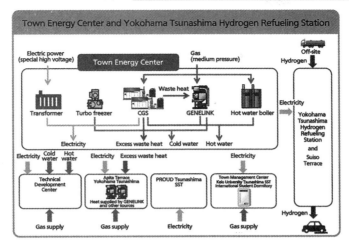

图 4　东京纲岛 SST 智慧服务
图片来源：https://tsunashimasst.com/EN/about/smartservice

11.4.2　零碳建筑的实践与创新

日本在推进零碳建筑方面积累了丰富的实践经验，并形成了一系列典型案例，涵盖商业建筑、办公楼、医院等多种建筑类型。这些项目普遍采用 BELS 和 CASBEE 认证体系，同时通过高效节能技术、可再生能源利用和智能管理系统，实现低碳甚至零碳运营。日本在推进零碳建筑方面积累了丰富实践经验，涵盖商业建筑、办公楼、医院等类型，并广泛采用 BELS 和 CASBEE 认证体系，通过高效节能技术、可再生能源利用和智能管理系统，实现低碳甚至零碳运营。

Hareza 塔是东京池袋地区的地标性建筑，2020 年竣工，地上 33 层，地下 2 层，总建筑面积约 68600m^2。该建筑获得 CASBEE-S 级（最高级）认证，并成为日本首个获得 BELS ZEB Ready 认证的超高层混合用途建筑，展现了其在绿色建筑领域的领先地位。项目集成节能设计、智能控制和可再生能源，提升了建筑能效，成为日本零能耗建筑（ZEB）发展的典范。

Hareza 塔通过节能策略，探索了低碳化与高效能并行的发展路径，该建筑相较于同类建筑一次能源消耗减少 50%，其中办公区域能耗下降 43%~50%。其建筑结构优化外墙隔热性能，尽可能利用自然能源，并配备高效空调与照明系统，以减少能耗。在暖通与空调系统方面，采用格栅式空调和加湿器，每层减少 6.32kW 电力消耗，同时提高单独控制能力和维护便利性。智能化的可变制冷剂温度控制系统结合室外温度、制冷剂膨胀阀开度和室内外温差进行动态调整，提高整体能源效率。

智能照明采用 LED 照明、亮度传感器和运动传感器，可根据环境光线自动调节亮度，优化能源使用。可再生能源利用方面，屋顶安装了太阳能光伏系统，部分电力由可再生能源供应，以减少对传统能源的依赖。同时，建筑连接区域冷暖系统，通过集中管理能源供应，降低单体建筑的能源负荷，提高运行效率（图5）。

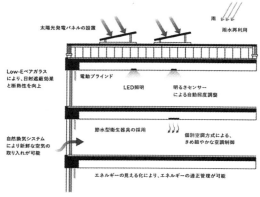

图5　Hareza塔

（图片来源：https://office.tatemono.com/）

11.5　总结与展望

亚太地区零碳建筑发展呈现阶段性差异，日本在政策体系、技术创新及市场推广方面处于领先地位，并已建立成熟的零能耗建筑（ZEB）标准体系，依托CASBEE绿色建筑评价体系和BELS建筑节能效益标签推动行业标准化。日本的经验表明，严格的政策引导、先进节能技术和市场激励机制可有效促进零碳建筑普及，加速建筑行业低碳转型。

澳大利亚、新西兰同样建立了较为完善的零碳建筑政策体系，中国、韩国、新加坡等国正在加速推进零碳建筑发展，政策支持力度不断加强，绿色建筑标准持续更新。印度处于稳步推进阶段，马来西亚、泰国、菲律宾、印度尼西亚等国仍处于零碳建筑发展的起步期，面临政策执行力度不足、市场接受度较低等挑战。

未来，亚太地区需强化政策约束力，推进零碳建筑法规强制实施；推动技术创新，结合 ZEB 标准和 BEMS 智能管理系统优化能耗管理，提高可再生能源利用效率；促进区域内绿色建筑认证体系互认，提升经验共享；完善市场激励机制，如政府补贴、碳交易等，提升零碳建筑的经济可行性；加强全生命周期碳管理，推广低碳建材，减少隐含碳排放。通过国际合作与技术融合，加速亚太建筑行业向零碳目标迈进，为全球碳中和贡献力量。

作者：高伟俊[1,2,3]，王田[1]，赵秦枫[1,3]，李宗懋[1]，孔相儒[1]，高嘉蔚[1]（1. 日本北九州市立大学；2. 青岛理工大学滨海人居环境学术创新中心；3. 浙江大学平衡建筑研究中心）

参考文献

［1］ World Green Building Council. THE CIRCULAR BUILT ENVIRONMENT PLAYBOOK [EB/OL]. https://worldgbc.org/wp-content.

［2］ CARLUCCI F, CAMPAGNA L M, FIORITO F. Responsive envelopes and climate change[M]. Berlin: Springer, 2024.

［3］ 能源研究所. 世界能源统计年鉴[EB/OL]. https://assets.kpmg.com/.

［4］ SUN S, CHEN Y, WANG A, et al. An evaluation model of carbon emission reduction effect of prefabricated buildings based on cloud model from the perspective of construction supply chain[J]. Buildings, 2022, 12(10): 1534.

［5］ ZHAO Q, GAO W, SU Y, et al. How can C & D waste recycling do a carbon emission contribution for construction industry in Japan city? [J]. Energy and Buildings, 2023, 298: 113538.

［6］ YU M, WIEDMANN T, CRAWFORD R, et al. The carbon footprint of Australia's construction sector[J]. Procedia Engineering, 2017, 180: 211-220.

［7］ ESCAP U. The future of Asian and Pacific cities: transformative pathways towards sustainable urban development[R]. New York: United Nations, 2019.

［8］ PAN W, PAN M. Drivers, barriers and strategies for zero carbon buildings in high-rise high-density cities[J]. Energy and Buildings, 2021, 242: 110970.

［9］ ALLEN C, OLDFIELD P, SOO H T, et al. Modelling ambitious climate mitigation pathways for Australia's built environment[J]. Sustainable Cities and Society, 2022, 77: 103554.

［10］ BUI T T P, MACGREGOR C, WILKINSON S, et al. Towards zero carbon buildings: Issues and challenges in the New Zealand construction sector[J]. International Journal of Construction Management, 2023, 23(15): 2709-2716.

［11］ NIETO M. Whatever it takes to reach net zero emissions around 2050 and limit global warming to 1.5°C: the cases of United States, China, European Union and Japan[R]. BAFFI CAREFIN Centre Research Paper, 2022(170).

［12］ PAN J. Lowering the carbon emissions peak and accelerating the transition towards net zero carbon[J]. Chinese Journal of Urban and Environmental Studies, 2021, 9(3): 2150013.

[13] The Ministry of Economy, Trade and Industry (METI). The 7th Strategic Energy Plan[Z/OL]. Tokyo: METI, 2025. https://www.meti.go.jp/.

[14] NINOMIYA Y, SASKAWA A, SCHRÖDER J, et al. Peer-to-peer (P2P) electricity trading and Power Purchasing Agreements (PPAs)[R]. Wuppertal: German Japanese Energy Transition Council (GJETC), 2020.

12 英国和欧盟应对气候变化的建筑节能减碳政策和路径

12 Policies and pathways for building energy efficiency and carbon reduction in UK and EU responding to global climate change

12.1 气候变化：全球性挑战

近年来，由气候变化引发的城市热岛效应和极端热浪等问题，已成为威胁人类健康与生活福祉的全球性挑战。研究表明，暴露于极端高温环境会导致人体体温调节、内分泌及循环系统超负荷，进而引发热相关疾病、加剧既有病症，甚至导致中暑或死亡。随着气候变化问题日益严峻，全球合作应对气候变化已逐渐成为共识，世界各国纷纷制定碳达峰与碳中和目标。

人类活动产生的温室气体（以下简称"碳排放"）是城市热岛效应、气候变化及热浪灾害的核心诱因。建筑部门作为能源消耗的主要领域之一，在我国能源使用结构中占据重要地位，建筑用能占所有能源使用部门总用能的20%以上。因此，建筑部门的节能减排工作对应对气候变化挑战、实现碳达峰与碳中和目标具有重要意义。

然而，与国外相比，我国的绿色建筑和节能减碳工作起步较晚。以英国为例，作为全球较早关注气候变化并实施节能减排政策的国家之一，英国在1991年便实现了碳达峰。从1990—2015年，英国建筑物的直接排放量下降了19%。自2005年以来，天然气和电力的需求分别下降了16%和14%。此外，随着用能需求的减少和电力系统的逐步脱碳，建筑物的间接排放量自2009年起也呈现逐年下降趋势[1]。

欧洲作为建筑节能减碳方面较为领先的地区，深入了解和借鉴该地区一些国家在建筑领域节能减碳的经验，对于推动我国建筑部门节能减碳工作的开展具有重要的参考和实践意义。因此，本文重点介绍了英国、欧盟在这些方面的主要政策和技术路径，可以为我国更有效地制定和实施相关政策提供一定参考，加速实现碳达峰与碳中和目标，从而为全球气候治理贡献力量。

12.2 英国建筑节能减碳政策和技术路径

12.2.1 建筑节能减碳政策

英国在建筑节能减碳方面的政策主要包括：（1）颁布相关法律法规。英国政府出台了一系列政策法规以促进建筑节能减碳。例如，英国《建筑法规》对建筑围护结构热阻限制和碳排放率限制作出规定[2]，《住宅节能法》对地方政府促进建筑节能的法定义务作出规定等[3]。（2）实行建筑能效标识制度。英国推出了"能源性能证书"（Energy Performance Certificate，EPC），对建筑物的能效等级作出分级规定[4]。（3）规定能源供应商的节能改造义务。英国政府实行"能源公司义务"（Energy Company Obligation，ECO）政策，规定能源供应商有义务为其提供服务的建筑物及低收入家庭提供能效改造服务[5]。

英国政府在 2017 年和 2020 年相继公布了《清洁增长战略》（*The Clean Growth Strategy*）和《绿色工业革命的十点计划》（*The Ten Point Plan for a Green Industrial Revolution*）。《清洁增长战略》提出，到 2050 年，英国所有建筑物都将实现供暖系统脱碳，除了提高建筑能效，还应通过升级低碳供暖技术来促进低碳转型[6]。《绿色工业革命的十点计划》提出投入 10 亿英镑用于各项建筑减碳计划。到 2028 年，英国将持续每年安装 60 万台热泵，创建一个以市场为导向的刺激框架来推动增长并制订相应法规；到 2032 年，所有公共建筑的直接碳排放量相比于 2017 年减少 50%[7]。

12.2.2 碳中和"平衡净零路径"

英国气候变化委员会在 2020 年出台"第六次碳预算"（Sixth Carbon Budget，以下简称 CB6），提出了到 2050 年英国实现碳中和的"平衡净零路径"（Balanced Net-zero Pathway），对建筑部门的脱碳给出了具体的政策建议[1]。碳预算经英国议会审议通过后写入法律，具有法律效力。2008 年以来，英国的碳排放量水平基本保持与预算一致（图 1）[8]。

"平衡净零路径"（下称"路径"）以政府现有政策为基础，提出了建筑领域脱碳不同时期的目标，推进清洁能源转型。在 21 世纪 20 年代实现化石能源设备零新增；推进建筑节能改造，最迟在 2035 年之前实现所有住宅建筑达到 EPC 评级 C；发展低碳供热，最迟在 2040 年之前实现所有热网使用低碳热源供热。

"路径"规划了到 2050 年采用不同方法实现的减排量占总量的份额。在建筑领域，到 2030 年，约有 34%的减排份额来自建筑能效提升的相关措施。同时，低碳供热贡献的减排份额将逐年增大，在 2028 年之后开始占据主导地位。从 2030

年开始，建筑领域减排将更多依靠低碳热网、高效灵活的电气化以及氢能利用。

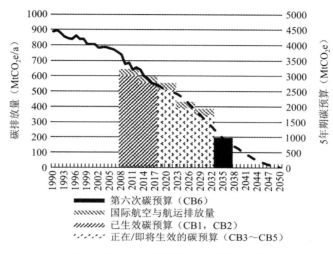

图 1 英国历年碳排放量与碳排放预算

"路径"计划对所有住宅建筑进行翻新改造，例如防风和热水箱保温，以及对空心墙和阁楼进行保温。预计到2050年，将对总计大约300万个空心墙和1100万个阁楼进行保温改造，建筑领域的用热需求减少12%。

预计2030年，英国住宅中的大多数供热系统满足低碳要求，热泵销量将超过每年100万台，住宅中安装的热泵总量将超过550万套。从2028年开始，每年约有0.5%的用热需求被转移到热网。到2050年，实现占总量五分之一的用热量由热网进行分配。

对于非住宅建筑，低碳供热发展的速度更快。到2030年，低碳能源将满足37%的公共和商业供热需求。其中，约有65%来自于热泵，32%来自于区域供热，3%来自生物质能利用；到2050年，低碳能源将满足100%的供热需求，其中52%来自热泵，42%来自区域供热，5%来自氢气锅炉，1%来自直接电加热。

基于"平衡净零路径"，CB6给出了四个部分的政策建议[9]：

（1）明晰方向

CB6建议，政府应该释放淘汰化石能源，向清洁能源转型的明确信号。政府应该明确承诺在21世纪20年代实现电气化，并建立长期稳定的支持框架，例如建立足够规模的热泵供应链以确保短期的减排效果及后期全面电气化的实现。其次，政府应该支持氢能在建筑领域的应用。CB6认为通过氢能发电、氢能锅炉及混合能源锅炉的使用，可以在脱碳灵活性方面提供优势。

同时，政府需要制定明确的脱碳时间表。CB6基于政府正在实施的政策和已宣布的承诺，制定了建筑能效提升和实现低碳供热的时间表（表1、表2）。

建筑能效提升目标时间表 表 1

政策目标	指示性日期	政策建议
所有新建筑都是零碳建筑	最迟 2025 年	1）实施更严格的标准，确保建筑能够适应不断变化的气候，同时保证高能源效率和低碳供暖； 2）承诺公布将在 2023 年之前立法的《未来住宅标准》的可靠定义
出租房屋能效等级达到 EPC C	2028 年	对能源性能证书（EPC）标准进行改革
针对住房贷款建立贷方标准（以房屋等级达到 EPC C 为目的）	2025—2033 年	政府推行《绿色金融策略》中的规定，要求贷款人对抵押贷款组合的住房平均能效进行强制性披露，并逐渐引入一套最低标准
所有待售房屋能效等级达到 EPC C	2028 年	除非达到最低标准，否则不得出售任何建筑物
所有商业建筑能效改造完成	2030 年	加快制定在用商业建筑的能效新标准

实现低碳供热目标时间表 表 2

政策目标	指示性日期	政策建议
所有锅炉设备实现氢能就绪（hydrogen-ready）	2025 年	尽早采用氢气锅炉的设备标准；尽早承诺和推广标准，有利于通过竞争和规模经济降低成本
逐步淘汰石油和煤炭（在实施低碳区域供热以外的地区）	2028 年	1）发布政策以逐步淘汰新的高碳化石供热装置的安装； 2）政府需要为建立关键供应链提供支持
逐步淘汰天然气（在实施低碳区域供热或氢能转化区以外地区）	2033 年	需要建立一个跨越区域和地方各级的决策框架，以促进对未来供热的决策。在未指定为氢气或供热网络区域的地区，逐步淘汰燃气器具的安装，到 2050 年广泛实现低碳供热
逐步淘汰燃气热电联产，建立低碳供热网络	2025 年	随着电网强度从 2020 年起持续下降，相对燃气热电联产（CHP）的碳收益会减少。从 2025 年起所有新的区域热网连接都应该是低碳的。到 2040 年，所有热网都转换为低碳热源

（2）提升经济吸引力

政府应当采取措施，降低低碳供热的成本。例如，通过进一步提高建筑能效、通过创新改进供热系统设计、采用柔性负荷（如房屋提前预热）等方式减少供热需求，削减成本。同时，政府应该考虑增加对低碳供热的资助。例如，政府目前对低收入家庭的资助主要依靠私人融资，包括通过房东和"有能力支付"的自住业主。CB6 建议公共支出应优先用于资助低收入家庭，这将有助于加速转型。公共支出也可以作为经济刺激措施，例如"绿色家园补助"（Green Homes Grant）和"公共部门脱碳计划"（Public Sector Decarbonisation scheme）。

（3）赋能措施：信息和技能

因为现有"能源性能证书"（EPC）评级表现的是建筑物的模拟性能而非实际性能，也无法显示脱碳带来的收益以及智能税务可能带来的成本节约，需要进一步改进。在未来，将逐渐推广"数字绿色建筑通行证"（Digital Green Building

Passport），对建筑物信息完整记录，并显示其整个生命周期的升级和改进，为用户提供全局指导。

此外，根据评估，英国在未来 30 年的建筑翻新改造计划将再创造超过 20 万个工作岗位。CB6 认为，通过市场不太可能及时培养足够具备相应技能的人员，因此需要政府干预，通过与安装人员、私营部门及地方政府密切合作，确保人才的及时培养。

（4）持续推进

CB6 提供了对未来政策发展方向的建议，包括制定不同细分市场的目标供暖燃料和过渡时间表、考虑协调/区域推广、评估柔性负荷、注重公平/保护弱势群体等。

12.3 欧盟国家的相关减碳政策和路径

欧盟委员会在 2002 年出台了《建筑能效指令》（*Energy Performance of Buildings Directive*，EPBD），作为欧盟各成员国在建筑节能方面的框架性文件[10]。EPBD 对建筑能耗计算方法、建筑最小能耗要求等进行了规定，并建立了建筑能耗证书、锅炉和空调系统定期检查、独立专家检查等制度。2010 年，欧盟委员会对 EPBD 进行了修订，规定从 2018 年起，所有新建的公共建筑必须为近零能耗建筑；2020 年 12 月 31 日后，所有新建建筑都必须为近零能耗建筑。

2018 年，欧盟委员会对 EPBD 进行了再一次修订，使其能够更好地适应碳排放量减少目标。此次 EPBD 的修订主要包括几个方面：①新增长期翻新改造战略（Long-term Renovation Strategy）；②鼓励使用信息交互技术（Information and Communication Technology，ICT）和智能技术（Smart Technologies），以保证建筑物的高效运行；③引入智能化就绪指标（Smart Readiness Indicator，SRI），以衡量建筑物使用新技术和电子系统来适应消费者需求、优化运行及与电网匹配的能力；④增设电动汽车基础设施。欧盟预计，修订的 EPBD 生效后，欧盟的总能源消耗量将减少 5%～6%，二氧化碳总排放量将降低约 5%。

2019 年 12 月，欧盟委员会公布《欧洲绿色协议》，明确到 2050 年实现碳中和的目标[11]。该协议指出，欧盟成员国的建筑年翻新率 0.4%～1.2%，要达到欧盟的气候目标，这个数字至少要翻一倍。欧盟委员会将从 2020 年开始对各成员国的"长期翻新改造战略"（作为 EPBD 要求的一部分）进行评估。作为《欧洲绿色协议》的一部分，2020 年，欧盟委员会提出了一项新的翻新改造计划，即"翻新改造浪潮"（Renovation Wave）该计划的目标是，到 2030 年，所有住宅及非住宅的年翻新改造率翻一番，翻新改造至少 3500 万个单位建筑。

2021 年 7 月 14 日，欧盟委员会提出能源和气候一揽子计划"Fit for 55"提案,包括 13 项政策,其中,对建筑领域的影响主要包括[12]:①可再生能源指令(Renewable Energy Directive)和能源效率指令(Energy Efficiency Directive)的修订。修订后的可再生能源指令规定,到 2030 年,欧盟建筑领域的可再生能源在总体最终能源消耗中占比应达 49%;以 2020 年为基准,此后在供暖和供冷领域的可再生能源使用份额应每年提高 1.1 个百分点,废热废冷的使用份额应每年提升 1.5 个百分点;对于区域供热和供冷系统,可再生能源与废热废冷的总使用份额每年应提升 2.1 个百分点。修订后的能源效率指令规定,各成员国应确保每年翻新改造的公共建筑面积占总量至少 3%,每年的能源消耗应减少至少 1.7%;②将建筑燃料纳入排放交易;③提供新的社会气候基金。

12.4 欧洲建筑低碳发展举措和思考

总体上,欧洲国家在建筑低碳绿色发展方面的经验表明,建筑低碳转型需兼顾政策强制性与市场灵活性的平衡,以及技术研发与本土化落地的结合。这些可为中国的建筑低碳节能发展、构建具有中国特色的建筑低碳发展模式提供有益的参考。

具体来讲,可以有以下几个方面:

(1)以清洁能源代替化石能源

在英国,冬季供暖造成的碳排放是建筑领域总排放量的主要部分,这包括部分住宅采用燃气锅炉取暖产生的直接碳排放和区域供暖产生的间接碳排放,这一点与我国是相似的。我国北方寒冷地区和严寒地区城镇主要采用集中供暖,而夏热冬冷地区民众则主要使用分散式供暖设备。目前,我国集中供暖的热源仍然主要使用煤炭、天然气等高碳化石燃料,分散式供暖设备主要包括燃气壁挂炉、空气源热泵等。

英国在减少这部分碳排放的路径包括:①大力推广在家庭中安装热泵。用热泵代替锅炉是其实现建筑电气化的重要举措。②区域供热低碳化。英国大多数区域供热网络使用燃气热电联产供热,这一部分要逐渐过渡到低碳热源。③推广氢能的应用。氢能的应用方式主要是将热泵与锅炉结合形成"混合热泵系统"。

欧盟的居住建筑约 80%的能耗用于取暖、制冷及生活热水,其中三分之二的能源来自化石燃料。因此,有必要使用清洁能源来取代这部分能耗,实现方式包括供热设备由燃煤、燃气锅炉向热泵转型、使用沼气、氢气等低碳气体的代替天然气,使天然气管网脱碳等。

(2)进一步提升建筑节能标准、开展建筑节能改造

提高建筑能效的主要目的是改善室内环境,降低用能需求,减少用能成本。提高建筑能效,一方面要提高新建建筑节能标准,另一方面还要继续加强既有建

筑的节能改造。从政策上看，英国和欧盟都制定了翻新改造计划，并设定了相应节能目标；英国制定了补贴、税收的综合激励政策鼓励居民主动节能；规定了房屋出租、销售的最低能效要求，强制部分建筑进行节能改造；制定了"能源公司义务（ECO）"政策，加强了能源供应商的相应责任，降低了居民的节能改造成本。

（3）通过法规框架和金融手段促进建筑部门节能减碳

欧洲国家通过立法明确建筑低碳发展目标，如英国《气候变化法案》设定温室气体减排目标，并细化建筑行业实施路径，而欧盟也提出了"建筑能源效率行动计划"，要求新建建筑能效提升20%。我国地域辽阔，气候丰富，建筑类型复杂，因此也应完善建筑领域碳排放总量控制目标、分阶段推进既有建筑节能改造，从而减少用能强度。

此外，欧洲国家在建筑节能方面投入了大量资金，例如提供科研基金、提出激励措施和发放补贴，与金融机构合作、推出相应的金融产品，鼓励社会投资等。欧洲通过税收优惠、补贴等政策鼓励低碳技术应用，例如德国"太阳能屋顶计划"提供安装补贴。英国政府通过制定融资支持政策，积极调动各类财政资源投入建筑节能减碳，减少对政府大规模财政补贴的单一依赖，同时英国的碳交易市场也覆盖了建筑领域。这些举措通过政策制定、金融激励等手段推动建筑节能发展。

总体上，中国应结合自身国情，进一步加强建筑低碳发展的顶层设计，通过立法、财政、金融等多方面政策支持，构建完善的建筑低碳政策体系。同时，需要结合实际情况，加强国际合作与技术创新，推动智能建造、可再生能源等技术在建筑领域的应用，并通过数字化技术提升建筑的能源利用效率，推动建筑领域的绿色低碳智能转型。

作者：李百战，杜晨秋，李仲哲，姚润明，喻伟（重庆大学）

参考文献

[1] Sixth Carbon Budget-Methodology Report[R/OL]. www.theccc.org.uk/publications

[2] Manual to the Building Regulations[R/OL]. https://www.gov.uk/publications

[3] Home Energy Conservation Act 1995[OL]. https://www.legislation.gov.uk

[4] Energy Performance of Buildings Certificates: notes and definitions[EB/OL]. https://www.gov.uk

[5] ENERGY COMPANY OBLIGATION 2018-2022[R/OL]. https://www.gov.uk/publications

[6] The Clean Growth Strategy[R/OL]. https://www. gov.uk/government/publications

[7] The Ten Point Plan for a Green Industrial Revolution[R/OL]. https://www.gov.uk/publications

[8] The Sixth Carbon Budget-The UK's path to Net Zero[R/OL]. www.theccc.org.uk/publications

[9] Policies for the Sixth Carbon Budget and Net Zero[R/OL]. www.theccc.org.uk/publications

[10] Energy Performance of Buildings Directive[R/OL]. https://energy.ec.europa.eu/topics/energy-

efficiency/energy-efficient-buildings/energy-performance-buildings-directive_en
[11] The European Green Deal[R/OL]. https://commission.europa.eu/strategy-and-policy/priorities-2019-2024/european-green-deal_en
[12] Fit for 55: Delivering on the proposals[R/OL]. https://commission.europa.eu/strategy-and-policy/priorities-2019—2024/european-green-deal/delivering-european-green-deal/fit-55-delivering-proposals_en

13 德国可持续建筑委员会（DGNB）近年发展介绍

13 Introduction to the Recent Development of the German Sustainable Building Council (DGNB)

为了应对近年来全球的绿色建筑领域新的挑战，促进建筑业的可持续转型和发展，作为欧洲可持续建筑领域的领导者，德国可持续建筑委员会（DGNB）适时推出了一系列的举措和新的服务，通过其广泛的会员网络和多样化的服务，DGNB一如既往地致力于将可持续性和气候保护融入建筑和房地产行业的每一个环节，为实现绿色未来贡献力量。本文将列举DGNB几年来的一些重要发展，并对DGNB新建建筑认证体系的2023版进行简单的介绍。

13.1 DGNB 的 ESG 验证

欧盟金融投资分类法（EU-Taxonomie）是欧盟可持续金融框架的基石，也是一个重要的市场透明度工具。它旨在引导资金流向最符合转型需求的经济活动，以支持《欧洲绿色协议》（*European Green Deal*）的目标。体现在实际的金融活动中的是，越来越多的银行等金融机构在审批房地产项目的贷款时，要求业主提供相应的证明。为了检查房地产项目是否符合欧盟分类法的标准，DGNB 为房地产行业提供了专门的 ESG 验证。该验证适用于欧盟分类法中定义的建筑建造、建筑翻新以及房地产购买和持有等经济活动。DGNB 在建筑可持续性认证领域拥有超过十年的经验和声誉，这使其出具的证明被视为可靠且高质量的保证。

13.2 DGNB 建筑运营认证

DGNB 系统为建筑运营阶段提供了一个转型和管理工具，旨在帮助建筑运营商、资产持有者和使用者制定可持续、面向未来且以气候保护为导向的房地产策略。通过系统地分析建筑的相关信息、实际性能、使用情况和实际消耗数据，DGNB 系统能有效帮助项目提高透明度并识别优化潜力，从而降低风险并增强投资安全性。

13.3 DGNB与联邦高效率建筑资助（BEG）

在德国近年来在联邦和州层面也推出了一系列的举措加速建筑业的可持续性转型。对提高建筑可持续性有着非常重要推动作用的是联邦高效率建筑资助（Bundesförderung Für Effiziente Gebäude，BEG）。如新建建筑想获得BEG资助，需取得"可持续建筑质量标识"（Qualitätssiegel Nachhaltiges Gebäude，QNG）才有获得资助的资格。QNG是德国的国家级的建筑质量认证标志，确保建筑满足在生态、社会文化和经济质量等方面的普遍要求和特定要求。QNG采纳了在德国认知度较高的认证体系的建筑认证作为建筑物满足普遍要求的证明。针对非住宅和住宅建筑分别有3个和4个认证体系入选。DGNB是唯一在前述两种建筑类型中都入选的认证体系。

13.4 DGNB认证体系2023版

根据最新的业界动向和对认证项目的总结分析，DGNB推出了服务于新建建筑的2023版。整个认证体系更加简练，更加突出了如碳计算、循环经济和生物多样性等要求，并在联合国可持续发展目标SDGs之外，将欧洲范围内的建筑可持续性要求及体系，如欧盟投资分类法EU Taxonomie、欧盟可持续建筑报告框架Level(s)以及德国可持续建筑质量标识QNG等，融入新的认证要求中。可以说DGNB认证体系的发展也体现了德国和欧洲在可持续建筑领域的新的发展方向。

简单来说其目标更为明确：
（1）推动气候保护：通过减少碳排放和优化资源利用，支持全球气候目标。
（2）促进循环经济：通过循环规划和建造方式，减少资源浪费和资源依赖。
（3）提升生活质量：确保建筑对使用者具有积极影响，同时经济合理且长期可负担。
（4）支持政策目标：与欧盟和全球的可持续性框架保持一致，推动建筑行业的绿色可持续转型。

DGNB认证始终基于建筑的全生命周期，从规划、建设、运营到拆除，确保全面衡量建筑的可持续性表现。认证体系延续了一直以来的六个核心质量，全面考虑了可持续建筑的所有重要方面：环境质量、经济质量、社会文化和功能质量、技术质量、过程质量以及区位质量。

在DGNB系统中，环境、经济和社会文化及功能这三个核心质量领域在认证体系中具有同等权重。这使得DGNB系统成为唯一将经济和社会文化方面与生态标准同等重视的评估体系。超越三支柱模型的技术、过程和区位质量则在系统中具有交叉功能，并根据其重要性进行不同程度的加权。

与之前的 2018 版相比，23 版的核心质量权重做了新的调整。环境、经济和社会文化这三个核心质量的权重均为 25%，技术、过程和区位质量的占比则分别为 10%、10%和 5%（图 1）。

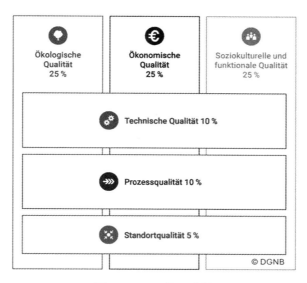

图 1　DGNB 核心质量

DGNB 认证等级分为铂金级、金级、银级及铜级认证等级（铜级仅适用于既有建筑和建筑运营认证）。为了提高建筑物的全面综合可持续性的提高，DGNB 对认证等级的获得设置了一个附加要求。仅达到总体评分并不足以最终获得相应认证等级。为了获得相应的认证等级，建筑还必须在三个主要核心质量领域（生态、经济和社会文化质量）中达到最低评分要求：即至少达到目标认证级别下一级的分值。在 2018 版中对所有核心质量领域都有最低评分要求。这也是 2023 版一个简化措施（图 2）。

	PLATIN	GOLD	SILBER	BRONZE*
Gesamterfullungsgrad	ab 80%	ab 65%	ab 50%	ab 35%
Mindesterfullungsgrad	65%	50%	35%	— %

© DGNB

* Diese Auszeichnung gilt nur für das Bestandszertifikat bzw. für das Zertifikat „Gebäude im Betrieb".

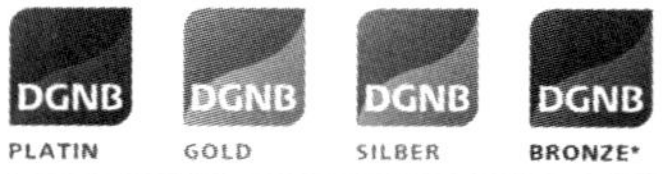

图 2　DGNB 认证等级

2023 版适用于办公、教育、大型住宅、酒店、超市、购物中心、商场、物流、生产、人员密集场所以及健康医疗建筑。针对不同的建筑类型，在主旨目标相同的情况下，具体要求有所区别。如某建筑的类型尚未被 DGNB 系统涵盖，可使用 DGNB Flex 对该建筑进行认证。

1. 环境质量（ENV）

（1）ENV1.1 气候保护与能源

关注减少温室气体排放和提高能源效率，以应对气候变化。

（2）ENV1.2 对当地环境的风险

减少、避免使用对生态环境和健康产生负面影响的建筑材料。

（3）ENV1.3 负责任的资源获取

确保建筑材料的获取方式对环境和社会的影响最小化。

（4）ENV2.2 饮用水需求和污水排放

优化建筑的水资源管理，减少饮用水消耗和污水排放。

（5）ENV2.3 土地占用

评估建筑项目对土地的占用情况，尽量减少对自然生态系统的破坏。

（6）ENV2.4 场地的生物多样性

保护和促进建筑场地及其周边的生物多样性。

2. 经济质量（ECO）

（1）ECO1.1 建筑全生命周期成本

评估建筑从规划、建设、运营到拆除的整个生命周期内的经济成本。

（2）ECO2.4 价值稳定性和适应性

确保建筑的长期经济价值和适应未来需求的能力。

（3）ECO2.6 气候韧性

提高建筑对气候变化影响的适应能力，例如极端天气事件的防护。

（4）ECO2.7 文档记录

确保建筑项目的相关信息和数据得到完整记录，便于未来管理和优化。

3. 社会文化及功能质量（SOC）

（1）SOC1.1 热舒适性

确保建筑内部温度适宜，提供舒适的使用环境。

（2）SOC1.2 室内空气质量

保证建筑内部空气清洁，减少有害物质对健康的影响。

（3）SOC1.3 隔声和声学舒适性

提供良好的隔声效果和声学环境，减少噪声干扰。

（4）SOC1.4 视觉舒适性

通过自然采光和合理的照明设计，提供舒适的视觉环境。

（5）SOC1.6 室内外空间质量

提升建筑内部和外部的空间质量，增强使用者的舒适感和幸福感。

（6）SOC2.1 无障碍设计

确保建筑对所有人群（包括老年人、残疾人等）都易于使用。

4. 技术（TEC）

（1）TEC1.3 建筑围护结构质量

确保建筑外围护结构具有良好的性能。

（2）TEC1.4 建筑技术的应用与集成

优化建筑技术系统的设计和集成，提高能效和性能。

（3）TEC1.6 循环建造

采用循环经济原则，减少资源浪费，促进材料的重复利用和回收。

（4）TEC3.1 交通基础设施

提供便捷的交通连接和设施，支持可持续出行方式（如公共交通、自行车道等）。

5. 过程质量（PRO）

（1）PRO1.1 项目准备质量

确保项目在规划阶段的高质量准备，包括目标设定、资源分配和风险评估。

（2）PRO1.4 招标和授予中的可持续性保障

在招标和合同授予过程中，明确并确保可持续性要求得到落实。

（3）PRO1.6 城市规划和设计概念的程序

制定城市规划和建筑设计的程序，确保项目与周边环境和社区需求相协调。

（4）PRO2.1 施工现场/施工过程

优化施工过程，确保高质量、安全且环保的施工实践。

（5）PRO2.3 有序地启用

确保建筑在完工后能够顺利投入使用，包括系统测试、调试和用户培训。

（6）PRO2.5 可持续使用的准备

为建筑的长期可持续使用做好准备，包括维护计划、用户指南和资源管理。

6. 区位质量（SITE）

（1）SITE1.1 微观环境

评估建筑场地的具体条件，并以此为依据进行相关设计和项目准备。

（2）SITE1.3 交通连接

确保场地与公共交通、道路网络和其他交通设施的良好连接，支持可持续出行。

（3）SITE1.4 与使用相关对象和设施的接近性

评估场地与重要服务设施（如学校、医院、商店等）的接近程度，确保便利性和功能性。

　　DGNB认证中设有强条，即如要获得DGNB认证的项目至少要达到的最低要求。新建建筑2023版对于一般项目认证最低要求为：

　　（1）ENV1.1：必须提供建筑的生命周期评估（LCA）数据。对于在完工时未实现净零温室气体排放的建筑，必须提交一份气候保护路线图，以规划未来的碳中和运营。目标年与项目所在国家碳中和目标一致。

　　（2）ENV1.3：建筑中永久使用的木材或木制品至少有50%（质量）来自可持续认证的森林。

　　（3）ECO2.6：所有建筑必须具备基础气候韧性，能够应对气候风险（如极端天气事件）。

　　（4）SOC1.2：室内空气质量的测量必须满足TVOC和甲醛浓度的最低要求。

　　（5）SOC2.1：必须符合DGNB无障碍设计质量等级QS1。

　　（6）TEC1.6：必须证明在规划和实施中考虑了循环经济原则。

　　（7）PRO2.3：制定并实施能源监测概念，以优化建筑的能源使用和性能。

　　（8）SITE1.1：必须提供气候风险分析，评估场地可能面临的气候变化风险。

　　对于要获得DGNB铂金级认证的项目在上述相应的强条要求都有所提高的同时，还进一步加入了针对"ENV2.2饮用水需求和污水排放""ENV2.4生物多样性"以及"TEC3.1交通基础设施"等的强条。

　　DGNB与其专家网络共同持续开发认证体系，确保DGNB认证体系始终符合当前的行业要求，并引领行业的发展。为了DGNB体系适应不同国家和地区的要求，对当地可持续建筑的发展产生更积极的作用，DGNB会与合作伙伴组织合理调整这些标准要求。DGNB期待与国内同仁更深入地交流和合作，为全球的可持续发展作出贡献。

作者：张凯（DGNB首席执行官、中国事务高级助理）

第二篇 标准规范篇

党的二十大报告明确指出,要通过提高城乡规划、建设、治理水平,实施城市更新行动,加强基础设施建设,打造宜居、韧性、智慧城市和宜居宜业和美乡村。随着时代的发展和人民生活水平的提高,人们对房屋品质、社区环境、配套设施、运营服务等方面提出了更高的要求,在2023年1月召开的全国住房城乡建设工作会议上,倪虹部长明确指出,当前和今后一个时期做好住房和城乡建设工作的总体要求是:牢牢抓住让人民群众安居这个基点,以努力让人民群众住上更好的房子为目标,从好房子到好小区,从好小区到好社区,从好社区到好城区,进而把城市规划好、建设好、治理好。2024年全国住房城乡建设工作会议指出,建设安全、舒适、绿色、智慧的好房子是2025年重点工作之一。因此,建设高品质绿色建筑,优化建筑用能结构,推进绿色低碳建造、深入研究"好房子"创新理论与技术,是建筑行业落实"双碳"目标,贯彻落实住房和城乡建设部"四好"建设重点工作部署,推动"中国建造"高质量发展的重要抓手。

本篇收录了2023—2024年度发布及待发布的绿色建筑、"双碳"及"好房子"领域标准工作的最新成果,包括国家标准、地方标准和团体标准。涉及既有建筑绿色改造、建筑幕墙保温性能检测、温室气体减排量评估、绿色建筑工程验收、好小区与好社区、健康超低能耗建筑、零碳乡村评价、智能适老型居住建筑等内容,这些标准项目为提升居住品质,助力城市更新及实现"双碳"目标,推进"四好"建设奠定坚实基础。

1 《既有建筑绿色改造评价标准》GB/T 51141—2015 修订

1 Assessment standard for green retrofitting of existing building GB/T 51141—2015

1.1 背景与意义

1.1.1 背景

经历 20 年的发展，我国绿色建筑规模和新建建筑认证比例已经处于世界前列。截至 2023 年底，全国 30 个省（直辖市、自治区）累计建成绿色建筑 118.5 亿平方米，2023 年新建绿色建筑面积占城镇新建建筑面积的 94%。但是，与 700 多亿平方米的总建筑面积相比，我国绿色建筑的占比约为 16.9%。截至 2024 年底，我国城镇化率已经突破 67%。"存量优化和新建提升并举"的新型建设方式，是我国当前建设领域落实绿色发展、解决重大民生问题的重要途径。推进既有建筑绿色改造将是城镇化与城市发展领域的重要发展方向。

为推进既有建筑绿色改造，国家发布了一系列政策。2019 年以来，《政府工作报告》、多次国务院常务会议以及国务院政策例行吹风会等均对城镇老旧小区改造工作提出了具体要求：顺应群众期盼改善居住条件，推进城镇老旧小区综合和全面改造，避免单项改造带来的反复改造、多次扰民等问题。2020 年 7 月住房和城乡建设部等 7 部委联合印发《绿色建筑创建行动方案》，2021 年 9 月《中共中央·国务院关于完整准确全面贯彻新发展理念做好碳达峰碳中和工作的意见》发布，2021 年 10 月国务院印发《2030 年前碳达峰行动方案》，2021 年 10 月中共中央办公厅、国务院办公厅印发《关于推动城乡建设绿色发展的意见》，2022 年 3 月住房和城乡建设部印发《"十四五"建筑节能与绿色建筑发展规划》，2022 年 3 月国家发展改革委印发《2022 年新型城镇化和城乡融合发展重点任务》，这些政策文件从不同角度对既有建筑绿色改造提出了要求。在开展绿色建筑创建行动中，既有建筑绿色改造是建设高品质绿色建筑的重要组成，是落实国家提升城乡建设绿色低碳发展质量的重要抓手。

根据《住房和城乡建设部关于印发 2020 年工程建设规范标准编制及相关工作计划的通知》（建标函〔2020〕9 号）等文件的要求，由中国建筑科学研究院有限公司会同有关单位开展国家标准《既有建筑绿色改造评价标准》GB/T 51141（以下简称《标准》）的修订工作。目前，《标准》已完成修订并报批。

1.1.2 意义

《既有建筑绿色改造评价标准》GB/T 51141—2015 适用于既有建筑改造后为绿色建筑的绿色性能评价，是我国首部关于既有建筑绿色改造的国家标准，对规范和引导我国既有建筑绿色改造健康发展发挥了重要的作用。对 19 个既有建筑绿色改造项目的分析显示，通过绿色改造，可有效降低建筑运行能耗和水耗，平均节能率达到 52.60%、节水率达到 18.85%，提升使用功能，社会效益、环境效益明显。随着我国进入绿色发展新时代，2015 年版标准的问题不断凸显，例如，评价指标体系为绿色改造涉及的相关专业，与最新版国家标准《绿色建筑评价标准》GB/T 50378—2019 有待协调统一；绿色改造技术性能不能让使用者感知，使用者难以感受到绿色改造技术在健康、舒适、高质量等方面的优势；未能涵盖既有建筑绿色改造新领域方向和新技术发展，如超低能耗、电梯加装、适老化改造、健康建筑等。

1.2 技术内容

1.2.1 体系架构

《标准》统筹考虑既有建筑绿色改造的技术先进性和地域适用性，评价指标遵循因地制宜的原则，结合既有建筑所在地域的气候、环境、资源、经济和文化等特点，对既有建筑改造后的安全耐久、健康舒适、生活便利、资源节约、环境宜居等性能进行综合评价。修订后，《标准》共包括 9 章内容（图 1），第 1~3 章分别是总则、术语、基本规定，第 4~8 章为评价技术指标体系，第 9 章为提高与创新。第 4~8 章统一设置改造效果，量化评价绿色改造后的性能提升。

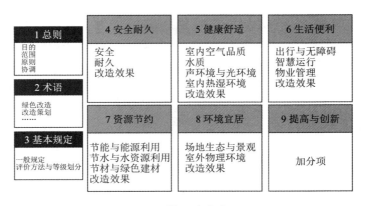

图 1 《标准》框架

1.2.2 评价指标体系

（1）第4章 安全耐久

安全耐久满分值为100分，由安全、耐久和改造效果3个二级评价指标组成，共包括8条控制项和10条评分项（图2）。安全共包括5个三级指标，评价分值为50分；耐久共包括3个三级指标，评价分值为30分；改造效果共包括2个三级指标，评价分值为20分，主要是评价改造后建筑结构抗震性能和整体耐久性的提升。

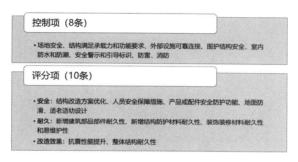

图2 安全耐久评价指标

（2）第5章 健康舒适

健康舒适满分值为100分，由室内空气品质、水质、声环境与光环境、室内热湿环境和改造效果5个二级评价指标组成，共包括7条控制项和14条评分项（图3）。室内空气品质共包括2个三级指标，评价分值为16分；水质共包括3个三级指标，评价分值为21分；声环境与光环境共包括3个三级指标，评价分值为23分；室内热湿环境共包括3个三级指标，评价分值为20分；改造效果共包括3个三级指标，评价分值为20分，主要是评价改造后室内环境和水质的性能提升。

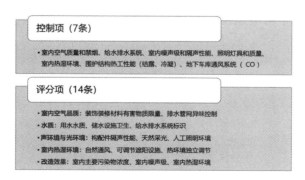

图3 健康舒适评价指标

（3）第6章 生活便利

生活便利满分值为100分，由出行与无障碍、智慧运行、物业管理和改造效果

4个二级评价指标组成,共包括6条控制项和15条评分项(图4)。出行与无障碍共包括5个三级指标,评价分值为25分;智慧运行共包括4个三级指标,评价分值为25分;物业管理共包括4个三级指标,评价分值为30分;改造效果共包括2个三级指标,评价分值为20分,主要是评价改造后使用者满意度和物业管理水平的性能提升。预评价时,物业管理和改造效果不参评,生活便利的满分值为50分。

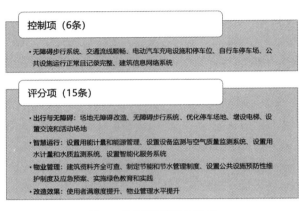

图4 生活便利评价指标

（4）第7章 资源节约

资源节约满分值为200分,由节能与能源利用、节水与水资源利用、节材与绿色建材和改造效果4个二级评价指标组成,共包括6条控制项和18条评分项(图5)。节能与能源利用共包括6个三级指标,评价分值为76分;节水与水资源利用共包括4个三级指标,评价分值为40分;节材与绿色建材共包括5个三级指标,评价分值为44分;改造效果共包括3个三级指标,评价分值为40分,主要是评价改造后运行能耗降低幅度、节水效率增量以及静态投资回收期。因为对于既有建筑改造来说,场地面积有限,节地难度较大,故本章未设置节地评价指标。

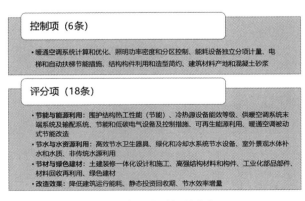

图5 资源节约评价指标

（5）第 8 章　环境宜居

环境宜居的满分值为 100 分，由场地生态与景观、室外物理环境和改造效果 3 个二级评价指标组成，共包括 6 条控制项和 12 条评分项（图 6）。场地生态与景观包括 5 个三级指标，评价分值为 40 分；室外物理环境共包括 4 个三级指标，评价分值为 40 分；改造效果共包括 3 个三级指标，评价分值为 20 分，主要是评价改造后场地雨水径流控制、环境噪声等级、场地风环境质量等性能提升。

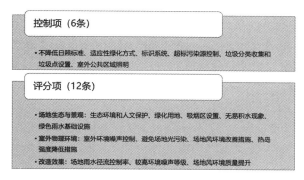

图 6　环境宜居评价指标

（6）第 9 章　提高与创新

为鼓励性能提高与创新，在各环节和阶段采用先进、适用、经济的技术、产品和管理方式，本次修订增设了相应的评价项目。比照"控制项"和"评分项"，《标准》将此类评价项目称为"加分项"（图 7）。加分项共包括 10 条评价条文，前 9 条为既有建筑绿色改造在某项技术、产品选用和管理方式上的创新，第 10 条为开放性条款，目的是鼓励和引导项目采用不在《标准》所列的绿色建筑评价指标范围内，但可在保护自然资源和生态环境、节约资源、降低碳排放、减少环境污染、提高健康和宜居性、智能化系统建设、传承历史文化等方面实现良好性能提升的创新技术和措施。考虑到与绿色建筑总得分要求的平衡，以及加分项对建筑绿色性能的贡献，加分项的最高得分不超过 100 分。

图 7　提高与创新评价指标

1.2.3 《标准》特色

（1）以人为本——新增改造策划、加装电梯等内容，提升百姓对绿色改造的可感知性

1）以用户实际需求和主观感受为导向，强调改造前评估策划，确定绿色改造方向和内容，引导人们积极参与既有建筑绿色改造，并避免改造不充分或过度改造。

2）将新技术、新发展和新需求融入评价指标中，如防疫、电梯加装、健康化改造、居家养老、水质安全等，以满足人民群众的美好生活需要。

（2）降低碳排——支持和鼓励绿色低碳改造，推动建筑领域碳排放降低

1）强化碳排放计算，将建筑碳排放条文由加分项移至第 3 章基本规定，作为星级评定的前提条件。

2）全面梳理低碳改造技术，提升电气化率、增加可再生能源利用分值和权重、提高设备和系统能效、提升绿化固碳效果等，明确降低碳排放强度的技术措施。

3）引进建筑碳交易、绿色金融等机制，借助金融的力量推动既有建筑绿色低碳改造。

（3）性能提升——与现行《绿色建筑评价标准》GB/T 50378 和强制性规范相互协调，构建新时期绿色改造评价方法

1）新增结构、部品部件、设备等应符合现行强制性规范有关规定，强化改造后的安全、环境、节能等基本性能。

2）按安全耐久、健康舒适、生活便利、资源节约、环境宜居，重构绿色改造评价指标体系，拓展既有建筑绿色改造内涵。

3）增加绿色建筑等级，提高星级分值，提升既有建筑绿色改造星级项目的综合性能。

（4）标准先进性——密切跟踪国际绿建标准发展趋势，突出标准修订国际先进性

《标准》编制过程中，选取 6 个国外最新版本既有建筑绿色改造和运行维护评价标准进行了重点研究分析，结果显示：

1）《标准》在碳排放计算和减碳要求、防雷防火、部品部件和材料高耐久性、人工照明环境改善、分项计量、围护结构热工性能等方面的指标优于国际标准，处于国际领先。

2）《标准》在抗震与结构耐久性、节能电气设备应用、用户满意度调查等方面的指标符合我国现阶段既有建筑绿色改造需求，更具有可操作性。

3）《标准》在卫生间浴室防潮、排水系统雨污分流、地下停车场一氧化碳监测、土建装修一体化、工业化部品部件、BIM 技术应用等方面的指标在国外标准

中均未要求，体现了我国既有建筑绿色改造特色。

1.3 应用前景

作为我国首部民用建筑绿色改造的公益性国家标准，《标准》为不同类型建筑综合绿色改造提供了有力支撑。河北、辽宁、宁夏等地将既有建筑绿色改造写入了地方绿色建筑发展条例，北京市也将《标准》列入财政奖励的依据标准，取得了很好的实施效果。《既有建筑鉴定与加固通用规范》GB 55021—2021、《既有建筑维护与改造通用规范》GB 55022—2021 及《建筑节能与可再生能源利用通用规范》GB 55015—2021 等工程建设全文强制性规范为既有建筑改造提出了底线要求。《标准》与上述几部标准协调配套，呼应既有建筑改造的高端需求，可有效引导既有建筑改造的"提档升级"，推动国家政策的贯彻落实，促进既有建筑改造高质量发展。

1.4 结束语

《标准》是我国绿色建筑标准体系的重要组成，统筹考虑了既有建筑绿色改造在节约资源、保护环境基础上的经济可行性、技术先进性和地域适用性。通过本次修订，《标准》结合新时代国家对既有建筑绿色改造需求，构建了以人为本的既有建筑绿色改造评价技术指标体系；注重既有建筑绿色改造特点，突出了绿色改造效果；强化了绿色改造时碳排放计算和低碳技术应用，对既有建筑绿色改造高质量发展具有指导意义。

目前，《标准》已经完成报批。为推动《标准》的实施，发布后将编制配套的《标准》实施指南、修订中国工程建设标准化协会标准《既有建筑绿色改造技术规程》T/CECS 465—2017，并加强对评价人员的培训宣传，以尽快适应新的评价方式，引导既有建筑绿色改造标识评价工作顺利开展。

作者：王清勤，朱荣鑫，赵力，姜波（中国建筑科学研究院有限公司）

2 《建筑幕墙保温性能检测方法》GB/T 29043—2023

2 Test method for thermal insulating performance of curtain walls GB/T 29043—2023

2.1 背景与意义

2.1.1 修订背景

国家标准《建筑幕墙保温性能分级及检测方法》GB/T 29043—2012 于 2012 年 12 月 31 日发布，2013 年 9 月 1 日实施。标准经过这些年的执行，对提高我国建筑幕墙的保温性能和质量水平，促进行业节能技术进步起到了重要的作用。随着建筑节能的深入发展，我国对建筑节能降碳提出了更高的要求，不断制定和修订了建筑节能相关标准，对建筑幕墙保温性能提出了更高的要求，对于提高建筑幕墙的保温性能和工程质量水平，提升我国建筑幕墙产品在国际市场上的竞争力将发挥重要作用。

2.1.2 修订意义

透光围护结构是关系到建筑节能减排、保护环境的关键部位，其保温性能是建筑幕墙各项物理性能中最重要的指标之一，尤其是在严寒、寒冷地区和夏热冬冷地区，建筑幕墙传热系数和抗结露因子 CRF 的高低将直接影响建筑物的能耗和室内热舒适度。同时，随着高铁车站、机场候机楼等大型工程建设的大范围展开，需要建立统一的、可操作性强的透光幕墙等产品物理性能检测方法和性能判断依据，以适应经济建设的持续迅速增长，满足建筑节能工作和建筑领域"碳达峰碳中和"的需求，为"一带一路"建设提供技术支撑。

2.2 修订内容

2.2.1 修订原则

《建筑幕墙保温性能检测方法》GB/T 29043—2023（以下简称《标准》）本着

节约能源、经济合理的基本思路，遵循先进性、科学性和可操作性的原则，坚持近期与长远相结合，积极借鉴国外相关标准的规定，同时协调好与国内其他标准之间的关系，在立足国情的基础上借鉴国外先进经验，提升本标准的科学性和先进性。同时，坚持与相关标准的有效衔接和有机协调，服务于国家相关节能政策的实施。确定技术内容与要求时，坚持理论与实际相结合，广泛征求技术专家与检测实践人员的意见，提升标准的可操作性和易用性。在结构编写和内容编排等方面，依据《标准化工作导则 第 1 部分：标准化文件的结构和起草规则》GB/T 1.1—2020 的规则进行编写。

2.2.2 主要变化

《标准》通过对传热系数分级和抗结露因子试验方法研究，重点解决传热系数分级指标值、热箱内相关设备配置、检测过程稳定状态判定方法、幕墙试件边缘热损失的修正、传热系数计算公式、装配式建筑外围护板传热系数测试方法、热流系数标定方法等关键技术问题，并对条文进行了相应修订。

（1）修改了"传热系数分级指标值"

通过统计现有幕墙工程构件传热系数，借鉴国内外相关标准，参考了《建筑幕墙、门窗通用技术条件》GB/T 31433—2015 的分级相关内容，结合近零能耗建筑技术标准、国家双碳目标的要求，对 GB/T 29043—2012 中传热系数分级进行了调整。

（2）细化并补充了"幕墙传热系数检测装置"的组成

优化"检测装置"的组成，是本次修订的重要内容。为了进一步提高传热系数测试结果的科学性、合理性，相较于 GB/T 29043—2012，《标准》"检测装置"中增加了导流板和循环风机，使热箱内对流系统满足了《民用建筑供暖通风与空气调节设计规范》GB 50736—2012 中 3.0.2 条对建筑幕墙附近人员短时间逗留风速小于等于 0.3m/s 的规定；提高了冷箱、热箱的风速控制与测量精度，减小了热箱温度波动幅度值，提高了试验设备的精确度要求。

（3）明确了不同感温元件的使用精度要求

相较于 GB/T 29043—2012，本次修订对于不同设置所使用的感温元件精度作出具体规定，有利于保证测试结果的准确性。提出表面温度测量应采用经济性好的、测量精度符合《热电偶 第 1 部分：电动势规范和允差》GB/T 16839.1—2018 中对感温元件的相关规定；空气温度测量应采用测量精度小于 0.2℃的感温元件。

（4）优化了检测过程稳定状态判定方式

对"检测装置"进行细化、补充与修改：热箱中增加功率自记仪，通过自动采集缩短采集时间间隔；由温度一项参数变化进行稳态判定改变为由温度、设备功率及传热系数变化范围综合判定的方式,提高保温性能试验的可靠性。

（5）更改了传热系数计算公式

相较于 GB/T 29043—2012,传热系数计算公式增加了加热设备和循环风机系统的功率参数计算,进一步提高了传热系数准确性。

（6）增加了对抗结露因子检测的相关要求

相较于 GB/T 29043—2012,《标准》增加了热箱侧与冷箱侧的压力差值控制在（0±10）Pa 范围内的要求,规定了检测装置的热箱与冷箱之间设置微差压测试仪,且微差压测试仪宜具备通信功能,通过通信线与数据采集系统相连接,其测量精度应不超过±2%FS;除计算抗结露因子外,还在检测报告中增加了结露状态描述的记录要求。

（7）增加了"装配式建筑外围护板传热系数试验"内容

随着我国经济社会发展的转型升级,装配式建筑是建造方式的重大变革,大力发展装配式建筑是绿色、循环与低碳发展的必然要求,是提高绿色建筑和节能建筑建造水平的重要手段。考虑到目前我国尚无装配式建筑保温性能检测方法标准,《标准》增加装配式建筑构件保温性能检测内容很有必要。相较于 GB/T 29043—2012,《标准》增加了"装配式建筑外围护板传热系数试验"资料性附录 A,为保证装配式建筑构件的节能性能提供切实可行的检测方法。

（8）增加了规范性附录 B "热流系数标定"

《标准》的检测原理是根据稳态传热原理,采用标定热箱法检测建筑幕墙传热系数,因此检测装置的标定至关重要。相较于 GB/T 29043—2012,《标准》增加了热箱外壁热流量系数M_1和试件框热流系数M_2的标定方法,有利于指导实验室的日常工作,提高工作效率,并保证性能试验的工作质量。

2.2.3 主要性能指标的试验验证

为了进一步提高传热系数测试结果的准确性和合理性,GB/T 29043—2012 中计算幕墙传热系数尚未考虑试件边缘热损失量。因此,对幕墙试件边缘热损失量进行模拟及试验验证分析。

（1）建筑幕墙试件边缘热损失量模拟

采用 THERM 软件模拟计算建筑幕墙试件与周围标准板之间的边缘热损失,并将边缘热损失与整个幕墙结构传热量进行比较,得到线传热系数修正值（图 1）。

幕墙试件框与标准板之间边缘热损失的修正,采用 THERM 软件模拟多组构件式幕墙与单元式幕墙节点的计算结果,探讨测量立柱与横梁边缘热损失及幕墙构件整体传热系数的构成。模拟计算的结果统计表明,边缘热损失传热量在整个幕墙构造传热量中的占比小于 2%。

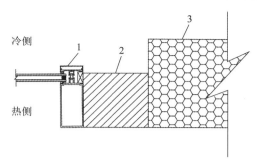

1—试件；2—填充板；3—试件框

图 1 模拟计算模型

（2）幕墙试件边缘热损失试验验证

本次试验装置采用基于一维稳态传热原理的标定热箱法进行。试验装置一侧为热箱，用于模拟冬季室内环境；另一侧为冷箱，用于模拟冬季室外环境。试件框洞口尺寸为 3600mm×4200mm，将试件安装在洞口上，周围用厚度为 200mm 填充板进行填充，并作密封处理。通过维持冷热箱恒定的温湿度、气流速度等条件，计量热箱内加热器与循环风机的输入功率以及热箱内外壁、试件框、填充板的表面温度等参数，计算得出幕墙试件的传热系数。

1）边缘热损失量计算公式

依据填充板的表面温度等参数，计算得出幕墙试件的传热系数。

由于待测试件的边缘热损失量无法直接测得，通过下列公式计算可得到：

$$Q_{边缘} = Q + Q_f - Q_1 - Q_2 - Q_3 - Q_{试件} \tag{1}$$

$$Q_1 = M_1 \cdot \Delta\theta_1 \tag{2}$$

$$Q_2 = M_2 \cdot \Delta\theta_2 \tag{3}$$

$$Q_3 = S \cdot \lambda \cdot \Delta\theta_3 \tag{4}$$

$$Q_{试件} = K_m \cdot A \cdot \Delta T \tag{5}$$

式中：$Q_{边缘}$——试件的边缘热损失量（W）；

Q——加热设备投入功率（W）；

Q_f——循环风机功率（W）；

Q_1——通过热箱壁的热流量（W）；

Q_2——通过试件框的热流量（W）；

Q_3——通过试件框的热流量（W）；

$Q_{试件}$——通过试件的热流量（W）；

K_m——试件模拟计算得到的传热系数值 [W/(m²·K)]；

A——被测试件面积（m²）；

ΔT——热箱空气平均温度与冷箱空气平均温度之差（K）。

2)待测典型试件样品

本次试验选用的透光幕墙试件为具有代表性的单元式幕墙和构件式幕墙，试件整体尺寸为 3100mm×3900mm，为考虑试件的安装方便，选择 25mm 阳光板代替 low-E 中空玻璃来进行幕墙边缘热损失的相关试验。试件的尺寸见图2、图3。

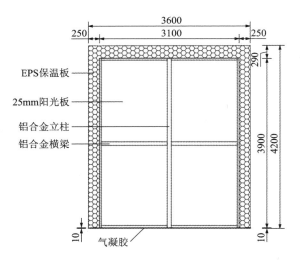

图 2　单元式幕墙试件

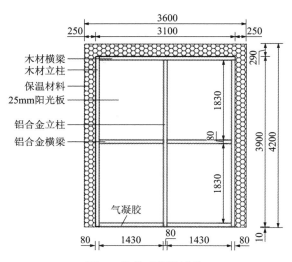

图 3　构件式幕墙试件

（3）模拟结果与实测数据对比分析

将试件传热系数代入边缘热损失量计算公式中，得到试件的实测边缘热损失量。具体计算结果见表1。

模拟结果与实测数据对比表　　　　　　　　表 1

项目		单位	测试/模拟范围	单元式幕墙	构件式幕墙
传热系数	实测值	W/(m²·K)	试件＋周围填充板（包含热损失）	1.507	1.373
	模拟值		试件＋周围填充板（包含热损失）	1.467	1.342
			单纯试件	1.739	1.567
实测与模拟偏差			试件＋周围填充板（包含热损失）	2.73%	2.31%
边缘热损失量模拟值		W	试件与填充板之间边缘热损失量	31.709	19.075
边缘热损失量计算值		W	公式（4）	26.547	22.755
实测总传热量		W	实测总加热量	1004.88	913.81
占比			边缘传热量/总传热量	2.64%	2.49%
对传热系数的影响			边缘热损失量/（试件面积×两侧温差）	0.054	0.047

注：1. 占比指试件框与标准板边缘热损失传热量与实测总加热量的比例。
　　2. 对传热系数的影响指边缘热损失量的权重占比。

传热系数模拟值与实测值对比后，发现两者数值最大偏差不大于 3%，总体的模拟结果与实测结果吻合程度良好，试件表面温度分布与实测温度分布相符；针对幕墙试件的物理模型可信度高，在后期计算中有很好的说服力。

考虑到试验测试过程中的诸多不确定因素，如试件的加工、试件与填充板之间的安装质量等，将在一定程度上影响测试结果，均可能导致边缘热损失量实测值与模拟结果具有一定的偏差。

（4）研究结论

1）通过对多组构件式幕墙与单元式幕墙试件边缘热损失的模拟计算，结果表明边缘热损失传热量在整个幕墙构造传热量中的占比小于 2%，即边缘热损失量占比较小。

2）对两个典型试件采用标定热箱法实际测量后发现，传热系数实测值与模拟值最大偏差在 3% 之内，总体的模拟结果与实测结果吻合程度良好，试件表面温度分布与实测温度分布相符，模型可信度较高。

3）实测边缘热损失传热量占比小于 3%，满足实验室检测允许误差的要求。

2.3　技术差异

目前，国外相关标准化技术委员会标准中，采用热箱法进行门窗幕墙系统传热系数检测的标准比较多，如《采用热箱法测定稳定传热状态下门窗幕墙系统传热系数》ASTM C1199、《稳态传热状态下测量门窗幕墙系统传热系数的技术规程》ASTM E1423、《采用热箱装置测定建筑构件热性能的标准试验方法》ASTM C1363 和《窗、门和幕墙传热系数及抗结露因子的测试方法》AAMA1503 等均是利用热箱法实现门窗幕墙系统等建筑构件传热系数的检测方法标准。与上述标准相比，《标准》的技术内容优势见表2。值得说明的是，透光幕墙试件的抗结露因子等级表征了待测玻璃幕墙等建筑构件适用于我国不同气候区的保温性能要求，随着"双碳"目标要求的不断推进，中国的建筑业和能源行业将发生革命性改变，该技术参数将会得到更加广泛的应用。

不同标准技术内容差异统计一览表　　　　　　　　　　表 2

标准编号	标准名称	技术内容差异					
		冷、热箱温度（℃）	风速（m/s）	可测试件最大尺寸（mm）	试件框厚度（mm）	外表面对流换热系数	计算公式
ASTM C 1363	采用热箱装置测定建筑构件热性能的标准试验方法	冷箱：-17.8 热箱：21.0	冷箱：5.5 热箱：自然对流	—	≥100	按冬季风速为 5.5m/s 确定	—
AMMA 1503	窗、门和幕墙传热系数及抗结露因子的测试方法	冷箱：-17.8 热箱：21.0	冷箱：6.7 热箱：自然对流	2030×2030	≥100	按冬季风速为 6.7m/s 确定	计算公式中无风机功率项
GB/T 29043—2023	建筑幕墙保温性能检测方法	冷箱：-20.0 热箱：20.0 优越性：符合我国国情	冷箱：3.0 热箱：≤0.3 优越性：符合 GB 50736—2012 对幕墙附近人员短时间逗留风速小于等于0.3m/s 的规定	3600×4200 优越性：符合国内工程实际情况	300 优越性：符合国内工程实际情况	按冷箱风速为 3m/s 确定 优越性：符合计算公式的需要	计算公式中有循环风机功率项 优越性：公式准确、合理

注：因为《采用热箱法测定稳定传热状态下门窗幕墙系统传热系数》ASTM C1199、《稳态传热状态下测量门窗幕墙系统传热系数的技术规程》ASTM E1423 指向《采用热箱装置测定建筑构件热性能的标准试验方法》ASTM C 1363，故未一一列出。

2.4　结束语

透光围护结构保温性能是建筑幕墙各项物理性能中最重要的指标之一，随着高铁车站、机场候机楼等大型工程建设的大范围展开，需建立统一的、可操作性强的透光幕墙等产品物理性能检测方法和性能判断依据。《标准》制定了合理的试验条件、试验装置，并给出科学合理的计算公式，将更加符合我国国情和工程应用技术的需求，为建筑节能及"双碳"目标的实现做好技术支撑。

作者：刘月莉，袁涛，惠振豪（中国建筑科学研究院有限公司建筑环境与能源研究院）

3 《基于项目的温室气体减排量评估技术规范 太阳能热利用》GB/T 44818—2024

3 Technical specification at the project level for assessment of greenhouse gas emission reductions—Solar thermal applications GB/T 44818—2024

3.1 背景与意义

3.1.1 背景

实现碳达峰、碳中和目标是我国经济社会发展全面绿色转型实现可持续发展的重大战略，在建筑领域大力发展太阳能等可再生能源应用是落实双碳目标的重要举措。2022年我国太阳能热利用系统总装机容量达到381.6GWh，占全球总量的72.8%，稳居世界第一。当前国内外太阳能热利用多以家用等小型热水系统为主，工程化太阳能热利用项目通过规模化、集约化发展，可显著提升系统集热效率、减少蓄热损失、实现多用户间热量调配，进而增强太阳能供热的经济性和稳定可靠性，提升太阳能贡献率、降低碳排放，是目前太阳能热利用技术发展的重要方向。2014—2020年间，我国太阳能热利用工程市场占比已由38%上升至74.3%。太阳能热利用项目的快速发展及广泛应用，为我国建筑领域节能减排做出了重要贡献。

在太阳能热利用项目减排量评估方面，随着太阳能热利用项目成为太阳能热利用市场发展的主要方向，各国均在积极研究太阳能热利用项目温室气体减排量评估方法，但尚未形成标准。目前国际标准中，ISO制订了ISO 14064-1、ISO 14064-2、ISO 14064-3等标准，对碳减排量评估整体原则与框架进行了规定，但是针对太阳能热利用项目尚未制定专门的温室气体减排量评估标准。ISO/TC 180已经制定ISO 9806、ISO 9459等系列标准，对太阳能热利用产品的性能试验方法进行了规定，以及ISO 24194，对太阳能集热场节能量测试方法进行了规定。我国已制定《民用建筑太阳能热水系统应用技术标准》GB 50364、《太阳能供热采暖工程技术标准》GB 50495、《民用建筑太阳能空调工程技术规范》GB 50787等太阳能热利用项目设计标准，以及《可再生能源建筑应用工程评价标准》GB/T 50801

对太阳能热利用项目的性能参数测试评价标准,但是尚未制定统一的太阳能热利用项目温室气体减排量评估标准,使得研发机构、生产企业、统计机构难以准确量化评价太阳能热利用项目的节能减排贡献,也难以对碳达峰、碳中和工作中太阳能热利用项目的实际贡献做出准确估计,进而影响了相关技术的推广应用。

3.1.2 意义

目前,我国相关标准多针对太阳能热利用产品性能进行约束,但在太阳能热利用项目温室气体减排量方面还缺少统一标准规定。《基于项目的温室气体减排量评估技术规范 太阳能热利用》GB/T 44818—2024(以下简称《标准》)以国家标准《基于项目的温室气体减排量评估技术规范 通用要求》GB/T 33760—2017为主要依据,针对太阳能热利用项目发展特点与实际情况,以实际系统运行性能测试结果为基础进行编制,规范太阳能热利用项目温室气体减排量评估,为太阳能热利用项目碳减排效果评价提供统一、有效、可量化的手段和工具,准确衡量太阳能热利用项目的温室气体减排量,促进太阳能热利用行业发展从"量"到"质"的转变,进而为建筑领域碳达峰、碳中和目标实现提供科学合理的标准依据。

3.2 技术内容

3.2.1 范围与主要内容

《标准》的应用对象为太阳能热利用项目运行阶段温室气体减排量评估,主要包括利用太阳能供应热水、供暖、热能驱动制冷、提供工业用热等项目,以及两种或两种以上前述形式组合应用的项目。《标准》也适用于综合能源利用项目中太阳能热利用部分运行阶段温室气体减排量评估。

截至目前,在编和已发布的《基于项目的温室气体减排量评估技术规范》系列标准共22项(表1),分属10个不同标准化技术委员会归口。《标准》为该系列第4项发布的标准,针对我国太阳能热利用项目的实际发展情况,按照《基于项目的温室气体减排量评估技术规范 通用要求》GB/T 33760—2017规定的基本原则,规定了太阳能热利用项目的温室气体减排量评估内容、评估程序、情景确定及温室气体源识别、减排量计算、监测及数据质量管理和减排量评估报告编制等。

《基于项目的温室气体减排量评估技术规范》系列标准　　　　表1

序号	标准名称	标准编号	状态	发布时间
1	基于项目的温室气体减排量评估技术规范 通用要求	GB/T 33760—2017	发布	2017-05-12
2	基于项目的温室气体减排量评估技术规范 钢铁行业余能利用	GB/T 33755—2017	发布	2017-05-12

3 《基于项目的温室气体减排量评估技术规范 太阳能热利用》GB/T 44818—2024

续表

序号	标准名称	标准编号	状态	发布时间
3	基于项目的温室气体减排量评估技术规范 生产水泥熟料的原料替代项目	GB/T 33756—2017	发布	2017-05-12
4	基于项目的温室气体减排量评估技术规范 太阳能热利用	GB/T 44818—2024	发布	2024-10-26
5	基于项目的温室气体减排量评估技术规范 废气废水处理及废渣回收	GB/T 44915—2024	发布	2024-11-28
6	基于项目的温室气体减排量评估技术规范 生物质发电及热电联产项目	GB/T 45149—2025	发布	2025-01-24
7	基于项目的温室气体减排量评估技术规范 农村沼气工程	GB/T 45192—2025	发布	2025-01-24
8	基于项目的温室气体减排量评估技术规范 建筑用木质构配件	20220859-T-333	在编	—
9	基于项目的温室气体减排量评估技术规范 电能替代项目	20220812-T-524	在编	—
10	基于项目的温室气体减排量评估技术规范 二氧化碳捕集、利用与封存项目	20220841-T-469	在编	—
11	基于项目的温室气体减排量评估技术规范 动力电池梯次利用	20232571-T-469	在编	—
12	基于项目的温室气体减排量评估技术规范 生物天然气工程	20232566-T-326	在编	—
13	基于项目的温室气体减排量评估技术规范 反刍动物饲喂优化	20232562-T-326	在编	—
14	基于项目的温室气体减排量评估技术规范 建筑光伏系统	20232542-T-333	在编	—
15	基于项目的温室气体减排量评估技术规范 铁矿废石生产砂石骨料和机制砂	20232539-T-605	在编	—
16	基于项目的温室气体减排量评估技术规范 钢铁行业煤气制化工产品	20240018-T-605	在编	—
17	基于项目的温室气体减排量评估技术规范 废弃电池化学品回收利用	20243806-T-606	在编	—
18	基于项目的温室气体减排量评估技术规范 钢铁渣资源化利用	20243799-T-605	在编	—
19	基于项目的温室气体减排量评估技术规范 建筑热泵系统	20243798-T-333	在编	—
20	基于项目的温室气体减排量评估技术规范 氢基竖炉直接还原炼铁	20243781-T-605	在编	—
21	基于项目的温室气体减排量评估技术规范 富氢碳循环高炉	20243778-T-605	在编	—
22	基于项目的温室气体减排量评估技术规范 转底炉法金属化球团生产	20243825-T-605	在编	—

3.2.2 评估内容与程序

根据我国温室气体减排量评估的实际应用需求，太阳能热利用项目的评估内容包括对已实施和尚未实施的项目的评估。对已实施的项目，应在项目稳定运行过程中对温室气体减排量进行评估；对于尚未实施的项目，应在项目策划阶段对温室气体减排量进行评估。

评估程序（图1）包括项目情景与边界的确定、温室气体源的确定、基准线情景的确定、减排量计算、监测及数据质量管理，以及减排量评估报告编制等。

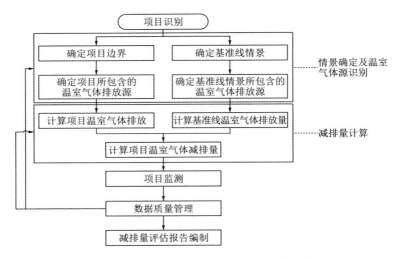

图1 基于项目的温室气体减排量评估程序

3.2.3 标准特色

《标准》编制过程中，主编单位联合太阳能热利用行业科研机构与生产企业，开展"太阳能热利用碳减排计算研究项目"，针对我国辐照资源、产品类型、应用方式，提出了基于实测性能参数进行全年动态计算太阳能热利用系统节能量与碳排放的方法，开发了全年节能减碳性能动态计算模型与工具，在连云港建立太阳能热利用碳减排测试中心（图2），对太阳能供应热水、供暖、热泵等不同系统形式开展碳减排实证数据分析，最终形成全国不同气候资源区的太阳能热利用行业节能减排数据，为《标准》编制提供技术支撑。《标准》主要特色成果介绍如下。

（1）明确了太阳能热利用项目与基准线的情景及选取方法

经过多年发展，太阳能热利用项目的具体应用形式多样，不仅有太阳能供应热水、供暖、热能驱动制冷、提供工业用热项目，也有太阳能供应农业过程用热及太阳能海水淡化项目。《标准》对太阳能热利用主要的项目情景进行分类，并对应给出了可能的基准线情景，在此基础上，对基准线情景的确定方法进行详细规定，提升评估对象覆盖的全面性和评估程序的一致性（表2）。

 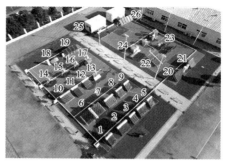

图2　太阳能热利用碳减排计算研究项目团队及建立的碳减排实证测试中心

主要的项目情景及基准线情景　　　　　　　　　　　　　　　　表2

项目情景		可能的基准线情景		项目示例
代号	情景	代号	情景	
P1	利用太阳能供应热水	B1	从电网获得电力并采用电热水锅炉、电热水器供热水	集中集热太阳能供热水项目 分散集热太阳能供热水项目
		B2	利用天然气并采用燃气热水锅炉或燃气热水器供热水	
P2	利用太阳能供暖	B3	从电网获得电力并采用电供暖设备供暖	户式太阳能供暖项目 太阳能区域供热项目
		B4	采用燃煤供热锅炉供暖	
		B5	利用天然气并采用燃气锅炉或燃气采暖炉供暖	
P3	利用太阳能热能驱动制冷	B6	从电网获得电力并采用电制冷设备供冷	太阳能空调项目 太阳集中制冷项目
		B7	利用天然气并采用热能驱动制冷设备制冷	
P4	利用太阳能提供工业用热	B8	从电网获得电力并采用工业电锅炉提供工业用热	太阳工业热利用项目
		B9	采用燃煤锅炉提供工业用热	
		B10	利用天然气并采用燃气锅炉提供工业用热	

（2）提出了适用于不同形式的项目年供能量简化计算方法

针对我国不同地区太阳能资源条件差异大，太阳能热利用形式多样，分散化小规模系统通过长期监测取得节能量进而计算温室气体减排量的方法成本高、难以实施的问题，《标准》通过"太阳能热利用碳减排计算研究项目"的实证数据，借鉴 CDM 机制的节能量推荐值计算方式，给出了太阳能热利用项目年供能量简化计算方法，用于无法监测或监测数据无法满足要求，且评估时间长度为整年的太阳能热利用项目的年太阳能供能量计算。其中太阳能热水、工业用热项目供热量按照太阳能资源区划分别给出，太阳能供暖、制冷项目供热量按照太阳能资源区划、建筑热工分区分别给出，以充分考虑不同地区不同形式的差异，支撑太阳能热利用项目准确、快速进行温室气体减排量评估。

3.3 应用情况或应用前景

《标准》于 2024 年 10 月 26 日发布，将于 2025 年 5 月 1 日实施。

根据 IEA SHC（国际能源署太阳能供热制冷技术合作计划）统计数据，我国太阳能集热器总安装面积为 5.45 亿平方米，根据《标准》初步估算，全国太阳能热利用年碳减排量可达 0.53 亿～0.87 亿 tCO_2e。《标准》的编制和对应项目研究，实地搭建了太阳能热利用碳减排测试中心，开发了碳减排量动态计算软件，为全国不同地区不同形式太阳能热利用项目节能减排量评估计算提供了技术依据，有利于进一步发挥太阳能热利用项目碳减排效益，推动"双碳"目标实现。

此外，《标准》已同步编制英文版，并作为国际能源署研究项目（IEA SHC Task69 "面向 2030 的太阳能热水系统"）研究成果进行国际化宣传推广，为《标准》走向国际，转化为国际标准打下了良好基础。

3.4 结束语

《标准》针对我国辐照资源、系统类型及应用方式，规定了太阳能热利用项目的温室气体减排量评估内容、评估程序、情景确定及温室气体源识别、减排量计算、监测及数据质量管理和减排量评估报告编制等，结合同步开发的软件工具、测试中心等，为太阳能热利用碳减排效果评价提供有效、可靠、可量化的手段和工具，对促进行业由量变到质变转型具有重要意义，进一步提高了我国在太阳能热利用领域的国际影响力。

作者：李博佳[1,2]，张昕宇[1,2] 边萌萌[1]，何涛[1]，张磊[2]，王聪辉[2]，桑文虎[2]（1. 中国建筑科学研究院有限公司建筑环境与能源研究院；2. 建科环能科技有限公司）

4 《绿色建筑工程验收标准》 DB64/T 1910—2023

4 Standard for acceptance of green building engineering DB64/T 1910—2023

4.1 背景与意义

4.1.1 背景

近年来,随着国家及地方绿色建筑相关政策的不断落实,绿色建筑标准体系不断完善,技术水平逐步提高,相关管理制度基本形成,绿色建筑产业日益成熟,绿色建筑规模化发展趋势持续凸显,标志着我国已经迈入绿色建筑高质量发展的重要时期。宁夏回族自治区通过的《宁夏回族自治区绿色建筑发展条例》明确提出"县级以上人民政府应将绿色建筑发展工作纳入国民经济和社会发展规划,推动绿色建筑发展。建设单位应当将绿色建筑标准纳入工程竣工验收。不符合绿色建筑标准的,不得通过竣工验收"。基于此,结合地方政策法规,为严格把控宁夏地区绿色建筑工程施工质量,科学指导地方绿色建筑工程竣工验收工作,组织制定了地方标准《绿色建筑工程验收标准》DB64/T 1910—2023(以下简称《标准》)。

4.1.2 意义

打造适宜于宁夏绿色建筑发展,形成具有高度适应性、内容先进性,指导性强,可操作、可实施的,具有宁夏地区特色的绿色建筑验收标准,使宁夏地区绿色建筑工程施工质量验收有规可依。

4.2 技术内容

4.2.1 体系架构

《标准》以国家标准《绿色建筑评价标准》GB/T 50378—2019 为基础,将绿色建筑工程作为建筑工程验收的重要组成部分,在做好与其他分部(分项)工程验收相互衔接的同时，实现对建筑工程中绿色建筑技术应用与实施情况的全面判断，促进绿色建筑设计向绿色建筑运营的有效转变。《标准》框架体系见图1。

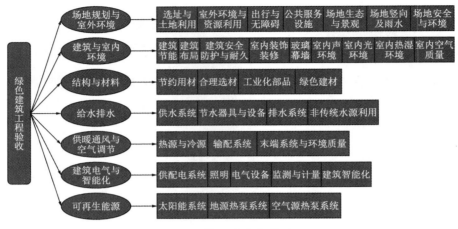

图 1 《标准》框架体系

4.2.2 指标体系

《标准》主要技术内容是：总则、术语、基本规定、场地规划与室外环境、建筑与室内环境、结构与材料、给水排水、供暖通风与空气调节、建筑电气与智能化、可再生能源、绿色建筑工程验收。

其中"总则"规定了标准编制的目的、适用范围和其他规定；"术语"对标准中代表性专业名词进行了解释说明；"基本规定"基于国家及宁夏绿色建筑工程实际，提出绿色建筑验收的基本要求；第4～9章对应不同专业的验收内容和检查方法，分别设置了主控项目和一般项目，其中主控项目应该全部验收合格，一般项目应对照项目设计文件进行验收；"可再生能源"主要对包括太阳能系统、地源热泵系统、空气源热泵系统等提出验收内容和检查方法；"绿色建筑工程验收"对绿色建筑工程验收程序、组织及其他相关要求作出了规定。

4.2.3 标准特色

《标准》编制组将对宁夏地区已经竣工的绿色建筑的建筑性能以及相关绿色技术落实情况进行深入调研分析，梳理当前绿色建筑的实施质量及具体成效，并结合实际调研状况，探索绿色建筑在施工阶段及运营阶段存在的具体问题，在目前建筑工程竣工验收标准的基础上，重点突出对绿色建筑部分的衔接和补充作用。《标准》的编制特色如下。

（1）《标准》建立了宁夏地区绿色建筑工程施工质量验收的标准，填补了宁夏地区目前建筑竣工验收标准与绿色建筑指标之间的内容空缺，通过对建筑工程施工质量的绿色性能部分进行专项系统验收，对建筑全寿命期内的安全耐久、健康舒适、生活便利、资源节约、环境宜居等进行综合评估。

（2）通过深入分析国内绿色建筑发展领先地区的绿色建筑专项验收相关标准规范，汲取先进验收体系及验收方法，同时《标准》结合资料审查、现场检查等多手段的绿色建筑专项验收方法，解决了绿色建筑专项验收与建筑常规质量控制技术体系的重合性及差异性，把差异性分解到绿色建筑综合性能的各个环节，梳理了具体领域的验收方法及标准规范，形成了绿色建筑专项验收的定量及定性指标。

（3）《标准》的编制与实施可对绿色建筑施工质量验收提出针对性的解决方案，为绿色建筑工程的建设过程提供技术指导依据，有利于绿色建筑建设施工过程中，不断提高其规范化及合理性，为行业的健康发展提供技术依据和参考标准，有利于绿色建筑品质提升和市场化推广。

4.3　应用前景

宁夏地方标准《绿色建筑工程验收标准》DB64/T 1910—2023作为推动区域绿色建筑高质量发展的关键性技术规范，自实施以来，已在政策衔接、技术落地、行业规范等方面展现出显著的应用前景。结合相关政策和行业动态，其应用前景主要体现在以下几个方面。

（1）强化全生命周期质量管理

《标准》明确了绿色建筑工程从施工到验收的全程技术要求，与《宁夏绿色建筑设计文件编制深度规定》等文件形成协同，确保绿色建筑从设计策划到施工落地的连贯性。

（2）优化绿色建筑评价体系

宁夏住房和城乡建设厅已建立绿色建筑评价标识管理制度，要求第三方机构依据地方标准开展评价。《标准》的验收结果可作为评价标识的重要依据，形成"设计—施工—验收—运维"闭环，提升绿色建筑认证的公信力。

（3）统一验收流程与标准

《标准》通过细化验收项目，解决了以往验收环节依赖国家通用标准但缺乏地方适应性的问题，减少施工方与监管方的争议，提高验收效率。

4.4　结束语

《标准》建立了宁夏地区绿色建筑工程施工质量验收的标准，填补了宁夏地区目前建筑竣工验收标准与绿色建筑指标之间的内容空缺，可为落实宁夏地区绿色建筑设计理念、保障绿色建筑真正实现"实效化"和"收益化"提供有效评估手段，为实现以实际应用效果为导向的绿色建筑管理体系提供专项技术支撑，为完善宁夏地区针对高星级绿色建筑的政策激励机制、切实实施《宁夏回族自治区绿色建筑发展条例》提供充分依据，为宁夏地区绿色建筑施工质量验收提出了成套解决方案，并为行业健康发展提供技术依据和遵循，有利于绿色建筑品质提升和市场化推广。

作者： 狄彦强，李小娜，李颜颐，廉雪丽，冷娟（中国建筑技术集团有限公司）

5 《好小区技术导则》T/CECS 1801—2024、《好社区技术导则》T/CECS 1802—2024

5 Technical guideline of better neighborhood T/CECS 1801—2024、Technical guideline of better community T/CECS 1802—2024

5.1 背景与意义

5.1.1 背景

在党的二十大报告中,习近平总书记明确指出,要坚持"人民城市人民建、人民城市为人民"的原则,并强调在中国式现代化的进程中,保障和改善民生是重大任务。特别是在住房和城乡建设领域,如何解决人民最关心、最直接、最现实的利益问题,满足人民对美好生活的向往,成为新时代的核心目标。住房和城乡建设部始终秉持总书记的指示精神,致力于通过推进高质量的住房建设,提升人民群众的居住环境与生活品质。倪虹部长在多个场合强调,要从好房子到好小区,再到好社区、好城区,形成良好的城市建设与治理体系,确保人民群众在城市生活得更便利、更舒适、更美好。

5.1.2 意义

小区与社区是衔接建筑与城区的关键纽带,发挥着至关重要的衔接作用。它们不仅是居民日常生活的基本单元,也是社会互动和社区治理的核心平台。在"四好"建设中,"好小区、好社区"是实现"好房子"到"好城区"目标的必要路径,是推动城市高质量发展的基石。通过优化小区环境、完善社区设施、提升公共服务质量,可以有效改善居民的生活质量,增强社区的凝聚力与归属感,从而为城市的全面发展提供坚实支撑。特别是在当前快速城镇化的背景下,"好小区、好社区"的建设不仅关乎物理空间的提升,更是社会和谐与民生改善的重要保障,深刻体现了城市发展的温度和深度。

推动"好小区、好社区"建设的实现,离不开科学的技术标准和成熟的实践案例的支撑。本文将结合当前的政策导向与技术发展,重点介绍《好小区技术导则》T/CECS 1801—2024 和《好社区技术导则》T/CECS 1802—2024 的编制情况及指标体系，并通过典型案例分析，探讨在"宜居、韧性、绿色、智慧、人文"等方面的技术亮点，为"好小区、好社区"建设提供经验借鉴。

5.2 编制情况与技术内容

根据中国工程建设标准化协会《关于印发〈2023 年第一批协会标准制订、修订计划〉的通知》（建标协字〔2023〕10 号）的要求，由中国建筑科学研究院有限公司等单位编制的《好小区技术导则》T/CECS 1081—2024 和《好社区技术导则》T/CECS 1082—2024，于 2024 年 10 月 18 日正式发布试行，是国内第一个针对好小区和好社区项目技术运用的团体标准。

5.2.1 《好小区技术导则》T/CECS 1801—2024

《好小区技术导则》T/CECS 1081—2024 以建设高品质小区为目标，遵循多学科融合原则，借鉴我国城镇老旧小区改造经验及绿色、低碳、智慧实践成果，构建了以"健康宜居、安全韧性、绿色低碳、智慧便捷、和谐美好"为核心的技术指标体系（图 1）。导则细化了"全龄友好、海绵环境、绿色出行、智慧设施、服务高效"等 14 项技术要点，并分为完善类（安全与功能要求）和提升类（功能与性能提升要求）2 类条文内容。导则在"术语"章节将"好小区"定义为"在居民适宜步行范围内有健康宜居、安全韧性、绿色低碳、智慧便捷的环境与设施，管理有序、服务高效的高品质小区"。

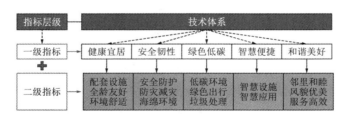

图 1 《好小区技术导则》技术指标体系

《好小区技术导则》T/CECS 1081—2024 主要实现以下创新：①强调全龄友好的设计理念。针对各年龄段居民设置景观优美的活动场地/空间及配套设施，同时完善各类场地/空间的无障碍通行设计和公共卫生间配套，确保全龄居民享受便捷、美观、适用的活动空间。②突出系统化防灾减灾设计。充分融合海绵城市理念，通过设置下沉式绿地、雨水花园等设施，增强小区的排水和防涝能力。③构建一体化智能服务平台。深度融合物业管理、智慧安防与高效应急响应系统，提升服务的便捷性、全面覆盖性及即时响应能力，优化居民生活服务体验。④重视"互助协作、和谐共管"的小区环境营建理念。建立志愿管理机制,充分激发并积极动员居民广泛参与小区的日常管理与服务优化工作,共同促进小区环境的持续提升与和谐发展。

5.2.2 《好社区技术导则》T/CECS 1802—2024

《好社区技术导则》T/CECS 1082—2024 以建设高品质社区为目标,采用"3+1"架构模式,融合完整居住社区"安全健康、设施完善、管理有序"和未来社区"人本化、生态化、数字化"核心要素,吸收宜居、韧性、智慧社区的最新理念与实践成果,构建了以"宜居、韧性、智慧、人文"为核心的技术指标体系(图 2)。导则细化了"配套完善、设施韧性、数据平台、治理精细"等 12 项技术要点,并分为完善类(安全与功能要求)和提升类(功能与性能提升要求)2 类条文内容。导则在"术语"章节将"好社区"定义为"立足人民群众日益增长的美好生活需求,在符合完整居住社区建设要求的基础上,满足宜居、韧性、智慧、和美的高品质目标要求,居民有归属感、认同感和幸福感的社区"。

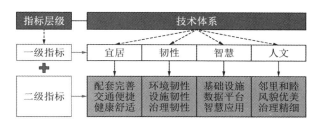

图 2 《好社区技术导则》技术指标体系

《好社区技术导则》T/CECS 1082—2024 主要实现以下创新:①坚持"以人为本"为基本的建设理念。通过为居民提供更便利、更人性化的设施服务,打造宜居、健康、舒适的人居环境和生活空间。②突出"韧性社区"为能力建设的主要目标。从环境、设施、治理等多角度入手,增强社区防范能力、应对能力、恢复能力等,全面提升社区的安全性和可持续性。③打造以"智慧互联"为底座的各种便民应用场景。依托物联网、互联网、云计算等新一代信息技术和现代智能控制技术,实现社区基础设施和居民日常生活的智慧化。④重视"精细治理"所带来的综合效应。通过综合环境整治、举办文化活动、完善社区治理等,加强邻里间的互动、提高公共服务水平、增强社区凝聚力,实现和谐、美好的居住家园。

5.3 实践案例与技术亮点

5.3.1 好小区案例——沈阳市大东区长安东小区

长安东小区位于沈阳市大东区长安路 67 号,建于 20 世纪 90 年代初,原为沈阳最早的工人村——九大红楼。小区总建筑面积为11.58万平方米，13栋住宅楼，1098户居民，60岁以上老人占比超过35%。小区已建成30余年，存在弱电飞线、楼道年久失修、杂物堆积等问题，园区内车辆乱停乱放，废弃的锅炉房和荒草丛生的内院堆满垃圾。2023年，长安东小区被列入大东区老旧小区改造计划，并于同年9月底完成改造，涉及房屋、基础设施、公共设施及社区建设四项改造内容（图3）。

图3　小区改造前后对比（一）

本次长安东小区改造项目亮点突出。①健康宜居。项目通过改建原有工业遗存为综合服务站，提供服务大厅、居民活动用房、托儿所等设施，并翻建小区食堂，满足老年人就餐需求，同时利用剩余空间开设便民商铺，优先为失业人员提供副业经营机会。小区还加装了246米无障碍扶手和104个爱心座椅，建设了3193平方米休闲广场、614平方米绿地和4个休闲长廊，弱电线缆入地8320米，提升了居住舒适度。②安全韧性。小区服务半径内的大东公园和中小学校均设有应急避难场所，且设置了通往避难场所的疏散通道与明显指示牌。项目还通过海绵城市设计理念，局部采用透水性铺装，防止暴雨引发内涝。③智慧便捷。小区建立了基础信息档案，准备引入物联网技术，服务大厅增设了多功能一体机，智慧灯杆实现了路灯管理的数字化与精细化。综合服务站内设有多功能媒体教室与报告厅，支持视频会议和教学。④和谐美好。项目通过建立党支部与社会组织，强化了社区管理，推动了定期的社区活动与工作报告制度，促进了邻里和谐与社区治理的有效性。

更新后，长安东小区的配套设施和公共服务水平大幅提升，交通流畅，安防系统完善，居民安全得到保障（图4）。工业遗存改造后，党群服务中心投入使用，原本荒废的内院经过改造，成为居民最喜爱的休闲广场，满足了居民"宜居、安居、乐居"的需求，尤其关注"一老一小"的需求，符合完整居住社区建设标准。

图 4　小区改造前后对比（二）

5.3.2　好社区案例——济南领秀城

济南领秀城总占地 5237 亩，建筑面积 543 万平方米，2004 年确权，被誉为"江北第一大盘"（图 5）。项目按"顶层策划、整体规划、分步实施、滚动开发"思路，打造涵盖住宅、商业、办公、教育、医疗等多业态的大型综合体，已入住 12 万人，完全建成后可容纳 13 万人。项目获得 7 项国家级、28 项省市级奖项，并于 2021 年获得"全域健康社区运营标识金级认证"，成为全国首个、最大规模的健康社区。住宅产品获得健康社区设计"铂金级"认证，净零碳建筑卓越级认证及多个省市级建筑荣誉。

图 5　领秀城实景

（1）宜居亮点：领秀城以高品质的配套设施打造宜居社区（图6）。项目内建设了3个山体公园、9个城市公园和30公里健身步道，森林覆盖率超过60%，被誉为"长在森林公园里的健康社区"。教育方面，引入济南顶尖教育资源，建设10所幼儿园、4所小学、3所初中和1所高中。社区运营上，打造"Fan社群"品牌，成立28个兴趣社团，每年举办超过1200场活动，吸引近3万人次参与，并提供1.5万个就业岗位。商业配套方面，建设71万平方米商业综合体，成为南城地标。医疗康养方面，项目内有2.28万平方米医院和社区卫生服务中心，同时与美邸合作建设国际康养综合体，提供全域康养服务。公共设施方面，投资建设中水站、公交场站、热源厂等，完善社区服务设施，总建筑面积约89.25万平方米。

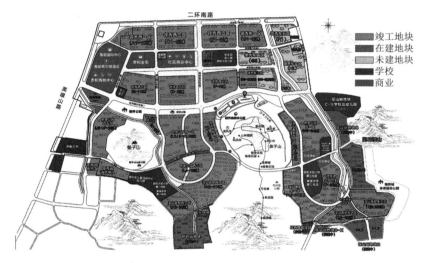

图6 领秀城业态分布

（2）韧性亮点：鲁能领秀城积极推动园区环境可持续发展。首先，设置社区气象站，实时监测空气温湿度及污染物信息，动态管控碳排放，确保区域环境质量长期位居济南首位。在海绵城市建设方面，领秀城自2013年起率先响应并实施全域海绵城市改造，所有新项目均采用海绵城市技术，实现年径流总量控制率75%。通过透水铺装、雨水收集模块、下凹绿地和雨水花园等措施，实现园区水环境循环利用，并打造了11万平方米的泄洪沟景观廊道体系，有效减少径流。

（3）智慧亮点：以领秀城柏石峪A地块为示范，项目利用物联网和IPv6（Internet Protocol Version 6，互联网协议第六版）技术，打造智慧社区标杆。基于传统智能化系统，构建七大科技体系：智慧设施、安防、通行、家庭、低碳、健康空气和消防。同时，通过IPv6技术提升AI视频监控、高空抛物监测、电动车进电梯监控、一键报警、室外环境监测、智慧灯杆等智能应用。结合"鲁能慧生活"物业平台，推动绿色、智能、健康的数字化社区建设。

（4）人文亮点：2017年，秉承"为人民创造美好生活"的初心，在济南领秀城社区成立了Fan社群，通过组织丰富多彩的兴趣活动，为不同年龄和兴趣的居民打造幸福和谐的社区生活。5年来，Fan社群已建成5大共享空间，组建28个兴趣社群，每年举办超过1200场活动，邻里间的欢聚与分享让"在一起"成为社区最温暖的记忆。同时，项目在物业管理上坚持高品质服务，提供物业服务手册、24小时服务热线、及时维修和6种以上便民（无偿）服务，每年举办4次以上社区文化活动及节日专题布置，并通过沟通征询业主意见，不断优化服务质量，让社区的每一处都洋溢着幸福与美好（图7）。

图7 社区文化艺术节活动

5.4 结束语

"好小区、好社区"建设是实现人民群众对美好生活向往的重要载体，也是推动城乡建设高质量发展的核心环节。本文介绍了《好小区技术导则》T/CECS 1801—2024和《好社区技术导则》T/CECS 1802—2024的编制情况与技术体系，通过典型案例分享，展示了小区、社区在健康、宜居、韧性、智慧、人文等维度的实践成果。通过不断完善技术标准、引入创新理念与技术，并结合成功的实践经验，可以有效提升居民生活品质，增强社区治理能力，推动城市可持续发展。未来，随着中国式现代化进程的深入推进，"好小区、好社区"的建设将继续坚持以人为本，立足实际需求，致力于打造更宜居、更智慧、更美好的居住环境，为实现人与社会、人与自然的和谐共生注入强大动能。

作者：王帅[1]，王清勤[1]，孟冲[1,2]，盖轶静[2]（1. 中国建筑科学研究院有限公司科技发展研究院；2. 中国城市科学研究会绿色建筑研究中心）

6 《健康超低能耗建筑技术标准》 T/ASC 48—2024

6 Technical standard for healthy and ultra-low energy building T/ASC 48—2024

6.1 背景与意义

中共中央、国务院于 2016 年 10 月 25 日印发了《"健康中国 2030"规划纲要》，明确提出推进健康中国建设。党的二十大提出了推进健康中国建设，要以提高人民健康水平为核心，以体制机制改革创新为动力，普及健康生活、优化健康服务、完善健康保障、建设健康环境、发展健康产业为重点，汇聚健康中国建设强大合力。2021 年，《中共中央 国务院关于完整准确全面贯彻新发展理念做好碳达峰碳中和工作的意见》《关于推动城乡建设绿色发展的意见》等文件陆续发布，提出大力发展节能低碳建筑，持续提高新建建筑节能标准，加快推进超低能耗、近零能耗、低碳建筑规模化发展。

现阶段，随着经济社会快速发展和人民生活水平不断提高，导致能源和环境矛盾日益突出，建筑能耗总量和能耗强度上行压力不断加大，健康领域发展与经济社会发展的协调性有待增强。近年来，更加绿色低碳、健康舒适、智能安全的"好房子"理念的提出，不仅满足了人们对高品质建筑环境的向往，也为建筑领域的可持续发展指明了方向。为贯彻健康中国战略部署和城乡建设绿色低碳发展要求，旨在为人们提供更加健康的环境、设施和服务，实现健康性能的提升，同时减少建筑能源资源消耗量及对环境的影响，为健康超低能耗建筑建设提供依据，助推构建新时代"好房子"标准体系，制定《健康超低能耗建筑技术标准》T/ASC 48—2024（以下简称"《标准》"）。

《标准》编制基于新时代"好房子"建设理念，坚持以满足人民群众的需求为出发点和落脚点，为建筑使用者提供健康舒适环境，保证建筑室内适宜的温湿度、良好的空气质量、安静的室内环境，营造健康的建筑环境和推行健康的生活方式，实现建筑健康性能提升，同时提高能源资源使用效率，减少建筑能源资源消耗量，助力实现"双碳"目标。发展健康超低能耗建筑，不仅可以满足人民群众的健康需求，也是推进建筑节能、产业转型升级、保护环境和实现可持续性发展的关键举措。

6.2 技术内容

6.2.1 体系架构

《标准》将建筑健康与超低能耗建筑相结合，健康超低能耗建筑的优势主要表现在：①更加健康舒适。保证了建筑室内舒适环境，提高建筑健康性能，营造健康的建筑环境和推行健康的生活方式，实现建筑健康性能提升；②更加节能。建筑物全年供暖供冷需求及一次能源消耗显著降低，提高能源资源使用效率，降低建筑能源资源消耗水平并减轻对环境的影响。

关于健康超低能耗建筑指标体系，首先，明确了建筑的健康舒适指标和建筑能效指标，通过设定量化指标，既突出建筑的健康性能，同时建筑能效指标又满足《近零能耗建筑技术标准》GB/T 51350—2019 的要求，符合健康中国、绿色低碳发展政策要求。其次，建立保障健康舒适指标与能效指标的全过程保障技术体系。健康超低能耗建筑的设计、施工、运行管理要求均高于普通建筑，细部节点需要针对性的精细化设计与更专业化的施工操作，相对于传统施工方式，对施工程序和质量的要求也更加严格，科学的运行管理也是保障健康超低能耗建筑在运行阶段达到设计意图的关键，通过设计、施工、运行全过程管控，保障健康超低能耗建筑目标的实现。最后，为进一步保证健康超低能耗建筑的实施质量，推动其健康发展，通过评价技术手段，对其设计、施工及运行全过程进行核查和管理，实施建筑健康性能和节能性能全过程评价。《标准》框架体系如图 1 所示。

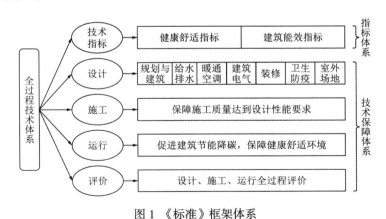

图 1 《标准》框架体系

6.2.2 指标体系

《标准》创新性地将建筑健康性能与建筑绿色低碳性能相结合，提出了健康超低能耗建筑的健康舒适指标和建筑能效指标。健康舒适指标提出了与健康性能相关的室内空气品质、室内允许噪声级、室内采光、室内照明、水质、热湿环境、室内新风量等量化指标，并规定了健康超低能耗建筑的能耗指标和指标计算边界。其中声环境、光环境、新风量、水质等指标高于《建筑环境通用规范》GB 55016—2021、《建筑给水排水与节水通用规范》GB 55020—2021 等国家标准的要求，热湿环境指标、室内空气品质符合《近零能耗建筑技术标准》GB/T 51350—2019、《室内空气质量标准》GB/T 18883—2022 等国家标准的要求。建筑能效指标提出了与绿色低碳性能相关的建筑能耗综合值、建筑本体性能指标、可再生能源利用率等，并以《近零能耗建筑技术标准》GB/T 51350—2019 规定的能效指标计算为边界，不考虑保障健康舒适生活额外的能耗，其能效水平需满足国家标准《近零能耗建筑技术标准》GB/T 51350—2019 中超低能耗建筑或近零能耗建筑能效指标要求。指标体系的设立更加突出健康超低能耗建筑的健康性能和绿色低碳性能（图2）。

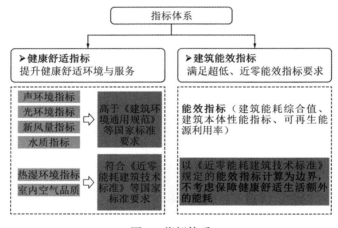

图 2　指标体系

6.2.3　标准特色

《标准》构建了健康、超低（近零）能耗建筑技术体系，提出了健康超低能耗建筑的健康舒适指标及建筑能效指标要求，并从健康环境营造、水质安全、卫生防疫以及节能低碳等方面提出全过程保障健康性能与绿色低碳性能的技术措施，旨在为人们提供更加健康的环境、设施和服务，实现健康性能的提升，同时减少建筑能源资源消耗量及对环境的影响，符合"健康中国"战略部署和城乡建设绿色低碳发展要求。

《标准》的编制特色如下。

（1）全过程管控：对健康超低能耗建筑的规划设计、施工、运行维护、评价进行全过程管控，提出建筑在设计、施工、运行维护、评价各阶段的关键技术要点，指导健康超低能耗建筑的建设。

（2）指标先进性：创新性地将建筑健康性能与建筑绿色低碳性能有机结合，提出了满足健康超低能耗建筑性能要求的健康舒适指标和建筑能效指标，以提高人民健康水平，营造健康的建筑环境和推进建筑绿色低碳发展。

（3）建筑更健康、更低碳：从健康环境营造（声、光、热、空气品质）、水质安全、卫生防疫以及绿色低碳等方面提出保障健康性能与绿色低碳性能的技术措施，营造健康的建筑环境，实现建筑健康性能提升与建筑能源消耗降低。

6.3 应用前景

《标准》以提高健康舒适性为目标，因地制宜采用被动式技术措施，提升主动式能源设备与系统效率，以更少的能源消耗为建筑使用者提供更加健康的环境、设施和服务，全方位诠释了健康超低能耗建筑的本质。《标准》提出的全过程技术要求和措施，将有效推动健康超低能耗建筑的发展，从而带来显著的经济效益、环境效益与社会效益。

（1）经济效益：《标准》应用后，将有助于提高建筑能源利用率，降低能源费用，减少资源浪费，有助于提升系统运行维护水平，延长建筑使用寿命；《标准》的应用将带动新型节能材料、新能源设备等相关产业的发展，促进产业升级和创新。

（2）环境效益：《标准》聚焦于健康超低能耗建筑的全生命周期，包括建筑的设计、施工、运行等各个阶段的节能措施及应用，以及建筑能耗管理的各个环节，有利于提高建筑的运行能效，降低能源消耗与温室气体排放，推动建筑领域可持续发展。

（3）社会效益：《标准》从健康舒适、节能降碳等角度，对健康超低能耗技术提供全方位指导，对于提高人民健康水平，降低能源消耗，提升民众的幸福感和舒适度具有积极作用，并引导人们形成绿色生活方式和消费观念，社会效益显著。

6.4 结束语

《标准》基于新时代"好房子"建设理念，构建了健康、超低（近零）能耗建筑技术体系，提出了健康超低能耗建筑的健康舒适指标及建筑能效指标要求，并从健康环境营造（声、光、热、空气品质）、水质安全、卫生防疫以及节能低碳等方面提出全过程保障健康性能与绿色低碳性能的技术措施。《标准》创新性地将建筑健康性能与建筑绿色低碳性能相结合，为人们提供更加健康的环境、设施和服务，实现健康性能的提升，同时减少建筑能源资源消耗量及对环境的影响，符合"健康中国"战略部署和城乡建设绿色低碳发展要求。《标准》将充分发挥高质量标准的引领作用，助推"好房子"建设品质全面升级，对促进城乡建设高质量可持续发展具有重要意义。

《标准》编制工作及成果获得评审专家高度评价，认为《标准》技术内容科学合理，可操作性强，与现行标准相协调，能够为健康超低能耗建筑的建设提供依据。

作者： 陈晨[1]，李晓萍[2]，张成昱[1]（1. 中国建筑科学研究院天津分院；2. 中国建筑科学研究院有限公司）

7 《零碳乡村评价标准》T/CECS 1700—2024
7 Standard for evaluation of zero-carbon countryside T/CECS 1700—2024

7.1 背景与意义

7.1.1 背景

当前,全球气候变化问题严峻,乡村作为重要的区域单元,其减碳与零碳发展对于实现气候目标至关重要。我国各级政府发布了一系列政策文件,强调乡村在碳减排中的作用,为零碳乡村评价标准的编制提供了政策依据和方向指引。各地区也逐步开展了零碳乡村建设的实践探索。为明确乡村零碳发展的目标和路径,也为政府部门监管评估提供依据,制定《零碳乡村评价标准》T/CECS 1700—2024(以下简称《标准》)。

7.1.2 意义

《标准》为乡村发展指明零碳方向,引导乡村在能源利用、产业发展、基础设施建设等方面进行绿色转型,促进乡村可持续发展;推动乡村减少碳排放,加强生态保护和修复,改善乡村生态环境质量,打造宜居宜业的美丽乡村;推动乡村产业、人才、生态等全面振兴,缩小城乡之间、区域之间的发展差距,实现全国范围内的协调发展。《标准》的编制有助于将国家碳达峰、碳中和目标细化落实到乡村层面,推动国家整体目标的实现。

7.2 技术内容

7.2.1 体系架构

《标准》涵盖了零碳乡村温室气体的核算边界、核算范围、评分方法、评价等级、基础设施、乡村建筑、产业与碳汇、运行与管理等内容,主要技术内容包括:总则、术语、基本规定、基础设施、乡村建筑、乡村产业、蓝绿碳汇、运行管理等。在评分方法与评价等级方面,《标准》明确了零碳乡村的评价原则、评价指标、指标分值和评价等级,强调了零碳乡村的评价要点。《标准》架构如图1所示。

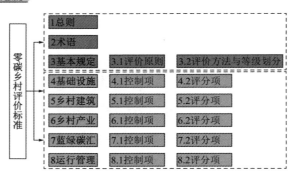

图 1 《标准》架构

7.2.2 指标体系

《标准》以"基础设施、乡村建筑、乡村产业、蓝绿碳汇、运行管理"为核心指标，每项指标下设置控制项、评分项两个类别。在核算边界和核算范围方面，涵盖了时间边界、空间边界、温室气体种类等内容，在满足实际情况前提下，要求温室气体核算需遵循《标准》规定，确保温室气体核算范围的一致性。在基础设施方面，明确了乡村区域的可再生能源设施、交通设施、水处理设施和废弃物处理设施的零碳评价技术内容。在乡村建筑方面，涵盖了乡村建筑建设和运行的要点，主要包括乡村建筑用地、建材、建筑设施、建筑能源的评价技术要求。在乡村产业方面，涵盖了乡村用地、化肥施用、农业资源化等方面的评价技术内容。在蓝绿碳汇方面，涵盖了蓝绿碳汇空间、复合碳汇网络、碳汇建设、碳汇管理、绿色金融等方面的评价技术内容。在运行管理方面，对管理制度、管理措施、管理平台建设和群众参与管理等方面提出了相关评价技术要求。《标准》指标体系如图 2 所示。

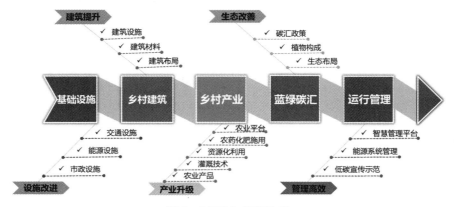

图 2 《标准》指标体系

《标准》适用于指导零碳乡村的评价、规划设计和建设管理，包括温室气体的核算边界、核算范围、评分方法、评价等级、基础设施、乡村建筑、乡村产业、蓝绿碳汇、运行管理等方面的内容，能够有效规范和指导零碳乡村采取的多口径节能减碳措施，推动乡村项目绿色低碳发展，为全社会的绿色低碳化做出贡献。

7.2.3 标准特色

《标准》采取了定性与定量相结合的方法，将零碳乡村发展水平的评价分为两个维度：降碳率和评分体系，既降低了乡村碳排放水平，又能改善乡村建设情况，有助于全方位的零碳乡村的建设，适用于各级政府及其相关管理部门、第三方机构开展评价工作（图3）。

《标准》突破了以往标准中仅有零碳乡村建设技术的局限性，建立了基础设施、乡村建筑、农业绿地、运行管理全口径评价指标体系；给出了乡村碳排放核算方法，避免了评价要素重复、遗漏等问题，有助于核算乡村实际碳排放情况，保证条文的适用范围广、适用性强。

《标准》同步建立乡村全过程动态管理，给出了零碳乡村评价有效期，有助于指导乡村不断改进规划建设目标和发展方向，从而提高乡村管理水平。

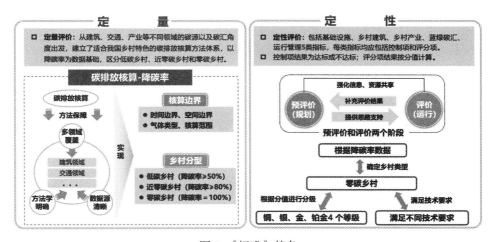

图3 《标准》特色

7.3 应用前景

《标准》结合了当前我国"双碳"目标和管理要求，通过制定多口径、全过程的零碳乡村评价标准，有助于促进我国乡村建设的绿色低碳化转型，指导我国零碳乡村健康发展，具有一定的社会效益和经济效益。《标准》充分借鉴国内外乡村建设的相关成功经验和先进技术，以碳减排为控制目标，研究编制乡村基础设施、建筑、农业、碳汇等专业低碳技术与评价体系，保证标准条文的可靠性。

《标准》的制定有利于促进乡村振兴的全面发展。乡村振兴作为我国一项重大的民生工程，在实现全面振兴和可持续振兴中发挥十分重要的作用。因此，更应该着眼于长远的发展规划，以实现乡村振兴战略的循环和可持续发展，并将低碳化发展作为乡村振兴战略实施的重要内容予以逐步落实，发挥乡村更大范围和更大力度的碳减排潜力。

《标准》的制定有利于促进农业农村现代化发展。"双碳"政策作为现代化产业发展的重要执行标准，关系到现代化农业和乡村的建设。在建设现代化农业强国的发展背景下，实施零碳和绿色化发展，将会是必然趋势。因此，结合不同乡村地区的发展环境开展零碳评价的深入研究，对推动乡村振兴低碳化发展具有重要意义。

7.4 结束语

《标准》的制定契合国家"双碳"目标，满足乡村建设向零碳发展转型的要求，为乡村零碳评价提供标准支撑和技术依据。《标准》的制定将填补零碳乡村评价标准的空白，同时也是我国低碳标准体系的有益补充，为未来乡村的低/零碳化发展提供了技术支撑，对规范和引导我国乡村低/零碳发展具有重要作用，应用前景广阔。《标准》的重要性不仅体现在推动乡村的零碳发展，更在于能够为未来乡村零碳发展提供可持续性的保障。初步评估认为，《标准》的实施对于推动乡村的绿色低碳发展具有积极意义，值得进一步推广和完善。

作者：周海珠，张帅（中国建筑科学研究院有限公司城乡规划院）

8 《智能适老型居住建筑技术标准》T/ASC 47—2024

8 Technical standards for intelligent aged residential buildings T/ASC 47—2024

8.1 背景与意义

8.1.1 背景

我国人口老龄化趋势日益明显，老年群体规模不断扩大，对养老居住环境的需求与日俱增。国家大力倡导积极应对人口老龄化战略，致力于提升老年人生活质量与幸福感，社会各界对适老型居住环境关注度持续攀升，一系列适老化政策的出台与完善，都充分彰显了对老年群体居住问题的重视。在这样的大背景下，为有效指导智能适老型居住建筑的设计、建设与运营，提升居住环境的安全性、便利性与舒适性，满足老年人日益增长的美好生活需要，制定《智能适老型居住建筑技术标准》T/ASC 47—2024（以下简称《标准》）势在必行。

8.1.2 意义

《标准》从老年人的安全、健康和便利需求出发，通过融合建筑环境智能技术，对适老化设计与改造提出相应的技术要求。在建筑空间、智能系统及智能服务等方面，明确规定了智能适老型居住建筑的技术要求与设计规范，为新建、改建和扩建的适老化与智能化居住建筑的设计、建设、运营及管理提供了全面的技术指导。

8.2 技术内容

8.2.1 标准框架

《标准》针对老年人的安全需求、健康需求和便利需求，从建筑空间环境、智能化系统和智能服务三大方面，明确了适老化和智能化的具体要求，适用于居家、社区和机构养老。建筑空间环境方面，对套内空间、公共空间及物理环境提出了相关规范。智能化系统方面，涵盖了总体要求、信息化应用系统、智能化集成系统、信息设施系统、建筑设备管理系统、公共安全系统以及机房工程等内容。智能服务方面，对智能医疗服务和智能照护服务的相关要求进行了详细规定，以确保居住建筑在满足适老需求的同时，能够提供便捷、高效的智能服务。《标准》框架如图1所示。

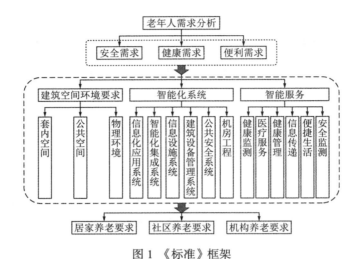

图1 《标准》框架

8.2.2 主要技术内容

目前已有的关于智能适老型居住建筑相关的标准主要可以概括为两类，一类是适老化建筑设计，一类是智能建筑的系统组成。在适老化建筑设计方面，《老年人照料设施建筑设计标准》JGJ 450—2018 关注老年人照料设施的设计质量，从基地与总平面、建筑设计、建筑设备以及专门要求等几个方面强调设计符合老年人生理、心理特点的建筑。在智能建筑的系统组成方面，《智能建筑设计标准》GB 50314—2015 主要从智能建筑的角度提出了不同的建筑类型宜具有的各系统设计要素。与《智能建筑设计标准》GB 50314—2015 相比，《养老服务智能化系统技术标准》JGJ/T 484—2019 主要聚焦于养老问题，阐述了居家养老、社区养老、机构养老等不同养老模式下建筑的智能化系统的配置，并进一步描述了建筑全生命周期的实施要点。此外，《健康住宅评价标准》T/CECS 462—2024 还从物理环境要素对住宅的健康性能的评价进行指导。

在中国人口老龄化的大趋势和背景下，老年人的养老问题越来越成为一个普遍问题，如何延长老年人的健康生命年、改善老年人常见的生活阻碍，如慢病或行动不便等，住宅及其环境的智能适老化构建能够成为一个可靠的实现方案。《标准》在上述标准的基础上，更聚焦于老年人的健康监测、安全防护、宜居环境设计等，以进一步提升老年人的居住体验，利用智能技术实现对老年人健康的监测和管理、人身安全的防护、物理环境的优化设计等功能，最终形成适用于居家、社区和机构养老等不同场景下的技术标准。

《标准》围绕建筑空间环境、智能化系统、智能服务三大板块，构建起全面且细致的适老居住体系。

（1）在建筑空间环境方面，《标准》对套内空间、公共空间和物理环境都作出了明确的适老化设计要求。套内空间充分考虑老年人的日常需求与安全，预留各类设施安装位置，像介助、介护老人床头的一键呼救按钮，卫生间的智能坐便盖和恒温出水装置等。同时，严格规范地面防滑性能，部分区域还建议铺设报警地毯，最大限度地预防跌倒事故。公共空间同样关怀备至，总平面布局合理，设置智能化门禁和智能垃圾分类房，提升生活便捷性与安全性。室外台阶、楼梯间和电梯的设计充分考虑老年人行动特点，公共过道及出入口也满足轮椅通行需求，并设有助行器和轮椅停放区。物理环境上，建筑满足老年人对通风、日照、采光和隔声的要求，通过多种措施优化声、光、热环境，让老年人住得舒适安心。

（2）智能化系统是智能适老型居住建筑的核心组成部分，涵盖多个子系统，为老年人提供安全、便捷的生活环境。信息化应用系统可提供丰富生活服务，公共服务系统可进行访客管理和信息发布，智能卡应用系统整合多项功能并保护数据隐私。智能化集成系统实现子系统信息共享，医养结合服务综合管理系统依据老年人健康信息提供个性化服务并监督服务过程。信息设施系统保障信息通信畅通，满足老年人多样化需求。建筑设备管理系统全面监控管理建筑设备，智能家居系统集成各类智能设备，方便老年人操作。公共安全系统包含多个子系统，全方位保障老年人的人身和财产安全。

（3）智能适老型居住建筑通过智能服务为老年人提供全方位的关怀，提升其生活质量和健康水平。智能医疗服务借助先进技术，实现健康监测、体检、异常行为监测等功能，通过多种方式采集健康信息并建立电子档案，提供健康管理、远程咨询、急救转诊等多元化医疗服务。智能照护服务完善居住设施，养老服务查询预定功能方便老年人获取周边服务，智能家庭养老床位实时监测生命体征，智能导航为出行提供便利。此外，还设置了主动呼救终端和人身安全监测设备，结合烟雾传感器、燃气报警器等智能设备，及时发现并处理安全问题，为老年人生活保驾护航。

智能适老型居住建筑技术配置建议如表1所示。

智能适老型居住建筑技术配置　　　　　　　　　表1

技术分类		配置项目		配置要求
建筑空间环境	套内空间	房间布局和尺度	住宅户型	●
			住宅面积	◉
			住宅层高	◉

续表

技术分类		配置项目		配置要求
建筑空间环境	套内空间	地面装修	消除高差	●
			弹性面材	⊙
		墙面装修	圆角处理	⊙
			弹性面材	⊙
		扶手	室内楼梯	●
			卫生间	●
			浴室	●
			门厅	●
		收纳	医疗用品收纳	⊙
			日用物品收纳	⊙
		门窗	—	●
		适老辅助设施	—	○
		入户消毒	—	●
		卫生间适老化	—	●
		无障碍设计	—	⊙
		认知障碍老人特殊设计	—	○
	公共空间	整体布局	—	●
		公共走廊	宽度设置	●
			扶手设置	●
			消除高差	●
		通行空间尺度	通道宽度	●
			出入口宽度	●
		公共楼梯	扶手	●
			楼梯设计	●
		公共设施	配置易达	●
			娱乐设施	○
			卫生服务	●
		标识系统	—	●
	物理环境	空气质量	新风消毒	●
		声环境	—	⊙
		热湿环境	—	⊙
		风环境	—	⊙
		光环境	—	⊙
智能化系统	信息化应用系统	公共服务系统	—	⊙
		智能卡应用系统	—	●
		物业管理系统	—	●

续表

技术分类		配置项目		配置要求
智能化系统	信息化应用系统	信息安全管理系统	—	●
		护理呼应信号系统	—	◉
		智能物流系统	—	◉
	智能化集成系统	智能化信息集成（平台）系统	—	◉
		集成信息应用系统	—	○
		医养结合服务综合管理系统	—	◉
	信息设施系统	信息接入系统	公共信息	●
			养老信息	●
			医疗信息	◉
		综合布线系统	—	●
		移动通信室内信号覆盖系统	—	●
		无线对讲系统	物业服务	●
			医疗和养老	◉
		信息网络系统	公共信息	●
			养老信息	●
			医疗信息	◉
		有线电视系统	—	◉
		信息导引及发布	—	●
		公共广播系统	—	◉
		用户电话交换系统	—	◉
	建筑设备管理系统	建筑设备监控系统	—	◉
		能效监管系统	—	◉
		环境监测系统	—	◉
		智能家居系统	—	◉
	公共安全系统	火灾自动报警系统	—	●
		安全技术防范系统	—	●
		应急响应系统	—	●
		安全防范综合管理（平台）系统	—	●
	机房工程	机房工程	—	●
智能服务	智能医疗服务	健康监测	—	●
		健康体检	—	●
		异常行为监测	—	◉
		健康管理	—	●
		远程健康咨询与指导	—	◉
		急救转诊	—	●
		用药管理	—	●

续表

技术分类		配置项目	配置要求
智能服务	智能医疗服务	康复训练	◉
		心理健康服务	◉
		特殊设备管理	○
	智能照护服务	信息通知	●
		养老服务查询与预定	●
		访客管理	●
		身份识别与数据管理	◉
		智能家庭养老床位	○
		智能导航	◉
		上门服务记录	◉
		智能终端	○
		主动呼救终端	●
		人身安全监测	●
		报警求助	●

注:"●"表示应配置,"◉"表示宜配置,"○"表示可配置。

8.2.3 标准特色

《标准》以满足老年人居家养老的健康服务需求为导向,增设了政府、社区与居家协同机制下的"智能服务"篇章的内容,此外《标准》在老年人居住建筑的以下三个方面有所提高或创新。

(1)提升生活品质:标准引入了物联网、人工智能、大数据等前沿技术,建议使用智能家居系统、远程健康监测、自动化控制等技术;明确技术配置方案以供选择,为老年人提供更易实施操作、更便捷舒适的生活环境,提升居住品质。

(2)强调安全保障:明确居住空间的无障碍设计,包括住宅内外扶手连贯设置、轮椅与助行器储藏空间、移位器操作空间等设施;明确建筑室内包括公共空间地面防滑的设置、材料及技术参数;明确要求安装防跌倒监测系统、紧急呼叫按钮等,确保老年人在遇到突发情况时能够及时获得帮助。

(3)关注健康监测:推荐使用智能健康设备,如可穿戴健康监测设备、异常行为监测设备等,实时监测老年人健康状况,并能将数据上传至云端,方便医护人员进行远程诊疗和健康指导。

8.3 应用情况

在《标准》实施发布后,标准编制单位华中科技大学结合湖北省实际情况对该标准进行了细化和优化。实施过程中,政府、开发商、设计单位等多方协作,通过推动适老化设计和智能化技术的应用，使新建建筑与改造项目逐步达成符合老年人需求的建设标准。

从《标准》研编开始直至发布，主要在"太保家园·武汉国际颐养社区""安徽省宿松县中医院医养结合项目""蔡甸区社会福利院异地新建项目"和"武汉吉年颐养中心"等实际工程项目中得到实施应用。武汉国际颐养社区实施案例如图2所示。

图2　武汉国际颐养社区：健康活力型公寓适老化设计及介助老人标准间设计

《标准》在实际案例中的具体实施措施包括：

（1）居住建筑室内外适老化设计。老年人友好型的室内外空间环境的整合设计，如无障碍通道、智能扶手、老年人专用电梯、室内智能家居家电一体化、智能监测设备、紧急呼叫系统等设施的安装。

（2）智能化系统架构与应用。搭建智慧养老平台，通过物联网技术为老年人提供智能健康监测、远程医疗服务、智能家居控制等服务。如太保家园与腾讯、松下等头部企业战略合作，丰富智能化应用场景，引进先进设施设备，从快捷生活、安全保护、智能家居、亲情互通等多个维度入手，全方位打造5G时代的智慧养老社区。

（3）绿色建筑与环保技术结合。建筑与自然相融合，绿色环保材料和智能控制系统的应用，减少了建筑运营过程中对环境的影响。

8.4 结束语

《标准》的实施推广不仅在经济效益上提升了市场竞争力,节约了社会资源,推动了相关产业的发展,同时在社会效益方面显著改善了老年人的居住环境,提高了生活质量,促进了社会关爱与包容性,增强了老年人的社会参与感。此外,智能适老型居住建筑在生态效益上也发挥了积极作用,如节能减排、构建绿色生态环境等,为可持续发展做出了贡献。然而,在实施过程中,仍存在《标准》执行的地方差异、公众认知度不足以及技术和资金瓶颈等挑战。为此,未来应加强宣传教育、完善政策引导,推动技术创新和产业合作,进一步提升智能适老型居住建筑的普及与实施水平,真正为老年人提供更加安全、便捷、舒适的居住环境,并推动社会的和谐与进步。

作者: 周迎[1,2],刘晖[1],黄艳红[1,2](1. 华中科技大学;2. 华中科技大学智能健康建筑研究中心)

第 三 篇 | 科研项目篇

中国建筑节能协会测算数据显示，2020年全国建筑与建造、全国建筑运行的碳排放总量分别占全国碳排放的50.9%和21.7%。在全球气候变化与"双碳"战略背景下，我国城乡建设领域正面临着发展模式的历史性变革。因此，"十四五"国家重点研发计划围绕绿色赋能、低碳转型等方面开展系统攻关，聚焦构建"基础理论—关键技术—标准体系—应用示范"的全链条创新体系，重点突破制约行业发展的关键技术瓶颈。通过科技创新推动城乡建设领域完成碳达峰目标，为构建宜居、韧性、智慧、低碳的人居环境提供系统性解决方案。

本篇所选取的科研项目包括宜居城市环境品质提升关键技术研究与应用、城市系统韧性功能提升关键技术研究与应用、低碳生态乡村社区建造关键技术研发与应用示范、全龄友好完整社区建设及居家适老化环境提升关键技术研究与应用、光储直柔建筑直流配电系统关键技术研究与应用、室内健康环境营造材料关键技术与应用、高效智能围护结构研发及应用。这些项目涵盖城市更新、乡村建设、社区营造三大空间维度，贯穿物理环境、部品部件、功能材料三大技术层级，其核心目标在于通过技术创新推动绿色建筑与城市、乡村的可持续发展，重点关注节能低碳、健康舒适、智能韧性、生态友好和社会包容。项目成果将为绿色建筑的发展提供重要支撑，助力实现碳中和目标与高品质人居环境建设。

1 宜居城市环境品质提升关键技术研究与应用
1 Research and Application of Key Technologies to Improve the Quality of Livable Urban Environment

项目编号：2023YFC3805300
项目牵头单位：上海市建筑科学研究院有限公司
项目负责人：郝洛西
项目起止时间：2023 年 12 月至 2026 年 11 月

1.1 研究背景

在我国上一轮大规模、快速城镇化进程下，所暴露的现状问题严峻复杂。慢行系统与城市功能脱节割裂，噪声污染、光污染频发严重，城市热岛加剧（图 1）。上述问题具有高发、范围广、危害强、防治难的共性特征，对公共健康、生态环境造成严重冲击。如何构建我国精准测度、科学提升的"新标尺"，建立"城市可度量、百姓能感知、方法更本土、技术高融合"的宜居城市环境品质，有效指导城市建设实践和管理决策，具有重要性和迫切性。但是，在实践中瓶颈制约问题凸显。首先，20 世纪 90 年代提出的人居环境科学等相关理论，缺乏人与环境关联研究，因此探索基于居民感知的宜居城市环境理论和本土化提升方法，迫在眉睫。其次，技术路径模糊主要反映在城市慢行系统缺少适应性技术支撑，物理环境技术缺少集成应用，因此探索基于空间互馈、技术互补的多技术融合提升手段，成为当务之急。再次，存在多目标权衡难题，因此应研发多目标协同优化技术，以全面提升城市环境宜居效应。

(a)

(b)

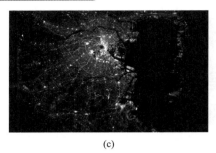
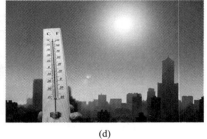

(c)　　　　　　　　　　　　　　(d)

图 1　城市现状问题严峻

（a）慢行系统薄弱（来源：WHO 2022）；（b）噪声污染频发（来源：Noise Pollution Statistics）；
（c）光污染严重（来源：Citizen scientists report global rapid reductions in the visibility of stars from 2011 to 2022）；
（d）热岛快速加剧（来源：Extreme Heat—Preparing for the Heatwaves of the Future）

项目针对方法缺失、路径模糊、权衡困难三大难题，重点解决以下科学技术问题：①城市环境品质与居民感知关联规律及提升评价方法；②城市噪声、光污染及热岛的精准刻画—监测—防控技术；③建立多目标智能预测、调控及应用范式。

1.2　研究目标

针对宜居城市环境品质提升的需求，突破物理性能与居民感知融合等关键技术问题，建立基于精准感知、快速评估的城市环境宜居度指标评价方法及本土化提升方法，构建城市更新背景下融合交通与休闲空间的慢行交通系统循证设计方法及知识图谱，形成全要素动态耦合的声光热环境品质提升测—评—管控全链条技术，研发基于迭代反馈的高性能宜居环境品质综合预测与协同调控集成应用平台，并开展典型地域的本土化技术集成应用示范。为宜居城市环境品质提升提供本土化、标杆性的科技引领和创新建设范式，推动我国宜居城市营造整体水平大幅度提高，促进我国城市高质量发展。

1.3　研究内容

1.3.1　宜居城市环境品质评价及本土化提升方法

城市环境物理性能与人群感知的关联规律研究。基于城市环境与人群感知研究梳理与数据剖析，进行城市环境人群感知的测度与分析，基于人群感知的城市宜居环境物理性能特征，研究城市环境物理性能与人群宜居度感知的关联规律，定量分析城市环境物理性能与人群宜居度感知的正负关联及作用规律，并识别关键作用要素及其作用途径。

城市环境宜居度提升影响机制与主控建设要素研究。研究新型城镇化背景下城市环境宜居度提升本质特征及演化规律，基于城市建设要素的宜居度提升影响机制，构建更新和新建双维度下宜居度提升主控建设要素，明晰双维度下宜居度提升的主控建设要素。

基于精准感知的多层级结构化宜居度评价方法研究。研究更新和新建双维度下宜居城市环境品质评价指标体系构建，基于综合物理性能与居民精准感知的环境品质评价指标阈值，基于人工智能决策和地理信息的宜居度评价方法，建立基于精准感知的多类型结构化城市环境宜居度评价方法。

宜居城市环境品质本土化提升方法。以"本土设计"的环境观、文化观、城市观、乡土观、绿色观为指导，研究面向两大维度（更新和新建维度）、四大要素（建筑要素、慢行环境要素、绿化要素、水体要素）的中国典型类型城市环境品质提升的设计方法，编制多应用场景的关键提升指标及技术清单，形成宜居城市环境品质提升行业设计指南，以满足现阶段中国城市发展多层次、多类型的实践需求。

宜居度快速评估工具与数智化提升策略研究。开展环境宜居度快速评估方法研究，搭建提升策略基础数据库，开发城市环境宜居度快速评估工具和城市环境宜居度提升数智化系统，实现对城市环境宜居度的快速精准评估及提升策略针对性推荐。

1.3.2 多目标约束的城市道路慢行与空间环境适应性改造技术

基于时空场景的多源慢行数据采集和分析技术研究。研究依托激光测量与街景识别的慢行交通设施数据采集技术，基于图像识别与雷达观测的慢行交通运行数据采集技术，多源动静态慢行数据融合分析和评估技术。

基于空间环境要素优化的慢行交通系统构建方法研究。研究慢行交通与休闲游憩空间环境关键要素识别技术，慢行交通与休闲游憩空间功能融合技术，慢行交通与休闲游憩空间多学科跨专业设计方法。

基于人因工程的慢行系统构建技术集成研究。研究基于人因工程的慢行系统改造实施技术体系，以"人活动"为主线的多样空间融合技术集成，面向工程改造实施流程的慢行系统技术集成。

慢行交通知识挖掘检索与分析体系构建。研究慢行交通知识图谱设计与构建方法，慢行交通知识图谱信息抽取融合技术，慢行交通知识图谱推理与画像技术。

1.3.3 基于听视觉融合的城市噪声综合降噪技术及光污染控制技术

宜居城市声环境烦恼度可视化评价关键技术研究。研究基于深度学习的噪声源和空间—环境要素识别研究，噪声源及空间—环境要素对声环境烦恼度的影响机理研究，基于多源数据融合的烦恼度可视化关键技术。

基于视听交感的城市综合降噪防控技术与实施研究。研究空间—环境要素在城市噪声防控中的视听交感作用机理及预测模型，空间—环境要素与城市声环境烦恼度关联指标筛选，视听交感作用下的城市声环境烦恼度预测模型搭建，基于视听交感的城市空间绿化降噪系统构建与参数优化；智能声掩蔽与自适应主动降噪协同防控关键技术研究，动态声景对城市声环境烦恼度的影响机理，自适应主动降噪控制算法与控制器集成关键技术研究，智能声掩蔽与自适应主动降噪协同防控关键技术研究。

城市多时空尺度光污染立体监测关键技术与设备研究。研究光污染多层级监测指标体系及分级诊断模型，多时空尺度城市光污染立体监测网络，多源光污染参数智能监测设备及数据融合分析方法。

面向人居健康和环境生态的城市夜间光污染物联智控研究。研究复合 LED 智能光源模组集成与参数优化，多参自感知、环境自适应智能决策调光及基于协作物联网的城市照明智控系统搭建的关键技术。

基于听视觉融合的城市噪声及光污染循证防控与环境品质提升效益评价研究。研究城市光污染作用下声环境烦恼度预测模型，城市噪声与光污染集成监测——智能反馈平台，听视觉融合的噪声与光污染循证防控方案及环境品质提升综合效益评价。

1.3.4 基于人体感知的城市光热环境品质提升关键技术

城市光热环境多源精细化监测及预报预警技术研究。研究多源、精细化的城市光热环境监测评估技术，城市光热环境时空演变的驱动机理，城市光热环境实时动态预报预警技术。

面向人体热感知强度的光热环境快速模拟关键技术。研究室外光热环境对于人体热感知的影响机理，典型功能区系统能量平衡与人体热感知强度预测模型，耦合多因素影响的室外光热环境快速模拟方法。

局地气候区三维蓝绿空间规划设计关键技术研究。研究建立三维蓝绿空间设计与热岛及热感知强度关联量化模型，建立三维蓝绿空间在各局地气候区的供需关系空间体系，建立三维蓝绿空间规划布局和设计流程方法。

面向昼光污染消减的新型建筑幕墙系统关键技术研究。研究耗散太阳辐射与昼光污染消减机理，高透减反射—光伏光热一体化新型幕墙模块，幕墙模块智能排布生成算法。

城市光热环境品质提升效益评估与实证研究。研究城市光热环境品质提升效益评估模型，针对示范项目进行光热环境监测预警、快速模拟、品质提升、效益评估的集成化应用与实证研究。

1.3.5 宜居城市环境综合品质预测模型与应用示范

多目标协同宜居环境综合品质智能预测模型研究。研究多目标的宜居环境综合品质测度方法，建立可预测主观幸福感、客观舒适度等环境综合品质衡量指标的预测模型，形成一套基于共性环境要素调控从而实现特定目标的算法。

宜居环境综合品质调控效果多城市验证优化研究。研究全球通用的环境大数据收集方法，开展多城市多时空场景的模型外部验证，建立经优化迭代的高性能预测模型。

多维环境品质协同调控技术集成应用平台建设研究。研究多维环境数据库支撑系统，研发多维环境品质协同调控技术集成应用平台，形成调控效果三维模拟与可视化互动系统。

数字—现实交互建设的综合应用示范研究。开展环境综合品质实时监测系统搭建方法、多项环境调控技术综合应用研究，形成效益价值可量化的高品质宜居环境建设工程范式。

1.4 研究成果

项目已进展 1 年，已完成部分人群感知、物理指标与建设要素的收集工作，初步建立宜居城市指标体系与评价方法。完成了指南框架初稿，以及快速评估工具与数智设计系统的基础架构。初步构建包含 6 个维度的慢行空间品质评价指标体系、慢行交通与休闲空间功能融合设计方法框架、慢行系统建设技术清单体系。基本完成慢行交通系统知识图谱框架设计。初步建立了声环境烦恼度预测模型、绿化物理降噪和心理降噪的耦合模型。攻克了光污染快速检测设备的算法原理，解决了立体动态监测和分级诊断的关键技术难题。筛选出了声光污染对人体舒适度相关的关键影响因素，形成了城市光热环境精细化监测技术与实时评估工具。开发幕墙光反射实时可视模拟评估工具，实现建筑玻璃幕墙面积、凹面聚焦、幕墙嵌板尺寸、安装角度、玻璃反射率参数对周边道路司机、行人的精细化实时评估。初步形成技术与算法研发框架。已完成多维环境品质提升协同调控技术集成平台的整体架构设计、基础设施搭建与部署、页面设计。已正式受理发明专利 3 项，发表论文 15 篇。

作者：潘黎[1]，郝洛西[2]，张改景[1]（1. 上海市建筑科学研究院有限公司；2. 同济大学）

2 城市系统韧性功能提升关键技术研究与应用
2 Research and Application of Key Technologies for Resilience Improvement of Urban System

项目编号：2023YFC3805200
项目牵头单位：天津大学
项目负责人：韩庆华
项目起止时间：2023 年 12 月至 2027 年 11 月

2.1 研究背景

随着社会经济的高速发展和城市化进程的快速推进，人口、财富和生产力不断向大城市以及城市群汇集。我国灾害种类多，分布地域广，频发、群发、突发特征明显：如 2008 年"5·12"汶川地震引发地面严重塌陷，2021 年"7·20"郑州特大暴雨造成城市内涝和道路塌陷，2023 年"7·28"台风"杜苏芮"造成城市内涝和地质灾害多灾并发等。城市工程系统是保障城市运行的重要基础，是城市经济和社会发展的支撑体系。城市工程系统间高度关联，灾情演化、风险传播和社会影响更为复杂（图 1），多灾害导致城市正常运转中断甚至大规模瘫痪，造成大量人员伤亡和财产损失。灾害脆弱性已成为制约城市可持续发展的核心问题。我国"十四五"规划和 2035 年远景目标纲要明确了建设韧性城市的国家战略。本项目拟突破解决城市系统韧性功能提升关键技术瓶颈问题，为我国韧性城市建设提供支撑。

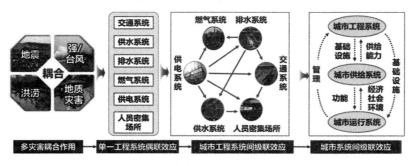

图 1 多灾害耦合作用与城市系统间级联效应

2.2 研究目标

面向我国韧性城市建设重大需求,针对多灾害及其耦合作用下城市多系统交互影响复杂、韧性协同提升决策支持不足等问题,本项目将围绕地震、强/台风、洪涝和地质灾害,针对城市交通、供水、排水、燃气、供电和人员密集场所等工程系统:①提出多灾害及其耦合作用时空荷载场模型,研究多灾害及其耦合作用下城市工程系统偶联效应及破坏机理;②揭示"多灾害—城市系统"异构耦合机制,建立城市工程系统功能级联失效模型;③构建"多灾害—城市系统"智能监测系统,提出基于多元数据融合的城市灾害风险快速研判技术和知识图谱;④研究资源约束下城市系统可调配资源类型,提出多灾害及其耦合作用下城市(群)系统韧性功能协同恢复和提升技术,建立城市(群)系统韧性功能适灾网络;⑤提出多系统级联的城市韧性功能恢复和提升的模拟仿真技术和决策支持技术。

本项目遵循"理论突破—模型构建—技术创新—系统研发—集成示范"的思路,以典型城市为对象,提出城市系统多灾失效—风险研判—韧性恢复和提升的理论体系、关键技术并开展示范应用,提升城市韧性水平,减轻灾害风险。

2.3 研究内容

2.3.1 多灾害及其耦合作用下城市工程系统响应规律与破坏机理

针对多灾害及其耦合作用下城市工程系统破坏机理不清晰的问题,提出地震与地质灾害,强/台风与洪涝,洪涝与地质灾害,以及强/台风、洪涝与地质灾害等多灾害及其耦合作用模拟方法,揭示多灾害及其耦合作用机理,建立多灾害时空荷载场模型;揭示多灾害及其耦合作用下城市交通、供水、排水、燃气、供电和人员密集场所等工程系统的偶联效应规律,研究多灾害下城市工程系统的响应规律和破坏机理,建立多灾害及其耦合作用对城市工程系统的影响模型。

2.3.2 "多灾害—城市系统"异构耦合机制与城市功能级联失效模型

针对城市多系统内外级联、城市系统间级联失效机理不明确的问题,厘清多灾害及其耦合作用下城市工程系统、供给系统和运行系统的异构耦合机制;揭示多灾害及其耦合作用下城市工程系统组件—区域—系统的"物理破坏—功能下降"灾害蔓延过程和传播机制;确定触发城市工程系统功能级联失效的多灾害特征参数和工程系统参数边界阈值及其组合集合,揭示不同多灾害特征参数下城市工程系统物理破坏时空分布对城市工程系统内外部的功能级联效应传播规律和级联失效机理。

2.3.3 多灾害多系统监测融合分析的城市风险快速研判技术与知识图谱

针对多灾害及其耦合作用下城市风险快速研判技术和知识图谱缺失问题，构建"多灾害—城市系统"智能监测系统，提出多灾害多系统运行监测的异构数据传输和数据融合分析技术；建立多灾害及其耦合作用下城市灾害风险指标，提出基于多元数据融合的城市灾害风险快速研判技术；构建多灾害及其耦合作用下城市灾害风险知识图谱。

2.3.4 资源约束下城市（群）系统韧性功能协同恢复和提升技术

针对多灾害及其耦合作用下城市（群）系统韧性功能协同恢复和提升技术不足问题，提出多灾害及其耦合作用下城市系统韧性功能综合指数的评价方法；提出基于时间成本、经济成本和技术适用性为目标的资源约束要素，汇总典型多灾害场景下城市工程系统韧性功能恢复和提升技术矩阵，基于韧性功能综合指标提出协同恢复和提升技术方案的智慧生成技术；提出城市（群）韧性功能协同恢复和提升策略。

2.3.5 城市系统韧性功能恢复和提升关键技术集成与示范

针对多灾害及其耦合作用下城市系统韧性功能提升决策支持不足问题，研究多灾害与城市系统数据挖掘与处理方法，建立"多灾害—城市系统"信息模型；研究韧性功能恢复和提升的情景构建方法，提出多灾害及其耦合作用下城市系统韧性功能恢复和提升的全过程仿真技术；建立城市系统韧性功能恢复和提升的决策支持知识库，提出决策方案的提取技术和评价方法。

2.4 预期研究成果

本项目拟建立地震与地质灾害，强/台风与洪涝，洪涝与地质灾害，以及强/台风、洪涝与地质灾害等多灾害及其耦合作用时空荷载场模型；提出多灾害及其耦合作用下城市交通、供水、排水、燃气、供电和人员密集场所等工程系统的偶联效应规律、级联失效模型和多灾害及其耦合作用对城市工程、城市供给、城市运行等系统的影响模型，开发工程系统级联失效模型的软件系统；提出基于多元数据融合的城市灾害风险快速研判技术和知识图谱；提出资源约束下城市（群）系统韧性功能协同恢复和提升技术，形成多系统级联的城市韧性功能恢复和提升的模拟仿真技术和决策支持技术；在天津、重庆、大连、合肥、深圳、海口等城市示范应用，为我国韧性城市建设提供重要理论基础、技术支持和支撑平台，有力推动该领域科学技术发展，产生重大社会、经济及生态效益。

作者：韩庆华，芦燕［中国地震局地震工程综合模拟与城乡抗震韧性重点实验室（天津大学）；滨海土木工程结构与安全教育部重点实验室（天津大学）；天津大学建筑工程学院］

3 低碳生态乡村社区建造关键技术研发与应用示范

3 Research and Application Demonstration of Key Technologies for Low-Carbon Ecological Rural Community Construction

项目编号：2024YFD1600400
项目牵头单位：中国建筑设计研究院有限公司
项目负责人：焦燕
项目起止时间：2024年12月至2027年11月

3.1 研究背景

落实"双碳"目标和推动生态文明建设是我国的重大战略决策。习近平总书记强调，实现碳达峰、碳中和是一场广泛而深刻的经济社会系统性变革，要把碳达峰、碳中和纳入生态文明建设整体布局。

乡村社区是由居住在乡村的一定数量的人口所组成的相对完整的区域社会共同体，是社会组织的基本构成单元。为了积极响应国家的"双碳"战略，在加快推动农业减排固碳的同时也要积极推动乡村社区绿色低碳发展，把生态文明建设思想贯穿于乡村社区规划、建设和治理的全过程（图1）。

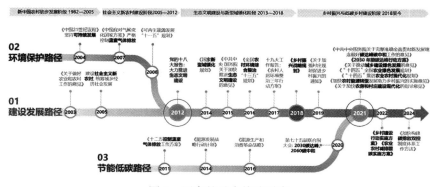

图1 国家的重大战略需求

本项目隶属"十四五"国家重点研发计划"乡村产业共性关键技术研发与集成应用"重点专项，是 2024 年立项的国家重点研发计划项目。

3.2 研究目标

项目主要针对我国乡村社区低碳生态规划体系不完善、乡村建筑设计建造使用过程中碳排放高、住宅质量环境品质与居住舒适度差、工业化营造水平低、基础设施综合防灾抗灾能力弱等问题，以生态文明建设和"双碳"战略为指引，从"规划—建设—整治"全周期管控入手，推动"生产—生活—生态"系统的全方位协同，探索"建筑设计本土化—环境品质健康化—设施防灾韧性化"的技术路径，突破产品装备研发，并通过产业化智能营造方式进行综合应用示范，打造高品质低碳生态乡村社区，实现新建乡村低碳生态住宅 10000 平方米以上、建造碳排放量降低至传统模式的 60%、建造废弃物回收率提高到 40% 等目标，建立乡村社区低碳生态发展的新格局，支撑乡村产业实现全面振兴。

3.3 研究内容

项目从乡村社区规划—建设—整治全周期技术体系入手，以低碳生态效益为目标，将乡村社区低碳生态建造任务拆解为"设计本土化、环境健康化、设施韧性化"三个具体攻关方向，并进行产业化建造综合应用示范，形成"规划引领全周期管控—建筑设计、环境优化、设施防灾协同攻关—成果应用全链条贯通"的研究思路（图 2）。

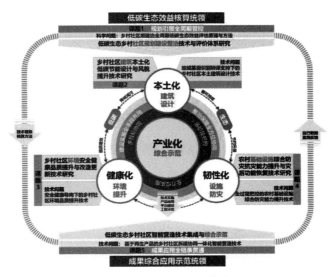

图 2 项目研究内容总体布局

3.3.1 低碳生态乡村社区规划建设整治技术与评价体系研究

（1）低碳生态乡村社区评价体系

提出低碳生态乡村社区分类标准，揭示行政村域、建设项目、产业链条、产品生命周期等不同核算场景的减碳固碳增汇原理，厘清乡村生态系统产品供给、调节服务、文化服务等价值实现机理，建构核心评价指标判别方法，创立综合评价指标体系。

（2）低碳生态乡村社区规划—建设—整治全周期协同技术

分类刻画乡村社区碳足迹时空格局，挖掘其与规建治全周期协同机制，提出减碳固碳增汇的本土化规划设计技术；判别乡村社区产业结构演化趋势，建构降碳增效产业空间模式，研发产业化高效建设技术；分类识别乡村社区健康风险，构建健康韧性空间格局，提出适应性空间整治技术。

（3）低碳生态效益评估数字化管理平台

提出乡村社区低碳生态效益标准化指数，集成创立"用户管理—功能模块—算法服务—数据库"架构的数字化管理平台。

3.3.2 乡村社区建筑本土化低碳节能设计与风貌提升技术研究

（1）地域基因适应性本土化设计方法

研究地域基因识别与解析方法，揭示设计参数—地域环境—碳排放三者的影响机理，形成适应性本土化低碳建筑设计方法。

（2）本土化低碳节能设计技术

研发传统工法知识图谱信息转化支持技术，研发传统构造标准化改良产品；研发低碳节能改造设计工具，提出高效消纳光伏发电的光储协同设计技术；研发基于视觉感知—识别的风貌提升技术。

（3）本土化低碳节能设计技术应用示范

开展技术示范应用，核算技术和项目的减排量；研究综合性碳减排项目的设计开发模式和碳排放交易市场化机制。

3.3.3 乡村社区环境安全健康品质提升与改造更新技术研究

（1）乡村社区环境安全健康风险评估与品质提升技术

构建定性与定量相结合的乡村社区环境安全健康风险评估指标体系，确定改造实施目标与改造技术清单。

（2）环境安全健康品质提升技术

构建全龄友好的乡村住宅安全环境提升策略与改造设计方法；提出热舒适性与节能兼顾的室内环境改善方法，开发基于物理吸附与诱导通风的厨卫环境品质改善技术；研究高效循环利用的生活垃圾与污水无害化处理技术。

（3）环境安全健康品质提升技术应用示范

明确示范关键技术，设定合理的品质提升目标以及实施技术路径，分析投入成本和减碳效益。

3.3.4 农村基础设施综合防灾抗灾能力提升与灾后功能恢复技术研究

（1）农村基础设施快速普查评估与抗灾能力提升策略

研发快速高效病害普查技术，建立抗灾能力评估体系和应用系统，评估多灾害耦合下基础设施结构响应与韧性指标，提出涵盖防护、应急和修复多阶段协同的提升策略。

（2）基础设施灾前主动防护、灾中应急抢修与灾后功能恢复技术

研究灾害作用下基础设施共性和个性损伤特征，以确保灾害下基本功能的生态韧性为目标，建立基于高性能材料的多阶段协同加固修复关键技术体系：优化设施关键构件与节点设计，形成灾前主动防护加固技术；高效利用农村废弃生物质材料制备快凝材料，形成本土化低碳化应急抢修加固技术；基于 Fe-SMA 等新型材料及预应力措施，形成灾后功能韧性恢复技术。

（3）基础设施综合防灾抗灾能力提升示范应用

在示范项目中应用课题研发的系统平台、提升策略及修复技术，验证不同灾害场景下的技术应用效果并分析低碳生态效益。

3.3.5 低碳生态乡村社区智能营造技术集成与综合示范

（1）乡村社区低碳工业化智能营造技术

研究乡村社区营造过程中的碳排放源，构建乡村社区低碳适宜性营造技术，研究面向低层建筑的工业化建造技术，开发乡村社区营造管理系统，为拆建协同提供支撑。

（2）再生产品与装备研发

研发建筑物智能检测、绿色精准拆除、小型化多功能智能建造装备，研究乡村直接利用与再生利用的再生建材产品及部品装备，开发生活垃圾快速腐解堆肥产品等生态环境整治再生产品与装备。

（3）低碳生态乡村社区建造综合应用示范

针对成都高明镇，评估生态本底与基础设施防灾能力，提出规划—建设—整治全周期低碳生态效益动态约束标准，拟综合应用本土化低碳规划设计、室内环境调控、生活垃圾与污水无害化处理、基础设施韧性强化、智能营造等技术，打造低碳生态效益驱动的综合示范基地。采用低碳生态效益信息管理平台进行效益模拟、技术决策与规划—建设—整治全周期管控。

3.3.6 预期研究成果

项目预期完成关键技术 16 项，涵盖生态住宅品质提升技术、低碳生态社区整治技术、风貌提升技术、低碳智能营造技术、基础设施综合防灾技术几大类。研发关键装备部品 10 套，包括移动式再生建材生产设备，碳化竹纤维压合成型装备，地域性生态生土、竹材、再生建材部品。研发智能检测、柔性精准拆除、小型化多功能智能建造生产设备 3 台（套）。形成可转化或示范应用的新技术和产品 12 项。编制国家/地方/团体标准共 11 部，形成 1 套评价体系、4 部指南，申请专利 14 项，开发软件系统平台 4 套。在 4 个村开展生态低碳乡村社区示范，培养研究生或技术骨干 37 人，并开展 600 人次以上基层技术人员培训，对助力乡村社区绿色低碳发展，推进乡村振兴战略具有重要意义。

项目研究的技术路线如图 3 所示。

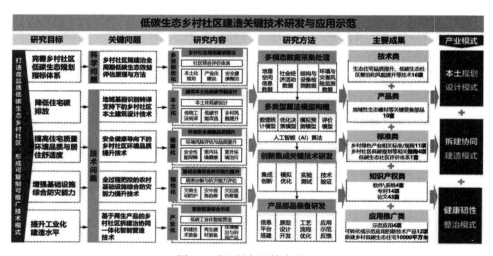

图 3　项目研究的技术路线

作者：焦燕[1]，张蔚[1]，杨瑛[2]（1. 中国建筑设计研究院有限公司；2. 中国建筑第五工程局有限公司）

4 全龄友好完整社区建设及居家适老化环境提升关键技术研究与应用

4 Research and Application of Key Technologies for the Construction of All-Age Friendly Integrated Communities and the Enhancement of Home Environments for Aging in Place

项目编号：2024YFC3808100
项目牵头单位：中国建筑科学研究院有限公司
项目负责人：赵力
项目起止时间：2025年2月至2028年2月

4.1 研究背景

积极应对人口老龄化已成为我国国家战略，有效应对我国人口老龄化，事关国家发展全局和亿万百姓福祉。习近平总书记指出："社区是基层基础，只有基础坚固，国家大厦才能稳固。"为此，住房和城乡建设部提出好房子、好小区、好社区、好城区"四好"建设目标，以促进住房城乡建设事业高质量发展。完整社区建设已成为优化社区空间布局、改善服务设施、提升公共服务能力、全龄友好的民生工程。目前，我国在完整社区建设及适老化环境提升方面已取得初步成效。然而，针对全龄友好完整社区服务设施供需不匹配、服务设施快速更新改造技术缺失、适老化环境性能评测方法与改造方案智能生成方法缺乏、多层级完整社区服务管理平台不贯通等问题，亟需对全龄友好完整社区建设和适老化环境性能提升技术体系进行攻关研究。

4.2 研究目标

项目针对全国完整社区建设发展的差异化特征和不同人群对既有社区的品质提升需求，拟建立适用于不同地域并涵盖全年龄段人群对社区服务设施需求情况的数据库，研究完整社区"规划—建设—治理"全周期多场景评价体系和完整社区服务设施动态匹配与智能决策技术；研发适用于存量社区服务设施快速更新改造技术和模块化关键产品；研发适用于社区和居家复杂场景的适老化环境多模态数据感知、性能检测、评估与改造方案智能设计系统，以及具有快速、绿色、低干扰等特点的适老化改造提升新型技术与产品；研究融合数字孪生模型、大数据驱动、仿真推演的居家适老化改造方案智能生成技术及场景化成套内装部品；开发建立多层级完整社区服务管理平台，开展完整社区建设及居家适老化环境提升应用示范，为全龄友好完整社区建设和居家适老化环境提升提供理论、技术与产品支持。

4.3 研究内容

本项目按照"需求牵引→基础理论→关键技术→示范应用"的总体思路实施（图1），研究全龄友好完整社区评价体系与服务设施动态匹配智能决策技术，研究存量社区服务设施快速更新改造技术与模块化关键产品，研究社区和居家适老化环境性能测评及提升改造技术，研发居家适老化改造方案智能生成技术及成套内装部品，开发建立多层级完整社区服务管理平台，进行完整社区建设及居家适老化环境提升应用示范。

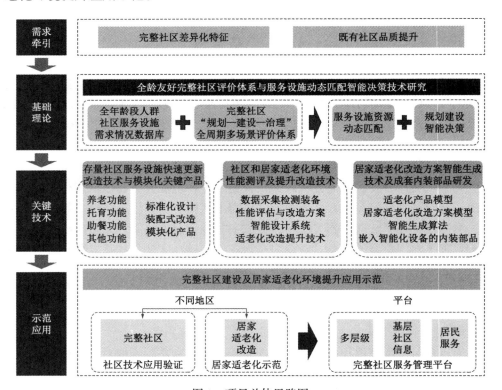

图 1 项目总体思路图

4.3.1 全龄友好完整社区评价体系与服务设施动态匹配智能决策技术研究

通过不同地域特征、不同年龄段人群对社区服务设施差异化、多层次需求的调研分析，建立全年龄段人群对社区服务设施需求数据库。基于"人—机—环"系统理论，建立完整社区"规划—建设—治理"的评估模型和全周期多场景评价体系。基于时空维度，研发全年龄段居民需求预测与社区服务设施资源动态匹配模型，开发社区更新潜力评测及规划建设智能决策系统。

4.3.2 存量社区服务设施快速更新改造技术与模块化关键产品研究

基于存量社区复杂多样的存量空间制约条件，研究涵盖养老、托育、助餐等重要功能的存量社区服务设施各类功能空间类型与模数协调关系，形成存量社区服务设施的标准化设计。研究存量建筑全流程装配式内装改造的部件拆解和组装、集成、连接关键技术，以及存量场地全流程快速置入可移动模块的系统拆解和系统集成、现场接驳关键技术，形成适用于存量社区服务设施现场个性化调配的快速更新改造技术，开发支持快速更新改造的模块化关键产品。

4.3.3 社区和居家适老化环境性能测评及提升改造技术研究

基于社区和居家适老化环境多模态数据感知、性能检测建立数据库，提出适老化环境量化评估方法；构建适老化环境改造要素矩阵，形成典型场景改造方案，开发性能导向的适老化环境改造方案智能设计系统，构建具有快速、绿色、低干扰特点的适老化环境改造技术和产品清单。

4.3.4 居家适老化改造方案智能生成技术及成套内装部品研发

开发适老化产品模型库，研究居家适老化改造方案模型智能生成算法，构建居家环境与老年人数字孪生模型，通过模型仿真推演，生成居家适老化个性化改造方案，研发嵌入智能化设备的内装部品，制定多场景内装部品协同联动策略，形成场景化成套内装部品，并应用于居家适老化改造。

4.3.5 完整社区建设及居家适老化环境提升应用示范

研究完整社区建设及居家适老化环境提升建设实施方案，开展完整社区建设技术应用验证和居家适老化环境提升技术应用示范，总结完整社区建设及居家适老化改造示范工程建设实施经验，形成完整社区建设及居家适老化改造推广技术清单。围绕全龄友好完整社区规划、建设、运营及绩效评估等功能，研发国家、省级和市级多层级完整社区建设管理服务平台。

4.4 预期研究成果

项目预期形成适用于不同地域并涵盖全年龄段人群对社区服务设施需求情况的数据库。研发工具3套,其中,完整社区"规划—建设—治理"全周期多场景测评模型1个,含设施完善度、应急响应度等关键指标不少于15个;涵盖全年龄段居民需求预测与设施资源动态匹配模型,形成社区更新潜力评测及规划建设决策支持智能化工具1套,涵盖4个功能模块;社区和居家适老化环境性能评估与改造方案智能设计系统1套。产出设计及改造方案2套,其中,存量社区服务设施标准化设计1套,涵盖养老、托育、助餐等社区服务设施的各类功能空间;社区和居家适老化典型场景改造方案1套,改造方案不少于50个。研发包括养老、托育、助餐等服务设施的模块化关键产品及嵌入智能化设备的内装部品共不少于8项。形成1套存量社区服务设施快速更新改造技术三维数字化模型库,1套模型不少于500项的适老化产品模型库;研发社区和居家适老化环境性能数据采集检测装备1套,检测指标不少于50项。形成居家适老化方案模型智能生成算法,建立涵盖国家、省、市多层级的完整社区建设工作管理平台。编制国家/行业/团体标准或技术导则(送审稿)共4项,申请发明专利12项;在不少于20个社区开展技术应用验证,以及不少于5种不同类型居家适老化改造项目示范,为建设好房子、好小区、好社区、好城区提供重要技术支撑。

作者: 赵力,周立宁,裴钰(中国建筑科学研究院有限公司科技发展研究院)

5 光储直柔建筑直流配电系统关键技术研究与应用

5 Research and application of key technologies for building DC distribution system integrated with Photovoltaics, Energy Storage, Direct Current and Flexibility (PEDF)

项目编号：2023YFC3807000
项目牵头单位：深圳市建筑科学研究院股份有限公司
项目负责人：郝斌
项目起止时间：2023年12月至2027年11月

5.1 研究背景

集光伏发电、储能、直流配电、柔性用电于一体的光储直柔建筑是实现城乡建设领域低碳发展目标的重要方向，其中低压直流配电系统是支撑建筑光储直柔规模化应用的核心技术。

目前针对建筑低压直流配电复杂的场景及使用需求，尚未有完善的系统理论；针对实际工程规模化应用，亦未具备完整涵盖拓扑结构、电压等级、接地与保护、容量优化配置、柔性调节等方面的标准体系。变换器和保护装置产品在通用化即插即用、效率、可靠性以及适应性和成本等方面，与建筑光储直柔的规模化应用要求还有差距。此外，商业动态仿真工具平台的核心模型和算法不对外开放，仅提供有限接口能力，难以有效开展二次开发，不能满足直流配电系统规模化应用中的批量化计算、数字孪生应用等新功能的需求；并且目前光储直柔建筑的控制目标以降低电力成本为主，缺少对动态碳信号、国内调峰调频等新机制下的效益考量，技术上也缺少对基于直流母线电压信号的无通讯柔性控制技术的深入研究与工程验证。

从现有技术发展趋势来看，仍需面向光储直柔建筑规模化应用需求进一步研究建筑低压直流配电系统的基础理论、开发系列化关键设备，建立适用于光储直柔建筑的低压直流配电系统技术和标准体系，开展工程应用及示范，为推动建筑配电系统革新、支撑建筑低碳化目标实现提供重要保障。

5.2 研究目标

面向建筑低碳转型和光储直柔规模化应用的重大需求，针对建筑直流配电系统基础理论薄弱、标准体系不健全、安全保护技术不完善、配电设备不兼容与功能不完备等瓶颈问题，本项目聚焦光储直柔建筑直流配电系统关键技术研究与应用，建立建筑直流配电基础理论体系，开发通用变换器控制和直流系统安全保护等关键技术，研发系列化通用变换器和安全保护设备，开发具有自主知识产权的动态仿真工具，开展建筑直流配电工程应用与示范，突破建筑直流配电技术从基础理论到核心自主设备的瓶颈，引领我国城乡建设领域低碳发展和中国制造产业升级。项目研究总体路线如图1所示。

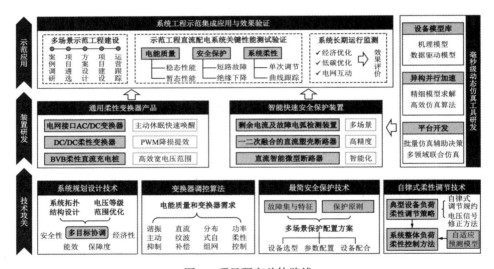

图1 项目研究总体路线

5.3 研究内容

5.3.1 建筑直流配电系统基础理论与标准研究

建筑直流配电系统场景及适应性研究。针对建筑柔性用能的根本需求，系统分析案例建筑的光伏发电功率、建筑用电功率和建筑区域内各类广义储能调蓄资源特征，研究建筑直流配电技术的适宜场景和应用范围，提出建筑场景的特征参量及分类原则，构建包含源储荷特征信息的建筑场景数据库，为系统规划和设计提供定量参考。

光储直柔建筑柔性与定容方法研究。基于光储直柔建筑特征与目标，建立适用于建筑直流配电系统的规划方法，针对系统容量配置开展研究，包括系统柔性量化指标、负荷柔性分类与建模以及源储设备定容方法。

建筑直流配电系统供电模式研究。根据典型建筑场景中源储荷设备空间分布特点，基于用电安全、供电能力和可靠性等基本要求，研究建筑直流配电系统拓扑和供电区域划分方法。

建筑直流配电系统设计标准与工具。研编民用建筑直流配电设计、建筑直流配电场景及保护等相关标准。其中，"民用建筑直流配电设计相关标准"解决系统架构、关键电气参数、安全保护、主要设备技术要求等基本功能需求，并开发配套设计工具；"建筑直流配电场景及保护相关标准"针对建筑直流配电系统设计的典型场景需求，根据不同场景的源储荷特征及系统目标，因地制宜给出系统设计的技术指南。

5.3.2　光储直柔通用变换器关键技术与设备研发

光储直柔通用变换器自组网和柔性控制技术研究。针对建筑与电网互动和直流配电系统稳定控制的要求，研究基于虚拟电容的暂态电压和功率解耦、暂态电压抑制和功率协调控制技术，实现变换器功率跟随直流电压变动主动响应的柔性控制功能，摆脱功率调节对集中通信的依赖；研究虚拟电容控制参数优化方法，满足开放式直流配电系统暂态电压变动、功率响应速度和协调稳定性等要求。

电网接口 AC/DC 变换器产品研发。结合通用变换器控制保护性能要求，研制适用于不同结构和电压等级，具备功率柔性控制功能的 3 项电网接口 AC/DC 变换器，满足建筑直流配电系统的应用需求。

DC/DC 柔性变换器产品研发。研制适用于不同结构和电压等级建筑直流配电系统的 7 项 DC/DC 变换器，包括光伏变换器、储能变换器、配电控制变换器和 48V 适配电源，满足建筑直流配电系统的应用需求。

BVB 柔性直流充电桩产品研发。开发具备功率主动响应和柔性控制功能的双向直流充电桩，结合电动车动力电池特性和使用要求，对充电桩的电路拓扑电路参数和 PWM 调制策略进行优化设计。研制 2 项 BVB 柔性直流充电桩，满足建筑与电动车双向互动应用需求。

5.3.3　建筑直流配电系统安全保护关键技术与设备研发

多场景直流配电系统故障特征与保护技术研究。针对多场景直流配电系统拓扑结构复杂、设备控制策略多样，导致电气故障类型多的问题，以及不同场景对保护特性需求差异大的特点，需要研究多场景直流配电系统故障电气特征，并提出简单通用的保护配置原则。

直流配电系统最简保护配置方案研究。基于多场景直流配电系统故障类型以及故障特征，选择系统故障保护和安全检测的关键执行设备，根据故障特性和设备功能，提出针对性的安全保护设备配置方案。

直流配电系统高精度、智能化用电安全与保护装置研发。提出兼容多场景的故障时频特性表征提取方法，多场景直流配电系统故障特征信号增强方法，并基于机器学习方式优化各类故障检测算法的自适应性能。

智能化快速直流断路器设备集成开发。研发支撑特快速脱扣的新型储能机构方案，以及直流灭弧室的快速能量耗散技术，配合支持脱扣电流连续调节的直流电流高精度传感技术，开发特快速直流塑壳断路器设备。针对直流安全保护设备功能单一、难以高效集成的问题，形成系列化直流安全保护设备。

5.3.4　建筑直流配电系统动态仿真工具研发

面向柔性用电的直流配电系统暂态仿真模型构建。研究面向多元复杂场景柔性用电的暂态仿真建模技术，构建包含建筑直流配电系统多类型元件的多时间尺度、多精度仿真模型库，设计开放式仿真模型库架构，与仿真程序核心计算模块高效交互。

紧耦合电力电子化系统高性能暂态仿真算法。研究面向多电力电子变流器系统的无延时解耦仿真方法，提出解耦误差和解耦计算开销的量化分析模型，分析系统计算矩阵中时变元素的分布规律与传递路径，设计并实现基于稀疏时变矩阵的电力电子化系统高性能仿真求解与存储管理。

建筑直流配电系统异构硬件并行仿真加速方法。提出面向异构硬件并行仿真的自适应优化配置方法，充分发挥不同硬件的计算优势；在此基础上，面向建筑直流配电系统批量化场景快速仿真需求，实现异构多层次并行加速的光储直柔系统快速仿真。

建筑直流配电系统仿真工具开发和集成应用。开展基于异构并行计算的仿真工具软硬件架构设计；完成建筑直流配电系统核心仿真功能的异构平台软硬件开发，并实现适配复杂场景批量仿真、控制策略校验等多种功能级仿真应用的集成，支持建筑直流配电系统多样化的仿真需求。

5.3.5　建筑直流配电系统运行控制与工程示范

基于开放直流母线电压信号的自律式柔性调节技术。按照建筑直流设备的正常工作电压范围和负荷调节特性，确定开放直流母线电压信号的有效区间，规定直流设备取电功率随直流母线电压变化的方向，实现设备柔性调节的一致性；针对线路压降影响信息传递准确性的问题，研究电压信号基准值的标定方法，开展线路压降与设备并网位置、用电负荷、时间等因素的相关性分析，研究工程适用的电压信号识别方法。

建筑直流配电系统工程示范。从建筑类型、区域位置、分布式电源配置、直流负载配置、柔性调节政策等多个方面提出示范工程的遴选原则；开展备选工程的初步调研和收资，按照遴选原则进行分类与排序，选出数量不少于 8 项，场景不少于办公、商业、居住 3 类，且集成方案多样化的示范工程。

示范工程系统优化运行与效果评价。对不少于 2 项示范工程进行长期运行数据监测，结合分时电价、动态碳信号、电力需求响应邀约等政策环境，评价示范工程长期运行的经济效益、低碳效益、需求响应价值，分析实际运行效益与优化运行目标的差异，从而对系统优化运行及系统设计指引提出反馈意见。

5.4 研究成果

项目已进展 1 年，已完成标准发布 1 项，并有 6 项标准在编中（其中地方标准送审稿 2 项，国际标准初稿 1 项，团体标准初稿 1 项，地方标准立项 2 项）。完成 12 项变换器产品立项、概要设计工作，其中 4 项完成详细设计；提出多场景高灵敏磁调制直流剩余电流检测技术，完成 1 项集中式保护装置样机硬件组装；完成 3 项一二次融合直流快速塑壳断路器、3 项直流智能微型断路器设计方案。完成建筑直流配电设备模型库初始版本构建，内置包含光伏阵列、储能电池等 12 种典型模型。项目团队征集并调研了 34 个光储直柔工程，涵盖 6 种建筑类型，分布在 17 个省份，直流示范区域面积超 36 万平方米；并在其中确定了 12 项示范工程名单。此外，已发表或录用论文 13 篇，申请发明专利 6 项。

作者： 郝斌，陆元元，陈家杨（深圳市建筑科学研究院股份有限公司）

6 室内健康环境营造材料关键技术与应用

6 Key Technologies and Applications of Materials for Healthy Indoor Environments

项目编号：2023YFC3806100
项目牵头单位：中国建筑科学研究院有限公司
项目负责人：孟冲
项目起止时间：2023年12月至2027年11月

6.1 研究背景

建设健康环境是"健康中国"战略五大重要任务之一。2022年11月18日，《科技部 住房城乡建设部关于印发〈"十四五"城镇化与城市发展科技创新专项规划〉的通知》（国科发社〔2022〕320号）明确提到通过整合新材料技术，在基础理论和设计方法、工程技术标准、新型绿色建材、围护结构系统和部品等方面实现全链条技术产品创新并进行集成示范，推进绿色健康韧性建筑与基础设施建设，提升人居环境，提高居民满意度和获得感。然而建筑材料作为营造室内健康环境的决定性因素之一，存在基础理论薄弱、调控手段不完善、高性能产品供给不足等问题，室内健康环境难以保障。

6.2 研究目标

项目紧密围绕室内和地下空间健康环境营造对材料的迫切需求，针对当前建筑材料与室内环境交互作用及对室内环境健康风险影响规律不明确、高效长寿命材料研发难、全寿命期评价标准体系与材料系统集成技术缺失等关键问题，开展室内健康环境营造材料关键技术研究及应用，从基础理论研究、典型营造材料制备应用技术、典型营造材料工业化稳定生产，到重大民生工程应用示范，开展全链条研究与实践，为提升我国建筑功能品质、实现绿色低碳可持续发展提供系统解决方案。

6.3 研究内容

项目以需求导向、问题导向、应用导向为牵引，基于"材料性能提升→室内环境营造→人群健康保障"的总体思路，研究建筑材料与室内健康环境关联机理及预防调控技术，研发长寿命无机抗菌净化、高性能无机防水防渗调湿、气凝胶高效保温和轻质隔声等典型营造材料及关键应用技术，研发室内健康环境营造材料现场检测技术，建立室内健康环境营造材料评价标准体系，进行示范应用形成室内健康环境营造系统解决方案。项目总体技术路线如图1所示。

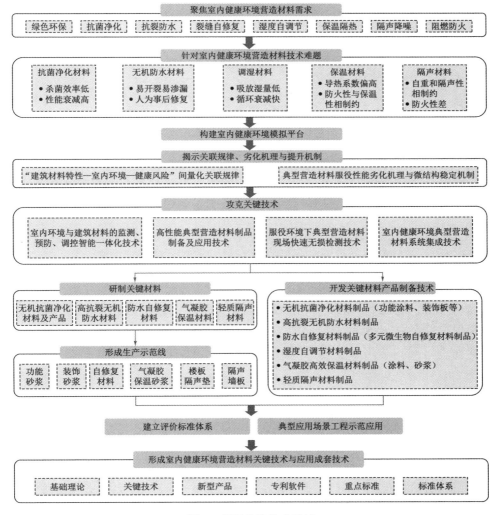

图 1 项目总体技术路线

6.3.1 建筑材料与室内健康环境关联机理及预防调控技术

开展"建筑材料特性—室内环境—健康风险"之间量化关联规律研究，提出典型建筑材料室内健康风险预测评价方法，形成不同应用场景下建筑材料优化适配设计方法；研究揭示典型建筑材料关键性能衰减特性及劣化机理，提出设计阶段典型建筑材料服役性能预测模型和综合评价方法；构建室内健康环境建筑材料的监测—预防—调控智能一体化技术体系。

6.3.2 长寿命无机抗菌净化材料制品及关键应用技术

研究建立典型气候区影响室内健康环境的微生物及其衍生物风险序列谱；设计研发基于非金属矿物结构调控和原位可控构筑功能基元的无机复合抗菌净化材料；开发长效高性能无机复合抗菌净化功能涂覆材料制品，并建立多因素综合作用模拟试验平台，揭示无机复合抗菌净化材料结构与性能演化规律；形成长寿命无机抗菌净化材料应用关键技术。

6.3.3 高性能无机防水防渗调湿材料制品及关键应用技术

研究服役环境下防水材料和调湿材料劣化机理；研究微生物协同加速矿化沉积及矿物结晶进程调控机理、防水砂浆水化产物调控与密实增韧机理和海泡石矿物纤维吸放湿调控机理；开发高抗渗防水自修复材料、高抗裂无机防水材料和高效自调湿矿物功能材料与应用关键技术，构建多材多层高抗裂防水材料系统。

6.3.4 气凝胶高效保温和轻质隔声材料制品及关键应用技术

设计研发基于低成本硅源的改性气凝胶材料，提出二氧化硅气凝胶偶联-杂化树脂-晶须/纤维增韧协同微生物矿化复合改性增强技术；开发改性气凝胶保温涂料和基于微生物发泡的保温砂浆制备技术；研制轻质隔声板材、楼面隔声材料，提出基于多种材料特征阻抗的轻质保温隔声材料制备及应用技术。

6.3.5 室内健康环境营造材料现场检测技术、评价标准体系及示范应用

研究不同服役环境下典型营造材料性能的现场快速无损检测技术；建立典型营造材料寿命预测模型与评价方法，构建全寿命期室内健康环境典型营造材料评价标准体系；建立不同气候区、主要功能类型建筑适用的室内健康环境典型营造材料系统集成技术，并在典型气候区（包括深圳、承德、湖州等国家可持续发展议程创新示范区）开展示范应用。

6.4 预期研究成果

项目预期揭示建筑材料与室内环境的关联规律及预防调控机理、无机复合抗菌材料防霉净化作用机制和性能劣化机理、服役环境下四大类新型建材的性能劣化机理,构建室内环境健康风险预测、室内典型建材服役性能综合预测评价方法、室内建筑材料劣化性能监测方法等。研发抗菌净化、自修复、自调湿等 6 大类 15 种新型功能建材,开发室内健康营造材料智能监测与综合评价软件 3 套,建立建筑材料非靶向气态污染物识别分析数据库。形成室内环境与建筑材料的监测—预防—调控智能一体化技术,形成典型营造材料制备、无损检测与系统集成等核心技术,编制 5 项国家/行业/地方标准,申请发明专利 25 项,建成 6 条生产示范线,并完成示范项目 3 项以上,实现从材料性能提升到室内环境调控的全链条解决方案,推动建筑领域绿色健康化升级。

作者:孟冲[1],许瑛[2],梁金生[3],韩光[4],荣辉[5](1. 中国建筑科学研究院有限公司;2. 清华大学;3. 河北工业大学;4. 北京东方雨虹防水技术股份有限公司;5. 天津城建大学)

7 高效智能围护结构研发及应用

7 Development and Application of High Efficiency Intelligent Building Envelope

项目编号：2023YFC3806300
项目牵头单位：中国建筑科学研究院有限公司
项目负责人：杨玉忠
项目起止时间：2023年12月至2027年11月

7.1 研究背景

我国建筑节能发展迅速，但地域发展不平衡，北方节能率高、南方节能率低且舒适度不高，夏热冬冷（暖）地区建筑节能提升瓶颈凸显，围护结构节能技术手段有限，同时对高效智能围护结构的需求迫切，南方地区技术手段有限，产品研发体系性较差，不能满足工程应用需求；与我国中部、南部经济发达地区人民群众对美好生活要求更高的经济社会发展水平严重脱节。

7.2 研究目标

以我国绿色建筑节能舒适和新型工业化需求的重大战略需求为导向，结合我国不同地区气候差异、人民对健康舒适需求的不断提升和双碳任务下建筑节能新发展的迫切需求，针对高性能建筑围护结构设计应用动态化、差异化、精准化、功能化目标和围护结构动态响应需求，研发适用于不同气候地区的绝热围护结构、围护性能独立调节、可变窗墙面积比、节能产能型围护结构、一体化智能控制等技术体系和产品，重点突破夏热冬冷（暖）地区建筑节能率提升的瓶颈，着重解决南方地区建筑节能技术水平与经济发展水平脱节的困境，最终实现建筑的节能降碳，促进透光与非透光围护结构、产能围护结构等相关产业发展升级，助力"双碳"目标的实现。

7.3 研究内容

7.3.1 高性能无机绝热围护结构研发与应用示范

课题针对夏热冬冷（暖）地区气候特征和建筑民俗，通过分析间歇供暖空调模式下夏热冬冷（暖）地区围护结构夏季动态传热理论及其对建筑能耗的影响，研究出一套适应夏热冬冷（暖）地区气候特征及用能模式的围护结构设计方法和构造技术，并开发 VIP（真空绝热板）芯材复合气凝胶保温装饰一体化保温板材和低导热气凝胶装饰保温结构一体化叠合构造墙板等四种高性能围护结构无机绝热产品，其保温材料导热系数不大于 0.02W/(m·K)，产品具有模数化、标准化和工业化的特征，利于建筑产业工业化发展。通过开展工程示范研究，促进产品大规模推广应用。

7.3.2 遮阳与保温性能独立调节透明围护结构研发与应用示范

针对遮阳与保温不同光热环境的区域、朝向、季节、时段等动态精细化需求，明确透明围护结构遮阳、保温两类独立调节模式，开展应用场景与潜力分析，研究对应模式下 SHGC、τ_v、K、通风等关键参数的调节策略，研究冷热负荷及节能计算理论与设计方法；研发适宜于典型气候地区建筑围护结构需求的，保温与隔热性能独立可调的活动窗一体化、活动遮阳一体化、遮阳卷膜一体化等透明围护结构产品和技术。完成考核指标"完成 2 类以上保温与遮阳性能独立调节的透明围护结构，传热系数可调范围不小于 0.3～1.5W/(m²·K)，太阳得热系数可调范围不小于 0.2～0.8"，并进行示范应用。

7.3.3 窗墙面积比智能可调组合式围护结构研发与应用示范

针对夏热冬冷（暖）地区不同季节、不同时间和不同建筑环境调控情景，研究提出相应的室内光热环境调节需求，以透明围护结构为基础，以非透明结构与透明结构的复合设计为导向，通过多腔体、非均质传热过程的理论研究，确定影响窗墙面积比可调围护结构热工性能的关键影响因素，建立可变窗墙比围护结构动态热工性能计算理论，以及窗墙面积比可调的复合结构的构造方法，构建该复合结构综合传热系数的计算方法，指导窗墙面积比可调的复合结构设计，编制标准，研发相应产品，通过示范项目效果评测优化该产品的设计方法，结合不同室内外情景调控需求，完善产品系统的调控策略，保证该复合结构在满足窗墙面积比可调前提下，综合传热系数可调范围不小于 0.2～1.0W/(m²·K)的目标要求。

7.3.4 产能智能围护结构研发与应用示范

深入研究太阳光在建筑中的光电转换与光热转换过程，揭示能量在不同形式间转换的演变过程与物理机制，构建有机/无机材料表界面间的高效传热传质通道，实现太阳光的全波段高效利用。利用光热光电耦合转换薄膜实现高效透明型构造设计，研究不同波段太阳能量高效转换模式，保障高可见光透过率，同时提高构件隔热保温性能。基于 CIGS、硅晶等光伏组件设计高能量转换效率的非透明型构造，构建材料表界面高效传热通道，优化发电与产热增效关系，实现综合能效最大化。利用光热光电耦合技术增强围护结构的能源转换效率，优化全年太阳能综合能效。进而生产放大尺寸的透明型/非透明型产能围护结构构件，应用于示范建筑围护结构，研究构件的光学、热工与耐久性能，获得建筑本体的能量转换效率及太阳能综合能效，量化产能围护结构在夏热冬冷（暖）地区的应用特征及在建筑节能减碳方面的显著贡献。提出因产能围护结构热过程造成围护结构热工性能参数动态变化时的围护结构节能测评方法，为节能设计方法的提出提供技术支撑，提高采用产能围护结构时建筑能耗模拟的准确性。

7.3.5 环控末端一体化动态围护结构及其智能控制系统研发与应用示范

在课题"窗墙面积比智能可调组合式围护结构研发与应用示范"和"产能智能围护结构研发与应用示范"研究的基础上，通过研究多维传感数据与人体感受之间的传递关系，研究外墙、外窗、遮阳、光伏等围护结构与暖通空调系统、照明电气系统、新风系统和智能化控制系统等环境控制系统的动态交互理论方法；研究公共建筑典型功能区的人行为习惯、环境需求与能源消耗三者的特点，抽象出不同功能区的环境调节和能源消耗模型。围护结构构件研制部分，课题基于环控末端一体化动态围护结构方案设计，搭建集成热舒适和光环境的分布式系统架构和控制应用系统。控制策略的研究部分，课题将研究考虑人体舒适度和能耗强度的多目标协同决策方法以及优化策略；开发不同行为触发下的动态围护结构与照明等耦合的一体化控制系统，并根据间歇性、非均匀时空、动态柔性调节需求开发个性化、开放性空间场景整体环境与局部空间联动控制系统。课题研发的控制系统将在项目示范工程中进行示范。

7.4 预期研究成果

项目预期研发 14 类产品，其中，研发 4 类高性能无机类外墙、屋顶围护结构制品，其材料导热系数不大于 $0.02W/(m·K)$；4 类保温与遮阳性能独立调节的透明围护结构，传热系数可调范围不小于 $0.3\sim1.5W/(m^2·K)$，太阳能得热系数可调范围不小于 0.2～0.8；窗墙面积比智能可调组合式围护结构综合传热系数可调范围不小于 0.2～1.0W/(m²·K)；3 类产能智能围护结构，透明型可见光透光率不低于 60%，能量转换效率不低于 14%，传热系数低于 0.8W/(m²·K)，非透明型能量转换效率不低于 20%，综合能效大于 70%；2 类新型环控末端一体化动态围护结构及其智能控制系统，全年不适眩光可能性低于 3%，冷热负荷降低 30%。共申请发明专利 25 项，编制国家/行业/地方标准 12 项；在夏热冬暖、夏热冬冷等气候区示范工程 7 项，示范建筑面积累计不小于 7 万平方米。项目的实施将助力建筑、建材领域供给侧结构性变革，提升建筑品质、实现节能降碳，对形成城乡建设领域绿色发展新动能、全面实现城乡建设领域"双碳"目标，具有重要意义。

作者： 杨玉忠，孙立新，姜召彩，赵矗（中国建筑科学研究院有限公司；建科环能科技有限公司）

第四篇 技术交流篇

本篇聚焦于绿色建筑发展中的行业热点问题、前沿理论研究以及创新技术实践,从学组提交的文章报告中选出 7 篇代表性文章,分别从人工智能赋能、零碳工业园区、氢能高效利用、绿色建材发展、建筑智慧运维、企业碳盘查实践等多个维度向读者展示绿色建筑多元化的发展现状与未来趋势。本篇以绿色建筑领域的交流为纽带,汇聚新理念与新技术,共同推动绿色建筑关键技术水平,为我国绿色建筑的高质量发展提供有力支撑。

在当前科技迅猛发展的背景下,AI 技术已展现出大语言模型、计算机视觉、具身智能以及多模态数据挖掘等先进特性及应用。建筑室内环境学组的《人工智能技术促进建筑行业节能减碳的机遇与挑战》一文,系统阐释了 AI 技术为建筑设计优化、精准建造赋能和运维监控提效等方面节能减碳的创新路径以及面临挑战,助力全链条智能化管理与系统性降碳。长期以来,工业领域是碳排放的主要来源之一,工业园区因此成为实现减排目标的关键场景,绿色医院建筑学组分享了零碳工业园区的综合解决方案,涵盖能源结构转型、工艺升级、零碳建筑、交通脱碳、碳抵消与碳交易等多元路径,并通过国内外典型园区案例,总结了可复制、可推广的成功经验。氢能作为一种极具潜力的清洁能源,凭借其高效、清洁、可再生等特性，在建筑领域展现出广阔的应用前景，中建西北院提供的《氢能零碳综合应用在北方城市的探索与实践》一文，通过榆林科创新城零碳分布式智慧能源中心示范项目，展示了氢能与太阳能、地热能结合的供能模式，实现供热、供电和供冷的零碳目标。绿色建材与设计学组则聚焦绿色建材的评价标准，提出了优化混凝土配合比、CO_2养护技术等减碳路径，预计到2030年绿色建材在新建建筑中的渗透率将超过80%，推动其从单品到生态系统的跨越发展。随着城市规划从增量扩张转向存量更新，AI凭借其强大的实时监控、智能决策和自主学习能力，有望成为建筑运营的核心技术，中海集团分享的实践案例表明，通过AI技术的应用，可在不进行大规模硬件改造的情况下，实现10%～30%的节能效果提升，且投资回收期仅为2～5年。面对建筑领域艰巨的减排任务，绿色小城镇学组分享了《建筑企业碳排放核算创新实践——以中建集团为例》，介绍了"工作营"模式构建的碳排放核算体系，并建立了国内首个基于项目的碳排放数据库，这一创新实践为建筑企业的低碳转型提供了有力的技术支撑与数据保障。绿色智慧城市与数字化转型学组全面介绍了DeepSeek全系列大模型通过天工云平台接入建筑行业的创新应用，涵盖智能问答、清单匹配、虚拟数字人等服务，为智能建造和低碳运营提供了全方位的技术支持。

1 人工智能技术促进建筑行业节能减碳的机遇与挑战

1 Opportunities and challenges of artificial intelligence technology in promoting energy conservation and carbon reduction in the building industry

1.1 引 言

在全球能源结构深度变革与"3060 双碳"目标双重驱动下,我国建筑领域正经历着历史性的减排攻坚。作为全球既有建筑规模最大的国家,我国建筑全生命周期年碳排放量高达 37 亿 t,占全国碳排放总量的 38%[1],这一数据凸显了建筑行业在碳中和战略中的关键地位。特别是在新型城镇化持续推进背景下,传统节能减排技术已难以满足指数级增长的减碳需求,亟需通过颠覆性技术创新实现系统性突破。站在"十四五"规划收官与"十五五"规划承启的历史节点,本文聚焦 AI 技术与建筑减碳的融合创新,希望通过解构 AI 技术赋能建筑减碳的底层逻辑,提出系统构建"规划设计-施工建造-运营维护"全链条 AI 赋能的协同创新策略,为建筑行业实现"发展-减排"动态平衡提供参考。

1.2 AI 技术在建筑节能减碳中的应用展望

人工智能技术正经历从计算智能向具身智能的演化跃迁,其交互性与环境适应性持续增强。基于 Web of Science 数据库的分析显示(图1),以 "Artificial Intelligence" 与 "Building/Architecture" 为关键词的文献年增长率达 21.4%,研究焦点集中呈现建筑节能优化、生成式设计、智慧施工与智能运维四大知识图谱。地域分布特征表明,美国以 32.7% 的发文量领跑全球,中国以 28.4% 紧随其后;值得注意的是,中国学者主导的跨国合作研究占比达 39.1%(名列全球第 1),彰显了我国在该领域国际协同创新中的枢纽地位。

当前 AI 技术突破集中在四大前沿方向:计算机视觉技术正以卷积神经网络(CNN)为技术核心,通过建筑场景的语义分割与特征提取,赋能施工质量监控、能耗异常诊断等时空感知任务，其mAP值已达89.7%的工业应用标准；多模态数据挖掘通过特征/决策级融合策略，将BIM模型、物联网时序数据与自然语言文档进行跨模态对齐，构建建筑知识图谱的分布式表征，为大语言模型提供多源异构数据的认知底座；基于Transformer架构的生成式AI技术已成为行业数字化转型的核心驱动力，其自注意力机制通过计算词汇间动态权重，在建筑方案生成、规范审查等场景展现强大涌现能力，如Autodesk的AI设计工具已实现方案生成效率提升400%；具身智能系统则通过强化学习与机器人技术的融合，在自动砌筑、智能巡检等场景完成"感知-决策-执行"闭环，某示范项目的钢结构焊接机器人通过在线学习将作业精度提升至0.02mm级。

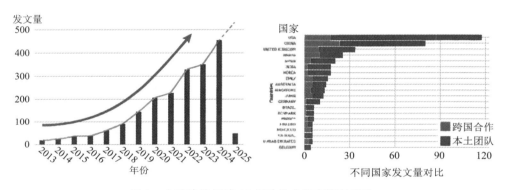

图1　全球建筑领域AI相关学术发表情况概述

当前，大语言模型、计算机视觉、具身智能和多模态数据挖掘正在形成协同体系，构成AI技术在建筑领域应用的"感知-认知-行动"三角：计算机视觉技术结合各类传感器形成了捕捉信息的感知层，大语言模型与多模态数据挖掘技术协同形成认知层，用于形成决策，最终指令传达至具身智能形成的行动层，执行优化策略并反馈数据。这一协同的本质是将人类专业经验编码为可计算、可扩展的智能系统，最终实现建筑全生命周期的自感知、自决策与自优化。

1.3　建筑节能降碳中的AI技术前沿探索

1.3.1　大语言模型——赋能设计优化与知识管理

在设计优化环节，大语言模型可辅助生成方案来降低决策成本[2]。清华大学团队开发的"合木智构"平台[3]（图2），可实现剪力墙结构布置等智能设计；绿色建筑设计决策问答平台"MOOSAS QA"[4]（图3）则通过工程化融合大模型构

1 人工智能技术促进建筑行业节能减碳的机遇与挑战

建了包含 38 万个词条与 1200 余个绿色建筑案例的知识库，实现了气象数据和绿建标准的精准数据推理和查询，弥补了相关领域学习成本高的难题。在施工管理方面，大语言模型技术正深度融入进度管控、资源调度多类场景。上海建工推出 Construction-GPT[5]（图 4）实现了规范标准智能问答与查新等多项功能，同时在多项施工具象场景上实现了模型落地。在运维诊断场景，大模型实时解析建筑能耗特征可自动生成节能改造策略。香港科技大学团队开发了 BuildingGPT 工具[6]（图 5），通过检索增强生成技术，运维人员可直接获取想要的设备和环境数据信息，并实现原因推断。

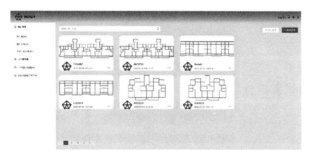

图 2　清华大学"合木智构" AI-structure-Copilot 平台

图 3　绿色建筑设计决策问答平台"MOOSAS QA"

图 4　上海建工 Construction-GPT 智能工具

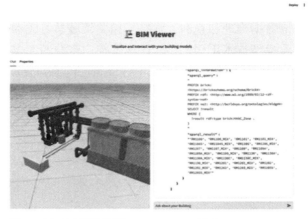

图 5 用于运维诊断的 BuildingGPT 平台

1.3.2 计算机视觉技术——支撑精准监控与智能感知

在建筑精准建造方面，计算机视觉技术可协助施工建设过程的问题诊断，并确保施工期间的安全监控。例如宾夕法尼亚大学研究团队提出了一种基于相关性的移动脚手架安全监测和检测工人不安全行为的方法[7]，采用 Mask R-CNN 用于工人任务的识别、分类和分割（图 6）。在建筑智慧运维方面，计算机视觉技术结合摄像头等图像数据能实现较传统定位手段更高的精度，并实现能耗与人员分布的耦合[8]。新加坡国立大学与清华大学团队研究提出了一种基于计算机视觉的人数检测手段[9]，旨在提升建筑内人数检测精度，优化能源管理（图 7）。

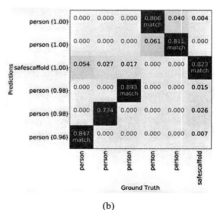

(a)　　　　　　　　　　　　(b)

图 6 基于 Mask RCNN 的施工任务不安全行为监测[7]

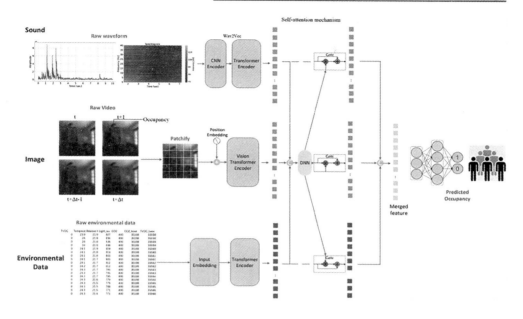

图 7　基于视觉技术优化能源管理[9]

1.3.3　具身智能——行业人机协作与决策中枢的新赛道

在建造阶段，具身智能使机器人能根据施工现场的实际情况，实时调整施工计划，具备高度的灵活性和适应性。美国密歇根大学的研究人员提出了一个交互式闭环数字孪生框架[10]，将 BIM 与人机协作施工流程相结合，机器人由 BIM 驱动，但会根据现场条件自适应地调整计划，而人类工人则监督并在必要时介入，帮助机器人克服遇到的不确定性，大大提高了施工机器人的鲁棒性和施工效率（图 8）。在运维阶段，具身智能可以通过实时感知和数据分析来支持智能决策，清华大学团队设计开发了用于室内环境巡检的机器人[11]（图 9），在拓展了环境监测边界的同时提高了智能决策的精准性。

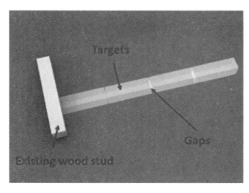

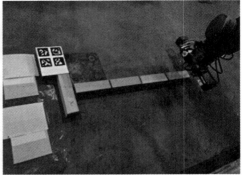

图 8　密歇根大学团队开发的交互式施工机器人[10]

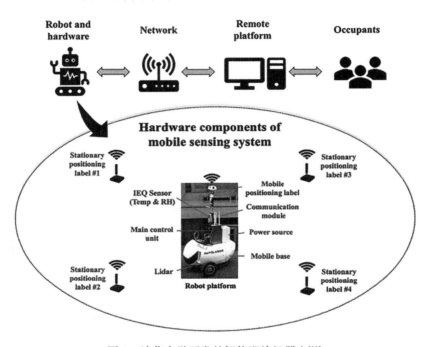

图 9　清华大学开发的智能巡检机器人[11]

1.3.4　多模态数据挖掘——推动行业多元数据异构融合与协同优化

建筑与城市作为典型的复杂系统，系统内如人、车、环境等个体间的多模态数据具有相当的挖掘潜力。例如，在建筑尺度，清华大学团队基于机场航站楼的建筑数字孪生平台，对旅客分布信息与建筑性能数据之间进行关联分析（图 10），在新冠疫情的背景下探讨了乘客数量对机场航站楼能源消耗和室内环境质量的影响[12]。在城市尺度，宾夕法尼亚大学团队采用空间统计分析方法基于多源多模态数据刻画了电动汽车车主居住地的空间分布特征及其充电偏好[13]。

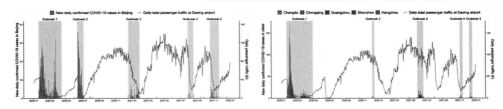

图 10 基于航站楼数字孪生平台协同分析旅客分布与建筑性能数据[12]

1.4 AI 技术在建筑行业应用瓶颈与应对策略

1.4.1 绿色性能设计优化

AI 可提高绿色建筑设计质量和效率,但当前仍面临诸多挑战。首先,在数据质量方面,建筑设计数据存在缺乏统一标准、标签不完善、数据不完整等问题,影响 AI 训练效果。此外,高敏感建筑数据的接入缺乏法规与脱敏技术支持,影响模型泛化能力。在生成式 AI 的设计应用上,训练样本单一可能导致设计风格趋同,陷入"自噬"循环。同时,AI 对建筑法规的理解不足,影响应用效果。

为应对这些挑战,需要建立标准化程度高、可靠的建筑设计数据库,提高数据质量和多样性,同时推动数据脱敏技术研发,确保数据安全共享;与此同时,注重强化 AI 模型对专业知识的认知能力,引入逻辑思维链、逻辑规则等技术,以提高其法规适应性。

1.4.2 智能建造精准赋能

在追求精准建造的过程中,AI 技术的应用也面临着数据整合、泛化能力、安全性及成本等挑战。首先,建造过程中的数据格式多样,整合难度大,影响 AI 模型的训练及泛化能力。其次,施工现场的环境复杂,动态变化和不确定性使 AI 系统适配度不足,难以应对突发情况。此外,高额投入、技术维护成本以及短期收益限制,也很大程度影响施工企业采纳 AI 技术的意愿。

深入分析这些技术挑战并制定相应的应对策略,对于实现高效、安全、可持续的施工建造至关重要。一方面,应由行业协会制定统一数据标准,提高模型适应性,提升 AI 系统对复杂环境的适应能力;另一方面,应由政府与行业协会协同明确人机协作责任机制与 AI 辅助决策责任边界,并设计如税收优惠、补贴支持等激励政策,降低施工企业资金压力。

1.4.3 智慧运维强化节能减碳

智慧运维系统的核心挑战来源于数据生态的割裂性与技术应用的伦理边界。当前全球建筑运维数据利用率不足 12%(麦肯锡 2023 报告),既有建筑因缺乏传感器部署导致关键设备能耗数据缺失率达 63%（清华大学建筑节能研究中心数据），而新建建筑的 BIM 数据与既有系统的兼容性差异常超过 40%，形成"数据断层"。某发达国家五星级酒店在改造中，因早期暖通系统未预留数据接口，导致智慧运维系统部署成本增加 220 万美元，凸显数据迁移的刚性成本。

在数据伦理层面，伦敦金融城某智能办公楼因人员轨迹监测引发隐私争议，最终被迫关闭 30%的传感器网络；而《中华人民共和国个人信息保护法》实施后，商业建筑能耗数据匿名化处理成本平均增加 17%（中国信息通信研究院数据）。更为严峻的是，现有 AI 算法的"黑箱化"特征导致决策可信度危机：某国际连锁酒店集团部署的能源优化算法因缺乏透明度，遭 68%的业主方质疑，项目落地周期延长 9 个月。

破解上述困境需构建"数据治理-隐私计算-算法透明"的协同技术框架。数据治理层面应建立跨建筑生命周期的数据治理体系，标准化异构数据，打破新建与既有建筑数据壁垒。隐私计算层面应发展隐私计算技术，确保数据安全共享。算法透明方面则应结合因果推理与可解释性分析，提高 AI 可解释性，增强用户信任。

1.5 未来展望

AI 不仅仅是工具的革命，还将是革命的工具。展望未来，AI 革命正以技术穿透之力重构建筑产业生态，其终极价值指向人类可持续发展的能源命题。中国科技力量在全球 AI 竞赛中异军突起——DeepSeek 大模型在智能决策领域突破知识蒸馏瓶颈，宇树机器人的仿生关节技术使能耗降低 42%，这些创新成果正在重塑建筑业"数字化-生态化-场景化"的三重转型路径。这一进程正在推动建筑业认知体系的全链路进化。当千亿参数的建筑大模型突破多模态知识迁移屏障，其衍生出的"建筑脑"将彻底打通绿色建筑和节能建筑设计规范、施工工法与运维标准的知识孤岛，这种认知进化正在重构建筑全生命周期的价值图谱。

这种技术穿透催生的数据生态，本质上是建筑价值链的帕累托改进：设计院的 BIM 基因库、施工企业的工艺知识图谱、物业公司的设备运维日志，在区块链与隐私计算框架下形成价值交换网络。这种变革的终极指向，是让每瓦特能源消耗都产生最大的人居价值，使建筑产业成为全球碳中和进程中的关键算力单元。

AI 技术与建筑领域的全生命周期融合不是技术对人的替代，而是如海德格尔所言，让技术成为"天地神人"四重整体的守护者——设计保留文化基因，建造延续工匠智慧，运维尊重人因感受，在比特与原子的共生中重塑建筑的人文本质。

作者：林波荣（清华大学）

参考文献

［1］ 中国建筑节能协会, 重庆大学城乡建设与发展研究院. 中国建筑能耗与碳排放研究报告 (2023 年)[R]. 2024.

［2］ 赵阳. 从 DeepSeek 探讨大语言模型在建筑及能源行业的应用趋势和技术方法[J]. 建筑节能 (中英文), 2025(1): 1-6.

［3］ 上海建工四建集团有限公司. Construction-GPT[Z/OL]. https://constructiongpt.shjzgj.com.

［4］ LI M C, WANG Z. BuildingGPT-V0.1.1[Z/OL]. https://limingchen159.github.io/buildinggpt/buildinggpt-v0.1.1/.

［5］ LIAO W, LU X, HUANG Y, et al. Automated structural design of shear wall residential buildings using generative adversarial networks[J/OL]. Automation in Construction, 2021, 130: 103931. DOI: 10.1016/j.autcon.2021.103931.

［6］ LIN B, CHEN H, YU Q, et al. MOOSAS – A systematic solution for multiple objective building performance optimization in the early design stage[J/OL]. Building and Environment, 2021, 193: 107929. DOI: 10.1016/j.buildenv.2021.107929.

［7］ KHAN N, SALEEM M R, LEE D, et al. Utilizing safety rule correlation for mobile scaffolds monitoring leveraging deep convolution neural networks[J/OL]. Computers in Industry, 2021, 131: 103448. DOI: 10.1016/j.compind.2021.103448.

［8］ YANG Y, YUAN Y, PAN T, et al. A framework for occupancy prediction based on image information fusion and machine learning[J/OL]. Building and Environment, 2022, 207: 108524. DOI: 10.1016/j.buildenv.2021.108524.

［9］ SUN K. DMFF: Deep multimodel feature fusion for building occupancy detection[J/OL]. Building and Environment, 2024, 244: 111355. DOI: 10.1016/j.buildenv.2024.111355.

［10］ WANG X, YU H, MCGEE W, et al. Enabling Building Information Model-driven human-robot collaborative construction workflows with closed-loop digital twins[J/OL]. Computers in Industry, 2024, 161: 1-38. DOI: 10.1016/j.compind.2024.104112.

［11］ GENG Y, YUAN M, TANG H, et al. Robot-based mobile sensing system for high-resolution indoor temperature monitoring[J/OL]. Automation in Construction, 2022, 141: 104477. DOI: 10.1016/j.autcon.2022.104477.

［12］ TANG H, YU J, LIN B, et al. Airport terminal passenger forecast under the impact of COVID-19 outbreaks: A case study from China[J/OL]. Journal of Building Engineering, 2023, 65: 105740. DOI: 10.1016/j.jobe.2022.105740.

［13］ KANG J, KAN C, LIN Z. Are electric vehicles reshaping the city? An investigation of the clustering of electric vehicle owners' dwellings and their interaction with urban spaces[J/OL]. ISPRS International Journal of Geo-Information, 2021, 10(5): 320. DOI: 10.3390/ijgi10050320.

2 建筑运维节能的行业 AI 算法研究：智能优化与模型创新

2 Research on industry specific AI algorithm for energy efficiency in building operation: intelligent optimization and model innovation

2.1 建筑行业的能效挑战与 AI 破局

全球建筑行业消耗 40%的能源，排放 30%的碳[1]；中国建筑运行碳排放占全国总量的 22%[2]。面对城市化进程加速与"双碳"目标，提升建筑能效成为关键。

传统节能改造面临高成本、长周期、施工复杂等问题，尤其在老旧或结构复杂建筑中，改造难度更大。同时，建筑运维依赖人工，导致能耗浪费严重、设备故障频发，难以实现精细化管理和高效节能。

人工智能（AI）赋能建筑节能，通过智能监控、精准预测、动态调优，提供低成本、高效、易推广方案。研究表明，AI 可提升 10%～30%能效，并将投资回收期缩短至 2～5 年。采用 DeepMind 于 2016 年优化数据中心冷却能耗，减少了 40%的能耗；Brain Box AI 试点项目使 HVAC 耗能减少 25%～35%，验证了 AI 在建筑节能中的实际价值。

然而，AI 技术在建筑行业的落地仍受算法适配、数据质量、经济可行性等因素制约，推广仍面临挑战。未来，需加强智能优化、AI + IoT 融合、算法创新，提升数据共享与跨系统协同能力，推动建筑行业向智能化、精细化、低碳化发展。

2.2 AI 技术的颠覆性潜力

与传统节能技术相比，AI 技术具有实时监控、精准调控、智能决策、自主学习、复用性强等优势。AI 通过智能管理，在规模不大的硬件改造的情况下提升建筑能效，利用预测模型优化能源管理。研究表明，AI 应用可使建筑能效提升 10%～30%，并在 2～5 年内实现投资回收，极大地降低了改造周期和成本（表 1）。

2 建筑运维节能的行业 AI 算法研究：智能优化与模型创新

AI 在建筑节能管理中的应用及投资回报周期　　　　表 1

研究主题	主要内容	投资回报周期	参考文献
智能建筑能效优化	采用 AI 智能监控、预测算法优化能源管理，减少能源浪费	2～4 年	李璐璐，2024[3]
超低能耗建筑的 AI 优化	AI + 智能运维，构建超低能耗建筑，实现高效能耗管理	3～5 年	史旭等，2022[4]
AI 在数据中心节能管理中的应用	采用 AI 技术降低数据中心冷却能耗达 40%，提升 PUE	2～3 年	王月等，2021[5]
太阳能热泵 + AI 优化建筑能源管理	采用太阳能热泵结合 AI 智能调度优化能源利用，减少碳排放	3～4 年	罗凤等，2025[6]
数据中心智能冷却优化	AI 调节数据中心冷却系统，降低 PUE 至 1.2，节能 40%	2～3 年	黄赟等，2024[7]
多种储能设备 + AI 优化数据中心能源配置	结合 AI 与多种储能系统，优化供能效率	3～5 年	孙强等，2022[8]

2.3 传统节能技术的困局与机遇

2.3.1 传统自动化运维的局限性

尽管传统建筑自动化系统在一定程度上提升了运行效率，但其在能效优化方面仍面临显著局限。建筑能耗系统结构复杂，涉及暖通空调（HVAC）、照明、通风与电力等多个子系统，这些系统高度耦合，而现有控制系统多聚焦于单一设备的独立调控，缺乏跨系统的全局优化能力，导致整体节能潜力未能有效释放[9]。此外，当前自动化控制策略主要基于固定规则，难以应对建筑运行环境的动态变化。例如，某商业综合体在引入协同控制策略后实现了 10%～18% 的能耗下降，但此类优化难以通过传统系统自动完成[2]。更重要的是，自动化系统无法模拟专家在综合天气预报、历史能耗数据与人员行为等多源信息基础上的全局判断能力，缺乏预测性与主动性。综上所述，传统运维系统在系统协同、动态响应与智能决策方面的不足，已成为制约建筑能效提升的重要瓶颈。

2.3.2 运维优化的高回报，但依赖人工

运维优化作为建筑节能的重要手段，具备高节能潜力与良好经济性，已被证明在提升能效方面优于传统硬件改造路径。相较于动辄数百万的设备更新，运维优化的实施成本仅为其 10%～20%，却可实现 5%～20% 的节能效果，投资回报周期普遍控制在 1～3 年内[9]。然而，其实施效果高度依赖人工经验，存在响应滞后与管理粗放等问题。数据显示，超过 40% 的办公建筑由于无法及时发现能耗异常，造成了大量能源浪费。同时，传统以时间表为核心的刚性控制模式难以动态适配实际使用需求。某办公楼在引入基于人员密度的自适应空调控制系统后，冷负荷

降低 12%，夏季尖峰能耗减少 8%，验证了智能调控对提升运维效率的积极作用。因此，尽管运维优化回报显著，但其对人工管理的高度依赖已成为进一步提升建筑能效的关键瓶颈。

2.3.3 专家调节的高效性与高成本

尽管专家调节在建筑能效优化中具有显著成效，但其高昂的成本与有限的适应性严重制约了其规模化应用。在实际工程中，聘请专家进行一次性能耗诊断和优化通常需投入 30 万～50 万元，若实施全面节能改造，成本更可高达数百万元，不利于在大规模建筑群中推广。此外，专家调节多依赖人工判断，响应滞后，难以应对动态环境变化。以某大型商场为例，由于夏季温湿度突变，人工调节滞后两周，导致额外电能消耗增加 5%～8%，直接增加约 50 万元运营成本。更为关键的是，传统自动化系统难以有效复刻专家调节的复杂逻辑与经验判断。研究表明，自动化系统在 HVAC 优化中可实现约 8% 的节能率，而引入 AI 学习算法后，该效率可提升至 15%～22%，凸显了 AI 在复制专家调节策略方面的潜力。因此，虽然专家调节具备高效性，但其高成本与低复制性使其难以作为建筑节能的主流路径，亟需依靠智能技术实现其能力的系统化迁移与普及。

2.3.4 结论：AI 成为建筑节能的关键突破口

综上所述，当前建筑节能运维面临多重制约：传统自动化系统缺乏跨系统协同与全局优化能力，难以实现能耗的精细化管理；运维优化虽具备显著的节能潜力与较短的投资回报周期，但高度依赖人工管理，响应滞后，难以适应动态变化的运行环境；而专家调节尽管成效显著，却因成本高昂与低复制性难以实现规模化推广，且传统系统亦难以复刻其复杂的调节逻辑。在此背景下，人工智能技术凭借其多变量建模、实时预测、自主学习与跨系统协同调控等能力，正成为突破现有节能运维瓶颈的关键路径。AI 驱动的智能节能解决方案有望实现更高效、更经济、可持续的建筑能耗管理，加速推动建筑行业向智能化与低碳化方向转型。

2.4 AI 如何突破传统节能技术的局限

AI 技术的引入为传统节能技术的困境提供了突破口，特别是在专家调节能力复制、建筑能源系统优化、运维策略智能化方面具有显著优势。

图 1 展示了不同建筑节能技术在实施难度、回报周期和投入资金三个维度上的分布情况。从图中可见，AI 建筑能耗管理系统（AI-based BEMS）在实施难度、回报周期和投入资金方面均具有显著优势，其技术依赖智能传感器与数据分析算

法，改造需求较低，能够在短期内优化能源管理，实现节能收益[10]。因此，该技术的应用门槛较低，投资回收期较短，资金投入相对可控。该分析结果表明，AI 技术在建筑节能领域的经济性、灵活性及可行性较高，有望成为未来智能化节能改造的重要方向。

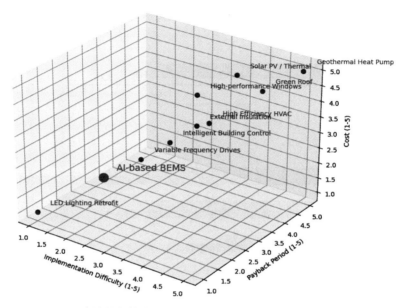

图 1　建筑节能技术对比：实施难度、回报周期与投资成本

传统专家调节模式的局限在于无法规模化推广，而 AI 技术可以通过训练行业垂直模型，有效复制专家调节的策略，并且成本远低于人工专家。

高投入、低复用 VS 高投入、广泛复用：尽管 AI 模型的研发成本较高，但其可复用性极强，一旦训练完成，可以应用于成千上万栋建筑，而专家调节仍需逐栋优化。

2.4.1　AI 行业垂直模型：展现出显著节能效果，算法是核心

研究表明，不同的 AI 算法在建筑节能优化中的表现存在显著差异，节能效果最高可达 80%，最低仅为 14%，显示出算法在 AI 建筑节能系统中的决定性作用（图 2、图 3）。其中，结合监督学习与 AI 搜索算法的策略能够实现最优节能效果，而其他单一算法（如深度强化学习、无监督学习）则受限于模型优化能力，节能率相对较低。该差异表明，AI 节能的核心在于算法的选择和优化，不同算法的建模方式、学习策略和决策能力直接影响节能水平。因此，在智能建筑能源管理系统中，优化算法设计是提升 AI 节能能力的关键方向，未来应进一步探索多算法融合策略，以增强节能系统的自适应性和智能优化能力。

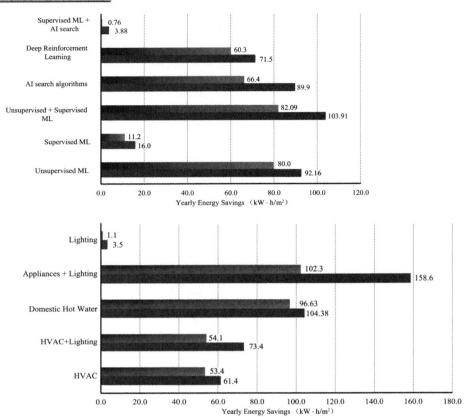

图 2 各类算法的节能效率与各类建筑系统的节能效率（来源：Hassoun，2023）

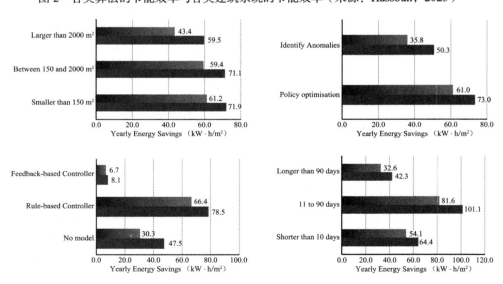

图 3 各类面积、策略、基准与年限节能效率（来源：Hassoun，2023）

2.4.2 AI 在建筑节能中的核心优势：多变量优化与实时学习

AI 在建筑节能中的核心优势在于其能够处理复杂系统的多变量优化问题，并通过实时学习不断提升节能效率。在现代智能建筑中，空调、照明及其他能源系统的运行受人员流动、气象条件、设备状态、历史能耗模式等多因素影响，传统的人工调节方法难以实时适应这些动态变化。而基于数据驱动的 AI 优化，能够通过预测和自主调整，实现更精确的能源管理，确保用户舒适度的同时最大化节能效果。

研究表明，DCRNN（Diffusion Convolution Recurrent Neural Network）这种基于时空建模的深度学习方法，在建筑节能优化中表现出色[11]。例如，在实验中，采用 15 分钟的历史数据（$t, t-1, \cdots, t-14$）预测未来 5 分钟的状态（$t+5$），其预测曲线与实际数据高度吻合，证明了该模型在短期预测中的高精准度（图 4）。此外，该模型能够精准预测 HVAC 系统的多个关键变量，包括建筑环境参数（如室内空气温度、混合空气温度、供应空气温度、排气温度）、空气流动特征［如变风量（VAV）、空气流量、冷空气和热空气流量、回风和排风流量］以及能源消耗（如暖通空调设备的能耗、冷热水系统的能量传输、风扇与阀门的运行状态）。这些预测能力使 AI 不仅能够基于历史能耗模式进行推理，还能实时预测未来的能源需求，并据此动态调整设备运行策略，确保建筑环境的舒适性与能源利用的最优平衡。

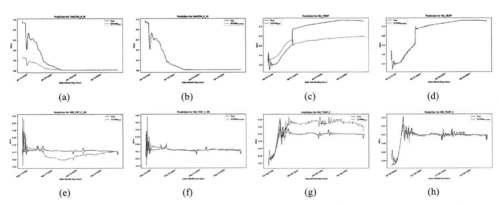

图 4 基础模型与集成模型在实际场景中的预测结果对比（来源：Lee 和 Cho，2023）

（a）基础模型-VAV_CFM_H_W_Test1（冬季）（b）集成模型-VAV_CFM_H_W_Test1（冬季）（c）基础模型-MA_TEMP_Test2（春季）（d）集成模型-MA_TEMP_Test2（春季）（e）基础模型-VAV_EAT_C_SB_Test3（夏季）（f）集成模型-VAV_EAT_C_SB_Test3（夏季）（g）基础模型-RM_TEMP_E_Test4（秋季）（h）集成模型-RM_TEMP_E_Test4（秋季）

每个图表示季节性测试数据集中的单一特征预测结果。

此外，AI 不仅能够优化能源管理，还能提升设备运维效率，实现预测性维护，降低运营成本。传统维护方式依赖固定周期,可能导致维护过度或不足,而AI能够实时监测设备运行状态,提前识别潜在故障,避免突发停机,确保设备始终处于最佳工作状态。同时,AI可建立数据反馈闭环,基于历史和实时数据不断调整节能策略。例如,AI可根据过去一周的用能情况自动优化下一周的运行方案,使系统在不断学习的过程中持续提升能效,这在传统人工管理模式下难以实现。由此可见,AI的跨系统优化能力与自主学习特性,使其成为智能建筑节能的核心技术。

2.5 AI在建筑节能领域的算法研究展望

2.5.1 AI行业垂直模型:复制专家调节能力,降低复用成本

在传统建筑运维中,节能优化主要依赖于具有丰富经验的专家进行调节。然而,由于专家资源有限且成本高昂,这种调节方式难以复制到大规模建筑群中,从而限制了建筑节能优化的推广应用。AI行业垂直模型的引入,为这一问题提供了新的解决方案。

1. 物理信息神经网络(PINNs)+ 机器学习:让AI具备专家级调节能力

物理信息神经网络(Physics-Informed Neural Networks,PINNs)结合了物理建模与数据驱动的优势,使AI不仅能够模拟专家调节策略,还能嵌入建筑热力学、空气动力学等物理规律,从而保证节能优化符合基本物理规律的约束,而不仅仅依赖于历史数据或经验规则[12]。相比传统数据驱动的黑箱神经网络,PINNs结合物理信息后,在长时间预测任务中的误差更小,在12小时预测范围内,其误差比普通神经网络降低15%~20%,保证了对建筑温度动态的更精准控制。此外,PINNs在小样本环境下仍能保持较高的预测精度,仅使用15~45天的数据量,即可达到传统神经网络在90~120天数据量下的相同预测精度,大大降低了训练成本。

2. 高投入、低复用对比高投入、广泛复用

传统的专家调节模式通常需要大量的个性化建模和现场调整,单次投入成本高,且难以在其他建筑上复用。而AI行业垂直模型虽然开发成本较高,但其可复制性极强,一旦训练完成,即可推广应用到成千上万栋建筑,从而实现低成本、高效的"调节复制"能力[12]。

此外,PINNs结合强化学习(Reinforcement Learning)后,可以实现自适应调节,使AI在无需大量额外训练的情况下,适应不同建筑的特性,极大地提升了节能优化的复用性。同时,PINNs方法不仅可扩展到不同建筑类型,还可通过参数自适应机制,自动调整不同建筑物的控制策略,从而避免了传统专家调节模式下

的大量个性化调整需求。

2.5.2 AI的全局优化能力：跨系统协同，实现建筑能效最大化

在建筑节能优化中，AI的核心优势在于跨系统协同，能够整合HVAC、照明、电力、楼宇自控系统（BAS）等多个子系统，实现更大范围的全局优化。传统建筑管理模式下，各系统独立运行、缺乏数据共享，优化主要依赖人工经验，难以形成整体协调。AI通过多维度数据建模，构建全局优化策略，动态调整各系统运行参数，在确保舒适度的同时，最大化建筑整体能效[13]。

1. AI在新型能源系统中的优化能力

AI技术在新型能源系统中的应用展现出显著的优化潜力，尤其在提升可再生能源利用效率与降低建筑能源成本方面具有重要价值。通过智能调度与预测算法，AI能够提高光伏发电的自消纳率，优化储能系统的充放电策略，并结合峰谷电价机制，实现能源的动态配置与成本最优分配。相关研究表明，AI可将光伏能源的利用效率提升20%~30%，显著减少对电网的依赖；同时，借助电价预测模型，AI能够在低电价时段主动储能，在高峰时段释放能源，从而使建筑整体电费支出降低10%~25%。因此，AI在新型能源系统中不仅提升了能源管理的灵活性与经济性，也为建筑实现更高水平的能效优化与碳减排提供了可行路径。

2. AI在数字化运营系统中的优化能力

在智能办公与物业管理领域，AI技术通过融合人员活动分析与能耗模式预测，正推动建筑设备运行向更加精细化与智能化方向发展。借助数据驱动的控制策略，AI可对HVAC系统进行实时优化，减少冗余运行和能源浪费，实现10%~30%的节能效果。同时，计算机视觉技术与AI算法的深度融合使得人流动态监测更加精准，显著提升HVAC负荷预测的准确性，从而提高设备运行效率并降低维护成本。总体而言，AI在办公与物业场景下的应用有效增强了设备调控的适应性与能效管理水平，为建筑运营的节能降耗提供了关键支撑。

3. AI驱动的全局节能模式

AI技术的引入正推动建筑节能模式由"单点优化"向"全局协同"转变，通过跨系统的数据整合与协同调控，实现能耗降低与运营效率同步提升。相关研究表明，基于AI的多系统协同优化可提升整体建筑能效15%~40%，其中办公建筑节能潜力最为显著，得益于HVAC系统的精细化调控与人员占用检测，节能率可达37%；相比之下，住宅与教育类建筑的节能提升相对有限，分别为23%和21%，但仍可通过优化能耗模式实现显著能效提升。因此，AI驱动的全局节能模式为不同类型建筑提供了可适应、可复制的能效优化路径，展现出广阔的应用前景。

2.6 未来研究方向

为推动 AI 技术在建筑节能领域的深入应用与规模化落地，未来研究应从算法创新、系统安全、平台集成以及商业机制四个关键维度展开系统布局。在算法层面，多算法融合被认为是提升复杂建筑能源系统全局优化能力的有效途径。通过深度强化学习的策略演化能力、进化算法的全局搜索优势，以及物理信息神经网络（PINNs）在嵌入建筑物理规律方面的能力，实现多维度协同的智能调控，有望突破单一算法在异构系统环境中的适应性瓶颈。在系统稳定性方面，AI 节能系统的高可靠运行仍面临传感器故障、数据漂移、网络入侵等风险，因而需加强 AI 在异常检测、故障预警与网络安全等领域的研究，提升系统鲁棒性和抗干扰能力，确保在复杂运行环境下的安全与可持续运行。

与此同时，建筑系统内部的多子系统长期存在数据标准不统一、接口割裂等问题，制约了 AI 模型的协同能力。因此，亟需构建统一的数据接口与标准化集成平台，实现暖通空调、电力、照明、安防等子系统的跨平台融合与协同优化，为不同建筑类型提供模块化、可复制的节能解决方案。在商业与政策层面，应积极探索合同能源管理（EPC/EMC）、能源金融创新机制以及地方/国家层面的节能监管政策，构建从资金投入到收益分配的全链条闭环，降低建筑方在节能智能化改造中的投资顾虑。通过技术进步与政策引导的双轮驱动，构建"技术—平台—市场—政策"协同演进体系，才能实现 AI 建筑节能技术的规模化、系统化、高质量推广。

2.7 结　　论

建筑行业正面临高能耗、高碳排放的严峻挑战，传统节能改造受高成本、长周期、适配性受限等因素制约，难以实现大规模推广。AI 算法创新正在重塑建筑运维节能模式，通过智能监控、精准预测、动态调优，AI 可提升建筑 10%～30% 的能效，并使投资回收期缩短至 2～5 年，显著降低节能改造成本。

研究表明，在政策支持与智能电网协同下，AI 可推动 40% 的能源节约（Smith 等，2024），并减少 90% 的碳排放。如在波兰波兹南市，AI 驱动的建筑能源管理系统使建筑能耗浪费减少 20%，9 个月内节约 80000 欧元运营成本，验证了 AI 在建筑节能中的经济价值和可行性。

然而，AI 建筑节能的规模化落地仍面临数据质量、算法适配、经济可行性、政策约束等挑战。突破这些瓶颈的核心在于 AI 算法创新，特别是深度学习优化、多系统协同控制、PINNs 融合等，提升实时优化、自适应控制、跨系统集成能力。

同时，推动数据共享、标准化建设、智能控制系统集成，并结合 EPC/EMC 等商业模式，是实现 AI 建筑节能规模化落地的关键路径。

智能优化与模型创新将成为未来建筑运维节能的核心驱动力。随着 AI + IoT、数字孪生、预测性维护等技术的深度融合，AI 将推动建筑行业向高效、智能、低碳方向加速迈进，并为全球"双碳"目标的实现提供技术支撑。

作者：牛博，尤蕊（中国海外发展有限公司）

参考文献

［1］国际能源署（IEA）. World Energy Outlook 2022[R]. 巴黎：国际能源署, 2022.

［2］中国建筑节能协会. 中国建筑能耗与碳排放年度报告（2023）[R]. 北京：中国建筑节能协会, 2023.

［3］国际能源署（IEA）. Energy Technology Perspectives 2022[R]. 巴黎：国际能源署, 2022.

［4］李璐璐. 智能建筑能效优化：AI 智能监控与预测算法的应用[J]. 智能建筑与智慧城市, 2024.

［5］史旭, 杨虎, 罗智星. 绿色、超低能耗地标性文化建筑研究与实践——高星级绿色建筑的打造[J]. 广东建筑与土木工程, 2022, 29(4): 8-13+17.

［6］王月等. 基于 AI 的智能数据中心冷却能效优化研究[J]. 计算机工程与应用, 2021.

［7］罗凤, 马宇洋, 路玉娇, 等. 太阳能热泵系统与 AI 智能调度在建筑能效管理中的应用[J]. 可再生能源与智能建筑, 2025.

［8］黄赟, 陈强, 葛鸿. AI 在数据中心智能冷却中的优化研究[J]. 信息与控制, 2024.

［9］孙强, 孙志凰, 潘杭萍. AI 与多储能设备协同优化数据中心供能系统[J]. 电力系统自动化, 2022.

［10］HASSOUN F. Artificial intelligence for energy efficiency in smart buildings: A systematic review and synthesis without meta-analysis[D]. Wrexham: North Wales Management School, Wrexham University, 2023.

［11］LEE J, CHO S. Forecasting building operation dynamics using a physics-informed spatio-temporal graph neural network (PISTGNN) ensemble[J]. Energy & Buildings, 2025, 328: 115085.

［12］GOKHALE G, CLAESSENS B, DEVELDER C. Physics-informed neural networks for control-oriented thermal modeling of buildings[J]. Applied Energy, 2022, 323: 119598.

［13］ALI D M T E, MOTUZIENĖ V, DŽIUGAITĖ-TUMĖNIENĖ R. AI-driven innovations in building energy management systems: A review of potential applications and energy savings[J]. Energies, 2024, 17(4277): 1-19.

3 全面接入 DeepSeek 全系列 AI 大模型重塑数字城市建造与运营变革发展

3 Comprehensive integration of DeepSeek's full AI model suite to revolutionize digital city construction and operations development

3.1 AI 大模型技术发展

3.1.1 人工智能技术发展现状

AI 大模型正深度融入数字城市建设与运营的智慧化变革升级。在交通领域，大模型通过实时分析多源数据优化信号灯配时，如杭州"城市大脑"使高峰期通行效率提升 20%；能源管理中，结合天气和用电预测动态调整电网负荷，助力"双碳"目标实现；公共安全方面，多模态大模型融合视频监控与文本报警信息，实现突发事件智能预警与应急响应；此外，政务大模型加速"一网通办"服务，通过语义理解精准匹配政策与市民需求，如深圳已上线 AI 政务助手，处理 80%常见咨询。然而，数据隐私、跨部门协同壁垒及算力成本仍是主要挑战。未来，边缘计算与轻量化模型将推动大模型在中小城市普惠落地，而"城市数字孪生 + AI"的深度融合，或重构城市规划与可持续发展模式。

目前 AI 技术已有诸多落地场景，例如在精准识别领域，基于深度学习算法的人脸识别、生物识别、行为识别、物体识别、车牌识别、语音识别、表具读数识别等已投入应用；在规划设计阶段，AI 为建筑信息建模和生成设计提供了重要支撑，利用以前已规划、建造的建筑图数据库自学习，来获得知识并开发设计方案；在智能建造阶段，通过建立机器学习模糊风险评估集，降低施工现场风险评估的偏差，缩小评估过程中产生的差异，扩大实际的评估范围；在运营管理阶段，基于大数据挖掘技术打造楼宇"智慧大脑"，链接物联终端"神经末梢"，赋予建筑物感知能力和生命力（图 1），在能源优化、能效诊断、故障诊断、负荷预测、策略优化、前馈控制、辅助决策等方面发挥重要作用。

3 全面接入 DeepSeek 全系列 AI 大模型重塑数字城市建造与运营变革发展

图 1 基于"智慧大脑"的综合态势动态监管

3.1.2 DeepSeek 全系列模型赋能数字城市

近期在极短时间内引爆全球的 DeepSeek，在技术上的发展令人惊叹，也可以为建筑行业提供更智慧的解决方案。由中建三局打造的建筑行业首个云服务平台天工云平台（图 2），全面接入 DeepSeek-R1/V3 全系列大模型，并实现全栈适配，为建筑行业提供安全、稳定、先进的云计算、大数据、人工智能等技术产品与服务。主要包括：推理 API 服务平台——适配千亿级参数的 DeepSeek 模型，提供高精度、低延迟的推理服务，支持智能问答、成本清单匹配等高频场景；人工智能算力平台——动态整合计算、存储与网络资源，可同时支持 DeepSeek、Qwen 等大模型部署，资源利用率大幅提升，确保复杂任务与高频场景的并行处理；AI 产品开发平台——向专业用户开放大模型训练接口，用户可基于 DeepSeek 模型结合自有数据定制垂类应用，例如智能审图助手、数字人交互系统等，让 AI 技术的定制化开发变得更加简单、高效。

图 2 建筑业智能底座打造全栈式 AI 服务能力

基于天工云平台自主研发"AI知识"智能问答系统、清单智能匹配服务、虚拟数字人、建筑质量问题识别大模型等系列AI产品，通过整合云计算、大模型和物联网技术，在建筑行业数字化转型中形成系统性解决方案，赋能企业数字化、建造智能化、城市智慧化（图3）。

"AI知识"智能问答系统：实现大模型能力与建筑行业知识库的"基因级"融合，提供精准精确知识问答服务，成为工程师身边的智能"伙伴"。

清单智能匹配服务：利用AI技术，对施工项目中作为收入与支出数据最小单元的工程量清单进行"智能翻译"，打通收支数据，辅助项目人员快捷高效地完成项目经济线业务（如成本测算、收支对比及盈利分析等）。

虚拟数字人：产品具备高度拟人化的外观、行为和交互能力，提供企业与业务讲解、智能交互对话、大屏页面调度、数据指标查询、建筑知识问答等相关功能支持。

建筑质量问题识别大模型：基于海量真实的质量隐患数据与国标规范训练的多模态大模型，构建智能化的质量隐患识别体系，不仅能自动识别现场施工图片隐患点，还可生成包含风险点与整改建议的专业分析。

图3　行业赋能从"会思考"到"能执行"

3.2　数字建造与运营应用分析

3.2.1　数字赋能智能建造

1. 智慧工地管理平台

智慧工地是一种管理理念，它应用于施工工程全生命周期，通过运用信息化手段，对工程项目进行精确设计和施工模拟，围绕施工过程管理中的"人、机、料、法、环"五大要素，建立互联互通的施工项目信息化生态圈，通过AI大模型，提供过程趋势预测及专家预案，实现对于人员、机械、物料、流程、安全等板块的综合管理能力提升，实现工程施工过程的可视化、智能化管理（图4）。

3 全面接入 DeepSeek 全系列 AI 大模型重塑数字城市建造与运营变革发展

图 4　智慧工地工程指挥中心

2. 质量管控智能化升级

基于天工云平台的建筑质量问题识别大模型，实现对混凝土裂缝、钢筋间距等缺陷的实时监测，作为传统 BIM 技术的延伸，进一步拓宽了 BIM 技术的应用视角（图 5）。不仅可以实现施工组织优化、施工进度管控、施工物料管理、施工成本监控，还可以有效降低施工安全风险，提升施工项目质量。

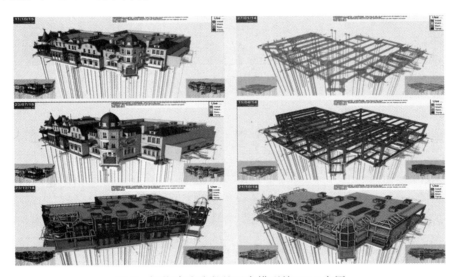

图 5　智能建造阶段基于大模型的 BIM 应用

3. 基于 DeepSeek 的智能决策中枢

在建造阶段，DeepSeek-R1 大模型构建的施工决策中枢可实现三大突破：首先通过多模态数据融合引擎，将 BIM 进度计划、现场无人机巡检影像、物料进场记录等异构数据时空对齐，建立 4D 数字孪生施工场景；其次运用动态优化算法实时分析工程偏差，如当混凝土浇筑进度滞后时，自动生成包含塔式起重机调度优化、劳务班组重组、材料供应调整的补救方案；最后通过知识库驱动的智能合约系统，在质量验收环节自动调用《混凝土结构工程施工质量验收规范》GB

50204—2015 等相关标准的条款，比对实测实量数据生成验收报告。

3.2.2 数字赋能低碳运营

1. 基于 AIoT 的建筑能耗监测平台

建筑能耗监测平台是指将建筑物、建筑群或者市政设施内的变配电、照明、电梯、空调、供热、给水排水等能源使用状况，实行集中监测、管理和分散控制的管理与控制系统，是实现能耗在线监测和动态分析功能的硬件系统和软件系统的统称。建筑能耗监测平台通过在线监测单体或区域的建筑能耗，可以直观反映能源需求侧的用能特征，其建设者或使用者主要是政府部门及楼宇业主，通过该平台可以定量判断目标区域的节能减排效果，采用 AI 大模型有效洞察目标区域的建筑能耗漏洞和节能潜力水平（图 6）。

图 6　AI 能效管家助力能源精细化管理

2. 建筑环境监测管理系统

室内舒适度与空气质量愈发受到用户重视，通过监测收集到的环境信息，反馈室内环境质量，可监测室内环境参数，如温湿度、黑球温度、空气微风速、噪声、照度、辐射热、热舒适度指标 PMV、预计不满意者的百分 PPD、热压指数 WBGT 等，基于大模型学习，对相关设备输出控制信号。建筑环境监测管理系统通过在室内布置各类空气质量指标监测装置，对室内空气中的 CO_2、CO、$PM_{2.5}$、PM_{10}、甲醛等污染物浓度进行实时监测，当这些污染物浓度超标时具有报警功能，并且可以与新风及排风具有联动功能。

3. 碳排放与碳资产管理系统

碳排放与碳资产管理系统通过综合观测、数值模拟、统计分析等手段，获取温室气体排放强度、环境中浓度、生态系统碳汇以及对生态系统影响等碳源汇状况及其变化趋势信息，服务于应对气候变化研究和管理工作的过程。碳排放与碳资产管理系统是开展碳核查等碳资产管理的重要基础，计算范围包括暖通空调、生活热水、照明及电梯、可再生能源、建筑碳汇系统在建筑运行期间的碳排放量及减碳量。可形成区域碳中和基本数据库，作为多维度碳资产管理的重要支撑。

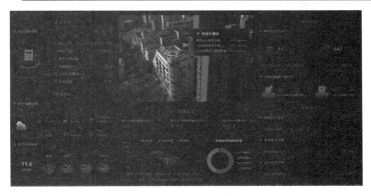

图 7　碳排放与碳资产管理系统

4. DeepSeek 驱动的智慧运营管理中枢

基于 DeepSeek-V3 的多模态认知能力,构建建筑能源元宇宙系统(图 8):①通过动态知识图谱技术,将设备铭牌参数、历史运行日志、气象预报数据等结构化/非结构化数据融合建模;②利用时序预测模型实现 48 小时冷热负荷精准预测,误差控制在 8% 以内;③结合强化学习算法动态优化设备群控策略,深圳某商业综合体应用案例显示,通过冰蓄冷系统与光伏发电的智能联动,全年综合能效提升 17.3%;④构建碳流追踪系统,基于区块链技术记录每个空调末端、照明回路的实时碳排放,生成可溯源的碳资产报告。

图 8　某完整社区试点项目

3.3　存在的问题

3.3.1　数据安全与隐私问题

建筑场景部署的多类传感器存在隐私泄漏风险。各类智慧应用系统会涉及私人信息，不安全的系统容易引起用户的担心，并且会降低用户使用该系统的主观意愿，有时甚至会导致出现严重的后果。因此，如何在保障用户安全及隐私的前提下应用各类智慧城市技术是亟待研究的关键问题之一。

3.3.2 多元系统数据标准化问题

当前主流的设备各自独立，若要真正实现智慧化运行操作，还需要打通各种系统的通信壁垒，建立统一的通信协议，并且通过数据治理手段统一数据标准，才能有效实现各类物联监测数据的有效传输以及控制，为各类智慧管理平台的有效应用提供前序条件。

3.3.3 大模型垂直适配性问题

虽然 DeepSeek 等 AI 大模型展现出强大的通用能力，但在建筑领域落地仍面临三重挑战：首先，专业术语体系与通用语义空间存在映射偏差；其次，工程决策的可解释性要求，需要构建可视化因果推理链条以通过监理审查；最后，长尾场景覆盖不足，需增加训练数据采集。

3.4 总　　结

在新基建、新城建、数字中国建设的时代背景下，绿色建筑、智慧建筑、健康建筑融合发展已成为当前建筑行业的主流趋势，以 DeepSeek 全系列大模型为代表的新一代数字技术也将成为驱动建筑行业变革的核心技术引擎，并不断赋能城市及建筑"规、建、管、服"全生命周期应用场景；然而，这些数字技术的应用也存在数据安全与隐私、多元数据标准建设、大模型垂直适配性等问题，未来需进一步加强与解决，推动和引领建筑业从传统产业向智慧密集型现代产业转型升级，更好服务中国式现代化建设。

作者：胡翀赫[1]，江相君[1]，乐欣[1]，于兵[2]（1. 中建三局数字工程有限公司；2. 上海碳之衡能源科技有限公司）

4 零碳工业园区解决方案及实践
4 Zero-carbon industrial park solutions and practices

4.1 零碳工业园区概念探讨

零碳工业园区是我国经济社会和工业绿色低碳转型发展的重要抓手。2024年12月12日，中央经济工作会议强调，协同推进降碳减污扩绿增长，加紧经济社会发展全面绿色转型，建立一批零碳园区。次日，工业和信息化部召开党组扩大会议，明确指出，要深入推动工业绿色低碳发展，实施工业节能降碳行动，建设一批零碳工厂、零碳工业园区，促进工业资源规模化、高值化利用。2025年政府工作报告明确将建设一批零碳园区。

我国绿色工业园区已形成规模和评价标准，低碳工业园区建设也有试点，但零碳工业园区尚没有完全统一的标准。自2017年以来，我国工业和信息化部累计发布9批共计498个绿色工业园区。此外，《绿色工厂评价通则》GB/T 36132—2018为工业园区的绿色转型提供了基础框架，该标准涉及能源效率、碳排放监测和循环经济体系[1-2]。自2014年以来，我国工业和信息化部、国家发展改革委累计发布2批共计67个国家低碳工业园区。绿色工业园区和低碳工业园区建设工作为零碳工业园区建设提供了宝贵的经验。然而，零碳工业园区尚没有正式文件明确相关概念、范围、测算和评定标准等。

不同国际机构通过政策、标准和认证体系，对零碳工业园区提出不同的定义和实施路径，对我国开展相关工作具有参考意义。国际上，联合国工业发展组织和世界银行在《生态工业园区国际框架》中提出，工业园区应通过提高能源利用效率、减少碳排放和循环利用废弃物来提升可持续性，尽管其侧重点在"生态化"而非明确的"零碳"目标，但为后续零碳园区建设提供了基础逻辑[3]。此外，ISO 14064《温室气体》系列标准为温室气体量化与核查提供了方法论，是园区碳排放核算的核心依据[4]。欧盟于2019年发布《欧洲绿色协议》，该协议强调工业领域需要通过清洁能源转型和碳边境调节机制（CBAM）等措施来推动脱碳；然而，针对工业园区的具体条款仍需依赖各成员国的政策落实[5]。在中国，零碳工业园区的概念随着"双碳"目标的提出逐步清晰。2022年发布的《工业领域碳达峰实施方案》明确提出建设一批零碳工业园区试点，并要求制定园区碳排放核算标准，推动清洁能源替代。标准方面，中国建筑科学研究院联合有关单位牵头编制《零碳园区评价标准》。地方层面，已有省市先行，制定了零碳工业园区相关方案。2025年3月，四川省经济和信息化厅、四川省生态环境厅联合印发《四川省零碳工业园区试点建设工作方案》，并明确资源加工型园区、绿色高载能型园区、外向出口型园区和优势产业主导型园区四个重点领域，提出清洁能源规模利用、绿色低碳产业培育、绿色低碳技术支撑、智慧能碳系统建设、碳捕集利用与封存、生态固碳和碳汇开发六条实施路径。

综合来看，国内外在零碳工业园区标准上的共识，主要体现在包括可再生能源利用、能效提升及智能碳管理等实现途径。当然，零碳工业园区发展仍有很多基础性工作待完善，包括统一碳核算方法、建立碳排放数据共享机制等。

4.2 零碳工业园区解决方案

4.2.1 碳排放计算模型

工业园区碳排放的分类主要从排放源和性质两个方面进行划分，可分为直接排放（Scope 1）、间接排放（Scope 2）和其他间接排放（Scope 3）。直接排放（Scope 1）指园区内设备或工艺燃料直接燃烧产生的碳排放，如锅炉、炉窑、工业反应过程中的燃烧和工艺排放。间接排放（Scope 2）包括园区购买的电力、热力、蒸汽等能源在生产过程中所产生的碳排放。其他间接排放（Scope 3）为供应链环节、原材料生产、产品运输、使用和废弃处理过程中产生的碳排放。工业园区碳排放计算模型通常基于"活动数据×排放因子"的方法，碳排放总量E_{total}的基本公式为：

$$E_{\text{total}} = \sum_{i=1}^{n}(A_i \times EF_i) - E_{\text{CCUS}} - E_{\text{offset}}$$

式中：A_i——园区内各类活动数据，如燃料消耗、电力使用等；

EF_i——对应的排放因子；

E_{CCUS}——通过碳捕集与封存技术减少的排放量；

E_{offset}——通过碳汇、植树造林、碳交易等措施抵消的排放量。

4.2.2 能源结构转型

零碳工业园区能源结构转型是实现碳中和目标的重要基础，其关键在于构建一个低碳、高效、智能的能源供应体系。园区需大力推进可再生能源建设，利用光伏、风电和生物质发电等技术，在园区内及周边建立分布式清洁能源系统，从而逐步取代传统化石燃料。同时，借助智能微电网和分布式储能技术，实现各类能源的高效整合与实时调度，确保能源供需平衡。在此过程中，推动低碳燃料替代与余热回收等措施也至关重要，通过采用天然气、氢能等低碳燃料和联合循环、余热利用技术,降低工业过程中的直接排放。能源结构转型典型措施如图1所示。

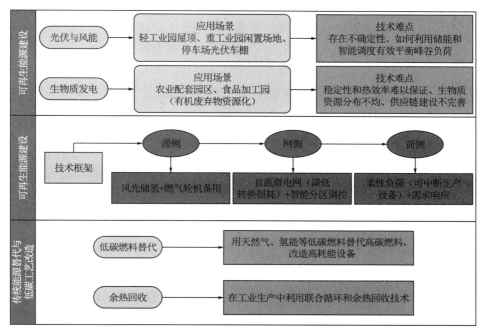

图 1　能源结构转型典型措施

4.2.3　工艺及设备升级增效

通过工艺改进与设备升级,实现能耗降低和排放减少是工业园区减碳的重要途径。首先,园区内企业需引入先进节能技术,改造高耗能工艺流程,如采用电炉炼钢、电解制氢等低碳工艺;其次,通过数字化改造和智能控制系统,对生产过程进行实时监控与优化调度,提高设备运行效率;最后,推广余热回收、废热利用等技术,将生产过程中的废热转化为可再利用能源,实现资源闭环利用和减排增效。

4.2.4　(近)零碳工业建筑

(近)零碳工业建筑的实现需要一系列技术路径的综合应用,涵盖高效建筑围护结构、高效设备系统、智能管理以及可再生能源利用等方面。我国2013年发布国家标准《绿色工业建筑评价标准》GB/T 50878—2013,是国际上首部专门针对工业建筑的绿色评价标准。绿色工业建筑系列评价案例,为(近)零碳工业建筑发展提供重要参考。工业涉及门类多,除炼钢厂等部分由于工艺因素本身无需单独供热制冷外,工业建筑往往体量大、空间高,围护结构的传热损失不容忽视。需供热建筑,采用高效保温材料提升屋面和外墙的保温性能,安装低传热系数的门窗,以及在建筑节点处进行热桥控制。工业建筑内的空调通风、照明、动力系统等设备升级,是降低能耗的直接途径之一。在暖通空调方面,可采用高效制冷供热设备。工厂中更换为高效电机、加装变频器控制,优化空压机群控和管网泄漏,都可降低设备运行能耗。可再生能源的利用是工业建筑迈向(近)零碳的关键一环。一方面,分布式光伏发电在厂房屋顶、大型仓库顶的应用日益普及;另一方面,地源热泵、空气源热泵等可再生供热制冷技术在工业建筑中也开始快速推广。地源热泵比传统空调系统节能30%~50%,且使用电力驱动便于实现零碳。

4.2.5 交通脱碳

工业园区内外交通系统的碳排放也不可忽视。为实现交通脱碳,园区可建设充电桩和氢能加注站,推广新能源汽车(包括物流车、班车和内部运输车辆);同时,优化园区交通规划,构建智能交通管理系统,实现车辆调度与行驶路径的智能优化。

4.2.6 碳抵消与碳交易

在实现园区内部零碳目标的过程中,难免存在部分难以消除的剩余排放,此时碳抵消和碳交易机制便显得尤为关键。一方面,通过植树造林、土壤碳汇、湿地修复等手段,增加碳汇能力,实现排放抵消;另一方面,园区可积极参与区域或国家级碳交易市场,为利用经济手段实现更大范围持续投入降碳方面贡献力量。

4.3 典型(近)零碳工业园区实践案例

4.3.1 国际典型案例

国际上,(近)零碳工业园区实践已呈现多样化和成熟化的局面。丹麦卡伦堡生态工业园区,通过企业间余热回收、副产品交换和资源共享,构建了完善的工业共生网络,实现了大幅度的碳减排。德国弗莱堡绿色工业园区以可再生能源和高效能建筑为核心,实现低碳生产;园区采用100%可再生能源,包括太阳能、风能和水电,以满足全部能源需求;新建厂房均符合被动式建筑标准,有效降低建筑能耗。从技术、政策、产业几个维度,对比欧洲、北美及亚洲(近)零碳工业园区的经验,总结如表1所示。

(近)零碳工业园区国际经验对比与经验总结　　　　表1

维度	欧洲模式	北美模式	亚洲模式
技术侧重	工业共生+氢能	CCUS+页岩气耦合	智能微电网+跨境绿电
政策工具	碳税+欧盟排放交易体系(ETS)	联邦补贴+州级减排法案	政府主导+自贸区政策
产业基础	重工业转型(钢铁、化工)	能源密集型产业(炼油、航空)	电子制造+都市轻型工业

4.3.2 国内典型案例

金隅唐山装配式建筑产业园（以下简称"产业园"）主要生产装配式混凝土构件。用能类型包含天然气及电力两部分，其中天然气主要用于生产制造的蒸汽养护工艺。产业园生产碳排放占比91.07%，为园区主要碳排放；其中，生产碳排放蒸汽养护工艺碳排放84.56%，为生产工艺主要碳排放。工厂碳排放结构见图2。

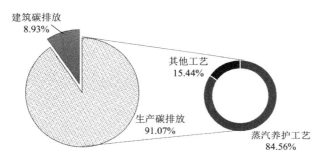

图 2　产业园碳排放占比图

产业园以建设零碳绿色智能工厂为目标，通过可再生能源应用优化能源结构降低供能侧碳排放，先进低碳生产工艺技术耦合降低生产碳排放，绿色低碳建筑技术应用降低建筑环境用能碳排放，数字化技术应用辅助管理降碳，碳资产管理及碳资产金融化、资产化反哺改造技术投入，实现园区年较改造前减排4.2万吨CO_2，形成"清洁供能-被动降碳-主动优化-市场辅助"的可复制降碳模式，为全国建材行业绿色低碳发展提供新思路。降碳措施效果对比见表2。

降碳措施效果对比　　表 2

指标名称	实施前	实施后	改变幅度
单位产值能耗	58 千克标准煤/万元	39 千克标准煤/万元	−32.8%
碳排放强度	2.1 吨 CO_2/万元	1.3 吨 CO_2/万元	−38.1%
固废综合利用率	68%	93%	+36.8%
光伏自给率	0	30%	—

4.3.3 案例总结及启示

国内外（近）零碳园区建设的实践案例提供了多维度的经验和启示，从技术创新驱动、制度与政策协同、企业共生网络、区域禀赋适配四个角度来看，零碳园区建设正呈现出以下特点和发展趋势：首先，技术创新驱动方面，各国园区均在不断优化传统工艺基础上推动绿色低碳技术升级，从源头降低能源消耗和碳排放。其次，依靠制度与政策协同，为零碳园区建设提供了坚实的保障。再者，企业共生网络是园区实现零碳的重要支撑，园区促进上下游企业在生产、废弃物利用和能源供应上的协同发展，形成了"共生—共赢"的低碳产业生态。最后，区域禀赋适配要求零碳园区建设必须因地制宜，充分发挥区域优势，实现清洁能源利用和碳排放的有效控制，从而走出一条适合自身发展的零碳转型之路。

4.4 政策推进建议及展望

当前阶段，我国亟需在标准体系完善、配套政策支持、高标准试点示范方面重点发力，以加快推动零碳工业园区建设。首先，应加强标准体系建设，依托国内权威机构，制定高国际认可度的零碳工业园区建设标准和评价认证体系，探索推动零碳工业园区标准、评价方式和认证结果广泛互信互认；特别是获得国际社会认可，降低企业零碳转型和出口贸易成本。其次，政府部门应出台切实有效的支持政策措施，鼓励园区企业加大低碳技术研发和应用力度，设置专项资金支持零碳工业园区试点建设；同时，推动跨部门、跨区域协同机制，建立园区内外的联动合作平台，强化信息共享与协同监管；此外，政策应注重构建企业共生网络，促进园区内产业间资源循环与互补发展，共同降低能源消耗和碳排放。另外，如何依托区域禀赋，因地制宜打造不同类型（近）零碳工业园区标杆，也是当前阶段的重点工作，建议组建跨领域的权威专家团队，充分利用当地可再生能源和技术优势，共同与工业园区各主体推动园区整体绿色升级，打造高水平的（近）零碳工业园区，为全国类似园区建立标杆和示范，推动零碳工业园区高标准建设。

未来，在政策、技术、市场等多重驱动下，零碳工业园区将成为推动我国经济社会高质量发展和实现双碳目标的重要载体，为创新、协同、可持续发展创造新范式。

作者：袁闪闪（中国建筑科学研究院有限公司）

参考文献

［1］ 工业和信息化部, 发展改革委, 生态环境部. 工业领域碳达峰实施方案[A]. 2022.
［2］ 全国环境管理标准化技术委员会. 绿色工厂评价通则: GB/T 36132—2018[S]. 北京: 中国标准出版社, 2018.
［3］ World Bank Group, United Nations Industrial Development Organisation. An International Framework for Eco-Industrial Parks[A]. 2017.
［4］ International Organization for Standardization. Greenhouse Gas: ISO 14064[S]. 2019.
［5］ European Commission. The European Green Deal[A]. 2020.

5 氢能零碳综合应用在北方城市的探索与实践

5 Exploration and practice of zero-carbon comprehensive application of hydrogen energy in northern cities

5.1 氢能零碳综合应用

5.1.1 资源禀赋

氢能被誉为 21 世纪最具发展潜力的清洁能源，是中国能源结构由传统化石能源转向以可再生能源为主的多元格局的关键媒介，可广泛应用于交通、工业、建筑领域。2019 年，氢能首次被写入我国政府工作报告，并在 2020 年被列入一类能源。中国氢能联盟于 2021 年 4 月发布的《中国氢能源及燃料电池产业白皮书（2020）》中预测：我国 2030 年氢能占终端能源体系达 5%，2050 年将达 10%。

目前氢气的来源主要分为灰氢、蓝氢和绿氢，其中前两者都来源于工业领域，和区域内的工业发展水平息息相关；蓝氢是在灰氢的基础上通过碳捕集、利用和封存措施获得；而绿氢主要是通过风电、光伏等进行制取，和当地的可再生资源条件相关，目前绿氢发展较快的城市主要是西北风光资源较好的地区。目前我国氢能以灰氢和蓝氢为主，绿氢在全国氢产量中占比仅为 1%。未来随着碳交易价格不断攀升、绿氢成本不断下降，绿氢逐步取代灰氢将成为必然。

5.1.2 适宜性分析

氢能既可以直接用于能源消费终端，又可以作为储能手段，调控可再生能源供能的间歇性与随机性。在工业和交通领域，氢能的应用比较成熟，近些年在建筑领域的应用逐步开始拓展。氢能无论是在储能或者发电过程中，都伴随着大量的余热散出。一般余热的品位相对较低，在工业和交通领域作为废热排出，能源效率大打折扣；而在建筑领域，氢能的电、热均能被有效利用，从而实现氢能的综合高效利用。

同时，氢作为储能手段，与电化学储能相比，在长时储能上更有优势，且可以避开电网"隔墙售电"限制，灵活性更佳。氢储能与电化学储能更多的是互补的关系,因此在具体项目实践过程中应根据项目用能特点匹配合适的储能方式。

北方城市主要以供热为主,局部区域供冷为辅,此用能特点与氢能的供能特点相吻合。氢能可以作为区域内的储能手段,也可用于再发电,在此过程中将余热用于供热或者进行跨季节储热,同时与其他能源方式协同配合,可以为北方地区供热问题提供一条新的解决思路。

5.2 工程应用分析

5.2.1 应用基础介绍

目前制氢及燃料电池与建筑行业的结合主要是用于利用制氢技术将园区中多余的风电/光电储存成氢气,既可以外输,避开目前"隔墙售电"限制;也可以在有需要的时候将氢燃料电池发电用于园区内用电,同时将其产生的余热可用于园区内供热。氢能基础应用模式见图1。

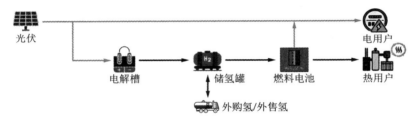

图 1 氢能基础应用模式示意图

目前电解水制氢效率约为 80%,未来将会不断提高,新型制氢方式的制氢效率有望达到 90%以上;燃料电池发电效率目前约为 40%~60%,整体系统效率见图2。同样,随着技术发展,发电效率也会逐步提升。而且随着氢燃料电池和制储氢设备的国产化水平不断提高,设备价格不断降低,应用成本正在大幅降低。

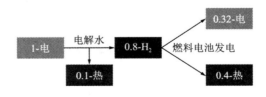

图 2 整体系统效率示意图

5.2.2 应用体系研究

当然,氢能的综合应用不仅仅只是电解水制氢和氢燃料电池热电联供等简单的技术应用，而是一个系统性的工程，需要结合建筑的用能特点、氢能与其他能源方式的协同匹配等来实现氢能的综合利用。基于用户特点和氢能特点，将氢能与其他能源（如地热、太阳能等）相结合，高效、经济地为建筑进行供能，满足用户用能需求和用能安全，这是氢能综合应用最终的目的。氢能综合应用体系见图3。

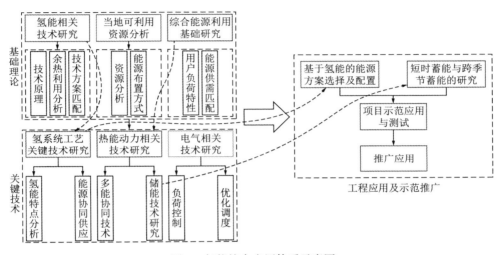

图3 氢能综合应用体系示意图

5.2.3 应用场景分析

氢能既可以直接用于能源消费终端，又可以作为储能手段。基于此，氢能在建筑领域的应用场景也非常广泛，包括零碳园区、零碳高速、零碳乡村、零碳岛屿、零碳数据中心等多种场景。基于不同场景特点，所适宜的氢能技术也不相同，表1是对目前部分应用场景特点和适宜的氢能技术路线的分析。

氢能技术应用场景分析 表1

场景	特点	适宜的氢能技术路线
零碳园区	城市运行的基础单元，其物理边界清晰，所有权明晰，有冷热电需求，有光伏建设条件，运营和管理统一有序	储能：光伏余电制氢 用能：氢燃料电池发电/外售氢
零碳高速	高速路两侧有光伏建设条件，光伏电力外输较困难	储能：光伏发电制氢 用能：服务区加氢站售氢 （构建高速供氢体系）
零碳乡村	光伏建设条件较好，但光伏余电较多，场地开阔，氢能建设安全性更有保障	储能：光伏余电制氢 用能：氢燃料电池发电/外售氢

续表

场景	特点	适宜的氢能技术路线
零碳岛屿	通常光伏/风电条件较好,但能源供需匹配难以实现,部分岛屿存在孤网运行需求	储能:化学电池储能(短时)+绿电制氢(长时) 用能:化学电池供电+充电站+氢燃料电池发电+岛内加氢/甲醇站
零碳数据中心	用能需求大,但绿电直供不稳定,难以满足电力稳定性和安全性要求	储能:光伏/风电余电制氢+化学电池储能 用能:氢燃料电池发电+电池供电+数据中心余热、燃料电池余热对外供热

5.3 项目应用案例

5.3.1 项目概况

榆林科创新城零碳分布式智慧能源中心示范项目主要为运动员村进行供冷、供热以及供电服务。本园区由多栋建筑组成,包括酒店、运动员餐厅、办公、教育、住宅、公寓、体育等建筑。地上建筑面积 14 万 m^2,其中住宅 5.6 万 m^2,办公 4.9 万 m^2,酒店及运动员餐厅 2.1 万 m^2,健身中心 0.5 万 m^2,配套 0.9 万 m^2。供能范围地块划分如图 4 所示。

图 4 能源中心供能范围示意图

5.3.2 负荷分析

利用区域能源分析软件,基于不同建筑用能情景分析,对园区建筑群进行负荷计算,园区热负荷如图 5 所示,园区冷负荷如图 6 所示。

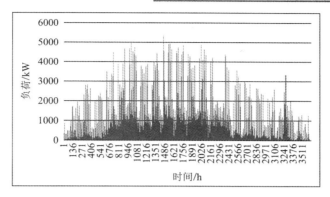

图 5　园区热负荷

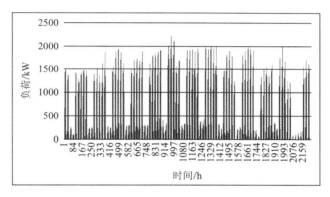

图 6　园区冷负荷

由上述结果可知，区域能源软件分析预测峰值冷负荷为2100kW，峰值热负荷为5300kW。上述分析结果相较于传统的负荷计算方式相比，考虑不同建筑间同时使用系数，建筑热负荷峰值降低约30%以上。

5.3.3　能源系统方案

结合上述分析，项目具有良好的太阳能资源，地热资源与氢能资源。项目可敷设光伏面积11000m²，采用光伏＋燃料电池进行供电。榆林地区供暖负荷又大于制冷负荷，考虑使用燃料电池热电联供的方式。燃料电池余热量冬季直接用于供热，夏季及过渡季余热，采用跨季节蓄热对地热井附近土壤进行热量补充，解决土壤源热泵冷热不平衡的问题。

项目最终采用浅层地热＋氢燃料电池＋电锅炉能源系统形式。冬季供热采用以氢能热电联供为主、地热能为辅，常规能源（电）用于调峰的能源供应方案；夏季供冷为地源热泵为主、蓄冷为辅。项目能源系统原理图如图7所示。氢燃料电池全年运行，供暖季用于供热。夏季及过渡季余热用于蓄热，维持地源热泵全年热平衡。

在以燃料电池氢能热电联供为主、地热能为辅,常规能源(电锅炉)用于调峰的能源供应方案下,共设计六种配置方案,各方案下的地源热泵与电锅炉承担负荷均不同,燃料电池承担基础负荷,供暖期全部时间内运行,而地源热泵与电锅炉的运行时间随着承担负荷的不同也发生变化。因此,各方案初投资与运行费用均不同,以投资运行费用最低对六种方案进行比选。

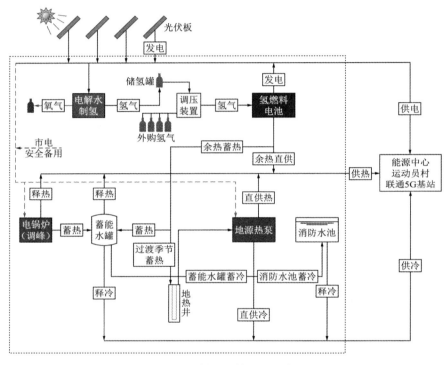

图7 项目能源系统原理示意图

表2给出了不同方案下的初投资。

各方案初投资　　　　　　　　　　表2

方案	燃料电池/万元	地热井/万元	地源热泵/万元	电锅炉/万元	合计/万元
方案一	700	1415	132	83	2330
方案二	700	1200	112	120	2132
方案三	700	985	92	158	1935
方案四	700	730	68	203	1701
方案五	700	515	48	240	1503
方案六	700	300	28	278	1306

表3给出了不同方案下的运行时间与运行费用。

各方案运行时间与运行费用 表3

方案	燃料电池运行时间/h	地源热泵运行时间/h	电锅炉运行时间/h	燃料电池运行费用/万元	地源热泵运行费用/万元	电锅炉运行费用/万元	合计运行费用/万元
方案一	3624	1329	42	210	65	3	278
方案二	3624	1279	92	210	53	9	272
方案三	3624	1211	161	210	41	20	271
方案四	3624	1154	236	210	29	38	277
方案五	3624	1028	339	210	18	64	292
方案六	3624	850	522	210	9	114	333

注：电价取0.59元/(kW·h)；单位能量售氢价格取0.924元/(kW·h)。

对六种方案进行投资运行费用对比，如图8所示。

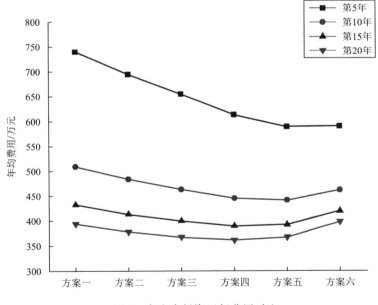

图8 各方案投资运行费用对比

因此，根据投资运行费用最低法，设备运行按照20年计，确定方案四为配置方案。容量配置分别为氢燃料电池功率756kW，热功率900kW；地源热泵1800kW；电锅炉2600kW。冷负荷峰值2100kW，增设300kW电制冷机组用于夏季调峰。

实际项目实施过程中，由于地热井打井面积限制，实际地源热泵功率为1400kW，电锅炉为2800kW，同时配置500m³蓄能水箱，保障项目的供能安全性和经济性。

5.3.4 能源方案综合评价

对园区建筑能源系统进行碳排放计算,定义计算边界能源中心供能系统,对园区建筑运行阶段能源中心供能产生的碳排放进行计算。能源中心向园区供能运行阶段,光伏发电系统消耗太阳能输出电能,燃料电池系统消耗氢气,输出了电能和热能。只有地源热泵及用于调峰的电锅炉和电制冷机消耗电能,输出冷热。将本项目冷热电综合供能系统(光伏发电 + 燃料电池 + 地源热泵 + 电锅炉 + 电制冷)与传统的供能方式(电网 + 燃气锅炉 + 电制冷)进行对比。系统容量及运行时间详见上述章节分析,结果详见表4(消耗能源为正,输出能源为负)。

碳排放计算表 表4

项目	本项目供能方式					传统供能方式		
	光伏发电	燃料电池	地源热泵	电锅炉	电制冷机	电网	燃气锅炉	电制冷机
碳排放/万 kg	−157.5	−269.2	48.8	63.8	24.9	426.7	63.8	29
合计/万 kg	−289.2					519.5		

注:电力碳排放因子取 $0.581 kgCO_2/(kW \cdot h)$,天然气碳排放因子取 $56.1 kgCO_2/GJ$。

由上述计算可知,燃料电池系统在实现零碳供能中发挥了重要作用,不仅作为光伏发电的有效补充维持能源供应,同时在降碳方面效果显著。与传统能源方式对比,本系统每年减碳 808.7 万 kg,探索出实现园区零碳供能新路径。

5.4 结论和展望

本项目是国内首个规模化将氢能系统应用到北方城市供能的项目,项目的复杂性导致项目运行过程中也存在一些问题,目前项目正在进行测试和调试工作,未来也会进一步就相关的运行情况进行分享。本项目的实施对于氢能应用特点和应用情况进行了有效探索和实践,为未来的氢能在建筑领域的应用推广提供了重要经验。

同时,本项目也是对北方地区浅层地热井跨季节储热理念的一次尝试,包括氢能与浅层地热井的结合、太阳能光伏光热技术(PVT)与浅层地热井的结合,利用氢能余热和太阳能热量进行地热井的热量平衡,解决了北方地区地源热泵不能单独用于供暖的问题,为北方地区的清洁、经济供暖提供了一个新的方向。

目前,除本项目外,氢能系统也正在榆林科创新城及其他地区积极开展项目推广。其中,对于榆林科创新城片区,目前已完成相关分布式能源站布局,预估实施该方案与传统能源供给方式相比预计可节省 24 万 t 标煤,预计可减少 140 万 tCO_2 排放。

作者:周敏,李文涛(中国建筑西北设计研究院有限公司)

6 绿色低碳建材在绿色建筑中的探索与发展
6 Exploration and development of green and low-carbon building materials in green buildings

6.1 绿色低碳建材减碳路径分析

根据《2022年中国建筑能耗与碳排放研究报告》，2020年建筑全过程碳排放占全国碳排比例为50.9%，和2019年保持持平。建材生产阶段能耗占全国能源消费总量的比例为22.3%，建材生产碳排放为28.2亿t，同比下降7.1%，"十三五"期间建材生产碳排放年均增速为2.0%，增速明显放缓，正步入平台期。建筑运行阶段在全国的能耗占比和碳排放占比差不多，但建材生产阶段占全国碳排放的比例要明显高于能耗的比例，建材依旧是碳排大户，见图1。绿色低碳建材是指在生产、使用、回收等过程中，能够降低碳排放、节约能源、减少环境污染的建筑材料。相较于传统建材，绿色低碳建材具有更高的能源效率和资源利用率，能够显著降低建筑对环境的影响。绿色建筑的高质量发展对建材提出了更高的要求，建材要实现绿色低碳发展，关键是低碳技术的创新和应用。目前，以混凝土新技术为代表的低碳技术主要包括优化混凝土配合比、延长混凝土使用寿命、混凝土及制品固碳等。

混凝土要实现低碳发展，从材料角度出发，最直接的方式就是通过优化混凝土配合比，减少水泥的使用量。针对水泥减量，在不降低混凝土品质的前提下，需要研究更佳的骨料级配，更细的粉料配比，以及更优秀的均匀搅拌方式，这样的混凝土往往可以减少用水量，提高混凝土耐久性能。目前减少水泥用量的主要措施，一是在保证混凝土强度及耐久性的前提下提高矿物掺和料替代量；二是更为科学合理的颗粒级配；三是采用再生骨料提高资源的循环利用。延长混凝土的使用寿命是基于建筑全寿命周期的碳排放计算方法，不仅要考虑混凝土原材料和制备过程的减碳，还要考虑提升性能，减少混凝土用量，更要考虑延长混凝土构筑物使用寿命，减少重复建设的碳排放。可实现的技术路径有通过钢筋混凝土的耐久性提升、混凝土高性能化等技术手段降低混凝土结构的整体碳排放量。

目前，提高矿物掺合料替代比例是较易实现的技术措施。随着矿物掺合料粉磨技术的提高和掺合料品质的提升，到2030年，矿物掺合料替代水泥掺量比例可整体提升至50%。根据行业企业技术水平推算，到2030年，将有60%混凝土生产企业可实现矿物掺合料 50%水平替代，可减少碳排放 3811.2 万 t；2060 年可实现 100%混凝土生产企业矿物掺合料 50%替代，减少碳排放 4233.6 万 t（图 2）。

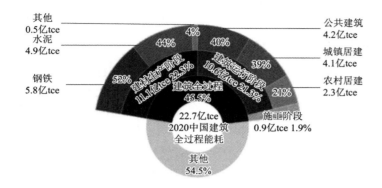

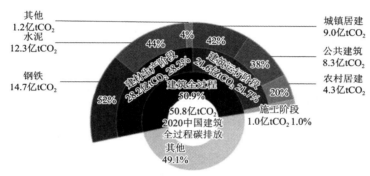

图 1　2020 年中国建筑全过程能耗碳排放总量及占比情况

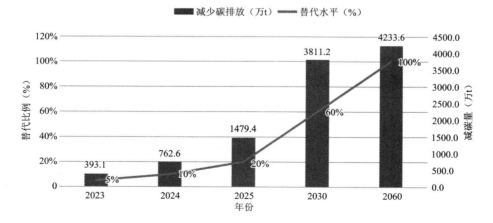

图 2　矿物掺合料逐年替代比例和减少碳排放量

混凝土及制品固碳技术主要有两条路线：一是 CO_2 矿化养护工艺，二是搅拌预混 CO_2 养护工艺。CO_2 矿化养护工艺研究较多，已经从实验室研究走向工业化生产。CO_2 矿化养护制品是目前最具有经济性和落地性的产品，但是其产量依赖于 CCUS 中碳捕集的推广应用，同时需要对传统水泥厂、预制构件厂进行改造，改良生产工艺，实现与碳捕捉应用的本地化对接，尽可能降低成本。虽然目前该类产品在建筑的应用存在一定的限制，但是随着技术的提升、CCUS 的普及以及社会对低碳建材的需求增加，未来固碳混凝土在全球的碳中和进程中将大有可为。在国家政策推动下，经过技术研发，绿色低碳建材是建筑领域实现低碳发展的重要抓手。

目前，CO_2 矿化养护制砖处于示范推广阶段。比较有代表的是华新水泥股份有限公司和湖南大学联合研发世界首条水泥窑尾气吸碳制砖生产线，以及河南强耐新材股份有限公司建设的全球首条万吨级 CO_2 利用工业示范线。该产品采用 CO_2 进行养护，CO_2 吸收率达 15%，制品平均抗压强度达到 15MPa。该生产线每年可生产固碳生态砖 2.6 亿块，可封存利用 CO_2 5 万吨[1]。该生态砖的减碳效果：1 亿块固碳砖可减少 1.9 万吨 CO_2。以此为基准，按时间梯度代替 3000 亿块砖进行减碳分析。到 2030 年固碳砖替代总量的 30% 可减少碳排放 1710 万吨（当年）；2060 年，技术推广后 67% 替代后可减少碳排放达 3800 万吨（当年），见图 3。

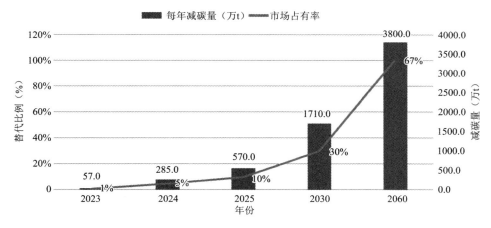

图 3　固碳生态砖的减碳分析

6.2　绿色建材评价标准对绿色低碳建材的要求

绿色建材作为建筑领域减碳的重要抓手，其减碳潜力主要体现在全生命周期能耗优化、技术创新与规模化应用等方面。从标准层面，目前，已实施的绿色建材评价标准均已将碳足迹报告纳入评价指标体系,实现了绿色建材认证产品从原材料生产、原材料运输、生产过程、产品运输和产品使用全生命周期内的碳排放情况识别和计算。基于碳足迹报告,可以全面、客观地审视建材产品全生命周期过程中的能源与环境问题,为建材企业持续改善工艺、改进产品提供内在支撑;同时,碳足迹声明及认证作为一种有效的市场促进机制,可以为推动企业开展节能减碳提供积极有效的外部动力,对于日益严峻的国际贸易壁垒也具有重要作用。

此外,绿色建材评价标准的能源属性和资源属性中部分指标涉及生产能耗限额和原材料选用等方面的要求,也对产品生产的碳排放和全生命周期减碳、降碳产生了很大影响。例如《绿色建材评价 建筑陶瓷》T/CECS 10036—2019 中的能源属性,按照产品吸水率的不同提出了对单位产品综合能耗的不同分级要求;《绿色建材评价 砌体材料》T/CECS 10031—2019 中的资源属性,对煤矸石、粉煤灰等固体废弃物掺加量提出了不同的分级要求。

在产品应用方面,标准提出导热系数提高、耐久性延长、运转效能提升等指标要求。这些指标要求也在不同程度上影响了建材产品应用过程的碳排放量。绿色建材评价标准的指标要求能够促使企业生产更加绿色低碳的产品,从而促进行业转型。

6.3 绿色建筑和绿色低碳建材发展的技术体系

立足实现建筑领域碳达峰碳中和,挖掘绿色建材碳减排潜力。对绿色建材的减碳量进行测算,使绿色建材对绿色建筑的促进作用得以量化,将碳排放指标作为绿色建材发展的内动力。国际上已有部分国家制定技术和政策体系来推广低碳建材,进而倒逼低碳建材的研发和生产;包括产品碳排放核算标准、产品碳排放背景数据库和项目层面碳排放计算方法(项目碳排放计算器)。以项目碳排放计算器为例,其作用是帮助评估和量化建筑项目或工程的整体碳排放量。它通过综合考虑项目各个阶段(如材料生产、运输、施工、运营和拆除)的碳排放数据,提供详细的碳足迹分析,一方面可以用于比较和优化设计方案,过对比不同设计方案的碳排放量,帮助决策者选择更环保、低碳的方案,优化项目的整体环境影响;另外,可以进行碳排放合规性检查,确保项目符合国家和国际的碳排放法规、标准,通过量化碳排放,帮助项目达到相关的环境认证要求。国内政府采购绿色建材相对较晚,在绿色建材采购方面建立了一定的技术体系和政策体系。但是在推动低碳建材采购方面,各体系还处于初级阶段,建材的碳排放核算标准、碳排放背景数据库、低碳产品限值等要素尚未健全,需要进一步探索和完善。

6.3.1 绿色低碳建材的应用案例:南京市示范项目

在政府采购绿色建材实践中,以南京市妇幼保健院丁家庄院区建设使用的绿色低碳建材为例，核算建材的减碳量。南京市通过绿色建材采信应用管理服务平台，通过计算项目"绿色建材应用占比""绿色建材应用减碳量计算""建设全过程碳排放计算""建筑能效碳排放测评""工程项目建材应用抽检报告"等多个关键指标并出具报告，实现"可计算、可采信、可考核、可交易"的精准管理目标。在项目中试行"多算合一"分析量化数据，绿色低碳建材使用量达90%，计算出保健院病房楼使用的六类建材产品减碳量为481.85t，建立碳减排试点，为后续推广绿色建筑与装配式建筑全生命周期碳排放计算提供了强有力的数据支撑。

6.3.2 绿色低碳建材的应用案例：绍兴市示范项目

绍兴市龙山书院项目总建筑面积14.8万m^2，作为住房和城乡建设部首批3个中国与瑞士合作的"零碳建筑"示范工程之一。建筑建设过程中围绕基础结构材料、围护结构材料、装饰装修材料、建筑设备设施4个重点领域，以试点工程项目为单元，开展绿色建材减碳方法研究并进行测算。龙山书院项目积极应用绿色建材，包括再生混凝土、渣土砖和蒸压加气混凝土墙。再生混凝土是将废弃混凝土经过破碎、清洗、分级后制备再生骨料，再加入水泥、外加剂等配制而成的混凝土。该产品碳排放明显降低，一方面因为是减少了天然粗骨料的使用，另一方面是由于再生粗骨料运输和混凝土碳化作用。经过核算，再生混凝土相较于天然粗骨料混凝土可降低排碳20%。渣土砖是以建筑废弃土、河道淤泥、废弃瓷渣土等为原料，经高温烧结而成的新型砌体材料。使用该材料，每平方米墙面可减少80%的水泥砂浆，消纳了2500m^3绍兴市本地废弃土、淤泥等，可提升20%施工效率，与传统材料相比可减少碳排放量60%。龙山书院项目的内墙与外墙均采用蒸压加气混凝土板，可缩短50%施工工期，提高10%的保温性能；为最大限度地满足高性能围护结构体系要求，所有外墙为外挂结构，并使用智能安装机器人施工。为了降低物化阶段的碳排放，该项目积极使用再生混凝土、渣土砖等绿色低碳建材，并开发了碳排放检测系统，核算物化阶段的碳排放量。

6.4 展　　望

绿色低碳建材的发展助力绿色建筑的高质量发展，估计到2030年，绿色低碳建材在新建建筑中渗透率预计超80%，推动建筑行业碳减排40%。这一进程需依赖材料科学突破、政策精准引导和市场需求觉醒的三重驱动，最终实现从"绿色建材单品"到"建筑生态系统"的跨越式发展。未来绿色建材将更注重全生命周期可持续性，包括：废弃物高值化利用：建筑垃圾再生率目标提升至60%以上，如废混凝土制成再生骨料；低碳生产工艺：采用氢能煅烧水泥、碳捕捉技术，使建材生产碳排放减少 30%～50%；模块化设计：预制构件占比预计达 70%，减少现场施工能耗。

作者：王小燕，叶武平，黄靖（建研建材有限公司）

参考文献

[1] 王雪，聂元弘. 二氧化碳养护建筑材料固碳技术研究进展[J]. 商品混凝土, 2023, (4): 27-31+37.

7 建筑企业碳排放核算创新实践：以中建集团为例

7 Innovative practices in carbon emission accounting for construction enterprises: a case study on China State Construction Engineering Corporation

7.1 建筑企业碳排放核算的现状

建筑行业作为碳排放大户，占全球能源相关碳排放的39%（UNEP，2022）。我国2022年建筑领域碳排放达51.3亿t，占全国总量的48.3%（中国建筑节能协会，2025）。在"能耗双控"向"碳排放双控"转型背景下，亟须建立建筑企业精准的核算体系。

7.1.1 建筑企业碳排放核算标准的现状

国际上，企业碳排放的核算主要依据《温室气体核算体系：企业核算与报告标准》及《企业价值链（范围3）核算与报告标准》（以下简称GHG Protocol）、ISO 14064-1：2008《温室气体 第1部分：温室气体排放和排放量化与报告组织层面指导》（以下简称ISO 14064-1）。GHG Protocol通过碳排放范围1~3分层系统性覆盖直接排放、能源间接排放及价值链碳排放；ISO 14064-1则强调组织边界与量化方法，规范组织层级的量化与验证程序：二者为企业进行碳排放核算提供了通用性的国际框架引导。

我国碳排放核算体系以《温室气体排放核算与报告指南》（发改办气候〔2013〕2526号）为基础，分行业制定24项核算标准（如发电、钢铁等），并推出国家标准《工业企业温室气体排放核算和报告通则》GB/T 32150—2015，强调范围1和范围2的量化。生态环境部发布的《企业温室气体排放核算方法与报告指南》进一步细化数据监测要求，但范围3核算仍以自愿为主。国内标准注重与"双碳"政策衔接，还存在价值链延伸不足、中小企业适用性弱等问题，特别是针对建筑业等非控排行业的核算方法论尚不健全。

7.1.2 建筑企业碳排放核算存在的问题

当前我国建筑企业普遍呈现集团化运营管理、业务多元化布局、项目数量多且分布散的特点，导致建筑企业碳排放核算还存在诸多问题：组织边界划分模糊，建筑企业往往存在多个层级、多种形式的法人治理结构，但现行核算方法缺乏适应集团化运营的组织边界划分规则，导致碳排放核算范围界定不清，难以准确划定不同法人主体的排放责任；责任分配机制缺失，针对总承包、联合体、分包等不同项目承接模式，尚未建立统一的碳排放责任分配机制；数据归集体系薄弱，因项目数量多、分布散、业务类型复杂，碳排放源识别覆盖不全，底层数据采集颗粒度不足，导致核算数据碎片化、统计口径混乱。

鉴于目前适合我国建筑企业碳排放核算标准缺失的情况，需结合国家企业温室气体排放核算相关政策，在借鉴我国其他行业已发布的企业核算标准并兼容国际标准 GHG Protocol 范围划分原则的基础上，根据我国建筑企业组织结构和碳排放构成特点，解决建筑企业碳排放组织边界划分模糊、碳排放责任分配机制欠缺、碳排放核算数据碎片化等问题。

7.2 中建集团碳排放核算创新实践

中国建筑集团有限公司（以下简称"中建集团"）作为全球最大投资建设集团，为贯彻国家"双碳"目标，推进绿色转型，实现碳排放"算得清、核得明、管得住"，自 2023 年开始进行了为期两年的碳盘查工作，进行了集团化大型建筑企业碳排放核算的实践。

7.2.1 碳排放核算体系的设计

1. 组织模式创新

针对中建集团规模大、子企业多，一家企业很难承担全部碳排放核算工作的特点，在组织方式上创新采用了"工作营"模式，由多家集团内具有碳排放核算经验的子企业共同组建工作营推进实施，聘请国家专业机构全程进行指导与审核，邀请行业专家开展成果评估，确保碳盘查结果的科学性、准确性与权威性。这一创新模式充分调动集团内部资源，在有效降低实施成本的同时保障了碳盘查工作顺利实施。

在具体实施过程中，纵向建立了"集团-二级子企业-三级子企业-项目部"垂直管理体系（图 1），不仅有效保证了数据颗粒度及数据质量，培育了内部专业团队，还快速构建起集团多级联动的碳排放数据管理体系。

2. 标准化建设

依据国内外相关核算标准体系，结合中建集团业务特点及行业特色，编制了《中国建筑碳盘查工作指南》《碳盘查问答手册》等实操性强的系列技术文件，明确了数据来源及统计要求，构建了碳排放算法及基准值模型，建立了具有建筑行业普适性的碳排放因子，实现了集团内部排放边界、数据口径、核算算法、排放因子、基准值模型等关键要素的高度统一，确保了结果对外行业可比，对内各子企业横向可比，多年份数据具备连贯的纵向可比性，为深入开展碳排放数据分析提供了有力支撑。碳盘查工作指南框架见图2。

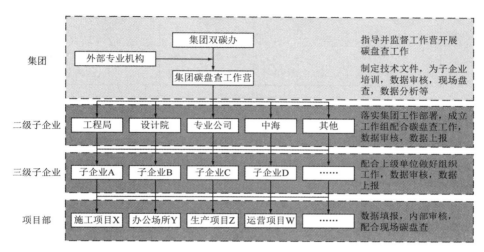

图1 中建集团碳盘查组织架构图

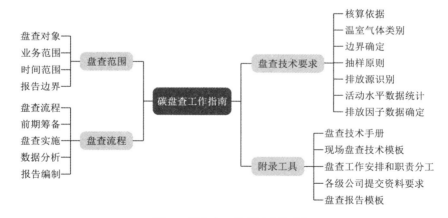

图2 碳盘查工作指南框架图

3. 数据多级校验

为确保数据可靠性，要求原始数据填报与佐证文件同步提交，并构建"项目部自查→三级子公司复核→二级子公司抽查→工作营审核"四级联控校验机制，见图3。该递进式质量管控体系通过多层级交叉验证，有效保证了碳排放数据的完整性、准确性、可溯性。

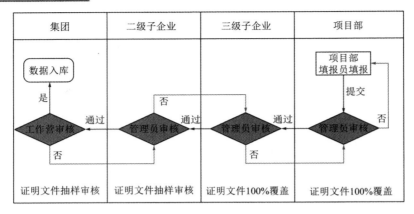

图 3　中建集团碳数据校验机制

7.2.2　核算实施流程

按照确定核算边界—识别碳排放源—数据收集审核—数据核算分析等流程完成碳排放核算工作。

1. 确定核算边界

核算边界直接关系到核算结果的准确性和完整性，主要包括组织边界和运营边界两方面。组织边界需确定哪些实体或部门应被纳入碳排放核算的范围，即确定应涵盖企业的所有部门和分支机构，包括总部、子公司、项目部等。运营边界需界定企业的哪些生产经营活动产生的碳排放应被计算在内。

中建集团采用运营控制权法确定组织边界，包括集团总部、35家二级子企业及所属项目，划分为房屋建筑施工、基础设施建设施工、专业工程、房屋建筑运营、基础设施运营、生产制造及办公场所七大类别，核算了以上类别生产经营活动中产生的碳排放，见图4。针对工程项目，总承包模式承建的项目将本企业自施部分以及本企业直接分包的工程均纳入项目核算边界；承接的专业分包工程，也纳入碳排放核算边界，确保边界无遗漏。

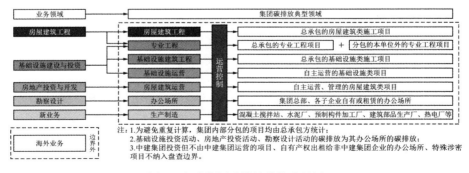

图 4　中建集团碳排放核算边界图

2. 识别碳排放源

除核心施工与设计业务外，建筑企业还涉及建材生产、装备制造、房建运营等多元化业务领域。本研究对中建集团的全业务范围进行了系统性梳理，并基于 GHG Protocol 框架，构建了一个覆盖各业务领域的碳排放源清单体系，详见表1。在进行碳排放核算时，本研究编制了排放源识别工具，并通过标准化流程指导下属企业及项目部门准确识别排放源，为后续的碳排放核算工作奠定了坚实基础。

针对范围1和范围2的碳排放，考虑到灭火器和制冷剂逸散导致的碳排放量对集团总排放量的贡献较小，且相关数据的可获取性存在限制，未将其碳排放量纳入考量。为了强化供应链的碳减排效果，本研究将施工项目范围3的碳排放核算纳入考虑范围，并依据碳排放的显著性、行业相关性以及数据的可得性原则，确定将建材隐含碳排放作为范围3核算的核心内容。

典型业务碳排放源清单示意　　　　　表1

业务领域		施工项目（房屋建筑工程+基础设施建设+专业工程）	运营项目（房屋建筑运营+基础设施运营）	办公场所	制造生产
范围1	固定源	备用柴油发电机	供暖锅炉、备用发电机	供暖锅炉、备用发电机、食堂灶具	生产锅炉、备用发电机
	移动源	施工燃油设备	运维燃油车辆	公务燃油车辆	厂内叉车铲车等油车
	逸散排放	灭火器逃逸	制冷剂逃逸、灭火器等逃逸	制冷剂逃逸、灭火器逃逸	灭火器等逃逸
	过程排放	焊接 CO_2 保护气排放	污水处理过程排放	—	生产过程排放，如水泥生产碳酸盐分解过程排放
范围2	电力排放	各用电设备消耗外购电力排放			
	热力排放	供暖等消耗外购热力排放			
范围3	采购货物/服务产生的排放	采购建材隐含排放	—	—	—

3. 数据收集审核

数据收集遵循精细化粒度原则，基于最小排放单元实施全口径数据收集。针对各类业务特点及碳排放源类型，构建差异化的排放数据报送指标体系，涵盖项目基本信息、固定源化石燃料消耗、移动源化石燃料消耗、机械台班、外购电力热力、外购建材、碳资产信息等。在项目基本信息方面，系统整合项目分类属性、地理位置及运营管理模式等关键维度；在能耗相关数据方面，按能源品种分类填报，增设重点功能区域或重点设备维度，形成结构化数据体系，为构建多维度碳排放分析模型奠定数据基础。

活动水平数据采信方面,优先选用实际消耗量数据,其次选用采购量数据,所有数据均匹配原始记录台账或缴费凭证作为佐证文件。当数据缺失时,采用估算方式,同时需对估算方法进行说明,佐证数据合理性。数据经过四级校验,确保数据准确性、合理性。

数据收集方式应用了自主研发的碳管理平台(图5),实现了碳排放数据多源报送、逐层级审核及溯源管理,显著提升工作效率,目前已建立超过50万条碳排放基础数据库信息。

图5 中建集团碳排放监测与管理综合服务平台数据采集系统

4. 数据核算分析

采用多层递进式分析方法开展系统性数据解构,通过各业务领域碳排放贡献率分析确定关键减排业务方向;基于各业务领域碳排放源结构分析,量化评估不同功能区域的碳排放分布特征,精准识别重点排放环节及重点排放设备;结合能源消费结构及其碳排放构成,确定能源结构优化调整方向。基于量化分析结果,制定各业务领域差异化的碳减排路径规划,实现精准降碳策略部署。

7.3 建筑企业碳排放核算推进建议

对于建筑企业而言,碳排放的准确核算是实现低碳转型的关键基础性工作,这要求构建和完善碳数据管理体系。必须明确碳数据管理的主导部门,构建一个集数据采集、多级审核、动态统计、智能分析于一体的数字化平台,并建立相应的数据审核机制以确保数据的精确性。将碳排放核算工作融入日常管理流程中,将核算结果与减排规划、项目管理等环节紧密结合,形成碳管理的闭环控制体系,从而促进企业的可持续发展。

在政府治理的层面,迫切需要制定全国统一的建筑企业碳排放核算技术规范,明确核算的边界、不同主体的碳排放责任划分、排放因子等关键要素,以确保不同地区、不同企业的核算结果具有可比性，为行业监管和政策制定提供科学的依据。推动核算方法的国际互认，构建行业共享的碳排放核算工具包，以加速提升整个行业的碳排放核算能力。

作者：李丛笑[1]，薛世伟[2]，张爱民[3]，钟鹏[4]，左春阳[5]，胡小燕[2]（1. 中国建筑集团有限公司；2. 中建碳科技有限公司；3. 中建科技集团有限公司；4. 中国建筑西南设计研究院有限公司；5. 深圳市中宏低碳建筑科技有限公司）

第五篇 地方经验篇

十四届全国人大三次会议的政府工作报告中提到，协同推进降碳减污扩绿增长，加快经济社会发展全面绿色转型，不断提升绿色低碳发展水平。报告强调，要积极稳妥推进碳达峰碳中和目标，优化能源结构，推进新能源开发利用，推动传统产业绿色低碳转型及重点行业节能降碳改造。同时，报告提出要加快绿色技术创新，支持节能环保等产业发展。在生活方式层面，倡导绿色消费，推广节能环保产品，推动形成绿色低碳的生产方式和生活方式，增强全社会绿色低碳意识，形成全民参与的良好氛围。

绿色建筑不仅作为绿色、低碳发展的重要载体，同时还能满足人民群众不断提升的品质需求，在推动城乡建设绿色转型中发挥着关键作用。通过完善标准体系、推广节能环保材料、优化建筑设计、提升能源利用效率，绿色建筑不仅能够有效降低碳排放，还能为人民群众提供安全、健康、舒适的工作和生活环境。在推进绿色、低碳发展的背景下，加快发展绿色建筑并促进各地交流发展经验，对于实现"双碳"目标、推动城乡建设绿色转型具有重要意义。

本篇对北京、上海、深圳、浙江、江苏、重庆、湖北、安徽、山东等省市及香港特别行政区的绿色建筑与建筑节能发展情况及经验作了介绍。

通过政策引导、技术创新和国际合作,中国将坚定不移走生态优先、绿色低碳的高质量发展道路,为实现"双碳"目标和全球气候治理作出积极贡献,也为全球绿色低碳发展提供了中国智慧和中国方案。

1 北京市绿色建筑高质量发展

1 High-quality development of green buildings in Beijing

首都以推动高质量发展为主题，建设高品质宜居城市，大力推动绿色北京建设，培育特色产业促进绿色发展；同时贯彻落实国家"双碳"目标，提升城乡建设绿色低碳发展质量。北京市积极推进绿色建筑高质量发展，大力发展节能低碳建筑，积极落实《北京市建筑绿色发展条例》相关管理制度。2024年，北京生态城市与绿色建筑专业委员会（以下简称北京绿专委）围绕北京市当前建筑高质量发展与"十四五"时期低碳绿色发展目标开展实践工作。

1.1 绿色建筑及既有建筑绿色化改造总体情况

截至2024年底，北京市累计建成绿色建筑面积近2.6亿 m^2，累计绿色建筑标识项目879项。各区新建建筑实施二星级及其以上标准，新建公建、大型公建、政府投资的公益性建筑鼓励、要求执行三星级。组建275名绿色建筑专家库。2024年北京大兴大悦春风中心项目获得北京市建筑绿色发展示范项目奖励资金600万元。

1.2 政策法规制定

2024年中国人民银行北京市分行、国家金融监督管理总局北京监管局、中共北京市委金融委员会办公室、北京市住房和城乡建设委员会、北京城市副中心管理委员会、北京市通州区人民政府、北京住房公积金管理中心联合印发《北京市信贷支持建筑绿色发展的指导意见（试行）》（简称《指导意见》）。《指导意见》以服务北京市建筑绿色低碳高质量发展为出发点和落脚点，从总体要求、实施路径、组织实施三大方面对金融机构信贷支持建筑绿色发展工作做好政策引导和制度支撑，助力"绿色北京"建设；以城市副中心国家绿色发展示范区为重点区域。

2024年8月，北京市规划和自然资源委员会开展《北京市房屋建筑工程施工图事后检查要点工作——绿色建筑专项检查要点》修编工作，北京绿专委多位专家参加编制修订工作。本次修编依据《绿色建筑评价标准》GB/T 50378—2019及其局部修订条文，适用于北京市新建民用建筑工程的绿色建筑检查。

2024年9月12日，北京市发展和改革委员会发布《北京市绿色低碳先进技术推荐目录（2024年版）》（京发改〔2024〕1367号），包括一种复合型磁悬浮冷水热泵机组技术、密闭式复合聚酯可视内遮阳窗幕、中空玻璃膜节能技术等绿色建筑相关技术。

2024年9月27日，北京市住房和城乡建设委员会、北京市发展和改革委员会与北京市规划和自然资源委员会联合发布《关于规范建筑项目绿色专篇编制工作有关事项的通知》（京建法〔2024〕9号），规定新建、改建和扩建建筑项目应在建筑项目的立项、规划、设计、施工、监理等关键环节，编制绿色专篇。

2024年12月31日，为促进公共建筑绿色运行维护水平的提高，降低使用能耗，北京市住房和城乡建设委员会与北京市发展和改革委员会联合发布《关于印发〈北京市公共建筑能效分级管理办法〉的通知》（京建法〔2024〕12号），规定北京市行政区域内公共建筑部分面积在3000m²以上，且公共建筑部分的面积占比超过50%的单体建筑，应当进行能效分级。

1.3 标准规范编制

北京市绿专委理事单位、会员单位2024年完成的相关标准编制如下。

国家标准《绿色建筑评价标准》GB/T 50378—2019局部修订（2024年版）编制完成，自2024年10月1日起实施。为全面实现绿色发展、加速提升碳减排水平，同时加强与强制性工程建设规范的协调性，支撑我国城乡建设领域全面落实低碳发展目标，适应新时代发展过程中的技术变化，解决标准实施过程中遇到的问题，对原有国家标准进行局部修订。

北京市地方标准《民用建筑能效测评标识标准》DB11/T 1006—2024，主编单位北京建工数智技术有限公司、中国建筑科学研究院有限公司、北京中建建筑科学研究院有限公司，参编单位北京市住宅建筑设计研究院有限公司、北京清华同衡规划设计研究院有限公司等。本标准针对民用建筑运行阶段测评、能效标识评级等方面制定相关规定。

2024年10月18日，中国工程建设标准化协会联合中国建设科技集团、中国建筑科学研究院、中国城市规划设计研究院等单位，编制完成《好住房技术导则》T/CECS 1800—2024、《好小区技术导则》T/CECS 1801—2024、《好社区技术导则》T/CECS 1802—2024、《好城区技术导则》T/CECS 1803—2024。"四好建设"系列标准（图1），以努力让人民群众住上更好的房子为目标，牢牢抓住让人民群众安居这个基点，确保标准内容的科学性、规范性、创新性和可操作性。

图 1 "四好建设"系列

其他标准包括：《民用建筑节能工程现场检验标准》DB11/T 555—2024、《公共建筑节能运行管理与监测技术规程》DB11/T 1130—2024、《超低能耗公共建筑节能工程施工及验收规程》DB11/T 2377—2024、《碳中和建筑标准》T/CECS 1555—2024 等。

1.4 绿色建筑科研情况

（1）已完成课题《绿色建筑项目验收指南》：为落实《北京市建筑绿色发展条例》要求，指导建设、设计、施工、监理等单位在竣工验收时开展绿色建筑要求落实情况查验，北京市住房和城乡建设科技促进中心立项"绿色建筑项目管理—绿色建筑项目验收指南"项目，组织中国建筑科学研究院有限公司、北京建工集团有限责任公司等单位编制《绿色建筑项目验收指南》。

（2）在研课题《城市副中心近零碳建筑集成技术体系研究》：本课题由北京市住宅建筑设计研究院有限公司与清华大学合作承担。课题将从城市副中心近零碳建筑的内涵与技术指标体系研究、近零碳建筑节能增效关键技术研究、近零碳建筑能源系统设计方法与调控策略研究、近零碳建筑集成技术体系研究及应用示范四个方面开展研究工作。通过课题研究将构建起近零碳/零碳建筑技术框架，全面推进北京城市副中心绿色化、低碳化、智慧化、数字化与科技化建设。

1.5 绿色建筑技术推广、专业培训及科普教育活动

（1）组织参加在郑州召开的"2024（第二十届）国际绿色建筑与建筑节能大会暨新技术与产品博览会"和"中国（郑州）建筑产业与智能建造博览会"，本次大会以"助推绿色建筑高质量发展，引领城乡建设绿色低碳转型"为主题。大会期间，北京市绿专委多位专家受邀参加多个分论坛演讲。

（2）2024 年 9 月 12 日—16 日，组织参加 2024 中国国际服务贸易交易会，在

首钢园区 13 号馆，工程咨询与建筑服务专题展区以"发展新质生产力，推动行业高质量发展"为主题，全面展示建筑服务行业新技术、新产品、新成果。

（3）2024 年 9 月 26 日，由住房城乡建设部指导、中国建筑集团有限公司主办的中国建筑科技展在北京首钢园开展。北京市绿专委组织会员单位积极参观、学习。展览以"科技赋能美好生活，创新引领中国建造"为主题，设置"共建和谐城市""拓展幸福空间""助力中国建造"三大主题区。

（4）北京市绿专委多位专家受邀参加 2024 年北京市住房城乡建设科技推广公益讲座，北京住宅设计院总经理钱嘉宏总建筑师主题演讲《新时代北京高品质住宅创新实践与思考》、北京清华同衡规划设计院肖伟所长主题演讲《大型公共建筑绿色建筑实施路径及案例分析》、中国建筑科学研究院有限公司原副总经理王清勤主题演讲《标准引领好房子好社区建设》等。

（5）参加 2024 年 9 月 20 日—22 日在中国河北高碑店国际会展中心举办的"第六届中国（高碑店）国际门窗博览会暨 2024 中国（高碑店）国际绿色建筑大会"（图 2）。大会主要交流国内外绿色建筑与建筑节能的最新科技成果、发展趋势、成功案例，研讨绿色建筑与建筑节能技术标准、政策措施评价检测、创新设计和绿色建造。

图 2　第六届中国（高碑店）国际门窗博览会暨 2024 中国（高碑店）国际绿色建筑大会

（6）参加 12 月 5 日在南京召开的"第十一届全国近零能耗与零碳建筑大会"（图 3），大会以"推动建筑能碳双控 提升降碳自主贡献"为主题。会上，由北京住宅院负责咨询、设计，与住总集团城市更新事业部共同申报的"天铭大厦城市更新改造项目"获评"十四五"国家重点研发计划项目科技示范工程。秘书长白羽作为特邀嘉宾，围绕"寒冷地区钢结构低能耗建筑关键技术研究"进行主题报告。

图 3　第十一届全国近零能耗与零碳建筑大会

（7）2024 年 11 月 16 日—17 日，参加在天津召开的第十一届严寒寒冷地区绿色建筑联盟大会，大会主题为：生态"智"汇、"碳"索未来。大会在国家提出加快经济社会发展全面绿色转型的新形势下，汇聚各方优质资源，探索严寒寒冷地区绿色建筑高质量发展之路，推动绿色低碳技术的普及和绿色建筑的发展。

（8）2024 年 12 月 12 日，北京市住房和城乡建设委员会科技促进中心举办"2024 年度北京市绿色建筑公益讲座"，宣传北京市绿色建筑相关政策，解读绿色建筑有关要求。会员单位多位专家进行评价标准的解读。

（9）超低能耗建筑外遮阳技术培训与项目参观：针对外遮阳技术应用，选取望京养云高标准项目进行实地参观，到访北京科尔遮阳公司进行技术交流，主要深入了解防风卷帘、遮阳百叶、卷闸窗三种外遮阳产品，了解实际项目、生产、成本、技术应用等实际情况。

（10）2024 年北京市 2021 年第一批高标准商品房项目陆续完成竣工验收。会员单位分别承接的首批高标准商品房项目（图 4）100%实施绿色建筑、装配式建筑、健康建筑和超低能耗技术四项建筑技术。

学府一号院　　　　　　中建壹品学府公馆　　　　　　望京养云

图 4　北京市首批高标准商品房项目

1.6 北京绿色建筑亮点工作介绍、启示与建议

2025年北京市科学技术委员会、中关村科技园区管理委员会、北京市住房和城乡建设委员会发布《北京市科技支撑建筑领域创新发展行动计划（2025—2027年）》（京科转发〔2025〕1号），"加快建筑产业绿色低碳智能化转型"为主要内容之一。北京市绿专委围绕建筑绿色低碳关键核心技术攻关、既有公共建筑节能绿色化改造，加快建筑绿色低碳技术的集成应用创新开展具体工作，积极促进科技创新、科技赋能建筑行业向绿转型。具体包括如下内容：

（1）标识管理方面：依据《北京市绿色建筑标识管理办法》（京建法〔2022〕4号）、《北京市建筑绿色发展奖励资金示范项目管理实施细则》（京建发〔2023〕191号），各区新建建筑实施二星级及其以上标准，新建公建、大型公建、政府投资的公益性建筑要求、鼓励执行三星级。

（2）施工图审查管理方面：北京市深化施工图审查制度改革继续推进，推出数字化审图试点工作。

（3）持续推进全过程管理方面：在规划条件（选址意见书）、工程建设规划许可证、施工图抽查、施工许可、土建装修一体化、专项验收、竣工验收、运行阶段开展能耗限额管理，对绿色建筑项目的落地实施全过程管理。

（4）围绕超低能耗建筑推广，加强协会宣传、技术交流、总结项目实践经验。

（5）继续公共建筑能效分级等相关工作的开展。积极配合北京市住房和城乡建设委员会开展调研、相关标准编制、实际问题的梳理工作。

作者：白羽（北京市生态城市与绿色建筑专业委员会）

2 上海市立法引航，多措并举，推动绿色建筑高质量发展

2 Legislation leading the way, multiple measures implemented: Shanghai promotes high-quality development of green buildings

2.1 上海市绿色建筑发展总体情况

在全面推进生态文明建设和实现碳达峰、碳中和目标的战略背景下，上海市深入贯彻落实党中央、国务院的重大战略决策和总体要求，着力提升新建建筑和既有建筑绿色低碳水平，推进城乡建设领域碳达峰，各项工作都取得了积极进展。近年来建筑领域绿色低碳发展水平稳步提升，建筑领域绿色低碳监管体系及法治保障日趋完善，绿色建筑和绿色生态城区建设规模取得显著阶段成效，超低能耗建筑、既有建筑节能改造和建筑可再生能源应用呈现规模化快速发展态势。

2.1.1 建筑规模稳步拓展

2024年上海全市落实新建绿色建筑面积3883万m^2，其中二星级以上绿色建筑面积占比约69.2%。截至2024年底，本市累计绿色建筑面积达到4.22亿m^2。2024年上海市共13个项目获得绿色建筑评价标识，其中3个项目获得住房和城乡建设部认定的三星级绿色建筑标识。

2.1.2 绿色生态城区建设持续推进

2024年上海市开展绿色生态城区项目技术审查，共完成绿色生态城区评审项目共12个。其中三星级试点项目7个，二星级试点项目2个，并推进3个三星级项目完成验收。开展第二批10个试点城区阶段性评估，加强绿色生态城区过程管理，建立绿色生态城区验收机制，完成3个绿色生态试点城区验收。截至2024年底，全市累计创建绿色生态城区37个，占地89.38km^2。

2.1.3 建筑节能降碳势头强劲

2024年发布《关于强化超低能耗建筑项目全过程管理的通知》，进一步优化

超低能耗建筑监管机制，形成市、区两级协调互补的工作格局。截至2024年底，本市累计超低能耗项目203万m^2，累计落实1573万m^2，近零能耗建筑落实122万m^2。建筑节能改造从试点引导向规模化转变，2024年推动落实410万m^2既有公共建筑节能改造。

2024年上海市全面升级市级碳排放智慧监管平台，以碳排放监测为核心，将碳排放监测与建筑节能管理创新融合，实现建筑全生命周期的碳排放数据跟踪与分析，构建建筑节能减碳闭环管理体系，有效支持本市建筑领域从能耗双控向能碳双控的战略转型。

2.1.4 智能建造与工业化协同共进

上海市持续推动智能建造与建筑工业化协同发展。截至2024年底，上海市累计落实装配式建筑面积超过2.6亿m^2，装配式建筑在新开工项目中占比超过90%。2024年发布《上海市智能建造试点项目管理规定（暂行）》，明确18类应用场景、59项关键技术。持续培育智能建造试点项目，截至2024年底，落实智能建造试点项目65个，建筑面积超过639万m^2，推动一批智能装备形成规模化应用。

2.2 颁布《上海市绿色建筑条例》，不断完善法律法规体系

绿色建筑是提升建筑品质改善人居环境的重要抓手，是建筑业发展新质生产力的重要载体，是建筑领域绿色化、低碳化、信息化、智能化创新技术的集成应用，跨界融合、产业协同的绿色低新赛道将为建筑业发展注入新动能，形成建筑领域新质生产力的重要驱动。2010年颁布实施的《上海市建筑节能条例》已无法为当下绿色建筑发展形势提供有效制度保障。同时，建筑绿色发展中也面临各方主体责任不清晰、低碳建设要求待强化等问题。对此，上海市将已有的绿色建筑成熟有效制度法制化，完善领域地方性法规制度建设，历经多年的调研和听取意见，作为绿色建筑地方性法规的《上海市绿色建筑条例》（图1）于2024年9月27日经上海市第十六届人民代表大会常务委员会第十六次会议表决通过，自2025年1月1日起施行。

该条例进一步明确了本市绿色建筑发展工作的主体责任，强化了全过程管理，完善了激励保障机制，为提升绿色建筑发展水平、推动城乡建设绿色转型筑牢法治根基。条例的重点内容包括六个方面：一是拓展绿色建筑的内涵，涵盖民用建筑和工业建筑，实现全寿命期管理，强调从规划到拆除的全过程管理。二是提升绿色建设要求，要求新建民用建筑全面执行一星级绿色建筑标准，国家机关办公建筑和大型公共建筑按三星级标准建设，推动超低能耗建筑的发展。三是注重以人为本，保障绿色建筑的性能，建立绿色建筑使用者监督机制，确保公众对建筑

环境的获得感。四是紧扣节能降碳要求，实施能效与碳效双控，强化建筑节能低碳标准，建立能耗与碳排放的统计监测体系。五是提升法规制度的实操性，明确各方主体的责任，增设法律责任，确保条例的有效实施。六是加强科技创新，培育新质生产力，推动绿色建筑领域的技术进步和产业升级。

该条例的颁布为上海市绿色建筑高质量发展提供健全的制度保障，促进建筑行业的转型升级。后续将持续完善细化相应的配套法规与标准体系建设工作，进一步明晰上海市绿色建筑发展工作主体责任，夯实全过程管理链条，完善激励保障措施，为提升绿色建筑发展能级，促进城乡建设绿色发展，提供坚实有力的法治保障，引导城市建设模式和建筑行业发展方式转型升级，推动经济社会发展全面绿色转型。

图 1　上海市绿色建筑条例

2.3　开展绿色建筑相关标准编制，持续优化标准体系

为更好地衔接《上海市绿色建筑条例》，支撑上海市绿色建筑项目评价工作，促进绿色建筑全产业链高质量发展，2024 年上海市全面推动绿色建筑相关标准修订工作，其中上海市工程建设规范《住宅建筑绿色建筑设计标准》DGJ 08—2139—2021（2024 年局部修订）、《公共建筑绿色建筑设计标准》DGJ 08—2140—2021（2024 年局部修订）自 2025 年 1 月 1 日起实施，上海市工程建设规范《绿色建筑评价标准》DG/TJ 08—2090—2024 将于 2025 年 6 月 1 日起正式实施。该系列标准与现行强制性工程建设规范和上海市相关标准相协调，强化绿色建筑的碳减排要求，结合上海近几年的行业发展情况，对建筑碳排放、绿色建材等技术指标进行了升级，并优化评价方法可操作性。

针对绿色建筑区域化发展需求，2024年上海市修订发布上海市工程建设规范《绿色生态城区评价标准》DG/TJ 08—2253—2024（图2），融合新一轮上海高品质城市绿色低碳发展需求，针对区域规划建设特点，创新性提出"1＋5＋1"的评价指标体系，包括对"区域总体"进行总体管控，从"韧性安全、健康宜居、低碳高效、经济活力、智慧管控"五个性能维度提出评价要求，同时鼓励城区进行"特色与创新"，将为上海市新一轮绿色生态城区高质量发展提供有力支撑。

图2　上海市工程建设规范《绿色生态城区评价标准》DG/TJ 08—2253—2024

针对建筑节能提升需求，2024年上海市修订发布上海市工程建设规范《居住建筑节能设计标准》DG/TJ 08—205—2024，该标准充分对接上海城乡建设领域"双碳"目标，率先引入建筑用能与碳排放限额双控的建筑节能限额设计理念，提出上海市居住建筑能耗与碳排放绝对值限额指标节能设计评价方法，并以75%作为节能目标进行修订；外窗传热系数提升至1.6，达到夏热冬冷地区先进水平。

为构建"好小区"格局，围绕新建绿色住宅小区和既有绿色住宅小区评价体系，提出适用的评价指标和评价方法，由上海市房屋管理局委托上海市绿色建筑协会牵头课题组，开展了《绿色住宅小区评价体系研究》工作，并起草了《绿色住宅小区评价标准》。为推进上海东站建设绿色低碳化提供技术支撑，重点针对东方枢纽建设开发，编制具有指导性的绿色低碳生态建设导则、总控机制、评价标准，受上海东方枢纽投资建设发展集团有限公司委托，上海市绿色建筑协会开展了《东方枢纽七平方公里绿色低碳生态高质量建设关键技术研究》。

2.4 推动绿色建筑区域化发展，规模化发展成效显著

发挥区域绿色集聚发展效应，上海市加快推进绿色生态城区建设。会同江苏、浙江省住房和城乡建设厅和长三角一体化示范区执委会联合发布《长三角生态绿色一体化发展示范区绿色建筑一体化发展技术导则》，明确分级分类要求，创新协同绿色建筑一体化关键技术指标，提出具体技术要求和实施路径，并形成长三角绿色建筑领域协调机制，为深化推进长三角区域绿色建筑一体化高质量发展提供技术支撑。

为进一步加强新城范围内绿色生态专项工作的规划建设指引，积极响应上海市人民政府《关于本市"十四五"加快推进新城规划建设工作的实施意见》中"100%执行绿色生态城区标准"的要求，在更大尺度上充分发挥绿色生态城区示范溢出效应，上海市针对五个新城全域范围内绿色生态专项工作，联合发布了《绿色生态规划建设导则》(简称《导则》)。《导则》共七章，按照"分新城、分区域、分重点"方式，划定新城绿色生态城区目标单元，制定"一城一策"特色指标体系，重点指导各新城在韧性安全的设施与海绵城市建设、健康活力的空间与环境、低碳绿色的建筑与交通、高效节约的能源与资源、智慧创新的管理与人文五个方面的规划建设。

2024年上海市加强过程管理，深入推进绿色生态城区建设。开展绿色生态城区项目技术审查，共完成绿色生态城区评审项目共12个。其中，三星级试点项目7个，二星级试点项目2个，及推进3个三星级项目完成验收。开展第二批10个试点城区阶段性评估，加强绿色生态城区过程管理，建立绿色生态城区验收机制，完成西岸传媒港和西岸智慧谷、前滩国际商务区、黄浦董家渡等三个绿色生态试点城区（图3）验收。聚焦建筑绿色低碳新技术的集成应用，开展第二轮绿色生态城区试点创建。截至目前，本市累计创建绿色生态城区37个，占地89.38平方千米。

(a) 西岸传媒港和西岸智慧谷

(b) 前滩国际商务区

(c) 黄浦董家渡

图 3　2024 年通过示范项目验收的 3 个上海市绿色生态城区项目

2.5　举办各类论坛活动，促进行业交流推广

2024 年上海市继续通过举办各类论坛活动，为行业提供创新技术展示、交流前沿信息的共享平台。积极组织相关单位参与中国城科会绿建委举办的 2024（第二十届）国际绿色建筑与建筑节能大会、第十四届夏热冬冷地区绿色建筑联盟大会、夏热冬冷地区绿色低碳建筑创新设计大赛等行业活动。

2024 年 6 月，上海市绿色建筑协会主办 2024 上海绿色建筑国际论坛（图 4）。该论坛以"绿色建筑与城市更新"为主题，围绕上海市委、市政府、市住建委重点工作要求，聚焦建筑领域绿色低碳发展，以城市更新为牵引、为突破，搭建交流平台，共同探讨上海城市更新、绿色智慧发展路径与模式。

图 4　2024 上海绿色建筑国际论坛

2024 年 10 月，由联合国人居署、上海市住房和城乡建设管理委员会主办，上海世界城市日事务协调中心协办，上海市绿色建筑协会承办 2024 上海国际城市与建筑博览会（简称上海城博会，图 5）。上海城博会以"创新驱动绿色发展，新

质赋能人民城市"为主题,展示了城市规划建设和管理成果,促进了企业交流与合作。上海城博会同期举办了开幕式、展览会、主场报告会、系列研讨会、第七届"孩子眼中的未来城市"活动、商贸对接会、岗位推介会、现场打卡等形式多样、内容丰富的30余场活动。上海城博会的举办引起了新闻媒体的高度关注,近20家媒体和相关政府主管部门官微对展览会展示的创新技术、先进理念、优秀案例等内容进行了全方位的报道。其中,解放日报、建筑时报等在报纸头版进行了报道。新民晚报"秋秋直播间"莅临城博会现场与参展单位互动交流,近5万人观看了现场直播。迄今为止上海城博会已连续十年举办,在为业界提供了专业化、品牌化和国际性的交流合作平台的同时,也让市民群众全方位感受到在"人民城市"理念指引下,上海城市发展的创新成果。

图5 2024上海国际城市与建筑博览会

作者:上海市绿色建筑协会

3 深圳市绿色建筑协会工作经验——培育人才队伍 助力行业发展

3 Building a talent reservoir for market advancement: work experience of Shenzhen Green Building Association

3.1 深圳绿色建筑总体情况

绿色发展是高质量发展的底色，新质生产力本身就是绿色生产力。近年来，深圳深入贯彻习近平生态文明思想，立足粤港澳大湾区和中国特色社会主义先行示范区"双区"建设的定位要求，推进经济社会发展全面绿色转型。据统计，深圳能耗和碳排放强度分别是全国平均水平的1/3、1/5，达到国际先进水平；绿色竞争力在全国289个城市中排名第一，首届中国城市绿色建筑发展竞争力指数排名第一，并以优秀的成绩通过国家低碳城市试点评估。

3.1.1 政策引领

2022年7月1日起，《深圳经济特区绿色建筑条例》（简称《条例》）实施，要求新建建筑不低于绿色建筑标准一星级。这是全国首部将工业建筑和民用建筑一并纳入立法调整范围的绿色建筑法规，并首次以立法形式规定了建筑领域碳排放控制目标和重点碳排放建筑名录。《条例》内容聚焦绿色建筑全寿命期管理过程，以绿色建筑规划、建设、运行、改造、拆除为脉络，以绿色建筑的性能及其评价、相关促进和激励措施为支撑，以问题为导向解决发展掣肘，以严格责任确保建筑绿色性能要求落到实处。

2023年9月，深圳市人民政府发布的《深圳市碳达峰实施方案》提出实施"碳达峰十大行动"。其中，"城乡建设绿色低碳行动"重点任务指出要大力推进新建绿色建筑——到2030年，新建建筑中二星级以上绿色建筑占比达60%，新建建筑全面应用绿色建材，实施超低能耗、近零能耗、零碳建筑不少于1000万平方米，新建居住建筑平均节能率达75%，新建公共建筑平均节能率达78%。

2024年，深圳发布了《国家碳达峰试点（深圳）实施方案》《深圳市城乡建设绿色低碳行动计划》《关于推动深圳城乡建设绿色发展的实施意见》《深圳市推动现代工程服务业发展三年行动计划（2024—2026年）》《数字能源先锋城市建设规划（2024—2030年）》等系列政策文件，持续构建与时俱进且因地制宜的绿色低碳政策体系。

3.1.2 管理管控

2024 年 2 月，深圳市住房和建设局印发《深圳市绿色建筑标识管理办法》，提出新建国家机关办公建筑项目、财政性资金参与投资建设的大型公共建筑项目，项目建设单位、运营单位或者业主单位应当在规定时间内申报相应星级的绿色建筑标识；申报一星级、二星级绿色建筑标识的建筑项目应当在竣工验收备案后 2 年内申报，申报三星级绿色建筑标识的建筑项目应当在竣工验收备案后 3 年内申报。系列技术指导文件的出台，进一步规范了全市绿色建筑有关监督管理，促进建筑全生命周期绿色低碳和绿色建筑高质量发展。

3.1.3 试点示范

深圳始终坚持以制度创新引领绿色发展，创造了"绿色先锋"城市的深圳先行示范经验，取得了丰硕的成果。截至 2024 年底，深圳绿色建筑评价标识项目超过 1500 个，总建筑面积超过 2 亿平方米，是绿色建筑规模和密度最大的城市之一。深圳共有近零能耗建筑测评项目 31 个（其中产能建筑 1 个，零能耗建筑 3 个），总建筑面积超 41 万平方米；零碳建筑测评项目 3 个，分别为中国海外大厦、深圳市南山能源生态园零碳天地和深湾玖序花园配建幼儿园，建筑面积超 7 万平方米。全市组织完成超低、(近)零能耗试点项目 36 个，建筑光伏一体化和光储直柔建筑试点项目 31 个，绿色低碳先进标准集成应用试点项目 6 个，智能建造试点项目 124 个。

3.2 绿色建筑职称评定

3.2.1 抓住改革试点机遇

人才是行业发展的基础。2013 年 5 月，深圳启动职称评定职能向行业组织转移改革试点。2014 年，深圳实现社会化职称评审全部由行业协会承接。深圳市人力资源和社会保障局（以下简称市人社局）通过组织专家评审，遴选专业水平高、服务能力强、影响力大的社会组织承接职称评审工作，为从业人员专业技术能力水平认定提供了极大的便利，激励了一批批专业人才投身行业发展。

深圳绿色建筑与建筑节能工作起步早、发展快，行业对于绿色建筑人才的需求逐年上升，传统的建筑人才需要向绿色建筑人才转型。在这次职称制度改革大潮中，深圳市绿色建筑协会（以下简称协会）精准定位行业发展需要、抓住职称改革试点机遇，于 2014 年向市人社局提交了关于创立绿色建筑专业技术资格的可行性研究报告，该报告得到了市人社局的重视和支持，经深入调研、多方讨论和严谨决议，于当年 8 月在建筑工程大类中增设了全国首个"绿色建筑专业职称"，并确立协会为"深圳市建筑专业高、中、初级专业技术资格第八评审委员会",负责初级至副高级的绿色建筑专业职称评审工作。全国首批绿色建筑工程师于2014年12月在深圳诞生(图1)。

图1　首次绿色建筑工程师职称评审会合影

绿色建筑专业技术资格是深圳市人才工作的创新试点之一,是市人社局大胆突破、勇于创新的重要举措,2014年在全国尚属首例。该专业职称评审工作的立项,结束了绿色建筑从业人员无职称可评、无专业技术地位的尴尬境地,对提升和促进绿色建筑行业的职业水平、填补绿色建筑技术人才培养和评定的空白、培养一批优秀的建筑行业新型和实用型人才具有重要意义。其创新性、领先性和示范作用巨大,一经推出即在全国绿色建筑行业内引起了高度关注——中国城市科学研究会绿色建筑与节能专业委员会连续多年帮助在全国召集行业优秀专家参与评审,提供专业性指导意见,为职称工作保驾护航。2018年,协会顺利开展"正高级绿色建筑工程师"职称评审工作,实现了绿色建筑工程技术人员从助理级到正高级职称晋升的全通道,对深圳乃至全国的绿色建筑从业人员是莫大的鼓舞和鞭策(图2)。

图2　为绿色建筑工程师颁发职称证书

3.2.2 创新职称评审机制

承接绿色建筑工程师的职称评审工作是协会全体会员勇于开拓创新的硕果（图3）。绿色建筑专业职称申报人数逐年增长，通过职称评审的工程技术人员已超过1200人，其中正高级工程师16人。2020年，深圳设立职称双专业申报渠道，协会积极推动了双专业的复合型人才培养，截至2025年，超过200人申报了绿色建筑双专业职称。

图3 深圳市绿色建筑专业职称申报政策宣贯会

2014—2024年，协会在创新实践中积累了十年的职称评审工作经验，如坚持党建引领，选拔政治素养高、业务水平过硬的人才队伍组建评委会办公室；面向全国召集专家，组建高水平的评审团；编制实操手册，创建测评题库，与时俱进优化评审表；引进数字化工具，创新服务模式；深入企业辅导，助力高效申报；开展绿色建筑工程师继续教育公益培训，推动人才可持续发展。协会会长作为召集人亲自参与督导，党支部书记挂帅担任职称评委会办公室主任，监管严格、廉洁自律和工作专业性成为高质量完成职称评审工作的基石。

十年磨一剑。协会通过加强体系建设、流程优化、制度完善，推动绿色建筑专业职称评审机制更加健全、更加科学、更加规范，因认真、严谨、务实的工作作风得到政府主管部门的高度认可（图4），在市人社局多次年度考核中获评"优秀"。

 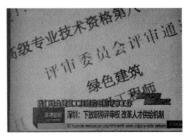

图4 深圳市绿色建筑协会作为承接政府职能转移工作的典范，代表行业组织接受央视焦点访谈栏目组、深圳卫视新闻30分栏目组、《工人日报》等媒体记者采访

3.2.3 培养绿建国际人才

协会是国内绿色建筑行业组织联动国际和粤港澳大湾区绿色建筑行业组织的重要窗口，配合政府职能部门积极为深圳乃至粤港澳大湾区行业人员打造更广阔的人才评价渠道。除开展职称政策宣贯会、专家评审会等工作外，协会还积极拓展国际合作、为高端人才赋能——如推动了美国 LEED、英国 BREEAM、德国 DGNB 国际认证咨询师、香港 BEAM 绿建专才和绿建通才对应绿色建筑职称相应级别，组织开展绿色建筑高级研学班（国内及海外），申办可持续建筑环境亚太地区会议等。

此外，协会常年携手行业专家进学校举办绿色科普公益课堂，支持"绿色、低碳科普教育基地"遴选工作、承办青少年科普竞赛和夏令营等活动，深耕青少年的绿色低碳理念，培养行业后继人才。

3.3 职称评审赋能产业发展

深圳市绿色建筑行业发展二十年，从"率先探索"到"示范试点""全面推广"，现已进入"提质发展"阶段，以优秀的业绩被誉为"绿色先锋城市"，在 2021 年首届《中国绿色建筑发展竞争力指数报告》中荣登榜首——绿色建筑工程师在这个波澜壮阔的发展进程中发挥了关键作用。

绿色建筑覆盖建筑全寿命期，技术工作覆盖面广，优秀的复合型人才始终是重点培养方向。深圳市绿色建筑协会以设立职称为抓手，快速响应行业需求，评审产生了一批批来自产业上下游企业的绿色建筑高级人才。他们因具备跨专业、跨学科复合型人才的特点和优势，逐渐成为各专业的"绿色粘合剂"，将绿色低碳理念深入建筑全产业链，有效地支撑了产业发展与转型升级。

2025 年 2 月，绿色建筑专业被正式列入广东省建筑职称序列中，同时增设了"绿色与智能建造"大专业系列——这是广东省建筑节能和绿色建筑发展中里程碑式的大事件。期待在不久的将来，绿色建筑工程师职称评审工作能在全国普及，催生出更多优秀的专业技术人才，为建筑领域"双碳"目标的实现贡献更大力量。

作者：王向昱，谢容容，高洁丹（深圳市绿色建筑协会）

4 浙江省绿色生态城区推动城乡建设绿色化发展

4 Green eco-district promotes the green development of urban and rural construction in Zhejiang

4.1 总体情况

推进绿色生态城区建设是加快浙江省生态文明建设，打造绿色生态宜居省份的重要举措。"十四五"以来，浙江省陆续印发了《关于高水平推动城乡建设绿色发展的实施意见》《浙江省建筑领域碳达峰实施方案》等一系列"双碳"政策文件，多次提出要积极创建绿色生态城区试点，将绿色生态城区创建列入全省各地市年度考核工作任务，并推出专项奖补资金管理办法。为进一步指导浙江省生态城区的规划建设，2024年2月21日，浙江省住房和城乡建设厅发布浙江省工程建设标准《绿色生态城区评价标准》DBJ 33/T 1311—2024，结合浙江特色和未来社区、城乡风貌整治提升等重点工作，形成了浙江绿色生态城区建设的独特路径，为浙江绿色生态城区建设提供了有力的技术支撑。截至目前，浙江省共打造绿色生态城区示范项目9项，其中二星级项目4项，三星级项目5项，形成了一系列可复制、可推广的绿色生态城区建设经验。

践行绿色低碳建设理念，打造绿色生态城区，已成为浙江省高质量绿色发展的重要抓手和示范窗口，并通过政策支持、标准指引、示范领先三个纬度推动全省向绿色、生态、低碳方向发展，形成了"点状绿"到"片状绿"的发展态势。

4.2 主要经验和做法

4.2.1 做好顶层设计，全局谋划低碳发展

为加快推动建筑领域碳达峰碳中和工作，2022年1月27日，浙江省住房和城乡建设厅、浙江省财政厅印发《浙江省建筑领域碳达峰碳中和考核奖补办法》，将创建省级及以上绿色生态城区列入建筑节能与绿色建筑专项重要工作，并设置浙江省建筑业碳达峰碳中和奖补资金，用以支持考核优秀县（市、区）绿色生态城区创建等建筑领域碳达峰碳中和相关工作。

2022年7月16日，为将绿色低碳发展理念贯穿于全省城乡建设的全过程和各方面，推动城乡高质量发展和经济社会发展全面绿色转型，中共浙江省委办公厅、浙江省人民政府办公厅印发《关于高水平推动城乡建设绿色发展的实施意见》，要求加快城乡风貌整治提升，大力开展绿色城市、森林城市（城镇）建设。同年9月23日，浙江省住房和城乡建设厅、浙江省发展和改革委员会等七部门联合印发《浙江省建筑领域碳达峰实施方案》，明确提出"在有条件地区结合未来社区建设，大力推广绿色低碳生态城区、高星级绿色建筑、超低能耗建筑"。

2024年2月21日，浙江省住房和城乡建设厅印发《2024年建筑领域碳达峰碳中和工作要点》，将"多维度打造绿色生态城区标杆"作为全省建筑领域工作年度要点之一，要求"结合城市更新、未来社区等工作联动推进省级绿色生态省区创建……加快推动由单体绿色建筑向绿色社区、绿色城区、绿色城市发展"，并全面部署了各地市省级及以上绿色生态城区建设目标任务，助力浙江省绿色建筑高质量发展。

4.2.2　强化标准引领，做到高标准严要求

为积极响应生态文明建设，全力推动城市绿色转型，规范引导建设符合浙江实际的绿色生态城区评价标准，提升城区绿色生态水平，2024年2月21日，浙江省住房和城乡建设厅发布浙江省《绿色生态城区评价标准》DBJ 33/T 1311—2024（以下简称《标准》）。《标准》以国家标准《绿色生态城区评价标准》GB/T 51255—2017为基础，结合浙江独特的自然地理、经济发展与文化底蕴等元素，立足浙江实际，紧密围绕碳达峰行动方案及未来社区创建、城乡风貌整治提升、绿色金融发展等重点工作，创新增设特色条文，从不同维度展现浙江绿色生态城区建设的独特路径，为浙江绿色生态城区建设提供坚实有力的技术支撑。

《标准》将绿色生态城区分为规划设计与实施运管两个评价阶段，明确了各阶段条件，并提出了涵盖区域布局、生态环境、绿色建筑、资源与碳排放、绿色交通、智慧化管理、产业与经济、人文八大评价指标。各指标分设控制项与评分项，对用地规划、生态保护、建筑标准、资源利用、交通体系、智慧管理、产业发展、文化传承等提出具体要求。

与国家标准相比，《标准》的适用范围进一步扩大，不仅涵盖新建城区，还将更新城区纳入评价范畴，为城市存量空间的绿色生态改造提供指引，城区面积设定既契合浙江城市建设实际规模，又能确保评价对象具有一定代表性与可操作性。此外，创新性地融入城市更新、未来社区等浙江特色理念，并新增滨水空间、绿道布置、CIM平台管理等特色指标。《标准》强调全过程管控，不仅关注规划设计，更重视实施运管阶段评价，对基础设施、公共服务设施建成及使用情况，以及监测或评估系统建立等提出具体要求，保障绿色生态城区建设取得实际成效。

4.2.3 树立行业标杆，形成区域示范效应

1. 近五年示范项目建设情况

绿色生态城区是城乡建设领域碳达峰碳中和的重点发展方向，"十四五"以来，浙江省紧密围绕"双碳"目标部署，在绿色生态城区方面已有初步实践，形成了一批极具浙江特色的绿色生态城区示范项目（表1）。

近五年浙江省绿色生态城区示范项目　　表1

序号	年份	项目名称	行政区位	城区面积（km^2）	评价依据	评价星级
1	2020	杭州亚运会亚运村及周边配套工程项目	杭州市萧山区	1.14	《绿色生态城区评价标准》GB/T 51255—2017	★★
2	2020	衢州市龙游县城东新区	衢州市龙游县	4.06		★★
3	2021	海宁鹃湖国际科技城	嘉兴市海宁市	7.81		★★
4	2021	湖州南太湖未来城（长东片区）	湖州市吴兴区	6.62		★★★
5	2024	绍兴鉴水科技城窑湾江总部集聚区	绍兴市越城区	2.82		★★★
6	2024	绍兴棒球未来城	绍兴市越城区	2.89		★★★
7	2024	安吉"两山"未来科技城范潭中央商务区	湖州市安吉县	3.16	《绿色生态城区评价标准》GB/T 51255—2017 《绿色生态城区评价标准》DBJ 33/T 1311—2024	★★
8	2024	大运河杭钢片区	杭州市拱墅区	1.85	《绿色生态城区评价标准》DBJ 33/T 1311—2024	★★★
9	2024	江海之城	杭州市钱塘区	6.75		★★★

2. 典型案例介绍

（1）改造类绿色生态城区——大运河杭钢片区

位于杭州市拱墅区半山西麓，总建设用地面积1.72km^2，总建筑面积约188万m^2。城区规划定位为集休闲文化中心、品质居住、新兴产业等功能于一体，以工业遗产活化利用为特色的新标志性区域（图1）。

项目亮点主要包括：

1）工业遗存改造利用、延续历史文脉

主要措施包括保护性利用类工业建（构）筑物、适应性利用工业遗存、合理布置工业小品等（图2）。

图 1　大运河杭钢公园

图 2　杭钢改造前后对比

2）杭州市城市更新样板

通过既有建筑保留部分实施节能改造、场地活化利用、基础设施能效提升等措施，建设杭州城市有机更新示范样板。

3）土壤修复与治理

杭钢基地退役地块土壤治理修复累计投资达15亿元，带动相关项目投资超过

200 亿元，累计完成腾出符合开发要求的"净地"83.7 万 m^2，新建公园绿化 28 万 m^2，保护工业遗存 5.1 万 m^2，有效保障了国家文化公园的建设，为杭州大运河杭钢区域城市建设、产业培育、文旅发展提供了坚实的保障。

4）TOD 综合开发与绿色交通

有机协调轨道交通规划建设与地下空间开发利用，依据 TOD 一体化开发理念优化地下空间的设计与布局，提高地下空间利用效率。将整合轨道交通、公交车首末站、水上巴士站点以及旅游小火车线路等出行方式，绿色交通出行率将达到82%。

5）景观设计及绿道系统

城区进行区域景观设计，公园绿地覆盖率为 92.42%，绿道长度超 5km。城区打造亲水宜人的滨水空间（图 3），绿地水系、城市公园等城区开放空间 500m 服务半径覆盖率为 98.94%。

图 3　大运河杭钢公园滨水空间

6）绿色低碳建筑

城区内新建二星级及以上绿色建筑占比 100%，新建三星级绿色建筑占比 23.1%。大运河杭钢公园项目 GS1303-12 地块公园绿地-管理建筑 3 号楼获得近零能耗建筑标识。

7）海绵城市

城区内大运河杭钢公园 GS1303-14 地块公园绿地项目获评浙江省 2023 年度海绵城市示范性工程项目。城区内公园绿地充分考虑周边市政道路雨水的协助消纳，沿市政道路的红线布置海绵设施，采用了 19106m^2 透水铺装地面、100m^2 下沉式绿地、4458m^2 植草沟、3930m^2 雨水花园等措施，辅助消纳部分相邻市政道路雨水，以提高区域雨水控制效果，年径流总量控制率 79%。

项目通过因地制宜的绿色生态设计，创造更多的自然生态、慢活休闲、文化艺术生活方式空间，有利于增强人民群众的获得感、体验感、满意感，同时可实现大规模减碳，有效保护生态环境，具有显著的推广和示范效应（图 4）。

图 4 大运河杭钢公园项目改造前后

（2）新建类绿色生态城区——安吉"两山"未来科技城范潭中央商务区

坐落于湖州市安吉县，范潭中央商务区则处于"两山"未来科技城启动区的核心区域（图 5），总用地面积 3.16km²。城区规划建设规模约 319.06 万 m²，规划总居住人口约为 2.26 万人，总就业人口约为 2.76 万人。

图 5 安吉"两山"未来科技城范潭中央商务区

项目亮点主要包括：

1）绿色低碳建筑

经过城区《绿色建筑实施方案》优化提升，城区新建民用建筑达到一星级全覆盖，二星级及以上面积比例高达 98.94%；新建建筑实施装配式建筑面积比例高达 84.52%，城区内新建建筑可再生能源应用核算替代率达到 8%。

2）绿色金融与绿色基金

2023 年 2 月 10 日，安吉县出台《关于进一步加快推动经济高质量发展的若干政策》，规划城区结合以上地方补贴政策，采取具体措施推动城区内企业申请资金，包括建立城区绿色专项基金申请对接机构及人员、开展项目筛选、加强宣传和教育等。

3）滨水空间（图 6）

根据滨水侧地块的开发情况与要求，形成四类滨水界面，分别进行控制与引导开发。浒溪西岸建设灵溪公园，全长约 3.4km，是集城市防汛、休闲、观光于一体的滨河生态公共绿廊；沿浒溪两侧生态绿地构建绿道，沿浒溪东岸在建 1 条省级绿道，沿浒溪西岸建设 1 条社区级绿道。

 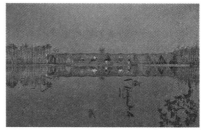

图 6　安吉"两山"未来科技城滨水空间

4）绿道系统（图 7）

城区规划 1 条省级绿道、1 条市级绿道、1 条县级绿道、5 条社区级绿道，并与城市绿道系统衔接，8 条绿道总长度达到 13km，组成完整、连续、连山接水的绿道网络。

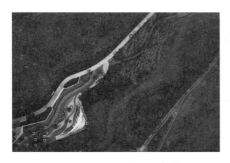 

图 7　安吉"两山"未来科技城绿道系统

项目通过合理布局、绿色建筑、可再生能源、绿色交通等，可再生能源利用总量占一次能源消耗总量比例高达 14.04%，城区碳排放强度降幅可达 30%，实现资源节约和循环利用，有效减少污染物排放，改善空气质量。

4.3 启示和思考

1. 因地制宜科学规划，打造绿色生态城区的标志性成果

在绿色生态城区建设中，因地制宜是实现科学规划的关键。绿色生态城区涉及土地利用、生态环境、绿色建筑、资源与碳排放、信息化管理、产业与经济、人文 8 大类指标，各类指标仅设置少量控制项，旨在挖掘不同项目的亮点特色，发挥各自的资源禀赋，针对不同项目的个性特征因地制宜地进行规划提升，而非强调方方面面均衡发展。如作为"绿水青山就是金山银山"理念诞生地，湖州市依托天然的绿色生态优势，通过因地制宜的绿色生态设计，持续探索自然生态和绿色城市有机融合的建设新路径，以绿色空间赋能城区建设，努力打造绿色山水间的高品质生活之城。

2. 推动绿色生态城区规模化发展，形成新的经济增长点

绿色生态城区的建设，将直接带动绿色建筑、绿色建材、装配式建造、可再生能源应用、建筑更新改造、数字化应用等相关上下游产业链的延伸和升级。同时，生态城区的规模化发展也将催生一系列新兴产业和商业模式，如随着绿色建筑和低碳项目融资需求的增加，绿色保险、绿色信贷等绿色金融产品发展将得到推动；建筑更新改造和能效提升需求增加，将促进合同能源管理、能源托管等节能服务模式发展，为经济增长注入新动能，实现生态效益与经济效益的良性互动，推动区域经济高质量发展。

3. 充分应用新质生产力，助推绿色生态城区发展新优势

推动绿色生态城区从规划向长效运营转型，是绿色生态城区建设的痛点和难点之一，关键在于构建全生命周期管理机制，通过智能化监测、动态化反馈和市场化运营，实现生态效益与经济效益的可持续协同。如：集成 BIM + GIS + CIM 数据，构建三维可视化运营中枢，建设一体化监测预警体系，实时映射环境、能耗、碳排放、交通等指标，并引入 AI 大数据大模型，将为生态城区智能运营赋予新的动力；建立动态"评估-反馈-迭代"的运营机制，多方协同治理，实现政企合作、公众参与；运用绿色金融、绿色基金等市场化手段，PPP 模式、合同能源管理、碳交易等市场化运营模式，吸引社会资本参与，为绿色生态城区建设提供强有力的金融支持。

4. 加强示范区交流合作，总结形成可推广可复制新经验

绿色生态城区建设是一项复杂的系统工程，需要不断探索和创新。加强项目交流合作,分享成功经验和失败教训,对于推动绿色生态城区建设具有重要意义。由政府、企业、科研机构、协会单位等共同搭建信息平台,定期举办论坛、研讨会等活动;收集整理国内外绿色生态城区典型案例,建立案例库,为类似项目提供参考和借鉴;对绿色生态城区建设成功案例进行总结提炼,形成有益的模式和范式。

作者:林奕[1],梁利霞[1],徐盛儿[2],马俊[2](1. 浙江省建筑科学设计研究院有限公司;2. 浙江省建筑设计研究院有限公司)

5 江苏省绿色品质提升 专项试点先行
5 Pilot projects to lead the improvement of green quality in Jiangsu

江苏省在2023—2024年持续推进绿色建筑高质量发展，围绕"双碳"目标，以示范先导区建设、绿色金融创新和改善性住房绿色化改造为重点，取得了显著成效，主要表现在如下三方面：

一是示范先导区建设引领绿色发展。将绿色建筑示范先导区建设作为推动绿色建筑规模化、高质量发展的重要抓手，在省域范围内遴选了一批基础条件好、发展潜力大的区域，开展绿色建筑示范先导区建设。设2批次4个示范先导区，示范先导区坚持高标准规划先行，将绿色建筑理念融入城市规划、建设、管理全过程，制定出台专项规划，明确了发展目标、重点任务和保障措施。

积极培育绿色建筑产业集群，推动设计、施工、建材、运营等全产业链协同发展，打造了一批绿色建筑产业基地和示范项目。积极推广应用装配式建筑、超低能耗建筑、绿色建材等新技术、新产品，建设一批高品质绿色建筑项目。

二是绿色金融创新助力提质提优。积极探索绿色金融支持绿色建筑发展的新模式，创新金融产品和服务，为绿色建筑发展提供强有力的资金保障。出台了《关于强化绿色金融支持绿色建筑高质量发展的通知》等政策文件，明确了绿色金融支持绿色建筑发展的重点领域和扶持政策。

鼓励金融机构开发绿色建筑信贷、绿色债券、绿色保险等金融产品，为绿色建筑项目提供低成本、长期限的资金支持。建立绿色金融综合服务平台，为绿色建筑项目提供融资对接、信息咨询、风险评估等一站式服务。有效缓解了绿色建筑项目融资难、融资贵问题。截至2024年6月末，全省银行业支持建筑节能与绿色建筑贷款余额8613亿元。

三是绿色化改造提升环境空间品质。将改善性住房绿色化改造作为提升居民居住品质、改善人居环境的重要举措，大力推进既有建筑节能改造、老旧小区改造和绿色社区创建。将绿色建筑理念融入老旧小区改造，完善小区绿化、停车、充电等配套设施，提升小区环境品质和居住舒适度。积极开展绿色社区创建活动，倡导绿色生活方式，推广垃圾分类、节能减排、绿色出行等理念，营造绿色宜居的社区环境。2024年度实施城中村改造8.35万户，新开工改造城镇老旧小区1114个，惠及居民约28万户，开工率为105.1%，筹集保障性住房1.34万套、保障性租赁住房 18.19 万套；累计筹集保障性租赁住房 61 万套。

5.1 项目建设践行全过程绿色

江苏省在项目建设中全面践行全过程绿色理念，将绿色标准和技术贯穿规划、设计、施工到运营。通过政策引导和技术创新，推动装配式建筑、智能建造和零碳建筑示范项目落地，全面提升项目建设的环境效益和社会效益。

5.1.1 构建全过程绿色管理标准

绿色发展已成为新时代高质量发展的鲜明底色。在推进绿色发展中，创新性地构建起绿色设计、绿色施工、绿色验收的闭环管理体系，实现了绿色项目的高质量推进。这一实践不仅体现了江苏在绿色发展领域的先行先试，更为全国提供了可复制、可推广的经验。

建立完善的绿色标准体系，从项目立项、设计、施工到验收，每个环节都有明确的绿色标准。设计阶段，要求必须采用江苏省地方标准《绿色建筑设计标准》DB32/ 3962—2020，充分考虑节能、节水、节地等因素；施工阶段，严格执行国家标准《建筑工程绿色施工规范》GB/T 50905—2014，最大限度减少对环境的影响；验收阶段，执行江苏省地方标准《绿色建筑工程施工质量验收标准》DB32/T 4791—2024，将绿色指标作为硬性考核标准，确保项目真正达到绿色要求。这种全流程的标准化管理，为绿色项目的实施提供了有力保障。

5.1.2 落实各环节绿色管理措施

绿色闭环管理取得了显著成效，全省绿色建筑规模持续扩大，绿色项目数量和质量均位居全国前列。更重要的是，通过严格的闭环管理，真正实现"设计绿色、建设绿色、验收绿色"的目标。这一成就不仅提升了江苏的绿色发展水平，也为全国推进绿色发展提供了有益借鉴。

绿色发展不仅需要理念引领，更需要制度保障。通过构建闭环管理体系，将绿色标准贯穿项目全过程，才能确保绿色发展从理念转化为现实。这一经验对于推动我国绿色发展具有重要的示范意义，也为实现"双碳"目标提供了有力支撑。

5.2 科技创新赋能新质生产力

以科技创新为核心驱动力，赋能新质生产力发展；大力推广智能建造、清洁能源、绿色建筑等新技术，促进传统产业转型升级；加大研发投入，完善技术标准体系，支持企业创新和成果转化；深化产学研合作，培养高素质科技人才，构建创新生态。

5.2.1 科技创新平台

打造具有全球影响力的产业科技创新中心，是习近平总书记着眼国家创新全局赋予江苏的重大使命，具有战略性、全局性意义。创新平台是国家战略科技力量的重要组成部分，是开展科技研发的重要载体和有效保障，在推动江苏科技创新方面发挥了积极作用。依托优势战略性新兴产业，在信息技术、能源环境、新材料等领域科学布局，建设技术创新中心、工程研究中心等各类产业技术类平台，有序推进从科学到技术的转化。

5.2.2 标准编制与课题研究

2023年、2024年江苏省工程建设类标准启动编制项目42项，修订项目20项，共计62项，具体见表1。

2023年、2024年江苏省工程建设类标准编制情况　　表1

编号	年份	标准类型	数量（项）
1	2023	工程建设地方标准启动编制项目	17
2		工程建设地方标准修订项目	6
3	2024	长三角区域工程建设标准启动编制项目	5
4		工程建设地方标准启动编制项目	20
5		工程建设地方标准修订项目	14
合计			62

江苏省住房和城乡建设厅下达2023年建设系统科技指导项目131项，2024年建设系统科技计划项目19项，指导项目138项。为促进推动建设科技创新，加快成果转化，江苏省住房和城乡建设厅组织开展年度省建设科技创新成果评选，2023年度共评选创新成果23项，其中一等奖3项，二等奖6项，三等奖14项。

5.2.3 提升智能建造水平

江苏省认真贯彻落实住房城乡建设部关于推动智能建造与建筑工业化协同发展的工作部署要求，持续推广应用智能建造技术，推动全省建筑业转型升级、实现高质量发展；制定并发布了《关于推进江苏省智能建造发展的实施方案（试行）》《江苏省人民政府关于促进全省建筑业高质量发展的意见》《关于推进全省智能建造发展的指导意见》等政策文件，力求在智能建造关键领域取得新进展、新成效。坚持试点先行、典型引路，积极推进试点企业和试点项目培育推进一批智能制造试点项目落地，2023 年确定 28 个示范项目，2024 年确定 79 个示范项目。

5.3　改善型住房助力品质提升

以城市更新和改善型住房为抓手，优化城市功能，提升居民生活品质。两者结合，既满足了居民对高品质住房的需求，又改善了城市环境，促进了经济、社会与生态的协调发展，为全国提供了可借鉴的高质量发展模式。

5.3.1　多措并举，提升改善型住房品质

为促进房地产市场平稳健康发展，更好满足居民改善性住房需求，2024 年 2 月，江苏省住房和城乡建设厅联合江苏省自然资源厅出台《关于支持住宅品质改善提升若干措施》，从容积率、层高、架空层、阳台、室内挑高等细节对住宅品质作出明确规定，住宅的舒适度和得房率大幅提升。2024 年 3 月，江苏省住房和城乡建设厅发布《江苏省改善型住宅设计与建造导则》，细化明确了新风系统、智能系统、建筑材料等的选用，防渗漏、防反味和隔声措施等关键要素，以及车辆流线、进户门厅、分户设计等设计要求；2024 年 7 月发布《江苏省改善型住宅评价细则》，从项目建设的全过程、全要素、全专业、全寿命期，对住宅安全、健康、低碳、智慧等性能进行综合评价。

5.3.2　城市更新，推进城市品质提升

2022 年，江苏省在全国率先出台省级城市更新指导意见，连续两年将实施城市更新行动列入省政府十大主要任务百项重点工程和省政府督查激励，推动两批次 80 个城市更新项目试点，发挥了较好的示范作用。2024 年 5 月，省政府印发《关于支持城市更新行动的若干政策措施》，从省级层面优化城市更新顶层设计，为地方开展工作提供支持。

5.4　示范及先导彰显发展效力

通过示范项目和先导区实践，彰显高质量发展效力。引领技术创新和产业升级。通过政策引导和标准制定，推动绿色低碳转型，提升资源利用效率。

5.4.1　双碳先导区，向绿而行

江苏省在全国率先启动"城乡建设碳达峰碳中和先导区"建设（表 2）2023 年，无锡锡东新城、苏州高铁新城成为首批先导区；2024 年，常州"两湖"创新区、盐城高新区智创园成功入围。在集中区域内先行先试，探索城乡建设绿色低碳发展

的技术路径、政策措施、管理机制,以点带面推动全省城乡建设领域碳达峰工作。

"城乡建设碳达峰碳中和先导区"建设与经济、社会、科技、产业等要素密切相关,涵盖了低碳基础设施、低碳能源、低碳建筑、低碳交通等领域。对标国家"双碳"工作要求,从强化科技创新、完善规划体系、打造综合示范、培育绿色产业等方面精心谋划、细致落实。推动有为政府和有效市场相结合,充分调动管理部门、行业组织、企业和社会民众的积极性、创造性,合力推动,协同创新,为全省城乡建设碳达峰工作探索经验。

城乡建设碳达峰碳中和先导区创建情况　　　　　　　表2

序号	申报年度	项目名称	地区	先导区面积(km^2)
1	2023年	苏州高铁新城省级城乡建设碳达峰碳中和先导区	苏州	2.25
2		锡东新城城乡建设碳达峰碳中和先导区	无锡	1.97
3	2024年	盐城高新区智创小镇城乡建设碳达峰碳中和先导区	盐城	2.0
4		常州"两湖"创新区城乡建设碳达峰碳中和先导区	常州	2.05

5.4.2　示范先行,促进转型升级

绿色建筑专项资金自设立以来,发挥了重要的支撑保障作用,有力推动了江苏省建筑节能、绿色建筑和城乡建设绿色发展,推动碳达峰目标下绿色低碳建筑发展和创新实践。

江苏省充分发挥省级财政资金的引导作用,遴选一批设计水平高、技术含量高、社会效益好的单体项目,给予重点支持,打造高品质建筑标杆。高品质项目建设有效提升了建筑品质,改善了人居环境,提高了人民群众的获得感、幸福感、安全感。通过财政资金引导,有效撬动了社会资本投入,放大了财政资金使用效益;推动绿色建筑、装配式建筑、智慧建筑等相关产业发展,促进了建筑业转型升级。通过奖补政策撬动经济杠杆,推动高品质项目建设,取得了显著成效,惠及了广大人民群众。2023年、2024年江苏省城乡建设发展专项资金示范项目种类、数量、面积见表3、表4。

2023年江苏省城乡建设发展
专项资金示范项目种类、数量、面积　　　　　　　　表3

序号	类别		数量(个)	面积(万m^2)
1	绿色建筑品质提升	高品质绿色建筑示范	9	66.25
2		超低能耗/近零能耗建筑示范	10	15.14

续表

序号	类别		数量（个）	面积（万 m²）
3	绿色建筑品质提升	新型建筑工业化技术集成示范	9	19.44
4		可再生能源建筑综合应用示范	4	19.08
5		村镇公共服务设施项目示范	1	0.08
6	既有建筑能效提升		16	82.098
	合计		49	202.088

2024 年江苏省城乡建设发展专项资金示范项目种类、数量、面积　　表 4

序号	类别		数量（个）	面积（万 m²）
1	绿色建筑品质提升	高品质绿色建筑示范	12	98.43
2		超低能耗/近零能耗建筑示范	6	3.74
3		光伏产能建筑与建筑微网应用	8	19.09
4	既有建筑能效提升	建筑节能设备更新	5	19.73
5		既有建筑节能改造	9	59.35
	合计		40	200.34

5.5　绿色金融支持高质量发展

为深入贯彻落实党中央、国务院关于碳达峰碳中和的重大战略决策，充分发挥绿色金融对高质量发展的支撑作用，江苏省住房和城乡建设厅等五部门联合发文《关于强化绿色金融支持绿色建筑高质量发展的通知》（简称《通知》），明确了绿色金融支持高质量发展的工作目标、支持范围、支持内容、风险管控和保障措施。

《通知》旨在通过优化金融资源配置，提高绿色金融服务的供给能力和水平，助力绿色建筑融资保障，降低综合融资成本，推动绿色建筑发展。《通知》提出 12 个重点支持类型，包括绿色建筑建设和运营，低碳建筑建设和运营，绿色建造，既有建筑绿色化改造和运营，绿色农房建设、改造和运维，建筑节能领域设备更新等方面，涉及绿色建筑单体项目和区域项目，覆盖城市和乡村，贯通绿色建筑上下游全产业链，全方位、全过程、全体系促进绿色建筑高质量发展。

绿色金融依托"江苏省绿色金融综合服务平台"，推动金融机构与绿色建筑项目开展融资对接，创新性提出将绿色建筑性能等级评价报告等作为信贷支持参考依据，支持金融机构根据不同星级绿色建筑的能效区别，实行信贷利率分档优惠。

同时,江苏支持金融机构向绿色建筑项目倾斜配置金融资源,在风险可控的前提下,优化授信审批流程。江苏省将继续深化绿色金融改革创新,推动绿色金融与绿色产业深度融合。通过政策引导、金融支持和技术创新,有望在全国绿色金融领域发挥示范引领作用,为全国绿色金融发展提供"江苏经验"。

江苏省在绿色品质提升专项试点中取得显著成果,未来将继续深化绿色建筑、智能建造和清洁能源技术的应用,扩大"零碳园区"和"双碳先导区"的试点范围。不断完善标准体系,加强政策支持和科技创新,推动绿色建材、智能家居和智慧社区的普及,打造更多高品质、低碳示范项目。推动长三角绿色一体化发展,助力"双碳"目标实现。

作者:刘永刚,季柳金,夏永芳,杨恒亮(江苏省绿色建筑协会)

6 重庆市完善标准体系建设，助推城乡建设绿色发展

6 Chongqing improves standard system construction to promote green development in urban and rural construction

6.1 重庆市绿色建筑发展总体情况

重庆市目前已先后发布了《重庆市人民政府办公厅关于推动城乡建设绿色发展的实施意见》《重庆市城乡建设领域碳达峰实施方案》《重庆市绿色低碳建筑示范项目和资金管理办法》等文件制度，要求到 2030 年城市完整居住社区覆盖率提高到 60%以上，绿色社区创建率达到 70%；发展绿色低碳建筑，到 2025 年城镇新建建筑全面执行绿色建筑标准，星级绿色建筑占比达到 30%以上；提高新建建筑节能标准，推动超低能耗建筑、低碳建筑示范建设；推进既有建筑绿色化改造，到 2025 年新增城镇既有建筑绿色化改造面积 500 万 m^2；发展装配式建筑，推进实施智能建造，促进建筑工业化、信息化、绿色化融合发展，到 2030 年装配式建筑占当年城镇新建建筑的比例达到 40%；推广应用绿色低碳建材，到 2025 年绿色低碳建材在城镇新建建筑中的应用比例不低于 70%，到 2030 年提高到 80%；推进绿色施工，促进建筑垃圾减量化资源化，到 2030 年建筑垃圾资源化利用率达到55%。

当前，重庆市通过强制实施绿色建筑技术要求，全面推行绿色建筑。其中，2023 年主城中心城区和主城新区共完成绿色建筑项目 3254 个，其中公共建筑 990 个，居住建筑 2264 个，项目总建筑面积约 3916 万 m^2，绿色建筑平均占比 91.7%；渝东南城镇群共完成绿色建筑项目 329 个，其中公共建筑 150 个，居住建筑 179 个，项目总建筑面积约 252 万 m^2，绿色建筑平均占比 94.03%；渝东北城镇群共完成绿色建筑项目 771 个，其中公共建筑 350 个，居住建筑 378 个，项目总建筑面积约 637 万 m^2，绿色建筑平均占比 78.86%。

2024 年，重庆市继续全面推行绿色建筑，主城中心城区和主城新区共完成绿色建筑项目 2746 个，其中公共建筑 959 个，居住建筑 1787 个，项目总建筑面积约 2521 万 m^2，绿色建筑平均占比 100%，新建建筑全面达到绿色建筑；渝东南城

镇群共完成绿色建筑项目 248 个，其中公共建筑 90 个，居住建筑 158 个，项目总建筑面积约 161 万 m²，绿色建筑平均占比 97.56%；渝东北城镇群共完成绿色建筑项目 499 个，其中公共建筑 213 个，居住建筑 286 个，项目总建筑面积约 364 万 m²，绿色建筑平均占比 99.24%。

重庆市既有公共建筑改造全面推进绿色化改造，2023—2024 年共完成改造项目 22 个，其中科教项目 14 个，办公类目 3 个，交通项目 1 个，商业项目 2 个，医院项目 2 个。改造项目分别针对围护结构、供配电系统、动力系统、空调系统、可再生能源等进行了绿色、节能性能改造，实现平均节能减碳34%。

6.2 高质量绿色建筑地方标准体系构建

在绿色建筑的浪潮中，重庆市正以创新的思维和扎实的行动，构建一套高质量的绿色建筑地方标准体系，为城市的可持续发展奠定坚实基础。这一标准体系的构建不仅是对国家绿色建筑战略的积极响应，更是重庆市结合自身地理、气候和文化特点，探索出的一条独具特色的发展路径[1-2]。

6.2.1 国家标准体系的目的与作用

国家标准是以导向为目的提出的一些技术要求，总体内容反映在三个层面：一是提出了相应的整体技术要求，如《建筑节能与可再生能源利用通用规范》GB 55015—2021 提出了对太阳能的技术利用、碳排放计算等的基本要求，并提出了围护结构特性、机组能效等方面的要求。二是确定了相应的性能指标，如《近零能耗建筑技术标准》GB/T 51350—2019 对近零能耗、超低能耗、零能耗等的划分和《民用建筑能耗标准》GB/T 51161—2016 中能耗约束值、引导值分类的方法。三是提出了技术层面的总体导向要求，如《绿色建筑评价标准》GB/T 50378—2019（2024 年版）中提出的评价方法、《民用建筑能耗标准》GB/T 51161—2016 中提出的能耗的修正方法等。

国家标准的作用可以从四个方面来理解：一是底线作用，具体可反映在国家标准中的基本要求。二是规制作用，针对需要进行强制规定和约束的技术。三是引领作用，如建筑能耗限额的思想，近零能耗建筑、零能耗建筑的发展要求。四是支撑作用，如对于绿色建筑的要求和方法，以及建筑碳排放的计算要求。

6.2.2 地域特性与地方建设需求

在国家相应标准的导向作用下，相应于全国的不同气候分区，以及不同的地理条件，各个地区也对推进和落实相关要求进行了进一步明确。例如各个地区对于相应技术、政策的落地出台了各自的激励措施，包括财政补贴、优先评奖、信贷金融支持、减免城市配套费用等。

6.2.3 因地制宜的地方标准延展

在《住房城乡建设部关于印发深化工程建设标准化工作改革意见的通知》中指出我国标准化工作发展的两个不同的路径：一是出台全文强制性规范，对保证工程质量、安全、规范建筑市场具有重要作用，因此自 2021 年以来陆续发布了整个工程建设领域的 39 项全文强制的工程规范的基本要求；二是对于推荐性地方标准，重点制定具有地域特点的标准，突出资源禀赋和民俗习惯，促进特色经济发展、生态资源保护、文化和自然遗产传承。围绕着这样的思想，下面以重庆市为例重点介绍在地方标准推进方面的具体工作。

1. 能耗标准细化

在国家标准《民用建筑能耗标准》GB/T 51161—2016 中，针对不同的建筑类型——办公建筑、酒店、商场、购物中心等确定了非供暖能耗指标的约束值和引导值。在推动实施能耗标准时，需结合重庆的具体能耗现状。对比重庆市公共建筑能源监管平台的数据（图1）与国家标准的能耗限额值，重庆市的实际建筑能耗水平普遍低于国家标准，因此简单按照国家标准来要求，对于重庆市将起不到有效的约束作用。

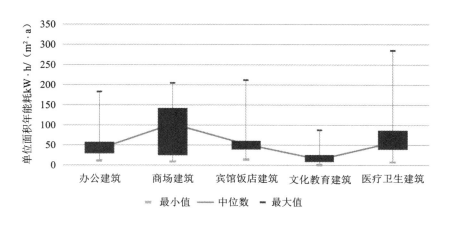

图 1　重庆市典型公共建筑能耗数据

鉴于此，依托重庆市的能耗数据采集工作，同时对照国家标准制订了重庆市工程建设标准《机关办公建筑能耗限额标准》DBJ50/T-326—2019、《公共建筑用能限额标准》DBJ50/T-345—2020 和重庆市地方标准《公共机构能源消耗定额》DB50/T 1080—2021。这些标准以重庆市的建筑能耗数据为基准，对重庆市公共建筑的能耗定额给出了更加结合实际的数值，同时也明确了进一步的节能要求。

2. 被动技术要求具体

以自然通风为例，《民用建筑供暖通风与空气调节设计规范》GB 50736—2012 第 6.2 节提出了自然通风的应用原则和基本形式、设计的基本要求如不同地区风压和热压的确定、开口、风量等，以及通风量计算的原则。《绿色建筑评价标准》GB/T 50378—2019（2024 年版）对于自然通风也有要求，例如第 5.2.10 条提出了优化建筑空间和平面布局、改善自然通风效果的规定；对于通风量的计算，规定住宅建筑考虑通风开口面积与房间地板面积的比例，公共建筑考虑过渡季典型工况下主要功能房间平均自然通风换气次数不小于 2 次/h 的面积比例。可以看出，国家标准给出了相应技术的基本做法和要求，明确了要达到的目的。

为了进一步保障自然通风的实施效果，考虑自然通风技术在实施过程中的主体对象，重庆市地方标准在推进技术实施时，以建筑师为主要执行对象，编制了重庆市工程建设标准《大型公共建筑自然通风应用技术标准》DBJ50/T-372—2020 和《居住建筑自然通风应用技术标准》DBJ50/T-448—2023，明确了通风计算、通风设计等关键内容，并依据山地城市的特点，考虑城市尺度和局部的气象数据差别，提出了室外环境的场地规划、分析方法等要求，对于通风方式与建筑类型的匹配，高静风率下自然通风强化措施等进行了明确。

3. 设备性能气候适宜方面

《建筑节能与可再生能源利用通用规范》GB 55015—2021 第 3.2 节对于供暖、通风与空调系统分气候区给出了机组的制冷性能系数（COP）、综合部分负荷性能系数（IPLV），给出了单元式空气调节机的制冷季节能效比（SEER）、全年性能系数（APF），给出了多联式空调机组全年性能系数（APF）等性能指标要求；同时，在该规范第 5.4 节中，也重点对空气源热泵冬季制热、除霜等方面进行了要求，给出了严寒和寒冷地区冬季制热性能系数。由此可见，国家标准确定了相关的基本性能参数和对关键应用问题的要求。

具体到地方应用问题，每个地方都有各自的特点，以空气源热泵为例，图 2 为重庆地区空气源热泵按照冬季工况选型和夏季工况选型的运行状态图，按夏季工况在冬季可满足室外温度 5.7℃时的制热要求，而按冬季工况可满足室外温度低于 3℃的制热要求，此时可以满足相应标准中 4.1℃的室外设计温度。由此可见，基于不同的需求，对于热泵机组的选型应充分考虑其应用场景。基于此编制完成的重庆市工程建设标准《空气源热泵应用技术标准》DBJ50/T-301—2018 明确了空气源热泵机组的性能要求，以及在设计中的负荷计算、系统设计、控制系统设计、电气系统设计等要求。例如在标准第 5 章"设备与材料"中，针对空气源热泵在重庆地区的应用明确规定：冬季名义工况下的制热性能系数不应低于 3.0、冬季设计工况下的制热性能系数不应低于 2.4，应具有先进的融霜控制。

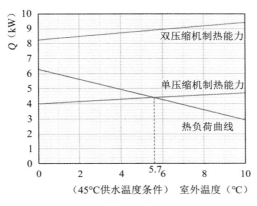

(a) 按冬季工况选型

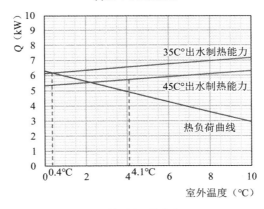

(b) 按夏季工况选型

图 2　热泵运行状态图

4. 绿色建筑性能提升

在绿色建筑方面，在国家标准非常明确地提出了评价对象，规定了相应的评价规则、确定了性能要求的分数。

但是在地方进行实际操作时，往往会遇到一些问题。第一个问题是实际操作中的工程边界划分，针对这个问题，重庆市地方标准的编制中提出了同一规划许可，并且贯穿建设全过程，同时按道路边界划分的要求；第二个问题是实际操作中对象的界定，对此在重庆市地方标准中要求全面实施按最不利条件评价，相关量的计算分析按单栋楼计算；同时对于技术性能的要求，除具体的技术指标外还提出了一些基本的原则。结合重庆的实际，基于性能优化提出的要求有：自然通风满足余热去除、环境模拟须考虑周边情况发展（尤其是声环境的发展）、建筑工业化与绿色化融合发展。围绕这样的基本思路，在国标的基础上进行了重庆市《绿色建筑评价标准》的完善，具体内容如图3所示。

- **《绿色建筑评价标准》**
  - 3.1.1 绿色建筑评价应以单栋建筑或建筑群为评价对象。评价对象应落实并深化上位法定规划及相关专项规划提出的绿色发展要求；涉及系统性、整体性的指标，应基于建筑所属工程项目的总体进行评价。
    - 对于总体性评价指标的认定，应核查申报项目所对应的土地出让、规划批复、初设审批和施工图审查等各个阶段的资料文件，考察各个阶段是否均处于同一项目下，若其中有某一阶段存在在申报项目中的部分单独进行的情况，则该申报项目不能认定为对应同一总体性指标。
    - 项目中的相关系统性、整体性指标实际中可以由全部居住者使用。
    - 对于建筑群中的不同类型建筑，应按照单独类型予以单独申报，不作为混合类型申报。
    - 居住建筑项目中的独立配套商业，也需同时满足与主体建筑绿色建筑等级对应的商业类型绿色建筑等级要求。
    - 得到各单体建筑的总得分，并按照建筑群中最低的建筑得分确定建筑群的绿色建筑等级。
  - 3.1.2 绿色建筑评价应在建筑工程竣工后进行。在建筑工程施工图设计完成后，进行预评价。
    - 对于本标准中涉及到性能要求的材料、部品、设备、系统等，要求应进行统一设计、采购、安装，否则不予得分；所涉及到的构造等，均以项目交付时状态作为评价基础。
    - 关于空调机位：重庆市《建筑外立面空调室外机位技术规程》DBJ50/T-167-2013；预留操作空间以及安装维护人员能直接到达的通道，保障安装、检修、维护人员安全。（4.1.5）
    - 标准中所描述的技术要求，原则上均应本着"应用尽用"的原则予以实施和判断。尤其不允许出现部分楼层、楼栋使用的现象。
    - 关注条文主体要求，效果与措施并进，双控。
    - 建筑布局合理，主要功能房间与噪声源合理分隔，且建筑声环境质量应符合下列规定：（5.1.4）
    - 应采取措施保障室内热环境；（5.1.6）
    - 主要功能房间应具有现场独立控制的热环境调节装置。集中式…分散式…；（5.1.8）
    - 针对各主要房间的使用功能，采取有效措施优化其室内声环境，评价总分值为8分。噪声级达到现行…；（5.2.5）
    - 采取有效措施降低供暖空调系统的末端系统及输配系统的能耗，且供暖空调系统应采用变流量输配系统，过渡季节通风量需满足余热去除需求。并按以下规则分别…（7.2.6）

图3 重庆市《绿色建筑评价标准》内容细化（浅色部分为完善的内容）

5. 建设面覆盖

除了上述技术内容的延展，结合整体部署，在地方标准的发展中也拓展了建设面的覆盖。比如在国家标准的基础上，针对建筑节能工作的整体性，重庆市修订并发布了重庆市工程建设标准《既有公共建筑绿色改造技术标准》DBJ50/T-163—2021，该标准在正在推进的既有建筑绿色改造的示范项目中起到了主要的支撑作用；同时，针对健康方面还编制了重庆市工程建设标准《百年健康建筑技术标准》DBJ50/T-424—2022。另一方面的延展考虑到建设不仅仅是建筑，还包括城区和轨道等，这也是重庆绿色发展的特色，因此重庆市编制发布了重庆市工程建设标准《绿色轨道交通技术标准》DBJ50/T-364—2020，在轨道交通的建设中推进绿色低碳的技术要求；同时编制了重庆市工程建设标准《绿色轨道场站评价标准》DBJ50/T-491—2024，进一步推进轨道交通的绿色化和低碳化。在规模化发展层面，由于国家新近提出了城市更新、老旧小区改造、海绵城市、近零碳建筑、零碳建筑等一系列有关性能提升的新发展要求，对原有的重庆市工程建设标准《绿色低碳生态城区评价标准》DBJ50/T-203—2014 和

《低碳建筑评价标准》DBJ50/T-139—2012也进行了修订更新（分别更新为《绿色生态城区评价标准》DBJ50/T-203—2023和《低碳建筑评价标准》DBJ50/T-139—2024），通过地方标准的完善来陆续实现整个建设面绿色低碳的覆盖。

6. 补充行业发展需求

在整个标准体系的扩展建设过程中，除了地方标准，在涉及对整个行业发展的需求时，可用团体标准来进行相应的补充。鉴于此，针对公共建筑整体环境的质量评价编制的《公共建筑室内环境分级评价标准》T/CABEE 002—2020，首次对室内声环境、光环境、热环境和空气品质等进行了等级划分，为相应建筑环境的改善提出了路径和思考。《民用建筑多参数室内环境监测仪器》T/CECS 10101—2020明确了仪器需要具备的各类参数和性能要求。《公共建筑能源管理技术规程》T/CABEE 003—2020（图4）对于能源管理过程中的各个步骤和要求做出了规定。上述都是针对城镇建筑，那么，农村建筑该怎么做，农村适宜环境该怎么建设？以重庆市西南村寨特性为突破口编制完成的《西南建筑村寨室内物理环境评价标准》T/CECS 1251—2023，首次对村寨建筑的室内环境质量要求进行了确定。通过一系列团体标准的编制，有效弥补了当前行业发展中在国标和地标之外的问题的解决途径和要求。

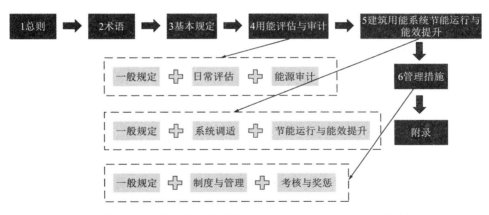

图4 《公共建筑能源管理技术规程》T/CABEE 003—2020 内容概要

6.3 总　　结

重庆市的高质量绿色建筑地方标准体系构建，不仅是对国家绿色建筑战略的积极响应，更是结合地方实际的创新实践。通过完善政策标准、强化技术路线、推动星级建筑与标识管理、提升能源资源利用水平、加强技术研发与推广，重庆市正朝着绿色建筑的高质量发展目标稳步迈进。这一标准体系的构建，不仅为重庆市的绿色发展提供了坚实支撑，也为其他地区提供了宝贵经验[3]。

作者： 丁勇 [1,2]，胡文端 [2]（1. 重庆大学；2. 重庆市绿色建筑与建筑产业化协会绿色建筑专业委员会）

参考文献

［1］ 丁勇. 因地制宜 深耕地方绿色低碳标准体系建设[J]. 工程建设标准化, 2022, (2): 33-35.

［2］ 重庆市绿色建筑与建筑产业化协会绿色建筑专业委员会, 重庆大学绿色建筑与人居环境营造教育部国际合作联合实验室, 重庆大学国家级低碳绿色建筑国际联合研究中心, 重庆市住房和城乡建设技术发展中心. 2021—2022 年重庆市建筑绿色化发展年度报告[M]. 北京: 科学出版社, 2023.

［3］ 孙苏, 黄嫣然. 推动绿色建筑发展, 创造美好现代生活: 专访重庆市绿色建筑专业委员会秘书长丁勇教授[J]. 重庆建筑, 2021, 20(4): 62-63.

7 湖北省立法保障绿色低碳发展，勾勒城乡建设"鲜明底色"

7 Legislation ensures green and low-carbon development, outlining the distinctive features of urban and rural construction in Hubei

7.1 湖北省绿色建筑发展总体情况

"十四五"以来，湖北省绿色建筑由快速发展迈入高质量发展时期。为积极贯彻党中央、国务院关于绿色发展、碳达峰碳中和的决策部署，落实湖北省委、省政府工作要求，湖北省锚定"加快建成中部地区崛起的重要战略支点"的目标定位，采取务实管用措施，稳步推进建筑节能与绿色建筑发展工作，全省城镇新建民用建筑全面执行新修订的湖北省地方标准《绿色建筑设计与工程验收标准》DB42/T 1319—2021，绿色建筑总体发展及任务目标完成情况符合预期。

2023—2024 年，全省新增节能建筑面积约 1.64 亿 m^2，新增绿色建筑面积约 1.56 亿 m^2。共有 129 个项目获得绿色建筑星级标识（含预评价），总建筑面积约 1152 万 m^2。2023 年，湖北省三星级绿色建筑标识项目面积达到 20 万 m^2，全国排名第五。2024 年，当年竣工绿色建筑面积比例达到 97%。

7.2 多措并举推动绿色建筑高质量发展

7.2.1 颁布绿色建筑发展条例，法制层面保驾护航

1. 制定上位法

为从根本上解决绿色建筑发展政策约束性不强、执行力不足、监管手段缺失等问题，2023 年湖北省十四届人大常委会第六次会议表决通过了《湖北省绿色建筑发展条例》（以下简称《条例》），自 2024 年 3 月 1 日起正式实施，填补了湖北省绿色建筑缺乏法律规制的空白，为全面推广绿色建筑提供了强有力的法制保障，绿色建筑迎来历史发展良机。

2. 加强《条例》贯彻落实

为做好《条例》的贯彻实施工作，省政府办公厅印发《《湖北省绿色建筑发展

条例〉贯彻实施工作方案》（鄂政办函〔2024〕11号），从开展《条例》学习宣传培训、制定配套制度和政策措施并组织实施、全面落实绿色建筑建设全过程监督管理、加强绿色建筑运行与改造监管、加强绿色建筑技术应用与激励措施、开展《条例》监督检查6个方面明确了相关要求。

3. 广泛开展宣传培训

为提高《条例》的社会知晓度，在湖北日报全文刊发《条例》文本，并印发《条例》单行本。借助节能宣传周，针对《条例》宣贯，组织相关专家，在全省住建系统组织宣贯培训30余场，参训人员达5000余人，发布宣传报道30余篇，营造了"知法、守法、用法"的良好氛围。为准确把握《条例》精神和内容，分级分类组织领导干部、执法人员开展学习培训，提升各级各部门对《条例》条文的理解力和执行力。

7.2.2 加强政策体系机制建设，完善闭合管理制度

近年来，湖北省相继出台了一系列重要政策文件，为绿色建筑发展提供保障。2023年，湖北省住房和城乡建设厅、湖北省发展和改革委员会印发《湖北省城乡建设领域碳达峰实施方案》（鄂建文〔2023〕28号），对城乡建设领域碳达峰工作进行了系统谋划和统筹部署，通过加强顶层设计，完善了全省碳达峰"1+N"政策体系。湖北省住房和城乡建设厅印发《关于做好绿色建筑标识认定工作的通知》（厅头〔2023〕788号），细化了标识认定的流程和要求。

2024年，湖北省住房和城乡建设厅联合湖北省经济和信息化厅等十二部门共同印发《湖北省绿色建材产业高质量发展实施方案》（鄂建文〔2024〕17号），从强供给、增需求和稳支撑三个维度，为全省绿色建材产业升级指明了方向。为贯彻落实国家《2024—2025年节能降碳行动方案》（国发〔2024〕12号）、《加快推动建筑领域节能降碳工作方案》（国办函〔2024〕20号）等文件精神，湖北省住房和城乡建设厅联合湖北省发展和改革委员会印发《湖北省建筑领域节能降碳实施方案》（鄂建文〔2024〕30号），明确了全省建筑领域节能降碳的工作目标、重点任务及保障措施，进一步强调了贯彻实施《条例》，落实绿色建筑工程质量专项验收制度。湖北省住房和城乡建设厅印发《关于进一步加强建筑节能门窗工程管理的通知》（鄂建文〔2024〕4号），规范了建筑节能门窗选用，加强了节能门窗设计生产源头管理和现场施工管理，进一步完善了全省建筑节能和绿色建筑相关政策体系，为提升绿色建筑品质提供支持。

7.2.3 注重绿色建筑品质提升，持久开展示范创建

《条例》明确要求全省集中新建的保障性住房应当按照不低于绿色建筑一星级的要求建设；新建国家机关办公建筑、大型公共建筑、国有资金参与投资建设的

公益性建筑应当按照不低于绿色建筑二星级的要求建设。积极开展绿色建筑省级示范工作，充分发挥星级绿色建筑示范、绿色建筑集中区示范、超低能耗绿色建筑示范的引领作用，促进全省绿色建筑高品质发展。

贯彻落实《关于开展超低能耗建筑试点工作的通知》文件精神，积极引导各地开展超低能耗（近零碳）试点工作，持续推进超低能耗建筑试点建设。目前，武汉、宜昌、襄阳、荆州等地均有超低能耗项目落地。石首丽天湖畔项目被住建部科技与产业化发展中心授予"被动式超低能耗绿色建筑示范项目"。钟祥文化振兴工程-钟祥市科技馆成功获评全国第一批零碳建筑，成为华中地区首个零碳建筑项目，并列入"十四五"国家重点研发计划项目科技示范工程。

7.2.4 聚焦绿色建材效能升级，持续助力绿色建筑发展

贯彻落实《湖北省绿色建材产业高质量发展实施方案》文件精神，发布了湖北绿色建材供应链平台，目前已上线528家企业，上架750种产品，累计完成交易额约4.2亿元。落实《条例》有关绿色建筑应用绿色建材等相关要求，推动国家机关办公建筑、大型公共建筑和政府投资公益建筑优先使用获得绿色建材认证标识的建材产品，逐步提高建筑工程绿色建材应用比例。印发《关于做好湖北省绿色建材采信入库工作的通知》（厅头〔2024〕84号），建立完善湖北省绿色建材采信应用数据库，落实"楚材楚用"。指导襄阳、宜昌、黄石、黄冈4个试点城市落实政府采购支持绿色建材政策，在襄阳、宜昌、十堰、黄石、黄冈等地确定10个绿色建材应用试点项目。

7.2.5 加大建设科技创新力度，科技赋能创新高地

一是开展大型公共建筑碳计量研究。与国网湖北省电力有限公司深度合作，开展全省建筑领域碳计量研究，围绕住建试点场景需求，共同开展湖北省公共建筑碳排放数字化评价试点建设。对全省3000余栋大型公共建筑进行调研，建立公共建筑碳排放基础数据库，搭建全省公共建筑碳排放监测平台，为后续开展建筑领域碳交易、碳配额等相关机制设计提供支撑。二是开展夏热冬冷地区零碳建筑技术研究。组织中信院、中南院、省建科院、华中科技大学等行业力量，成立了夏热冬冷地区零碳建筑工程技术创新中心，开展夏热冬冷地区零碳建筑关键核心技术攻关，超低能耗建筑系列地方标准规范正在抓紧编制中，部分已完成征求意见稿。

7.3 大力推动绿色县城建设

县城作为县域经济社会发展的中心和城乡融合发展的关键节点，发挥着连城带乡的突出作用，以大城市为中心的传统城镇化路径是发展的重要动力，以县城

为重要载体的就地城镇化是推进城镇化的中国路径。推进县城绿色低碳建设，是推进以县城为载体的就地城镇化和双集中发展的一项重要内容。湖北省积极响应国家战略，聚焦县城就地城镇化和"双集中"工作，以绿色低碳理念为引领，大力推进绿色县城建设。

7.3.1　完善县城绿色低碳建设标准

为指导各地科学有序推进以县域为统筹单元、以县城为重要载体的就地城镇化建设，基于湖北县城发展实际和试点县市工作经验，制定发布了符合全省县城发展规律特点的县城绿色低碳建设"1+4"标准。《县城绿色低碳建设标准》DB42/T 2278 系列标准从优化县城建设空间、建设品质宜居的居住社区、建设复合高效的公共服务设施、建设绿色低碳的交通系统、建设绿色节约的市政基础设施等方面，着力提升县城承载力、公共服务水平和县城综合服务能力，促进县城绿色低碳发展。

7.3.2　绿色建筑助力县城绿色低碳建设

在县城总体规划中，将绿色低碳理念贯穿始终，合理规划城市功能分区，使绿色建筑与自然生态系统、交通、能源等基础设施有机融合，宜昌市远安县通过实施"绿色建筑+"战略，将绿色建筑理念融入县城建设的各个环节，在新建建筑中全面执行绿色建筑标准，同时大力推进既有建筑节能改造，推广可再生能源应用，构建了覆盖城乡的绿色建筑体系。此外，远安县还注重将绿色建筑与生态旅游、乡村振兴等相结合，探索出了一条具有地方特色的绿色发展之路。

7.4　绿色建筑亮点工作介绍

7.4.1　立法保障绿色低碳发展，擘画生态文明"宏伟蓝图"

《条例》当年立项当年颁布，充分体现了省委、省政府对绿色建筑发展工作的高度重视。制定系统完善的绿色建筑法规，以立法保障绿色低碳发展，为可持续发展筑牢坚实法治根基。绿色建筑从规划、设计、建设到运维的全生命周期涉及住建、发改、自然资源等多个部门，通过加快构建绿色建筑法律体系，明确界定各类主体在绿色建筑发展中的权利与义务，细化奖惩措施，强化执法监督，全方位保障绿色低碳发展，确保发展进程依法依规、有序推进。

7.4.2　深入推进绿色县城建设，勾勒城乡建设"鲜明底色"

湖北省积极布局，将推动绿色建筑发展深度融入绿色县城建设这盘大棋。一方面，加大政策扶持力度，设立专项资金，鼓励建筑企业采用新型环保材料与节能技术，打造一批标杆绿色建筑项目；另一方面，从规划源头入手，优化县城空间布局，增加绿色公共空间占比。在深入推进绿色县城建设进程中，全面整治城乡环境，加快老旧小区绿色改造，提升基础设施的绿色化水平，精心勾勒城乡建设的"鲜明底色"，全力打造生态宜居、环境优美的城乡新风貌，让绿色成为荆楚大地城乡发展的主色调。

7.5 启示与建议

绿色建筑在全寿命期内能够实现节约资源，显著降低建筑碳排放，发展绿色建筑是落实国家生态文明战略重要抓手，是推动实现城乡建设领域碳达峰碳中和的实践路径。下一步，湖北省将继续围绕建筑领域节能降碳重点任务目标，强化《条例》实施与标准规范执行，结合全省就地城镇化和县城绿色低碳建设工作，加快推进星级绿色建筑建设，规模化推动绿色建筑高质量发展，助力城乡建设领域实现"双碳"目标，为加快建成中部地区崛起的重要战略支点、奋力谱写中国式现代化湖北篇章作出贡献。

作者：罗剑，丁云，秦慧，黄倞（湖北省土木建筑学会绿色建筑与节能专业委员会）

8 安徽省政策标准齐发力，助推绿色建筑高质量发展

8 Policies and standards work together to boost the high-quality development of green buildings in Anhui

8.1 发展盘点，纵观安徽绿建"新风貌"

8.1.1 绿色建筑量质同步提高

安徽省高度重视绿色建筑发展，绿色建筑呈现量、质提升趋势。量的方面：2024年，安徽省绿色建筑新开工面积5500多万 m^2，新开工民用建筑实现100%按绿色建筑标准设计；竣工绿色建筑面积8900多万 m^2，占新竣工建筑比例达到90%以上；质的方面：2024年开工阶段星级绿色建筑占比再创新高，新增星级绿色建筑项目面积达3500多万平方米，占比达到60%以上。

8.1.2 绿色建筑标识稳步推进

安徽省将"二星级绿色建筑标识认定"纳入省级权力清单，出台《关于加强绿色建筑标识管理工作的通知》，建立绿色建筑标识认定制度，强化绿色建筑标识管理。2023—2024年，安徽省绿色建筑标识项目共计25个，建筑面积271万平方米，其中：三星级2个，二星级16个，一星级7个；公共建筑18个，居住建筑4个，工业建筑3个。安徽省建筑节能与科技协会积极响应市场需求，组织开展绿色建筑预评价工作，两年开展绿色建筑标识预评价项目50个，建筑面积300多万平方米，其中：三星级23个，二星级13个，一星级14个；公共建筑20个，居住建筑25个，工业建筑5个。

8.1.3 绿色建材推广成效显著

安徽省依托政府采购支持绿色建材促进建筑品质提升政策实施城市建设，大力推动绿色建材应用，成效初显，合肥、芜湖、滁州、铜陵、淮南、蚌埠等市成功列入政府采购绿色建材支持建筑品质提升实施城市；建立安徽省绿色建材采信应用数据库，入库企业达到90多家，入库产品达到300多个，入库企业和产品初具规模。

8.2 政策赋能，成就安徽绿建"新速度"

8.2.1 完善绿色建筑法规

安徽省认真贯彻落实习近平法治思想，在立法推动绿色建筑发展上下功夫，出台《安徽省绿色建筑发展条例》，明确规定全省范围内城镇新建民用建筑必须全面执行绿色建筑标准，要求大型公共建筑和政府投资的公共建筑按照一星级及以上标准建设，并建立包含绿色建筑规划、设计、施工、验收、运行全过程的管理制度，确保绿色建筑的质量；修订发布《安徽省民用建筑节能办法》，强化民用建筑节能降碳要求，进一步提高绿色建筑的节能水平。地方法律法规的出台实施为绿色建筑发展提供有效的法律保障。

8.2.2 创新财税激励举措

安徽省设立专项补贴资金，支持绿色建筑发展，2023—2024年，累计奖补资金1.67亿元。支持安徽省绿色建筑示范项目20个，建筑面积204万平方米，其中三星级2个，二星级18个，建设一批高星级绿色建筑项目。《关于印发安徽省建筑节能降碳行动计划的通知》中明确规定，对符合条件的企业实行增值税即征即退，装配式建筑等企业实际发生研发费用按规定加计扣除，购置设备器具符合条件的按规定享受所得税、进口税优惠政策。安徽省《关于印发城乡建设领域碳达峰实施方案的通知》中提出支持直接融资奖补政策，对符合条件的省区域性股权市场、"新三板"挂牌企业给予最高20万元奖补，成功转板上市的补齐至400万元，拓宽建筑节能降碳企业融资渠道。绿色建筑激励措施日趋完善。

8.2.3 推动能源结构优化

安徽省实施建筑用能结构优化行动，开展建筑光伏一体化、建筑供暖制冷清洁化、建筑供水低碳化、建筑用能电气化四项重点工作，提出政府投资的新建公共建筑应采用建筑光伏一体化技术、具备条件的大型公共建筑及机关办公建筑应采用浅层地热能等供暖制冷、具备日照条件的居住建筑优先推广太阳能热水系统、推动新建公共建筑全电气化等系列要求，着力降低建筑直接碳排放。以建筑光伏应用为例，在蚌埠、滁州、芜湖、宣城等市开展省级光伏建筑应用试点城市建设，推动建筑光伏应用项目规模持续增长，截至2024年，安徽省建筑光伏竣工装机容量超8900兆瓦。

8.2.4 健全节能降碳机制

一是健全领导机制，安徽省成立以分管副省长为组长的全省推动城乡建设绿色发展工作领导小组，统筹推动城乡建设绿色发展各项工作，分析全省城乡建设发展形势，研究解决绿色发展中的重要问题，制定具体落实工作措施和意见建议。二是创新工作机制，围绕城乡建设绿色发展、城乡建设绿色发展、建筑光伏、智能家居等重点工作，组织主管部门、科研机构、行业企业分别成立工作专班，确保专项工作推进质量。三是建立技术服务体系，持续开展全省建筑节能降碳"专家行"技术服务活动，送政策、送技术、送服务，赴基层、去企业、进工地、到现场，深入剖析各地建筑节能现状，助力各地产业帮扶，有效推动政策、技术、服务精准落地。四是推广合同能源管理，安徽省出台《关于推进建筑领域合同能源管理的若干意见》，促进合同能源管理与建筑节能产业协调发展，加大建筑领域合同能源管理服务推广力度。

8.3 标准领航，扬起安徽绿建"新风帆"

8.3.1 绿色建筑标准日趋完善

为提升我省绿色建筑建造水平，安徽省构建绿色建筑全生命周期标准体系，相继发布《民用建筑绿色设计标准》DB34/T 4250—2022、《绿色建筑工程项目管理规范》DB34/T 3753—2020 等地方标准，并启动《绿色建筑工程施工验收标准》编制工作，确保实现绿色建筑标准工程建设过程全覆盖。

8.3.2 装配式建筑标准区域协同

安徽省在推动装配式建筑标准体系建设完善的同时，大力推动长三角区域工程建设标准协同发展，不仅出台《装配式混凝土住宅设计标准》DB34/T 1874—2021、《装配式建筑工程项目管理规程》DB34/T 4387—2023、《装配式住宅装修技术规程》DB34/T 5070—2017、《装配式住宅工程质量常见问题防治技术规程》DB34/T 4580—2023、《装配式混凝土结构检测技术规程》DB34/T 5072—2017、《装配整体式混凝土结构工程施工及验收规程》DB34/T 5043—2016、《装配式建筑评价技术规范》DB34/T 3830—2021 等二十多项地方标准，还联合江苏、浙江、上海共同编制第一部长三角区域工程建设标准《装配式建筑职业技能标准》DG/TJ 08-2462—2024，为推动长三角区域一体化发展贡献一份行业力量。

8.3.3 建筑节能标准快速更迭

安徽省响应国家"双碳"目标对建筑能效提升的新要求，结合城乡建设领域碳达峰碳中和目标需要，启动建筑节能降碳系列标准的更迭工作。修订发布节能率75%的《公共建筑节能设计标准》DB34/T 1466—2023、《居住建筑节能设计标准》DB34/T 5076—2023；2024 年合肥、芜湖、滁州、马鞍山等市城镇新建民用建筑率先执行节能率75%的安徽省居住建筑、公共建筑节能设计标准，2025年安徽省范围全面执行新建民用建筑节能率75%；同时完成《太阳能光伏与建筑一体化技术规程》DB34/T 5006—2023、《地源热泵系统工程技术规程》DB34/T 1800—2023、《太阳能热水系统与建筑一体化技术规程》DB34/T 1801—2024等标准的修订，进一步提高建筑能源利用、优化建筑用能结构，强化建筑节能降碳管理。

8.4 经验提炼，开拓安徽绿建"新路径"

8.4.1 依托工作机制保障

安徽省在推动绿色建筑发展中以工作机制建设为保障，探索建立城乡建设绿色低碳发展、碳达峰碳中和等长效工作机制，成立以省分管领导为组长的工作领导小组，通过细化工作举措，实行挂图作战，狠抓任务落实，确保省内各城市全面执行绿色建筑和建筑节能标准，确保政策和技术在基层和企业有效落地，确保绿色建筑和建筑节能规划目标的顺利实现。

8.4.2 坚持示范项目引领

始终坚持先试点、再推广原则，大力推动城乡建设绿色发展新理念、新技术落地，一方面积极争取国家绿色建筑相关试点示范建设，开展国家绿色建材、装配式建筑试点城市建设工作；另一方面充分发挥省级财政资金示范引领作用，针对绿色建筑、装配式建筑、智慧住宅、可再生能源应用、低碳片区等不同工作领域，分别开展项目和区域试点示范建设，为绿色低碳技术的推广应用积累经验。

8.4.3 严格监督考核管理

建立包括年初计划、月度统计、季度调度、年终考核为一体的工作保障机制。年初印发建筑节能与科技工作要点，明确工作目标，压实工作责任；实施月统计、季通报的调度制度，确保实时掌握各市工作进度；并将城乡建设绿色发展工作纳入省政府对各市政府目标管理绩效考核，将绿色建筑和建筑节能工作纳入双随机督查范围，建立有效监督考核机制，督促各地切实履行各项工作责任。

作者：叶长青，刘洋洋，梁倩（安徽省建筑节能与科技协会）

9 山东省城乡建设绿色低碳发展

9 Green and low-carbon development of urban and rural construction in Shandong

9.1 绿色建筑基本情况

发展绿色建筑是落实国家"双碳"目标、建设绿色低碳高质量发展先行区的重要内容。2021 年底山东省人民政府与住房城乡建设部《共同推动城乡建设绿色低碳发展合作框架协议》，山东省与住房城乡建设部以绿色低碳理念为引领，围绕城市发展格局构建、乡村建设水平提升、生活方式形成、建筑低碳发展、基础设施建设、建造方式变革、城市运行管理、绿色金融支持等方面开展全面深入合作，强化组织领导，健全会商机制，加强交流培训，扎实推进城乡建设领域节能减碳，加快转变城乡建设发展方式，助力山东如期实现碳达峰目标，建设更有活力、更加包容、更可持续的美丽城乡，为全国城乡建设绿色低碳发展提供生动鲜活的经验和样板。

9.1.1 绿色建筑发展数据

（1）2022 年以来，全省城镇新建民用建筑 100%执行绿色建筑标准，2023 年新增绿色建筑 1.98 亿 m^2，2024 年新增绿色建筑 1.58 亿 m^2。2023—2024 年，山东省通过《绿色建筑评价标准》GB/T 50378—2019 认证的项目达 36 项，建筑面积超过 200 万 m^2。"济南国舜绿建低碳和钢智能科技示范产业园（二期）综合楼"等 3 个项目获三星级绿色建筑标识项目。"山东高等技术研究院主院区项目 1 号～3 号实验楼、4 号实验楼、5 号实验楼、科研楼 A、科研楼 B、师生活动中心、学术交流中心、图书馆"等 33 个项目获得 2024 年二星级绿色建筑标识项目。

（2）截至 2024 年 12 月，全省累计组织创建超低能耗建筑项目 93 个，建筑面积超过 200 万 m^2，实现 16 市全覆盖，其中济南、青岛、烟台、威海、日照等地发展较快。

9.1.2 重点政策和管理办法

（1）山东省城乡建设领域碳达峰实施方案

2023 年 5 月 26 日，为贯彻落实党中央、国务院及省委、省政府决策部署，推动山东省城乡建设领域绿色低碳转型，省住房城乡建设厅牵头开展了"城乡建设领域碳达峰实施路径"课题研究，在此基础上专委会协助研究制定了《山东省城乡建设领域碳达峰实施方案》。为保障各项重点工作落实见效，配套制定《山东省城乡建设领域碳达峰重点任务及责任分工表》，形成32条可量化的重点任务。

（2）《山东省公共机构合同能源管理办法》

2023年6月20日，山东省机关事务管理局联合省发展和改革委员会、省财政厅、省住房和城乡建设厅等5部门印发《山东省公共机构合同能源管理办法》，山东土木建筑学会绿色建筑与（近）零能耗建筑专业委员会（简称专委会）协助省住房城乡建设厅完成部分内容起草，该办法共分为6章27条。

（3）《山东省绿色建筑高质量发展工作方案》

2024年7月17日，为贯彻落实省政府办公厅《关于推动城乡建设绿色发展若干措施的通知》、省住房城乡建设厅等部门《山东省城乡建设领域碳达峰实施方案》等要求，推动绿色建筑高质量发展，助力绿色低碳高质量发展先行区建设，专委会协助省住房城乡建设厅研究制定了《山东省绿色建筑高质量发展工作方案》。此次出台的工作方案更加注重全链条推进绿色建筑发展，围绕绿色建筑推广、星级绿色建筑、高品质住宅建设、新建建筑节能、既有建筑节能改造、建筑用能结构调整、建筑节能降碳运行、新型建筑工业化、智能建造、绿色建材、技术标准体系及科技创新引领12项重点作出全面部署。其中要求：大型公共建筑、政府投资或者国有资金投资的公共建筑、高品质住宅以及城市新区新建民用建筑，按照二星级及以上绿色建筑标准设计建设，超高层建筑全面执行三星级绿色建筑标准。

（4）《山东省加快推动建筑领域节能降碳工作实施方案》

建筑是能源消耗和碳排放的重点领域。为深入落实碳达峰碳中和重大战略决策，加快推动建筑领域节能降碳，助推我省绿色低碳高质量发展先行区建设。2024年10月28日，省发展和改革委员会、省住房和城乡建设厅联合印发《山东省加快推动建筑领域节能降碳工作实施方案》，专委会协助省住建厅完成文件主要内容起草，其中重点任务共分11个章节，45项重点工作。

9.1.3 工程建设标准编制情况

山东省工程建设标准编制情况见表1。

工程建设标准编制情况　　　　表1

序号	标准/图集/导则 名称	编制进展
1	山东省工程建设标准《健康建筑评价标准》DB37/T 5259—2023	发布实施
2	山东省工程建设标准《绿色建筑施工质量验收规程》DB37/T 5293—2024	发布实施

续表

序号	标准/图集/导则 名称	编制进展
3	山东省工程建设标准《近零能耗居住建筑节能设计标准》DB37/T 5074—2024	发布实施
4	山东省工程建设技术导则《零碳建筑评价导则》	审查通过
5	山东省工程建设管理导则《绿色建筑全过程质量管理导则》	发布实施
6	山东省工程建设标准《绿色建筑评价标准》	修订
7	山东省工程建设标准《近零能耗建筑节能工程施工及验收标准》	在编
8	山东省工程建设标准《民用建筑能效测评标识标准》	在编
9	山东省工程建设标准《绿色建筑检测技术标准》	在编
10	山东土木建筑学会标准《住宅新风系统应用技术标准》	送审

9.1.4 绿色建筑关键技术研发情况

2024 年，山东省住建厅联合山东省科技厅等 9 部门印发《关于强化科技创新深入推动住房城乡建设事业高质量发展的指导意见》。2024 年，开展了 10 多项绿色建筑相关科研课题研究，获 4 项科技成果奖励，具体情况如下：

（1）"山东省科学技术进步"二等奖 1 项：由山东建筑大学、山东大卫国际建筑设计有限公司等单位共同完成的"建筑及园区数字低碳关键技术研发与应用"获得"山东省科学技术进步"二等奖 1 项。

（2）"华夏建设科学技术奖"三等奖 1 项：2024 年 3 月，由山东省建筑科学研究院有限公司等单位共同完成的"山东省绿色建筑与建筑节能发展'十四五'研究"项目获得 2023 年度"华夏建设科学技术奖"三等奖。

（3）"住房城乡建设科技计划项目"：组织会员单位积极申报 12 个绿色低碳建筑相关的 2024 年度省住房城乡建设科技计划项目。

（4）"山东土木建筑科学技术奖"二等奖 1 项：2024 年 9 月，由山东省建筑科学研究院有限公司等单位共同完成的"山东省城乡建设领域能源消耗与碳达峰路径研究"项目获得 2024 年度"山东土木建筑科学技术奖"二等奖。

（5）"2024 年度济南市'讲、比'活动"一等奖 1 项：2024 年 10 月，由山东省建筑科学研究院有限公司等单位共同完成的"山东省城乡建设领域能源消耗与碳达峰路径研究"项目获得 2024 年度济南市"讲、比"活动一等奖。

（6）依据《山东省住房和城乡建设厅科学技术委员会章程》《关于进一步加强专家库监督管理的暂行办法》，完善"科技委＋专业委＋专家库"的科技创新体系。遴选公布首批 15 个专业委员会并召开成立大会，吸纳省内外知名专家近 400 位，支持产业升级、事业进步的专家智库体系建成运行。提请推荐成立省住房和城乡建设厅科学技术委员会绿色建筑与建筑节能专业委员会，27 位行业专家被列为首批专家委员。

9.1.5 专业研讨和培训活动情况

（1）2024年9月26日，协助省住房和城乡建设厅在济南举办全省住房城乡建设科技创新大会。会议深入贯彻党的二十届三中全会精神，认真落实全省科技大会工作要求，总结成绩，交流经验、分析形势、明确思路，安排部署当前和今后一段时期建设科技创新重点任务，进一步激发全系统科技创新活力，以高水平科技创新推动住房城乡建设事业高质量发展。全省住房城乡建设科技大讲堂邀请丁烈云院士、王铁宏会长、李晓江大师、徐伟大师、刘志鸿副总裁5位国内知名专家，聚焦智能建造、新质生产力培育、城市更新、绿色低碳发展、好房子建设等主题作了报告。

（2）2024年10月，协助省住房和城乡建设厅组织10余位专家召开山东省绿色建筑立法小组第一次工作会议。会议指出，在《山东省绿色建筑促进办法》的基础上，拓展绿色建筑体系相关内容，进一步明晰推动绿色建筑的各方责任，特别是实施绿色建筑的强制性要求与引导性政策，将绿色建筑管理工作提档升级，推动《山东省绿色建筑促进办法》上升为管理条例，推进实施山东省绿色低碳高质量发展先行区建设战略和实现碳达峰碳中和目标。

（3）2024年11月18—19日，专委会组织省住房和城乡建设厅全省绿色建筑与建筑节能技术标准培训班。本次培训班邀请了专委会主任委员王昭研究员、于晓明研究员、朱传晟研究员、范学平研究员，专委会秘书长李迪研究员，专委会常务副秘书长王衍争高级工程师进行授课，内容主要包括《绿色建筑施工质量验收规程》DB37/T 5293—2024、《近零能耗居住建筑节能设计标准》DB37/T 5074—2024、《公共建筑节能设计标准》DB37/T 5155最新修订稿，节能率78%、《建筑光伏一体化应用技术规程》DB37/T 5007—2024和《绿色建筑评价标准》GB/T 50378—2019（2024年版）等解读。通过系列培训，帮助山东省各级管理部门、各单位从业人员等5000余人次全面系统地理解相关内容，进一步提升了行业整体技术水平。

（4）2024年12月16日，为进一步提升建筑节能业务管理人员及项目参建各方管理技术人员综合素养，济宁市住房城乡建设局联合济宁市建筑业协会召开全市第四期绿色建筑与装配式建筑工作培训会议。专委会主任委员研究员受邀作专题报告。

（5）2024年专委会还协助省住房和城乡建设厅广泛深入开展调研。配合住建部标定司，开展可再生能源建筑应用调研，开展浅层地热能开发利用工程调查。配合省厅对接湖北、河南等省市住房城乡建设主管部门到我省调研，深入交流探讨绿色建筑、超低能耗建筑发展路径等。

9.2 绿色建筑亮点工作

9.2.1 双碳工作

（1）2024年，协助省住房和城乡建设厅印发《山东省绿色建筑高质量发展工作方案》《山东省加快推动建筑领域节能降碳工作实施方案》。两个方案的实施，是山东省落实"双碳"工作和深入贯彻国家应对气候变化与碳减排战略部署，是进行建筑能源消费总量管控以及建筑行业碳排放总量、强度双控目标顺利实现的坚实保障。推进建筑绿色降碳，对改善人居环境品质、促进形成绿色生产生活方式具有重要意义，可全面推动绿色建筑产业蓬勃发展，着力提升建筑品质，促使建筑行业朝着多样化、高端化方向迈进，为山东省绿色低碳高质量发展先行区建设作出积极贡献。

（2）2024年12月，协助省住房和城乡建设厅印发《关于组织开展绿色低碳城市试点创建的通知》。加快山东省城乡建设绿色低碳转型，根据《山东省城乡建设领域碳达峰实施方案》《山东省住房和城乡建设厅2024年深化住建领域改革工作要点》等文件要求，决定组织开展绿色低碳城市试点工作，共有20余个项目申报。

（3）2024年9—12月，协助省住房和城乡建设厅印发《关于组织申报2024年度山东省绿色建筑与建筑节能试点的通知》。为推动城乡建设绿色低碳高质量发展，依据《国务院办公厅关于转发国家发展改革委、住房城乡建设部〈加快推动建筑领域节能降碳工作方案〉的通知》《山东省绿色建筑高质量发展工作方案》等，经自愿申报、各市推荐、专家评审和社会公示，决定将起步区应急消防一体化救援站项目消防综合楼等23个项目列为2024年度山东省绿色建筑与建筑节能试点创建项目，试点创建自公布之日开始，为期2年。

（4）2024年7—11月，协助省住房和城乡建设厅起草完成《关于组织开展高品质住宅试点项目（第二批）申报工作的通知》。11月23日，省住房和城乡建设厅发布《关于公布高品质住宅试点项目（第二批）的通知》，经单位申报、形式审查、现场指导和综合评议，全省16地市共90个项目入选，其中在建项目77个、建成项目13个。

（5）2024年11月18—19日，专委会组织全省绿色建筑与建筑节能技术标准培训班，培训班由省住房和城乡建设厅节能科技处主办。本次培训班邀请了专委会主任委员王昭研究员、于晓明研究员、朱传晟研究员、范学平研究员，专委会秘书长李迪研究员，专委会常务副秘书长王衍争高级工程师进行授课。

（6）2024年8—12月，协助省住房和城乡建设厅下发《关于开展2024年全省建筑节能、绿色建筑与装配式建筑实施情况检查工作的通知》。协助省住房和城乡建设厅在2024年11—12月期间，组成省级检查组，采取召开座谈会、听取汇报、查看资料、根据台账随机抽查项目等方式开展，对5个地市30多个项目抽查检查。

（7）2024年11—12月，为贯彻落实国家、山东省有关推动建筑领域节能降碳工作部署，积极推广超低能耗与近零能耗建筑，发挥典型项目引领带动作用，决定在全省范围内征集超低能耗建筑与近零能耗建筑典型案例，下发《关于征集超低能耗与近零能耗建筑典型案例的通知》。全国共30个项目申报典型案例，目前正在评审中。

9.2.2 科技创新工作

（1）2024年3—9月，配合省住房和城乡建设厅组建山东省住房和城乡建设厅科学技术委员会绿色建筑与建筑节能专业委员会。2024年12月12日，绿色建筑与建筑节能专业委员会在济南召开第一次全体会议，专委会全体委员现场调研了济南机场二期改扩建工程建设及科技应用情况，并对专委会工作规则、2025年重点任务进行了集中审议。会议由专委会副主任委员、同圆设计集团副总裁宫强主持，专委会主任委员、山东省建筑科学研究院有限公司董事长宋义仲致辞，省住房和城乡建设厅党组成员、副厅长王润晓出席会议并讲话。会议指出，推动经济社会发展绿色化、低碳化是实现高质量发展的关键环节，专委会承担着宣传贯彻相关法律法规、方针政策，研究创新理论与技术，协助开展监督管理、交流合作、推广服务等重要职责，应充分发挥自身主观能动性，深入推进建筑绿色低碳高质量发展，努力擦亮绿色发展底色，争做各专委会的排头兵。

（2）2024年9月26日，协助省住房和城乡建设厅在济南举办全省住房城乡建设科技创新大会。会议深入贯彻党的二十届三中全会精神，认真落实全省科技大会工作要求，总结成绩、交流经验、分析形势、明确思路，安排部署当前和今后一段时期建设科技创新重点任务，进一步激发全系统科技创新活力，以高水平科技创新推动住房城乡建设事业高质量发展。

（3）2024年10月，协助省住房和城乡建设厅完成山东省绿色建筑立法小组第一次工作会议。会议指出，在《山东省绿色建筑促进办法》的基础上，拓展绿色建筑体系相关内容，进一步明晰推动绿色建筑的各方责任，特别是实施绿色建筑的强制性要求与引导性政策，将绿色建筑管理工作提档升级，推动《山东省绿色建筑促进办法》上升为管理条例，推进实施山东省绿色低碳高质量发展先行区建设战略和实现碳达峰碳中和目标。

9.3 绿色建筑发展计划和建议

9.3.1 工作计划

从发展方式看，住房城乡建设正在进入向高质量发展转型，从"有没有"向

"好不好"转变的关键时期，传统建造方式加速向工业化、数字化、绿色化升级，新质生产力培育，必须以绿色低碳为目标，以科技创新为引领，以数字赋能为保障。

深入推动城乡建设绿色发展。一是深化合作共建。继续推进山东省、住房和城乡建设部《共同推动城乡建设绿色低碳发展合作框架协议》。支持济南起步区打造绿色建筑示范区、烟台打造绿色低碳高质量发展示范城市、山东大学龙山校区（创新港）建设绿色低碳校园等。二是加大推广力度。抓好《山东省绿色建筑高质量发展工作方案》落实，推动绿色建筑发展条例地方立法，年内形成较为成熟的报审稿。发布《绿色建筑全过程管理工作导则》，进一步健全绿色建筑推广全过程监管机制。城镇新建建筑全面执行绿色建筑标准，严格落实建设条件制度、绿色建筑设计专篇及施工图审查要点要求，将绿色建筑建设要求纳入工程验收内容，确保各项标准要求落实。以大型公共建筑、政府或国有资金投资公共建筑、高品质住宅以及城市新区新建民用建筑为重点，引导发展高星级绿色建筑，指导具备条件的城市划定区域规模化发展高星级绿色建筑。三是强化示范引领。推广青岛国家绿色城市建设发展试点经验，健全绿色低碳城市建设、评估、考核指标体系，遴选公布一批省级绿色低碳城市试点，深入推进绿色低碳县城试点建设，支持有条件的地区争创国家绿色低碳相关试点示范。持续组织开展绿色建筑与建筑节能试点，完成省级绿色生态示范城区（城镇）验收。

持续提升建筑节能降碳水平。一是加强政策指导。认真落实《山东省城乡建设领域碳达峰实施方案》《山东省建筑领域节能降碳工作方案》，以建筑建造、运行阶段为重点，加强基础能力建设、完善配套制度，推进建筑领域能耗"双控"向碳排放"双控"转变。开展《山东省城乡建设领域碳达峰实施方案》中期评估、《山东省"十四五"建筑节能与绿色建筑发展规划》终期评估，启动"十五五"发展规划研究编制。二是提升节能水平。新建居住建筑严格执行83%节能设计标准，在各省区率先发布实施公共建筑节能78%设计标准。公布一批超低能耗与低碳建筑典型案例，发挥引领带动作用，推动超低能耗、低碳建筑规模化发展。编制发布《零碳建筑评价导则》，组织开展试点，积极探索近零能耗、近零碳建筑发展模式。落实建筑和市政基础设施领域设备更新工作部署，结合城市更新、城镇老旧小区改造、冬季清洁取暖等，扎实推进既有建筑节能改造。三是强化运行节能。研究制定公共建筑推行合同能源管理、合同节水管理政策措施。组织编制建筑碳排放计算核算标准，支持青岛市开展国家建筑能效测评标识试点。四是优化用能结构。落实国家大力实施可再生能源替代行动工作部署，把优先利用可再生能源纳入城镇规划、建设、更新和改造，新建建筑全面安装太阳能系统，推动既有建筑屋顶加装光伏系统，推动有条件的新建厂房、新建公共建筑应装尽装光伏系统。研究制定深入推动可再生能源建筑应用的政策文件，因地制宜推广地热能、生物质能、太阳能及污水源、空气源热泵等供热制冷应用，推荐符合条件的地区申报国家建筑光伏高质量发展试点。

9.3.2 发展建议

（1）推进制定山东省绿色建筑发展条例，以法规形式明确绿色建筑、超低能耗建筑、低碳建筑、装配式建筑等发展要求。积极协调相关部门，落实国家、山东省适用于绿色建筑发展的财政、税收、规划、用地、科技、环保、预售资金监管等方面的支持政策。完善绿色金融支持城乡建设绿色低碳发展政策体系，动态更新绿色金融支持城乡建设绿色低碳发展储备项目库，优先保障绿色建筑信贷投放，将符合条件的绿色建材、绿色建筑和装配式建筑等纳入绿色债券支持范围。鼓励金融机构创新信贷产品和服务模式，给予多元化融资支持。优化金融与政策支持，创新绿色金融产品，鼓励开发建筑业专属信贷产品，探索灵活利率定价及保证金减免。通过绿色金融项目库引导社会资本，对高星级绿色建项目给予专项支持。

（2）组织开展绿色建筑相关试点及综合评价，打造一批典型样板项目，发挥引领带动作用。及时总结推广各地绿色建筑发展中的经验做法，结合"全民节能行动""节能宣传周""低碳日""建设科技活动月"等活动，多渠道、多形式开展绿色建筑宣传，提高社会公众的认知度、参与度。发挥社会团体作用，通过举办博览会、技术推广会等，强化行业交流合作，努力营造各方共同关注支持的良好氛围。将绿色建筑作为城乡建设领域管理技术人员培训体系重要内容，开展政策宣讲、标准宣贯、技术交流、业务培训等活动，提高推动绿色建筑高质量发展的能力水平。

作者：王昭，王衍争，郭培［山东省建筑科学研究院有限公司；山东省建筑工程质量检验检测中心有限公司；山东土木建筑学会绿色建筑与（近）零能耗建筑专业委员会］

10 香港特区从绿色迈向碳中和的经验分享
10 Hong Kong's experience in moving from green to carbon neutrality

10.1 绿色建筑总体情况

香港作为中国的重要城市，近年来在绿色建筑和碳达峰碳中和领域取得了显著进展。在全球气候变化和可持续发展的背景下，香港积极融入国家"双碳"目标，通过政策引导、技术创新和公众参与，推动绿色建筑发展和低碳转型。

10.1.1 绿色建筑发展现状

香港的绿色建筑发展起步较早，形成了多元化的认证体系。除了香港本地的 BEAM Plus 认证体系外，美国 LEED 认证在香港也获得商业机构的认可和应用，内地的绿色建筑评价标识自 2010 年引入香港，在公营房屋、私人楼宇、商业办公等均有一定的应用。截至 2023 年，香港已有超过 1500 个项目获得各类绿色建筑认证，涵盖办公楼、住宅、公共设施等多种类型。

10.1.2 碳达峰碳中和目标与行动

香港特区政府于 2021 年提出碳中和目标，计划在 2050 年前实现碳中和。为此，香港特区政府制定了《香港气候行动蓝图 2030+》，明确了减缓气候变化的路径和重点措施。根据该蓝图，香港将重点推动能源、建筑、交通三大领域的低碳转型。

香港的电力碳排放因子约为 $0.5\mathrm{kg\,CO_2/(kW \cdot h)}$，高于内地平均水平。为实现碳中和目标，香港计划到 2030 年将可再生能源发电占比提升至 15%，并逐步减少对煤炭和石油的依赖。此外，香港特区政府已设立明确目标，到 2050 年将电力碳排放因子降至接近零。

在建筑领域，香港的碳排放主要来自电力消耗，而电力的碳排放占比超过 60%。因此，推动建筑节能和可再生能源应用是实现碳中和的关键。数据显示，香港建筑部门的碳排放约占总排放量的 90%，其中电力消耗占建筑碳排放的 95%。为应对这一挑战，香港特区政府通过修订《建筑物条例》和《能源效益

（电力）条例》，要求新建筑和大型改造项目必须满足更高的能效标准。同时，特区政府还推出了多项激励措施，鼓励开发商和业主采用可再生能源和节能技术。

10.1.3 政策与技术创新

香港特区政府在绿色建筑和碳中和领域实施了一系列政策措施。例如，通过"电费补贴计划"和"能源效益计划"，为绿色建筑项目提供财政支持；通过"碳定价机制"，鼓励企业和个人减少碳排放。此外，香港还积极推动区域合作，与粤港澳大湾区城市共同探索绿色建筑和低碳技术的应用。

香港于2023年正式实施碳定价机制，通过征收碳税和推广碳交易市场，鼓励企业和个人减少碳排放。碳税的征收标准为每吨二氧化碳排放180港元，预计到2030年将逐步提高至每吨300港元。此外，香港还通过绿色金融支持低碳项目，例如发行绿色债券和推出碳中和基金，为绿色建筑和可再生能源项目提供资金支持。

10.1.4 智能建造与绿色建筑

近年来，香港在智能建造和绿色建筑领域取得了显著进展。例如，模块化集成建筑（MiC）技术在香港得到了广泛应用，显著提高了建筑效率并减少了施工废弃物。数据显示，采用MiC技术的建筑项目可将施工时间缩短30%～50%，同时减少约40%的建筑废弃物。此外，香港还积极推动建筑机器人的应用，例如在混凝土浇筑、砌砖和喷涂等环节引入自动化设备，显著提高了施工效率和安全性。

10.1.5 绿色校园及教育推广

在绿色校园及教育推广方面，除了大专院校外，香港中小学的绿色校园发展持续进步：学校强调环保意识的培养，通过课程和活动引导学生理解可持续发展的重要性，并将环保信息带入家庭生活；设施方面，学校逐步完善环保设施，例如安装太阳能板、二氧化碳净化系统和建设固碳花园等；政策和奖项方面，学校鼓励中小学生积极参与校园环保设施的规划和设计，2024年学生们通过学校图书馆的绿色改造设计，参与由中国绿色建筑与节能委员会组织的绿色、低碳全国青少年公益科普竞赛，并获得优异奖项，给予学生们努力的肯定。

10.1.6 总结

香港的绿色建筑和碳达峰碳中和发展不仅关乎本地环境与经济，更是中国实现"双碳"目标的重要组成部分。通过多方协作和持续努力，香港有望在未来实现绿色建筑与低碳经济的协同发展，为全球可持续发展贡献更多智慧和力量。

10.2 绿色建筑亮点工作介绍

10.2.1 中国绿色建筑与碳中和（香港）委员会成立

中国绿色建筑与碳中和（香港）委员会（以下简称"碳中和委员会"）的成立，标志着香港围绕国家绿色、低碳战略作出的重大调整。2024年3月8日，中国城市科学研究会绿色建筑与节能专业委员会正式委任碳中和委员会作为其香港地方合作机构，这为碳中和委员会在香港开展工作奠定了坚实基础。

碳中和委员会的使命是：推动绿色建筑与低碳技术在粤港澳大湾区的普及与应用，助力实现国家碳达峰碳中和目标。具体工作任务包括：

（1）推动绿色建筑评价等系列国家标准在香港的应用与推广；

（2）组织高水平学术活动，促进绿色建筑与低碳技术的交流与合作；

（3）开展绿色建筑认证与标准制定工作，提升行业技术水平；

（4）加强区域合作与提升国际影响力，推动绿色建筑与低碳技术的创新发展。

10.2.2 行业交流

2024年，碳中和委员会成功组织了多项行业交流活动，其中包括：

（1）**第二十届国际绿建大会中国香港代表团**：碳中和委员会组织了20多名香港专家和行业代表参与大会，展示了香港在绿色建筑与碳中和领域的最新成果。

（2）**粤港澳大湾区（港深）论坛**：碳中和委员会与深圳市绿色建筑协会联合主办了"港深绿色低碳发展动向与趋势"论坛（图1），吸引了400多位专家和行业代表参与，推动了粤港澳大湾区城市间的绿色建筑技术交流与合作。

图1 粤港澳大湾区（港深）论坛合照

10.2.3 战略合作与区域联动

碳中和委员会在2024年加强与内地各绿色建筑机构的合作,推动了绿色建筑与碳中和技术的广泛应用。主要合作成果包括:

(1) **与中国城市科学研究会绿色建筑研究中心的战略合作**(图2):双方在标准宣贯、标识推广、技术交流、专家智库建设等方面达成合作意向,共同推动国家"双碳"目标在香港的实施。

(2) **与粤港澳大湾区绿色建筑产业联盟的融合**:碳中和委员会加入联盟,并作为联盟副会长单位参与联盟年会,和粤港澳大湾区各机构开展交流和经验分享。

(3) **与上海绿色建筑协会的"绿色低碳姊妹城市"合作**:碳中和委员会与上海绿色建筑协会达成共识,计划通过论坛、图书出版等方式,促进两地绿色低碳技术的交流与合作。

图2 与中国城科会绿建中心签订战略合作协议

10.2.4 高端培训与人才培养

2024年10月,碳中和委员会成功在北京举办了"中国碳达峰碳中和高端讲座"(图3),这是碳中和委员会成立以来首次组织的高端培训活动。讲座邀请了多位院士和行业权威专家,包括:仇保兴院士、江亿院士、吴志强院士、陈湘生院士、王有为主任、李久林国家卓越工程师等,围绕"碳达峰碳中和实现路径""绿色建筑技术创新""智能建造与低碳发展"等主题进行了深入探讨。活动吸引了60名来自粤港澳大湾区绿色建筑地方机构代表的参与,包括建筑行业专家、政府官员和学术界代表。

此次讲座不仅提升了参与者对国家碳达峰碳中和目标的认知,还为行业提供了实践性强的技术指导。活动得到了内地和香港官方媒体的广泛关注,人民网、文汇网和香港新闻网对讲座进行了深度报道。讲座的成功举办为碳中和委员会未来继续开展高端培训活动奠定了良好基础,也为粤港澳大湾区绿色建筑与低碳技术的发展注入了新动力。

图 3　碳中和高端讲座合照

10.2.5　绿色建筑认证与标准推广

2024 年第四季度，碳中和委员会正式启动了《中国绿色建筑评价标准（香港版）2025 版》的编制工作（图 4）。这是碳中和委员会在标准制定与推广方面的重要里程碑。编制工作邀请了来自内地和香港的权威专家参与，包括：

图 4　《中国绿色建筑评价标准（香港版）2025 版》编制组第一次工作会议合照

（1）内地专家：中国城市科学研究会绿色建筑与节能专业委员会、中国城市科学研究会绿建中心、浙江大学、中国建筑科学研究院上海分院、同济大学等机构的专家；

（2）香港专家：香港大学、香港房屋委员会及房屋署、仲量联行、瑞安机电、恒基兆业地产、有利集团、伍秉坚事务所等机构的专家。

编制工作旨在结合香港的实际情况，将《绿色建筑评价标准》GB/T 50378—2019（2024 年版）与香港本地市场实践相结合，为碳达峰碳中和背景下的绿色建筑评价标识在香港的应用落地提供科学的技术指导。标准将于 2025 年上半年正式发布。

10.2.6 未来展望

展望 2025 年及未来，碳中和委员会将继续围绕国家"双碳"目标，重点推进以下工作：

（1）发布《中国绿色建筑评价标准（香港版）2025 版》，并开展一系列的项目评审、专家库构建、标准推广和专业人员培训等工作；

（2）持续组织高水平学术活动，提升香港在绿色建筑与低碳技术领域的国际影响力；

（3）加强与粤港澳大湾区其他城市的合作，推动绿色建筑与低碳技术的区域共享与创新发展。

作者： 张智栋［中国绿色建筑与碳中和（香港）委员会］

第六篇 典型案例篇

本篇遴选 2023—2024 年完成的 6 个代表性案例，分别从项目背景、主要技术措施、实施效果、社会经济效益等方面进行介绍，其中绿色建筑标识项目 3 个、绿色生态城区标识项目 1 个、碳中和标识项目 1 个、宁静住宅标识项目 1 个。

绿色建筑标识项目包括：以主动探索碳中和建筑实施路径，将绿色理念贯穿于示范楼的设计、建造、运维全生命周期之中的长三角一体化绿色科技示范楼零能耗项目；结合长江中下游地区的地域气候特征、结合项目功能与自然之间的平衡之道、结合成本与品质需求的无锡市广益绿色创新中心项目；秉承绿色低碳、健康宜居的核心思想的北京市高标准商品住宅建设方案中建壹品学府公馆住宅项目。

绿色生态城区标识项目为绍兴鉴水科技城窑湾江总部集聚区，项目秉持绿色、低碳、生态理念，将科技创新、产业集聚与生态环境保护、绿色建筑应用相结合，打造了功能配套完善、综合交通便利、未来产业绿色智慧、能源资源集约高效的绿色生态城区。

碳中和建筑标识项目为中建科创大厦近零能耗建筑，项目以"建筑科技典范，创新总部标杆"为定位，借鉴岭南地区建筑生态理念及传统建筑特点，集成建筑超低能耗技术、高效设备系统及可再生能源广泛应用等多项节能措施，打造国内首座超170m近零能耗高层建筑。

宁静住宅标识项目为潍坊中海大观天下五期，项目以建造高品质住宅为目标，融入宁静住宅全要素，提升住宅外部和内部声环境水平，维护住宅使用者生活环境和谐安宁，为后续宁静住宅案例打造提供经验。

由于章节篇幅有限，本篇无法完全展示我国所有绿色建筑的技术精髓，仅希望通过典型案例介绍，给读者带来一些启示和思考。

1 长三角一体化绿色科技示范楼零能耗项目
1 Zero energy consumption project of Yangtze River Delta Green Technology Demonstration Building

1.1 项目简介

长三角一体化绿色科技示范楼项目位于上海市普陀区真南路与武威东路交叉口南 200m，由上海建工集团股份有限公司研发设计、上海枫景园林实业有限公司投资建设，上海市安装工程集团有限公司运营，总占地面积 3422m²，总建筑面积 11782m²，2024 年 12 月依据《绿色建筑评价标准》GB/T 50378—2019（2024 年版）获得绿色建筑三星级标识（图 1）。项目主要功能为地上 5 层科研办公，地下 2 层设备用房及停车，项目实景图见图 2。

图 1 绿色建筑三星标识

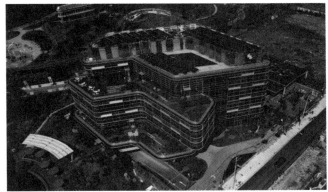

图 2 项目实景图

1.2 主要技术措施

本项目主动探索碳中和建筑实施路径，将绿色理念贯穿于示范楼的设计、建造、运维全生命周期之中。规划先行，设计引领，创新驱动，最大限度地减少能源消耗以及对环境的污染，打造中国绿色建筑三星、中国健康建筑三星（图 3）、中国零能耗建筑、美国 LEED 铂金级建筑、美国 WELL 铂金级建筑、英国 BREEAM 杰出等级建筑。项目具有 5 大卓越性能：全生命周期碳中和、建筑运营零能耗、建筑运营极致节水、高品质室内空气环境、建筑垃圾减量化运营。

1.2.1 安全耐久

SI 体系：建筑采用 SI 体系，地面采用架空地板，墙面除楼梯间及设备管井外均采用轻质隔墙，使建筑结构与设备管线分离，公共办公空间采用通用开放、灵活可变的使用空间，大大提高建筑后续的适变性。

1.2.2 健康舒适

1. 自然采光通风

建筑外立面均匀设置开启幕墙，保证室内空气气流组织良好，室内 99% 的空间可实现自然通风换气次数不小于每小时 2 次。建筑采用透光性良好的外窗和幕墙结构、控制房间进深，并利用中庭导入阳光，使室内形成良好的双侧采光效果，增加办公人员的使用舒适度，地上 91% 的空间采光满足使用需求（图 4）。

图 3　健康建筑三星标识　　　　图 4　自然采光通风中庭

2. 智慧照明

项目采用智慧照明系统（图 5），室内空间采用分区、智能调光、人员感应控制，所有房间照明功率密度均小于目标值。地下采用 8 个导光管系统引入自然光线，减少日常照明能源消耗，节约地下车库照明能耗的 10%，极大地节约了照明能耗（图 6）。

图 5　智慧照明系统　　　　图 6　导光管地上和地下部分

1.2.3 生活便利

1. 智慧运维管理平台

基于绿建管理和数字化运维,为本项目量身打造智慧运维平台(图7),基于物联网,作为建筑管理的"大脑",统一调配储能设施、智能电网、通风系统等,达到智能感知、智能预测及智能控制。智慧运维平台由五大核心功能模块组成,为设施设备的运维提供了智慧化的场景应用。

图7 智慧运维平台

2. 五大管理功能

能效管理功能对建筑整体能耗状况的实时监测和精细化管理,并对建筑能耗做出等级评估,根据能耗数据,优化用能策略。环境管理功能运用工业级的环境监测设备,实时感知$PM_{2.5}$、PM_{10}、二氧化碳、一氧化碳、甲醛、温湿度、风速等各项室内环境参数,发现超标情况后立刻下达指令,精准调度空调风系统进行处理,提升空气品质。设备管理根据季节、气候、时间等因素,制定及调度地源热泵系统和空调送排风系统的运行策略,提前感知、提前预设,低碳运维(图8)。物业管理功能在设备出现异常时,自动定位设备及相关管线。应急预案功能针对突发事件,预设详细应对方案、演练计划。

图8 环境管理、设备管理

1.2.4 资源节约

1. 建筑运营零能耗

建筑幕墙设计融合高效光伏与水平垂直遮阳系统（图9），采用五玻双腔玻璃的被动式节能幕墙，组成高性能的外表皮系统，最大限度地利用太阳能；以高效围护结构提高建筑的气密性、削减热桥，通过被动建筑设计降低建筑75%的供暖和通风能耗；采用智慧照明系统节约照明能耗；暖通空调根据使用空间精细化划分冷热源系统，利用地源热泵系统吸取地下空间可再生能源，采用高效冷热机组和温湿度独立控制、高效热回收等主动节能技术，实现建筑本体的极低能耗。

最终通过建筑外表皮和场地光伏年发电量45万kW·h，建筑全年用能小于40万kW·h，通过上述综合措施实现建筑运营零能耗（图10）。

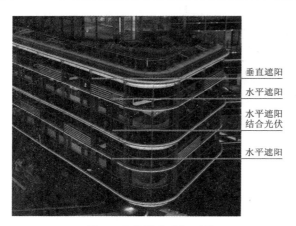

图9　光伏结合遮阳系统　　　图10　零能耗建筑认证

2. 绿色低碳基坑围护

基坑围护采用PC工法组合钢管桩结合两道预力型钢组合支撑，该支撑强度较高，刚度较大，可有效解决软土地区基坑变形较大的问题。其施工速度快，可兼作止水帷幕且止水效果好，可全回收，施工期间噪声低、无泥浆产生。相较传统的围护体系，节约了30%的施工成本，缩短1/3的总体工期，减少90%的建筑垃圾，极大降低施工过程碳排放。

1.2.5 环境宜居

极致节水： 室外雨水100%收集、室内中水100%收集回用，室外绿化浇灌、道路浇洒、室内冲厕等100%采用循环水。最终实现除皮肤接触用水外，其他用途的水全部采用循环水，建筑全年节水约2448t。同时采用1级节水器具，开源节流，构建建筑生态水循环系统，以达到建筑极致节水的目标（图11）。

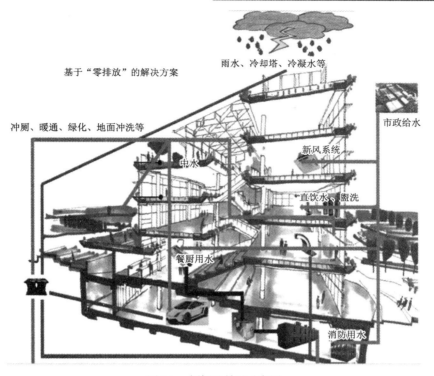

图 11　水资源利用示意图

1.2.6　提高创新

绿色低碳体系：以"能碳双控"为理念，为建筑提供科学的节能设计方案，推进绿色建筑不断研发，实现建筑的动态零能耗运行，建设长三角碳中和先行实践项目。基于绿色、零能耗、零碳和健康的四大建筑技术体系，研究形成包含16项指南（图12）的超前绿色建造发展理念，发挥科技创新在工程建造过程中的主动作为和引领作用，积极探索、创新研发并实践应用了一系列绿色低碳技术，将绿色科技示范楼打造成为具有全球影响力高标准绿色碳中和建筑。

1.3　实施效果

通过上述绿色措施的综合应用，项目各项指标相较于传统建筑均大幅提高：①围护结构：建筑围护结构热工性能比国家标准提高 20%~41%，建筑隔声性能达到国家高标准要求限值。②室内空气品质：室内主要空气污染物浓度比国家标准《室内空气质量标准》GB/T 18883—2022 限值降低 40%，室内 $PM_{2.5}$ 年均浓度 $19\mu g/m^3$，室内 PM_{10} 年均浓度 $18\mu g/m^3$。③碳排放及能耗：运行阶段碳排放强度 $13.51 kgCO_2/(m^2 \cdot a)$，建筑总能耗 48003kgce/a，建筑单位面积能耗 $4.07 kgce/(m^2 \cdot a)$。

④可再生能源利用：太阳能提供100%生活热水，生活热水量为1245.2m³/a，太阳能光伏提供100%电量，发电量为45.21万kW·h/a。⑤项目用水：节水器具100%达到1级用水效率等级，年用水总量6193.79m³/a，其中非传统水量2448.79m³/a，绿化浇灌、道路浇洒、冲厕、冷却补水100%采用非传统水源。

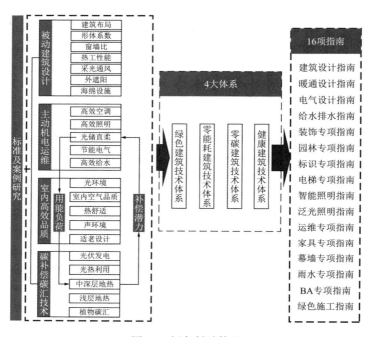

图12　绿色低碳体系

1.4　增量成本分析

项目应用了室内空气质量监测、光伏发电、雨水回用、导光管等绿色建筑技术，其中光伏发电技术节能45.21万kW·h/a，雨水回用技术节水2448.79m³/a，年共节约46.68万元/年，单位面积增量成本229.4元/m²。增量成本分析见表1。

增量成本统计　　　　　　　　　　　　　　表1

实现绿建采取的措施	单价	标准建筑采用的常规技术和产品	单价	应用量/面积	增量成本（万元）
光伏发电系统	3464元/kW	无	—	515.4kW	178.53万元
空气质量监测	35万元/套	无	—	1套	35万元
雨水回用系统	30万元/套	无	—	1套	30万元
BIM技术	15元/m²	无	—	11782m²	17.67万元
导光管	1.14万元/个	无	—	8个	9.12万元
合计					270.32万元

1.5 总　　结

项目因地制宜地采用了多种绿色理念，主要技术措施总结如下：

（1）通过多项被动式建筑设计理念降低建筑本体能耗及建筑可再生能源的综合利用，最终使建筑全年发电量大于全年用电量，实现建筑运营零能耗。（2）室外雨水100%收集、室内中水100%收集回用，室外绿化浇灌、道路浇洒、室内冲厕等100%采用循环水。实现除皮肤接触用水外，其他用途的水全部采用循环水，建筑全年节水约2448t。（3）采用SI体系，使建筑结构与设备管线分离，公共办公采用通用开放、灵活可变的使用空间，大大提高后续建筑的适变性。（4）采用智慧照明系统，室内空间采用分区、智能调光、人员感应控制，大大降低照明能耗及增加使用人员舒适性。（5）基于物联网形成智慧运维平台，作为建筑管理的"大脑"，统一调配储能设施、智能电网、通风系统等，达到智能感知、智能预测及智能控制，通过大数据分析实现诊断、预警、工单自动推送等功能，实现科学运维。

通过一座建筑，探索一座城市的发展方向，面向社会，探索创新绿色发展的生态建筑；面向人民，探索突出以人为本的健康建筑；面向企业，强化技术创新，探索数字建筑；面向公众，强化设施共享，探索韧性建筑（图13）。

图13　项目及周边零碳公园整体鸟瞰图

作者：贾珍[1]，张勇伟[2]，傅纵[1]，姜波[1]，苗亮[1]（1. 上海建工集团股份有限公司；2. 上海枫景园林实业有限公司）

2 无锡市广益绿色创新中心
2 Wuxi Guangyi ECO Innovation Center

2.1 项目简介

项目位于无锡市梁溪区锡洲路与江海路交叉口东侧,由无锡晟鑫投资发展有限公司投资建设,江苏合筑建筑设计股份有限公司总承包设计,总占地面积5559.97m²,总建筑面积70581.6m²。2023年,无锡市发展和改革委员会、住房和城乡建设局出台了城乡建设领域碳达峰实施方案,明确了无锡市全市所有民用建筑按不低于绿色建筑二星级标准设计建造。2024年11月,依据《绿色建筑评价标准》GB/T 50378—2019(2024年版),项目获得绿色建筑预评价标识三星级。项目建筑主要功能为商业和办公,主要建设内容为A栋、B栋办公楼(图1)。

图1 项目效果图

2.2 主要技术措施

项目探索出了因地制宜、主被动结合、低成本高品质的绿色建筑思路，在建设的过程中结合长江中下游地区的地域气候特征、结合功能与自然之间的平衡之道、结合成本与品质需求的设计观。项目采取了多项切实有效的技术措施，例如低冲击开发、高效围护结构、多种可再生能源、室内声环境优化、全龄友好、新风热回收、灵活空间设计、空气净化、建筑产业化等 6 大类 70 余项技术。绿色建筑技术示意如图 2 所示。

图 2　绿色建筑技术示意图

2.2.1 安全耐久

1. 安全防护

本项目窗户、窗台、防护栏均采用高窗设计、限制窗扇开启角度、增加栏板宽度、适度减小防护栏杆垂直水平间距、安装隐形防盗网等措施进行强化防坠设计。建筑物出入口均设置雨棚，防止外墙饰面及门窗玻璃意外脱落，同时具有遮阳、遮风和挡雨的功能。绿化种植/固定遮阳见图 3。

图 3　绿化种植/固定遮阳

2. 材料耐久

本项目采用提高钢筋保护层厚度的方式提高建筑结构材料耐久性，钢筋保护层厚度增加值为5mm；在建筑设计施工中采用建筑结构与建筑设备管线分离的处理方式，提升建筑适变性。

3. 防滑设计

建筑出入口及平台、公共走廊、电梯门厅、卫生间等设置防滑措施，项目采用水磨石、地砖等地面材料，防滑等级不低于B_d、B_w级；建筑室内外活动场地所采用防滑地面满足A_d、A_w级等级要求；汽车坡道、无障碍坡道、楼梯踏步采用防滑槽，防滑等级达到A_d、A_w级。

2.2.2 健康舒适

1. 空气品质

本项目新风机具有$PM_{2.5}$过滤系统的装置，过滤效率不低于95%，外墙设置防雨百叶，新风口增设防护网。控制室内主要空气污染物的浓度，氨、甲醛、苯、总挥发性有机物（TVOC）、氡等污染物浓度低于规定限值的20%。

2. 构件隔声性能、室内天然采光

项目外墙采用200mm厚的B06加气混凝土砌块，隔声量达到48dB；外窗采用5mm三银Low-E + 12A + 5玻璃，隔声量达到32dB。空气声隔声性能达到低限值和高限值的平均值，本项目楼板采用5mm厚减振隔声垫做法，可有效隔绝楼板噪声，撞击声隔声量为61dB。撞击声隔声性能达到高限值要求。本项目外立面采用大面积外窗，采用透光性较好的5mm三银Low-E + 12A + 5玻璃，满足主要功能空间至少60%面积比例区域采光照度值不低于采光要求的小时数平均不少于4h/d的要求。采光模拟示意图/外立面外窗示意图见图4。

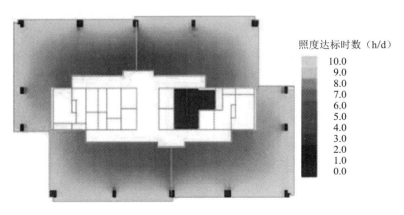

图 4 采光模拟示意图/外立面外窗示意图

2.2.3 生活便利

1. 建筑设备管理系统

本项目设置建筑设备管理系统，利用信息通信、计算机网络、智能化技术，通过对建筑内机电设备及公共设施进行自动化监控、监测，达到室内环境舒适、机电设备合理运行、降低运营成本的目的。建筑设备监控系统具有地下车库一氧化碳浓度监控、生活用水设施监测与报警、雨水收集系统的监测与报警等功能。系统集成管理平台系统图见图5。

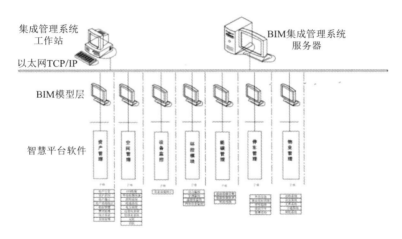

图 5 系统集成管理平台系统图

2. 空气质量监测系统

本项目设置室内 PM_{10}、$PM_{2.5}$、CO_2 空气质量监测系统，并在建筑主要出入口和相应监测楼层实时公告监测数据，且能存储至少 1 年的监测数据。

2.2.4 资源节约

1. 可再生能源利用

本项目可再生能源采用太阳能光伏系统，光伏方阵设在 A 栋及 B 栋屋顶，装机容量为230kW，面积为900m²。年发电总量为230000kW·h，其总功率为建筑物总变压器装机容量的3.59%。

2. 节水与雨水利用

项目统筹应用自来水和非传统水源，绿化灌溉和道路冲洗采用非传统水源（雨水回用）的用水量比例均为100%。室内卫生器具全部选用1级节水器具，节水性能良好。本项目采用自动喷灌的节水灌溉方式，各浇灌区域通过喷灌控制器控制开关及浇灌时间，并设置土壤湿度感应器、雨天关闭装置等节水控制措施。

3. 绿色建材

本项目绿色建材应用比例达到50%，主体结构均使用具有绿色建材相关认证的预拌混凝土、预拌砂浆，所选用保温材料、防水材料、密封材料及光伏组件均采用经过相关认证的绿色建材。

2.2.5 环境宜居

1. 海绵城市建设

项目场地生态设计结合海绵城市措施，提高场地排水能力，实现场地年径流总量控制率大幅提升，采用透水铺装、下凹绿地、雨水花园、装配式纤维棉模块等海绵设施，使有调蓄雨水功能的绿地和水体的面积之和占绿地面积的比例达到40%，衔接和引导不少于80%的屋面及道路雨水进入地面生态设施。海绵设施结构剖面图见图6。

图6　海绵设施结构剖面图

2. 室外光污染分析

项目进行室外夜景照明设计，将照明的光线严格控制在被照区域内，限制灯具产生的干扰光，超出被照区域内的溢散光均不超过15%。本项目灯具均采用截光型灯具或装设遮光片、防护罩等，以有效控制灯具的遮光角，防止直射光线的逸散和眩光。

2.2.6 提高与创新

1. 建筑信息模型（BIM）技术

项目在建筑规划设计、施工建造阶段通过应用BIM技术展示真实的三维效果（图 7）。建立各专业模型后，对模型内的构件进行碰撞检测，提前发现、规避问题。在碰撞检测的基础上，优化管线，提升净高，净高不满足处提供优化方案。

图 7　BIM 三维模型展示

2. 碳排放

本项目依据《建筑碳排放计算标准》GB/T 51366—2019 进行碳排放计算分析，采取的降低碳排放量的措施包括优化围护结构、使用可再生能源、提高场地绿化以及优化空调系统等。

2.3　实施效果

本项目通过绿色规划、绿色设计、绿色施工等阶段，全过程采用绿色低碳节能技术，取得了以下实施效果：

（1）本项目经模拟计算，本项目室内空气中甲醛的最大含量为 0.00098mg/m³，苯的最大含量为 0.00071mg/m³，TVOC 的最大含量为 0.14mg/m³，均满足《室内空气质量标准》GB/T 18883—2022 降低 20%的要求。

（2）主要功能空间区域采光照度值不低于采光要求的小时数平均不少于 4h/d 的达标面积比例为 97.68%。

（3）充电汽车停车位比例满足充电停车位不少于总停车位 10%的要求。

（4）本项目供暖空调系统能耗降低幅度达到 34.82%，照明系统能耗降低幅度达到 14.08%，单位面积全年总能耗为 25.63%，达到比国家现行有关建筑节能标准降低 20%的要求。

（5）本项目由可再生能源提供的电量比例为 3.59%。

（6）全部卫生器具的用水效率等级达到 1 级。

（7）本项目设置透水铺装 1437.03m²、下凹绿地 328.47m²、雨水花园 161.17m² 等海绵设施，场地年综合径流系数为 0.7，年径流总量控制率达到 71.09%。

（8）本项目 A 栋 B 栋获得绿色建筑预评价标识三星级，其中 A 栋满足超低能耗建筑设计相关要求。

2.4 增量成本分析

项目应用了高效空调系统、节水灌溉、雨水回用、光伏、能耗监测、空气监测系统、BIM 等绿色建筑技术，项目总投资 67829.78 万元，为实现绿色建筑而增加的初投资成本 161.98 万元，单位面积增量成本 22.95 元/m^2，绿色建筑可节约的运行费用 6.5 万元/年，增量成本统计表见表 1。

增量成本统计　　　　　　　　　表 1

实现绿建采取的措施	单价（元）	标准建筑采用的常规技术和产品	单价（元）	应用量（套）/面积（m^2）	增量成本（万元）
土壤氡检测	60	无	—	100	0.60
太阳能光伏系统	916	无	—	900	82.44
节水器具	300	无	60	100	2.40
雨水收集、利用系统及管网	50	无	—	1	50
节水灌溉系统	80	无	—	3192.36	25.54
室内空气质量监控系统	1	无	—	1	1
合计					161.98

2.5 总　　结

项目采用了因地制宜的绿色理念，主要技术措施总结如下：

（1）屋面保温隔热材料采用 95mm 厚挤塑聚苯板，设计传热系数不超过 0.35W/(m^2·K)；外墙保温采用 65mm 厚匀质复合保温板，设计传热系数不超过 0.5W/(m^2·K)，可有效降低太阳辐射得热，减少室内空调制冷能耗。

（2）项目采用多联机空调系统（能效等级指标 APF 不低于 4.5），采用变频方式大幅调节主机出力，实现对每个区域空调的精确控制，进而实现根据使用要求最大限度地调节冷热量，达到节约能源的目的。

（3）项目建成后，将成为无锡市体量最大的超低能耗高层建筑，成为梁溪区集办公、商业配套、文娱服务、人才工坊、创新研发等功能于一体的地标性建筑，进一步提升城市品质和服务效率，推动无锡市产业升级和经济发展。

作者：沈正昊，虞静雯，邱佳乐，沈炜，华燕萍（江苏合筑建筑设计股份有限公司）

3 中建壹品学府公馆高标准商品住宅
3 One Academy Mansion high-standard commodity residential building

3.1 项目简介

中建壹品学府公馆项目为北京市高标准商品住宅建设方案，位于北京市海淀区北四环外，东侧紧邻京藏高速，西侧毗邻小月河，距离地铁 15 号线北沙滩站直线距离约 870m。地块西侧学府众多，与中国农业大学隔河相对，遥望北京林业大学及清华大学等高等学府；周边生活配套丰富，坐拥中日友好医院、新奥购物中心、物美、圣熙 8 号购物中心及奥林匹克森林公园等优质资源。项目由北京信和壹品置业有限公司、北京壹品信和置业有限公司投资建设，华通设计顾问工程有限公司设计，中建壹品物业运营有限公司运营。项目包含东西两个地块，总占地面积约 5 万 m²，总建筑面积 20.4 万 m²，2024 年 7 月依据《绿色建筑评价标准》GB/T 50378—2019 获得绿色建筑预评价三星级。项目以居住功能为主进行开发建设，设有 15 栋高层住宅楼，其中西侧 1 号地块 8 栋住宅楼，东侧 2 号地块 7 栋住宅楼，实景图如图 1 所示。

图 1 中建壹品学府公馆实景图

3.2 主要技术措施

项目秉承绿色低碳、健康宜居的核心思想，以科技创造品质生活，科技赋能宜居生活为设计理念，注重技术的实用性及适用性，打造北京市高标准商品住宅建设项目。

3.2.1 安全耐久

（1）安全防坠设计

项目采取限制窗扇开启角度，适当减小垂直栏杆间距等措施提高户内安全防护水平；建筑各楼栋出入口设置防坠落雨棚，楼体周边结合景观设计最大化设置绿化缓冲带，降低室外坠物风险（图2）。

图 2　安全防坠设计

（2）场地人车分流系统

为充分保障行人，特别是老人和儿童的活动安全，场地采用人车分流设计，非紧急情况下人员主要活动区域不允许机动车进入。场地内结合景观及照明设计，提供完善的人行道网络及充足舒适的夜间灯光照明，鼓励公众步行。

3.2.2 健康舒适

（1）健康空气系统

根据户型面积及功能需求定位，项目量身定制各户型的健康空气系统。其中，商品房采用双向流全热交换新风系统，新风入口设置中高效空气过滤净化装置，保障性租赁住房采用自带 $PM_{2.5}$ 空气净化模块的壁挂式新风净化换气机，$PM_{2.5}$ 过滤效率均不低于 90%，为使用者建立了全面覆盖的呼吸保护屏障。

（2）舒适空调系统

项目冬季采用低温热水地板辐射供暖系统，为使用者提供更加均匀的室内温度场，人体热舒适性强，热稳定性好，且不占用空间。夏季根据户型条件合理设置空调系统，采用户式多联机系统或分体空调，实现温度灵活自主调控，舒适节能。项目室内人工冷热源热湿环境整体评价Ⅱ级的面积比例达到90%以上。人行高度处预计平均热感觉指数（PMV）及预计不满意者的百分数（PPD）分布云图见图3。

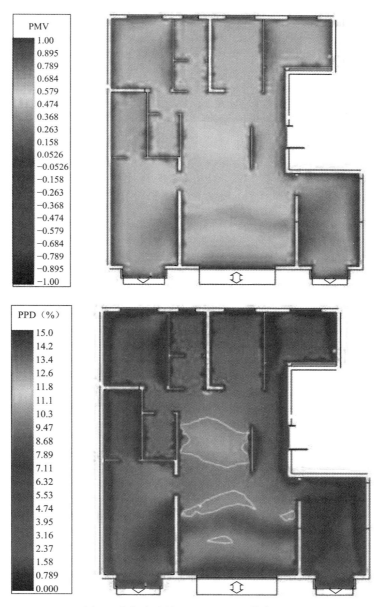

图3 人行高度处 PMV 及 PPD 分布云图

（3）自由阳光系统

项目为除北向外的主要功能房间设置电动可调外遮阳系统（图4），使用者可自由调节室内光线强度，创造适宜的天然采光环境。

图4　可调外遮阳样板间实景图

3.2.3　生活便利

1. 全民健身系统

项目打造全方位的健身设施系统，为全民健身提供有力的硬件保障。

（1）三大智慧主题健身环，场地内结合景观打造3个智慧主题健身场地，包括热身区、专用健身跑道（图5）、羽毛球及乒乓球场地，AI互动屏等；（2）全龄化设计，场地内设计多种类活动区域，如儿童活动区（图6）、老年活动空间、健身场地等，并提供安全完善的设施设备，如儿童游戏设施、健身器材、休息座椅及乒乓球设施；（3）室内健身空间设计，下沉广场（图7）配置室内健身房，为居住者提供丰富多样的健身方式。

图5　健身跑道示意图　图6　儿童活动区实景图　图7　下沉广场实景图

2. 智能家居系统

利用物联网、自动控制、音视频等技术集成与家居生活有关的设施，构建高效的住宅设施与家庭日常事务的管理系统。项目从可视对讲和智能门锁、灯光控制和窗帘控制、报警探测、空气质量检测（温湿度及$PM_{2.5}$等）、家电控制等五方面打造安全、舒适、绿色的智慧生活。

3.2.4 资源节约

1. 超低能耗建筑

项目通过应用高性能围护结构、高舒适性节能外窗、高效新风热回收系统、良好气密性能以及近无热桥设计五大特色技术，实现超低能耗建筑面积约6.8万m^2，占地上建筑面积比例52.4%。其中，外墙采用200mm石墨聚苯板＋岩棉隔离带，屋面采用220mm高重度挤塑聚苯板，外窗整窗传热系数$k \leqslant 1.0W/(m^2 \cdot K)$，气密性等级8级，并采用嵌入式安装方式，用保温附框实现断热桥安装。

2. 可再生能源利用系统

项目应用太阳能光伏发电系统，采用单晶硅双玻双面发电光伏组件，太阳能光伏发电系统总装机容量为746.3kWp，共设置光伏发电板1605块，分布在项目各住宅楼顶，各楼光伏系统并网点接入高基配电室。

3. 装配式建筑

项目应用装配式建筑技术，采用预制外墙板、预制内墙板、预制叠合楼板、预制空调板、预制阳台板及预制楼梯，同时应用五大装配式部品系统，实现全屋装配式装修（图8）。五大装配式部品系统包括：轻钢龙骨集成隔墙的快装墙体系统，架空地面并集成供暖系统的干式工法地面，管线分离，集成厨房及集成卫生间。项目最终实现装配率不低于78%的目标，装配式建筑评价等级达到AA（BJ）级。

图8 装配式装修施工

3.2.5 环境宜居

项目总图规划设计时充分考虑被动式优先的绿色设计理念，遵循街区规划和顺应城市肌理，采用短板式和小L形的点式布局为主，最终形成一轴、三园、多条通风廊道的规划结构。一轴是中央花园轴，在两块地的中心位置打造一个贯穿东西的开放中央花园,设置公园、配套、社区入口和多主题社区广场;结合中央花园轴将整体布局切分成三个静谧的组团院落,形成尺度适宜的邻里社交园;考虑地块位于楔形绿地的通风廊道上,为保障城市通风顺畅,缓解城市热岛效应,项目采用量化模拟方式对总图规划布局进行论证和优化,打造宜居的生活环境。

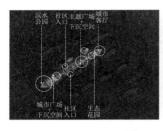
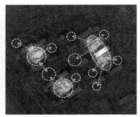

图 9 一轴三园多条通风廊道的规划结构分析图

3.3 实施效果

从室外环境质量角度,项目按照两地块分别考虑海绵城市雨水控制与利用,西地块场地年综合径流系数 0.52,场地年径流总量控制率 89.4%;东地块场地年综合径流系数 0.5,场地年径流总量控制率 90.54%。

从室内环境品质角度,项目通过选用低毒性、低污染的建筑材料及装饰装修材料,以及设置自带 $PM_{2.5}$ 空气过滤净化装置的新风系统,室内甲醛、苯、总挥发性有机物最高浓度及 $PM_{2.5}$、PM_{10} 年均浓度较《室内空气质量标准》GB/T 18883—2022 的规定降低 20%以上。围护构件及相邻房间之间的空气声隔声性能及楼板的撞击声隔声性能均达到《民用建筑隔声设计规范》GB 50118—2010 中的高要求标准限值,为营造良好的室内声环境提供有利条件。

从建筑节能降碳角度,项目采用太阳能光伏发电系统,由可再生能源提供的电量比例达到 15.7%。通过采用高效节能设备,建筑供暖空调系统的能耗降低幅度较《严寒和寒冷地区居住建筑节能设计标准》JGJ 26—2018 达到 40%以上。项目采取措施降低单位建筑面积碳排放强度,计算碳排放量约为 $16kgCO_2/(m^2 \cdot a)$。

3.4 增量成本分析

项目应用了空气净化技术、超低能耗技术、太阳能光伏建筑一体化设计、装配式建筑技术、智能家居以及全过程 BIM 技术等绿色建筑技术,在提高用能用水效率、实现节能降碳的目标下,大幅度提升了居住环境品质。项目绿色建筑技术增量总成本约 2000 万元,单位面积增量成本约 98 元/m^2。通过以上绿色建筑技术的实施,项目可节约运行费用约 60 万元/a。

3.5 总　　结

项目从顺应城市肌理的生态引领角度开始规划设计，以人为本，突出健康宜居、科技品质，助力推动建筑生产方式的重大变革，促进建筑产业优化升级，拉动节能环保建材、新能源应用。主要技术措施总结如下：（1）安全防坠系统、防滑及人车分流系统，全面提高安防等级；（2）自带$PM_{2.5}$空气过滤净化功能的新风系统，为使用者建立了全面覆盖的呼吸保护屏障；（3）低温热水地板辐射供暖系统+户式多联机/分体空调，打造舒适空调系统；（4）电动可调外遮阳系统，为使用者创造适宜的光线环境；（5）从室外到室内的健身系统设计，引导全民健身；（6）智能家居系统设计，打造科技品质生活；（7）超低能耗建筑示范应用，进一步实现节能降碳；（8）太阳能光伏系统设计，应用可再生能源替代常规能源；（9）装配式建筑的推广应用，全面实现装配式装修；（10）全过程BIM技术应用。

项目在绿色低碳、健康宜居的核心思想引领下，努力打造高标准、高品质的商品住宅。依托于科技的力量，倾听、感知人与建筑与自然环境间的对话，使居住建筑的深度、高度及广度得到不断扩展，从而创造绿色宜居的生活之美，而高标准、高品质的居住模式也将作为新生活模式的范本，得到广泛的认可，具有推广潜力。

作者：吕萌萌[1]，胡秋丽[1]，陈春辉[1]，杨振杰[1]，周佳[2]，许艺馨[2]，刘杰[2]（1. 华通设计顾问工程有限公司；2. 中建壹品投资发展有限公司）

4 绍兴鉴水科技城窑湾江总部集聚区绿色生态城区

4 Yaowanjiang Headquarters Gathering Area, Shaoxing Jianshui Science and Technology City

4.1 项目简介

绍兴市越城区鉴水科技城窑湾江总部集聚区位于绍兴古城东北翼，由绍兴鉴水科技城项目投资建设，绍兴市国土空间规划研究院、深圳市城市规划设计研究院股份有限公司设计，绍兴鉴水科技城建设管理办公室运营，总占地面积282hm²，建筑面积297.12万m²，2024年12月，依据《绿色生态城区评价标准》GB/T 51255—2017获得三星级绿色生态城区标识。

规划按"一江三岸"的总体格局组织窑湾江环湾空间：北岸数创港依托绍兴港物流园区转型，打造特色服务配套极核；西岸文研湾以优质公共设施拉动越东路高架沿线开发；东岸总部岛以龙头企业总部和人才孵化面向未来产业需求。项目主要功能为总部企业办公、软件开发、低空经济产业、居住等，效果图如图1所示。

图1 绍兴鉴水科技城窑湾江总部集聚区效果图

4.2 主要技术措施

项目以绿色、低碳、生态理念为引领,因地制宜对建筑、交通、环境、资源、产业、信息化等领域提出绿色低碳技术路径和规划方案,打造功能配套完善、综合交通便利、未来产业绿色智慧、能源资源集约高效的绿色生态城区。

4.2.1 土地利用

1. 城区用地混合开发

规划用地采用带状组团式布局,滨水第一界面为公共绿地,外围布局各类公共建筑,并在三个功能板块分别配置一定量的居住建筑,完善组团功能。

2. 提升路网密度

规划以环形加方格网基础构架进行路网布局,道路系统包括 2 条城市快速路、1 条城市主干道、2 条城市次干道和 17 条支路构成。规划范围内道路长度约 19.16km,路网总密度为 9.2km/km^2。

3. 环江布局公共开放空间

城区生态用地和绿地主要沿窑湾江分布,绿地和水域面积约 1.23km^2,绿地率达 44.2%。同时,环江布局城市公园和绿道,形成城区公共开放空间,各开放空间均匀分布,可达性好、连续性强。并以此为基础构建城区主、次通风廊道(图 2),对建筑朝向与空间布局提出指引,提升城区空气流动,缓解热岛效应。

图 2 城区风热环境模拟及通风廊道构建

4.2.2 生态环境

1. 环境质量控制

借助越城区成功创建浙江省生态文明建设示范区和国家级生态文明建设示范区的发展机遇,城区通过优化城市空间布局、加强各类空气污染、水污染、噪声防治、加强环境质量监控监管等,共建高品质城市空间。

2. 雨污分流、生活污水收集处理

城区建设完善的雨污分流机制，加强环境保护，改善水体质量。窑湾江总部集聚区规划预测污水量约 1.20 万 t/d，污水经收集后送入绍兴水处理发展有限公司统一处理，实现污水处理率 100%。

3. 垃圾分类收集、无害化处理

城区积极开展生活垃圾分类处理工作，形成"部门协同、涵盖全域、考核推进"的源头减量体系，"部门牵头、属地负责、镇（街）村（居）落实"的垃圾分类投放体系，"环卫为主、结合第三方"的垃圾分类收集体系和运输体系，"以焚烧和餐厨垃圾处置设施为主"的垃圾分类处置体系。绍兴市层面城镇生活垃圾资源化利用率达 90.93%，无害化处理率达 100%。

4.2.3 绿色建筑

在建设项目土地出让、立项审批、规划审批、施工图审查、施工许可、验收备案等各环节，严格落实绿色建筑相关强制性标准和管理规定，持续推动绿色建筑从单体向区域化、规模化发展。如图 3 所示，首先，城区范围内新建建筑实施绿色建筑覆盖率达 100%，新建建筑按照绿建二星级及以上标准建设率超 70%。其次，新建建筑采用工业化建造技术，推行装配式混凝土结构、钢结构或木结构建筑，装配式建筑占新建建筑面积比例不低于 40%。另外，以城区低空经济产业发展为契机，积极推广绿色工业建筑，城区绿色工业建筑占新建工业建筑的比例达 20%。

图 3　绿色建筑发展规划

4.2.4 资源与碳排放

1. 可再生能源利用

城区积极开发可再生能源，强化能源节约和高效利用。规划范围内建筑因地制宜选用空气源热泵热水系统、地源热泵空调系统、太阳能光伏系统等，沿江部分标志性建筑试点采用水源热泵空调系统。经核算，总体可再生能源利用量预计可达 3029.4 万 kW·h/a，可再生能源替代率为 14.9%。

2. 水资源利用

窑湾江片区年径流总量控制率目标为 78%。通过雨水收集池、景观水体等进行雨水回收，用于绿化浇灌、道路冲洗、景观水补水等；其次，结合景观设计，设置下凹式绿地、生物滞留带、雨水花园、生态树池等设施。另外，基于浙江省绍兴市地方标准《城镇供水管网漏损控制规范》DB3306/T 047—2022，通过城乡供水管网改造、加强管网检漏等措施，将城区供水管网漏损率控制在 6%以内。

3. 碳排放

明确城区低碳发展目标、任务和指标体系。以可持续发展为核心，通过推动绿色建筑规模化发展、构建便捷高效绿色交通网络、加强可再生能源多元化开发利用、营造生态空间提升碳汇等一系列具体举措，为绿色生态城区低碳建设提供行动指南。相比于常规发展模式，预计城区每年可减少 31296 吨碳排放。

4.2.5 绿色交通

1. 绿色出行

规划坚持"生态引领、绿色发展"的原则，积极倡导绿色交通出行，加快构建与生态相协调、可持续发展的绿色交通体系。至规划期，交通发展更加安全化、智能化、绿色化，城区绿色交通出行比例达 75%以上。

2. 慢行系统

如图 4、图 5 所示，建设贯穿全域的、漫步轻享的，风景道、蓝道、绿道三道复合的慢行网络，兼顾骑行和步行的要求。基于水网布置绿道体系，衔接城市居住区、公共区和生态景观公园，进一步提高城区拥有独立路权的慢行网络密度。

3. 公共交通

以"公交优先"理念为引导，结合 2 个规划地铁站点建设综合交通枢纽，设置公交首末站，实现公交与轨交的快速接驳。另外，设置 P+R 停车场与公共自行车租赁点，实现多种交通方式的整合和接驳。

图 4　步行道路网络 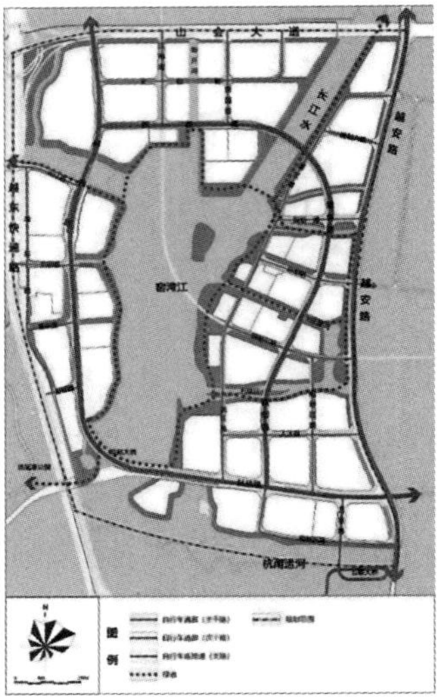　　　图 5　自行车道路网络

4.2.6　信息化管理

绍兴在数字化改革背景下，已搭建双碳数智平台、智慧公交平台、生态环境监测中心、智慧水务、应急管理综合指挥平台、消防智治平台、环卫监管平台、道路停车诱导系统、地下市政基础设施管理系统等信息化平台。如图 6 所示，城区充分利用绍兴数字化发展资源，遵循原平台框架、标准，建设基础设施。同时，借浙江省 CIM 基础平台部署契机，建设城区 CIM 管理平台，开展数据联通和应用共享，集成已建设的信息化平台，建立 CIM + 应用体系，赋能城区智慧高效管理。

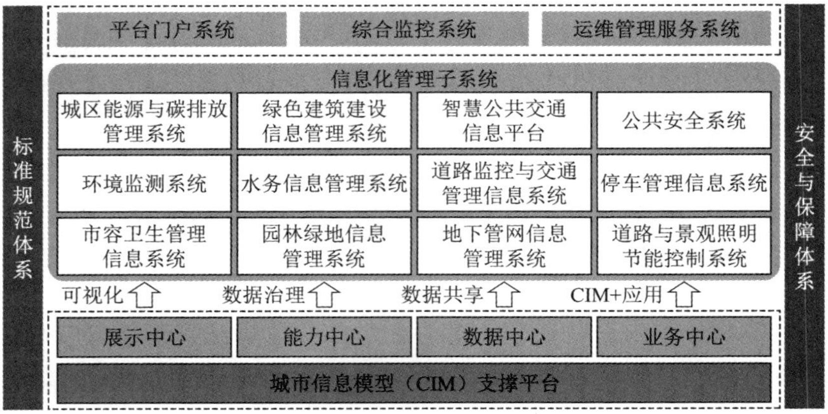

图 6　城区信息化管理系统架构

4.2.7 产业与经济

1. 资源节约环境友好

城区围绕窑湾江绿心，营造具有绍兴水乡特色的生态宜居、总部企业集聚区，集行政办公、商业商务、科研创新、总部经济、生态休闲、居住生活、配套服务于一体的综合城市新区。积极发展低能耗、低污染、高附加值产业，预计单位地区生产总值能耗降低率达6.9%，单位地区生产总值水耗降低率达5.4%。

2. 产业结构

窑湾江片区作为科技服务核心区域，重点发展生产性服务业和战略性新兴产业，担当越城区服务业高质量发展重任，第三产业增加值占城区GDP比重于规划近期（2028年）达到75%，于规划远期（2035年）达到80%。

4.2.8 人文

1. 以人为本设计

城区注重人文城市建设，在规划布局上通过生活圈理念建设人才社区，提供全周期的教育培训。同时，充分落实无障碍设计、养老服务设施，建设人文城区。

2. 绿色生活与教育

编制《绍兴鉴水科技城窑湾江总部集聚区绿色生活与消费导则》，从绿色理念、绿色餐饮、日常居住、绿色出行、绿色办公、绿色出游、绿色消费、展示宣传八个方面对居民的绿色生活与消费进行了科普，并提出引导性建议。

4.3 实施效果

绍兴鉴水科技城窑湾江总部集聚区以中心水域和绿地构建通风廊道，沿江建设7.5km绿道体系，城区绿地率可达44.2%。通过因地制宜的绿色生态设计，实现城区二星级及以上绿色建筑占比72%，可再生能源利用总量占一次能源消耗总量比例14.9%，绿色交通出行率75%，单位地区生产总值能耗降低率6.9%，单位地区生产总值水耗降低率5.4%，为人们提供真正舒适、高效、健康、环保的绿色城区。经测算，城区整体碳排放强度为3.7万 $tCO_2/(km^2 \cdot a)$，相比于常规发展模式，预计每年可减少31296吨碳排放。

4.4 社会经济效益分析

窑湾江片区绿色生态城区的建设将有效减少区域建筑、交通、市政、产业等领域的能源消耗，全面降低城区碳排放。同时，绿色生态城区对产业发展提出更高的要求，对提升片区的发展前景和建设水平，降低产业投资风险具有重要意义。

本项目主要核算绿色建筑及海绵城市建设的增量成本，如表 1 所示，绿色建筑增量成本 3197.85 万元，海绵城市建设增量成本 4640.3 万元，总计 7838.20 万元。

增量成本统计　　　　　　　　　　　　　　　　　　表 1

	类型	单位面积增量成本（元/m²）	面积（m²）	增量成本（万元）
绿色建筑	公建二星	60	241375	1448.25
	公建三星	180	69700	1254.60
	居建二星	50	99000	495
海绵城市	透水铺装	100	358300	3583
	下凹式绿地	50	211470	1057.35
合计				7838.20

4.5　总　　结

项目主要特点总结如下：

（1）**保护水乡特色风貌，营造宜居生态环境**。项目在保护场地水乡风貌的基础上，沿水网布置 7.5km 的绿道，串联城区主要功能板块。此外，通过仿真模拟规划城区通风廊道，推动高密度地块的空气流动，降低热岛强度。

（2）**系统化推进绿色建筑与建筑工业化**。高标准推动绿色建筑建设，城区二星级及以上绿色建筑面积达 72%；同时，通过绍兴本土建筑工业化企业，大力推动装配式建筑发展，城区整体装配式建筑比例达 40%以上。

（3）**多元化提高可再生能源利用率**。项目对沿江建筑推广水源热泵系统，结合光伏、空气源热泵等可再生能源利用，城区整体可再生能源替代率达 14.9%。

（4）**规划高效的信息化管理系统**。结合浙江省城市信息模型基础平台的部署和绍兴市数字化发展资源，拓展"CIM +"系列管理应用，避免数据的重复收集和平台的重复开发，高效建设智慧城市。

窑湾江总部集聚区绿色生态城区将严格落实《绿色生态城区建设实施方案》，推动建筑、交通、市政、产业绿色低碳发展。着力打造"科教人"一体化的科技企业总部集聚区，助力绍兴构建绿色、低碳、智慧城市；同时，为浙江省乃至全国绿色生态城区建设发挥示范作用。

作者：李炯[1]，方雨航[1]，王高锋[1]，夏唯瑜[1]，顾杰尉[2]，胡浅予[3]（1. 浙江省城乡规划设计研究院；2. 绍兴市越城区住房和城乡建设局；3. 绍兴鉴水科技城建设管理办公室）

5 中建科创大厦近零能耗项目
5 Nearly Zero-Energy CSCEC Science and Technology Innovation Building

5.1 项目简介

中建科创大厦项目位于广州市天河区国际金融城，由中国建筑第四工程局有限公司自主投资、开发、设计、建设、运营。该项目总占地面积 7645m^2，总建筑面积 10.44 万 m^2，效果图如图 1 所示。项目于 2024 年 4 月依据《绿色低碳先进技术示范工程实施方案》(发改环资〔2023〕1093 号)荣登国家绿色低碳先进技术示范项目清单(第一批)，2023 年 7 月依据 "*LEED v4 LEED BUILDING DESIGN AND CONSTRUCTION: CORE AND SHELL DEVELOPMENT*" 获得 LEED 金级预认证，2023 年 9 月依据《近零能耗建筑技术标准》GB/T 51350—2019、《近零能耗建筑测评标准》T/CABEE 003—2019、《建筑能效标识技术标准》JGJ/T 288—2012 获得近零能耗建筑设计认证，2024 年 1 月依据《绿色建筑评价标准》GB/T 50378—2019 获得绿建三星预认证，2024 年 10 月依据《碳中和建筑评价标准》T/CECS 1555—2024 获得金级碳中和建筑标识，2024 年 10 月依据 "*THE WELL BUILDINF STANDARD*™" 获得 WELL 预认证。

图 1 中建科创大厦效果图

5.2 主要技术措施

项目以"建筑科技典范,创新总部标杆"为定位,借鉴岭南地区建筑生态理念及传统建筑特点,以近零能耗建筑、绿建三星、金级碳中和建筑、LEED 金级、WELL 金级认证为目标,打造国内首座超 170m 近零能耗高层建筑。

5.2.1 建造阶段

1. 国内首座超 170m 近零能耗建筑

项目通过建筑本体节能设计、能源系统能效提升、可再生能源充分利用三个方面 13 项节能减碳专项设计,本体节能已达现有技术最高水平,是国内首个获近零能耗建筑设计认证的高层项目,也是广东省第一批碳达峰碳中和试点项目。

2. 岭南特色被动式低碳技术

项目借鉴岭南地区建筑生态理念及传统建筑特点,采用岭南特色骑楼(图 2)、冷巷(图 3)、太阳能烟囱及通风器(图 4)、遮阳光伏一体化(图 5)等被动节能设计,充分利用岭南地域气候特征及自然条件。

 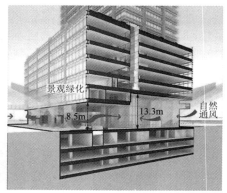

图 2 骑楼

图 3 冷巷

图 4　太阳能烟囱及通风器

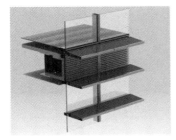

图 5　光伏遮阳一体化

3. 建造全过程碳排放监测与减碳技术

项目应用中建四局自主研发的建造碳排放监测及管理平台（图 6），实现建造阶段全过程低碳管理。同时通过选用低碳建材，就近选择建材供应商，采用低碳运输工具，应用低碳光电模块化房屋等技术措施减少建造过程碳排放。

4. 数字建造管控平台

项目依托中建四局自主研发的数字建造管控平台（图 7），基于加工级精度 BIM 模型和全过程业务流程，构建包括指挥中心、BIM 协同管理、资源管理、"CIM+"等九个模块的管理架构，实现项目资源、进度、安全、质量的全过程精细化管理。

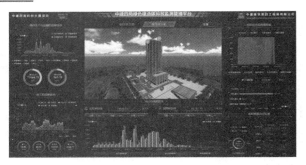

图 6　建造碳排放监测及管理平台

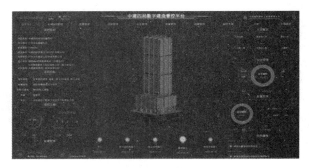

图 7　数字建造管控平台

5. 云端建造工厂

项目应用中建四局自主研发的智能云端建造工厂（图 8），集成轨道式建筑机器人，打造类工厂化工作环境，形成轻量化、标准化智能装备产品。云端建造工厂应用 8 款智能机器人进行作业，同时布置 5G 基站和分布式中继路由，构建实时智能建造场景。

图 8　云端建造工厂

5.2.2 运行阶段

（1）智能运营管理系统（CFIBMS）

项目基于电梯节能技术、空调节能技术、可再生能源等高效机电系统，搭建项目智能运营管理系统（图9），实现智慧通行、智能停车、智慧能源管控等多个功能系统集成，开展能源管理数据统计分析和预测工作，提升楼宇运行效率和建筑节能。

图9　智能运营管理系统

（2）光储直柔能碳管理平台

项目于大厦8楼打造零碳创新中心，并应用自主研发的基于"光储直柔"新型建筑能源系统的能碳管理平台（图10）。该平台优化匹配光储装机量，实时监测室内外环境及设备状态参数，制定智能柔性运行策略，使系统的用能需求降至最低。

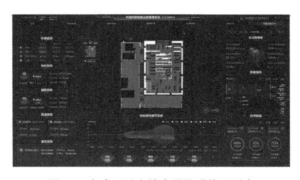

图10　中建四局光储直柔能碳管理平台

5.2.3 碳排放计算

项目主要采用碳排放系数法核算方法，近零能耗建筑能耗达到29.4kW·h/m²，碳排放量下降到16.7kgCO$_2$/(m²·a)，年度节约用电400万kW·h，减少碳排放量

2090t，减碳率58.9%。

5.2.4 碳中和管理

中建科创大厦项目采用"节能-减排-固碳-智慧管理"的多维技术碳中和管理体系。建筑设计采用被动式节能设计与可再生能源集成，应用光储直柔新型能源系统；建材优先使用高强混凝土等低碳建材，采用装配式钢结构体系减少建材浪费；施工使用电动工程机械替代柴油设备，实时监测碳排放；采用装配式绿化、立体绿化等，配合绿化智慧管理系统降低隐含碳排放；运维阶段部署AIoT平台，监控建筑能耗，优化能源分配。

5.3 实施效果

项目通过近零能耗专项设计结合岭南特色被动式节能降碳技术，实现建筑本体节能率51.0%，综合节能率61.0%，可再生能源利用率25.4%。

建造阶段项目累积碳排放74488.83t，其中，建材生产阶段碳排放72564.71t，建材运输碳排放363.78t，施工阶段碳排放1511.19t；通过减碳措施累积减碳6222.88t，占项目碳排放总量的8.35%。

数字建造管控平台累计提出优化建议1600多条；通过三维样板引路优化施工方案，实现按模施工；通过实施监控现场进度与计划进度对比，规避风险31项；原材料损耗率降低0.5%～1%。

云端建造工厂标准率从80%提高到90%甚至更高采用标准化单元，安装效率提高50%，用钢量节约50%，单点承载力提高了1倍。采用云端工厂轨道式建筑机器人集群，标准层施工节约人工约10名，缩短工期1d。

中建四局科创大厦智慧运维平台，通过大数据分析决策，事件捕捉率提升至99%，安全风险降低15%，管理时效提升15%～35%，客户服务满意度提升35%～50%，节约人力运维成本30%。

光储直柔能碳管理平台通过最大化零碳创新中心可再生能源利用率，降低中心用能需求，实现创新中心全过程零碳。创新中心运行阶段降碳率高达82.17%，碳抵消比例降至23.16%，年碳排放强度降至10.90$kgCO_2/(m^2 \cdot a)$。

5.4 增量成本分析

项目应用了近零能耗建筑设计等7项绿色建筑技术，其中近零能耗建筑设计与岭南特色被动式建筑技术，配合智能运营管理系统，实现建筑本体节能率51.0%，综合节能率61.0%，可再生能源利用率25.4%，共节约用电400万 kW·h/a，约节约 280 万元/a，单位面积增量成本 249.04 元/m²；建造全过程碳排放监测与减碳技术累积减碳量 6222.88t，单位面积增量成本 6.37 元/m²；数字建造控制平台节约管理成本 190.73 万元，节约劳务成本费用 429.22 万元，单位面积增量成本 6.48 元/m²；云端建造工厂共节约工期 35d，节约项目费用 147 万元，单位面积增量成本 1.33 万元/m²；光储直柔能碳管理平台运行阶段降碳率高达 82.17%，年节约用电 11.64 万 kW·h/a，约节约 8.15 万元/a，增量成本 82.32 元/m²。具体增量成本统计如表 1 所示。

增量成本统计　　　　　　　　　　　　　　　　　表 1

实现绿建采取的措施	单价	标准建筑采用的常规技术和产品	单价	应用量/面积	增量成本（万元）
近零能耗建筑设计及岭南特色被动式建筑技术	2.48 万元	绿建一星节能要求	2.46 万元	10.44 万 m²	2600.00
建造全过程碳排放监测与减碳技术	6.37 元	无	—	10.44 万 m²	66.50
数字建造管控平台	16.48 元	BIM 技术、CIM 技术	10.00 元	10.44 万 m²	67.60
云端建造工厂	2.12 万元	爬模	0.79 万元	377.00 万 m²	500.00
智能运营管理系统（CFIBMS）	59.10 万元	普通运维平台	9.58 万元	10.44 万 m²	517.00
光储直柔能碳管理平台	82.32 元	无	—	1627.89m²	13.40
合计					3247.50

注：由于数值修约，部分尾数不闭合。

5.5　总　　结

中建科创大厦项目因地制宜地采用了节能、降碳、创新、智能、智慧的绿色理念，主要技术措施总结如下：①超 170m 近零能耗建筑技术；②岭南特色被动式建筑技术；③建造全过程碳排放监测与减碳技术；④数字建造管控平台；⑤云端建造工厂；⑥智能运营管理系统（CFIBMS）；⑦光储直柔能碳管理平台。该项目获得了近零能耗建筑设计认证、绿建三星预认证、LEED 金级预认证、金级碳中和建筑标识、WELL 预认证及国家绿色低碳先进技术示范项目等多项成果，达到了打造绿色低碳、科技创新、全面提升建筑全生命周期效能的目的。

作者：黄晨光，周子璐，陈凯，范丽佳，张腾，刘会玲，朱焰煌（中国建筑第四工程局有限公司）

6 潍坊中海大观天下五期宁静住宅项目
6 Quiet residential project of Phase V of Zhonghai Daguan Tianxia, Weifang

6.1 项目简介

潍坊中海大观天下五期住宅项目位于山东省潍坊市高新区核心位置，是潍坊市主要发展方向，小区邻近樱前街、金马路、东方路和宝通街，周边道路通达。由潍坊中海兴业房地产有限公司投资建设，长厦安基工程设计有限公司设计。项目规划用地面积9.36万m^2，总建筑面积约28.25万m^2，其中地上建筑面积约22万m^2，地下建筑面积约6.5万m^2，容积率2.4。项目住宅总户数1096户，其中，6、10、11号住宅为3栋8层，户数为96户。项目主要功能为住宅，配套物管、公共文体及养老等设施，效果图如图1所示，所有住宅均为毛坯交付。2024年5月项目6、10、11号住宅依据《宁静住宅评价标准》T/CSUS 61—2023获得宁静住宅标识铂金级（图2），2025年1月项目其余住宅依据《宁静住宅评价标准》T/CSUS 61—2023获得宁静住宅标识金级。

图1 潍坊中海大观天下五期效果图

6 潍坊中海大观天下五期宁静住宅项目

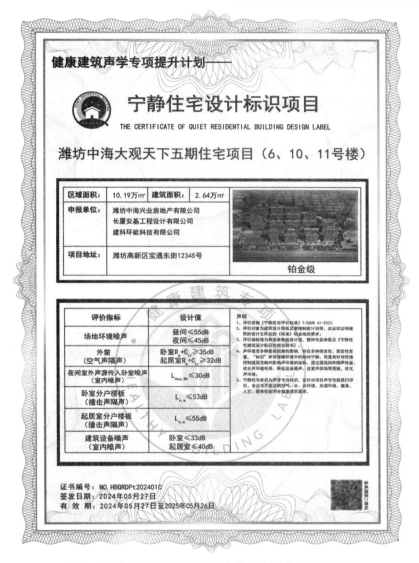

图 2 潍坊中海大观天下五期宁静住宅铂金级标识证书

6.2 主要技术措施

项目秉持新时代好房子设计理念，以建造高品质住宅为目标，融入宁静住宅全要素，提升住宅外部和内部声环境水平，维护住宅使用者生活环境和谐安宁。本文主要以铂金级住宅为例，分析项目在场地噪声与振动控制、规划与建筑降噪、室内噪声与振动控制、空气声隔声及撞击声隔声方面采取的技术措施，展现宁静住宅评价体系的实践成果，为后续"宁静住宅"的打造提供经验。

6.2.1 场地噪声与振动控制

项目场地属于 2 类声环境功能区，规划阶段通过合理选址，营造良好室外声环境。周边以建成的住宅、学校、医院等建筑功能为主，地理位置优越（图 3）。周围没有铁路、重工等振动源，环境振动检测达到现行国家标准《城市区域环境振动标准》GB 10070 中特殊住宅区的限值。项目南侧有宝通街高架（图 4），规划阶段南侧使用 40m 的绿化带隔离降噪。场地周边环境噪声实测后，辅助环境噪声模拟分析（图 5），预计项目建成后环境噪声可优于 1 类声环境功能区的限值。

图 3　项目卫星位置图　　　　　图 4　项目南侧高架声屏障实景图

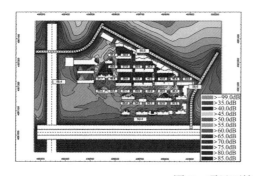

图 5　项目环境噪声模拟结果

6.2.2 规划与建筑降噪

1. 场地规划降噪

为实现住宅内部良好声环境，首先要通过项目总平面设计降低住宅外部噪声干扰。本项目 6、10、11 号住宅设置在住宅小区场地中间，有效隔离外部交通噪声影响；项目南侧设置大面积绿化公园，降低南侧高架噪声影响；项目内采用人车分流、车辆出入口布置在靠近外部道路的住宅山墙外，避免车辆噪声干扰（图 6）；小区内活动场地等设置噪声超标警示标识，营造安静的住区环境（图 7）。

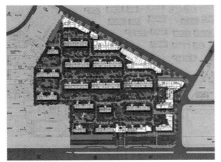
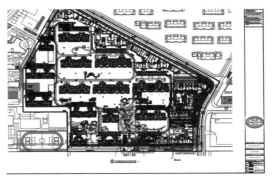

图6　项目车库出入口标记图　　图7　项目活动场地噪声超标警示标识布置图

2. 建筑布局降噪

降低住宅室外噪声的同时，住宅楼内布局中也要降低建筑内部噪声对住户的影响，将电梯井道及电梯机房、水泵机房等产生噪声与振动的机房远离卧室、起居室布置（图8）；充分考虑套型之间的相互影响，分户墙两侧设置使用功能相同的房间（图9）。

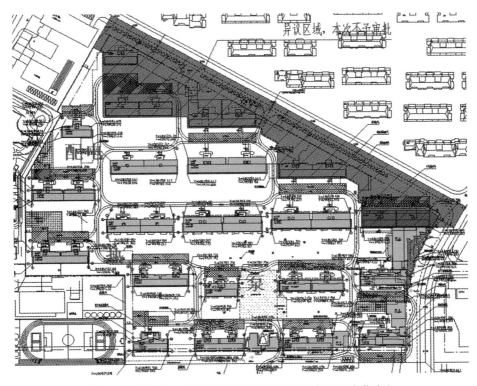

图8　公用设备布置平面图（不在住宅正下方且远离住宅）

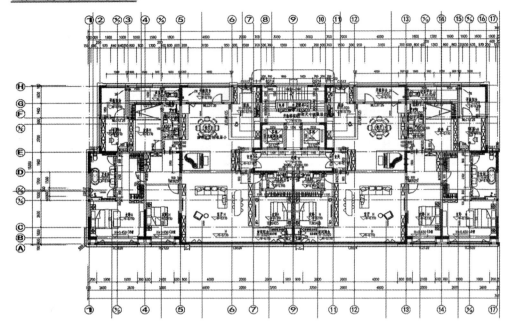

图 9 住宅建筑平面图

6.2.3 室内噪声与振动控制

项目外部声环境优异，住宅采用高隔声性能外围护结构，以噪声最不利侧卧室进行室外传入室内噪声预测分析，室外声源传入卧室夜间不超过 30dB；项目毛坯交付，无预装空调、新风等室内设备，设计阶段编制住宅室内新风及空调设备选型指南，指导业主选择低噪声设备。项目其他共用设施——水泵房、配电站、供热机房等均布置于住宅投影面以外区域，远离住宅，并对产生振动的设备设置了减振做法，确保消除设备结构噪声影响。

6.2.4 空气声隔声

根据调查显示，多数居民对室内声环境感到不满，主要原因在于现有住房围护结构隔声性能较低。我国住宅建筑的隔声要求明显落后于国际先进水平，为提高住宅声环境质量，宁静住宅评价体系对围护结构的隔声性能提出了严格要求，指标限值远超现行国家标准，常规工程做法难以满足。本项目对围护结构进行精心设计，以满足宁静住宅评价要求。

1. 外窗隔声

外窗是外围护结构空气声隔声的薄弱环节，项目起居室外窗采用三玻两腔铝合金平开窗，为满足宁静住宅要求，卧室外窗提升为四玻两腔一夹胶铝合金平开窗，玻璃配置为：5 + 0.76PVB + 5 + 12Ar + 5Low-E + 12Ar + 5Low-E 暖边，卧室外窗隔声效果显著提高。

2. 分户墙隔声

6、10、11 号住宅仅有卧室分户墙，为避免邻里之间的噪声干扰，分户墙替换原来的砂加气砌块，采用 200mm 现浇混凝土或灰砂砖（密度大于 1900kg/m³）重质墙体，且不设强弱电箱。显著提高左邻右舍隔声私密性。

3. 其他围护结构隔声

项目毛坯交付，卧室、起居室分户楼板混凝土层厚度在 190～230mm 之间，且在结构楼板上设保温隔声层、装修面层，厚重的楼板系统可以有效提高其空气声隔声性能。户门采用钢木复合防盗门，面板采用 12mm 中密度板 + 0.8mm 钢板 + 54mm 防火材料 + 0.8mm 钢板 + 12mm 中密度板，框扇胶条密封，有效隔绝公区噪声。

6.2.5 撞击声隔声

楼板撞击声是居民投诉中最常见的噪声问题，也是本项目实施宁静住宅投入成本最大的变更项。在住宅卧室、起居室采用浮筑楼面系统的基础上，为改善住宅楼板撞击声隔声性能，减振垫与保温板改用撞击声改善量高于 20dB 的 3cm 保温隔声垫，并在墙边踢脚线位置设置竖向隔声片，有效降低楼上撞击声传导。

6.3 实施效果

实施宁静住宅措施后，卧室外窗配置提升预计隔声性能不低于 35dB，优于现行国家标准 10dB；重质分户墙隔声性能预计不低于 53dB，优于现行国标高标准要求；选用的户门隔声不低于 35dB；楼板撞击声隔声性能可达 53dB，优于现行国标高要求标准 10dB。

6.4 增量成本分析

项目通过提高卧室外窗配置、更换重质分户墙体、替换改善量更高的减振垫等措施，提高住宅建筑整体围护结构隔声性能，单位面积增量成本 31 元/m²。增重成本统计见表1。

铂金级楼栋增量成本统计　　　　　　　　　　　　　表1

实现宁静住宅采取的措施	单价	标准建筑采用的常规技术和产品	单价	应用量/面积	增量成本（万元）
分户楼板替换隔声垫	58元	挤塑保温板	10元	20084m²	96.4

续表

实现宁静住宅采取的措施	单价	标准建筑采用的常规技术和产品	单价	应用量/面积	增量成本（万元）
分户墙改灰砂砖或现浇	1680元	砂加气砌筑	839.3元	89m³	7.5
卧室外窗提升为四玻两腔一夹胶	900元	三玻两腔	825元	1476m²	11.1
合计					115.0

6.5 总　　结

项目因地制宜结合项目所在地的气候、自然环境、经济等特点，结合住宅特色，选择适宜的宁静住宅技术，实现潍坊首个宁静住宅典范。主要技术措施总结如下：①改用200mm厚密度大于1900kg/m³的灰砂砖或现浇重质墙作为卧室分户墙，有效提升邻户间卧室隔声性能；②卧室外窗均改用四玻两腔一夹胶玻璃配置，对比三玻中空外窗，隔声效果显著提升；③卧室及起居室分户楼板在地暖层下方设30mm减振垫层，改善邻户间楼板撞击声隔声性能，降低楼上对楼下噪声干扰。本项目为降低住宅内部和外部的噪声水平，投入较多时间与成本，通过精心的建筑设计、材料选择等技术手段实现宁静住宅，为居民提供更加安静、舒适的居住环境。

作者：魏刚[1]，张瑞华[1]，金阳[2]，王清泉[2]，韩天[2]（1. 中海宏洋地产集团有限公司；2. 潍坊中海兴业房地产有限公司）

附录篇

附录1 绿色建筑定义和标准体系
Definition and standard system of green buildings

一、绿色建筑定义
1. Definition of Green Buildings

绿色建筑是在全生命期内，节约资源、保护环境、减少污染，为人们提供健康、适用、高效的使用空间，最大限度地实现人与自然和谐共生的高质量建筑。

绿色建筑的五大性能指标体系：安全耐久、健康舒适、生活便利、资源节约、环境宜居。5大性能共有110条具体指标要求。

绿色建筑的发展理念：（1）因地制宜；（2）全生命周期分析评价（LCA）；（3）"权衡优化"和总量控制；（4）全过程控制。

发展绿色建筑是贯彻落实国家绿色发展战略的具体实践，降低建筑工程领域的资源消耗，实现高效利用，尽量减少对自然环境的影响，使建筑物安全耐久且有较长的适用性。

绿色建筑突出以人为本，为人们提供健康、适用的室内环境，优美的室外环境，便利的生活条件，以及较低的水电等生活成本。

绿色建筑评价标识：由低至高划分为一星级、二星级、三星级3个等级。

二、绿色建筑相关重要国家、行业标准
2. Main National and Industry Standards Related to Green Buildings

《绿色建筑评价标准》GB/T 50378—2019（2024版）
《绿色建筑评价标准》GB/T 50378—2019E（2024年版）（英文版）
《绿色博览建筑评价标准》GB/T 51148—2016
《绿色饭店建筑评价标准》GB/T 51165—2016
《绿色商店建筑评价标准》GB/T 51100—2015
《绿色医院建筑评价标准》GB/T 51153—2015
《绿色铁路客站评价标准》TB/T 10429—2014
《绿色办公建筑评价标准》GB/T 50908—2013
《绿色工业建筑评价标准》GB/T 50878—2013（修订中）
《既有建筑绿色改造评价标准》GB/T 51141—2015（修订中）

《绿色校园评价标准》GB/T 51356—2019

《绿色生态城区评价标准》GB/T 51255—2017

《建筑工程绿色施工规范》GB/T 50905—2014

《建筑与市政工程绿色施工评价标准》GB/T 50640—2023

《建筑节能与可再生能源利用通用规范》GB 55015—2021

《建筑环境通用规范》GB 55016—2021

《既有建筑维护与改造通用规范》GB 55022—2021

《建筑碳排放计算标准》GB/T 51366—2019（修订中）

《零碳建筑技术标准》（制订中）

《城乡建设领域碳计量核算标准》（制订中）

《民用建筑绿色性能计算标准》JGJ/T 449—2018

《严寒和寒冷地区居住建筑节能设计标准》JGJ 26—2018

《夏热冬暖地区居住建筑节能设计标准》JGJ 75—2012

《夏热冬冷地区居住建筑节能设计标准》JGJ 134—2010

《温和地区居住建筑节能设计标准》JGJ 475—2019

《绿色建筑运行维护技术规范》JGJ/T 391—2016

《民用建筑绿色设计规范》JGJ/T 229—2010（修订中）

《被动式超低能耗绿色建筑技术导则（试行）》（居住建筑）住房和城乡建设部 2015 年 11 月印发

《绿色工业建筑评价技术细则》住房和城乡建设部 2015 年 2 月印发

《绿色保障性住房技术导则》（试行）住房和城乡建设部 2013 年 12 月印发

《绿色超高层建筑评价技术细则》住房和城乡建设部 2012 年 5 月印发

《城乡建设领域碳达峰实施方案》住房和城乡建设部、国家发展改革委 2022 年 6 月印发

《国务院办公厅关于转发国家发展改革委、住房城乡建设部〈加快推动建筑领域节能降碳工作方案〉的通知》2024 年印发

附录2 中国城市科学研究会绿色建筑与节能专业委员会简介

Brief introduction to CSUS's green building council

中国城市科学研究会绿色建筑与节能专业委员会（简称：中国城科会绿建会，英文名称CSUS's Green Building Council，缩写为China GBC）于2008年3月正式成立，是经中国科协批准，民政部登记注册的中国城市科学研究会的分支机构，是研究适合我国国情的绿色建筑与建筑节能的理论与技术集成系统、协助政府推动我国绿色建筑发展的学术团体。

成员来自科研、高校、设计、房地产开发、建筑施工、制造业及行业管理部门等企事业单位中从事绿色建筑和建筑节能研究与实践的专家、学者和专业技术人员。本会的宗旨：坚持科学发展观，促进学术繁荣；面向经济建设，深入研究社会主义市场经济条件下发展绿色建筑与建筑节能的理论与政策，努力创建适应中国国情的绿色建筑与建筑节能的科学技术体系，提高我国在快速城镇化过程中资源能源利用效率，保障和改善人居环境，积极参与国际学术交流，推动绿色建筑与建筑节能的技术进步，促进绿色建筑科技人才成长，发挥桥梁与纽带作用，为促进我国绿色建筑与建筑节能事业的发展做出贡献。

本会的办会原则：产学研结合、务实创新、服务行业、民主协商。

本会的主要业务范围：从事绿色建筑与节能理论研究，开展学术交流和国际合作，组织专业技术培训，编辑出版专业书刊，开展宣传教育活动，普及绿色建筑的相关知识，为政府主管部门和企业提供咨询服务。

一、中国城科会绿建委

主　　任：王有为　中国建筑科学研究院有限公司顾问总工
副 主 任：（以姓氏笔画排序）
　　　　　王建国　中国工程院院士、东南大学教授
　　　　　毛志兵　中国建筑股份有限公司原总工程师
　　　　　尹　稚　北京清华同衡规划设计研究院有限公司技术顾问
　　　　　叶　青　深圳建筑科学研究院股份有限公司董事长
　　　　　江　亿　中国工程院院士、清华大学建筑节能研究中心主任
　　　　　李百战　重庆大学土木工程学院教授

	吴志强	中国工程院院士、中国城市科学研究会副理事长
	沈立东	华东建筑集团股份有限公司党委副书记、总裁
	修　龙	中国建筑学会理事长
	夏　冰	上海建科咨询集团股份有限公司　党委副书记、总裁
副秘书长：	李　萍	原建设部建筑节能中心副主任
	李丛笑	中国建筑集团有限公司双碳办公室副主任
	常卫华	中国建筑科学研究院有限公司科技标准处副主任
	戈　亮	中国城市科学研究会管理职员
主任助理：	李大鹏	中国城市科学研究会职员

通信地址：北京市海淀区三里河9号住建部大院中国城科会办公楼二层205
电　　话：010-58934866　010-88385280
公 众 号：中国城科会绿建委
　　　　Email：Chinagbc2008@chinagbc.org.cn

二、地方绿色建筑相关社团组织

广西建设科技与建筑节能协会绿色建筑分会
会　　长：广西壮族自治区建筑科学研究设计院顾问总工　朱惠英
秘 书 长：广西建设科技与建筑节能协会　韦爱萍
通信地址：南宁市金湖路58号广西建设大厦2407室　530028

深圳市绿色建筑协会
会　　长：深圳市科源建设集团股份有限公司董事、常务副总裁　剪爱森
秘 书 长：王向昱
通信地址：深圳市福田区深南中路1093号中信大厦1502室　518028

四川省土木建筑学会绿色建筑专业委员会
主　　任：四川省建筑科学研究院有限公司能环院总工　高波
秘 书 长：四川省建筑科学研究院有限公司　于佳佳
通信地址：成都市一环路北三段55号　610081

江苏省绿色建筑协会
会　　长：江苏省建筑科学研究院有限公司董事长　刘永刚
秘 书 长：江苏省住房和城乡建设厅科技发展中心副主任　张赟
通信地址：南京市北京西路12号　210008

厦门市土木建筑学会绿色建筑分会
会　　长：厦门市土木建筑学会　何庆丰
秘 书 长：厦门市建筑科学研究院有限公司　彭军芝
通信地址：厦门市白鹭洲路199号普利花园大厦14楼　361004

福建省土木建筑学会绿色建筑与建筑节能专业委员会
  主 任：福建省建筑设计研究院有限公司总建筑师 梁章旋
  秘 书 长：福建省建筑科学研究院原总工 黄夏东
  通信地址：福州市鼓楼区洪山园路华润置地中心A座写字楼8-19层 350004

福建省海峡绿色建筑发展中心
  理 事 长：福建省建筑科学研究院有限责任公司工程事业部副总经理
       王云新
  秘 书 长：福建省建筑科学研究院有限责任公司节能所所长 胡达明
  通信地址：福建省福州市高新区高新大道58-1号 350108

山东省土木建筑学会绿色建筑与（近）零能耗建筑专业委员会
  主 任：山东省建筑科学研究院绿色建筑分院院长 王昭
  秘 书 长：山东省建筑科学研究院绿色建筑研究所所长 李迪
  常务副秘书长：山东省建筑科学研究院绿标办 王衍争
  通 信 地 址：济南市无影山路29号 250031

辽宁省土木建筑学会绿色建筑专业委员会
  主 任：沈阳建筑大学教授 石铁矛
  副主任兼秘书长：东北大学教授 李绥
  副 秘 书 长：夏晓东 徐梦鸿
  通 信 地 址：沈阳市浑南区浑南中路25号沈阳建筑大学中德节能中心
       110168

天津市城市科学研究会绿色建筑专业委员会
  主 任：天津市建筑设计研究院有限公司总建筑师 张津奕
  常务副主任：天津城建大学教授 李伟
  秘 书 长：天津市建筑设计研究院有限公司副总工程师 李旭东
  通 信 地 址：天津市河西区气象台路95号 300074

河北省土木建筑学会绿色建筑与超低能耗建筑学术委员会
  主 任：河北省建筑科学研究院有限公司总工 赵士永
  秘 书 长：河北省建筑科学研究院有限公司副主任 康熙
  通信地址：河北省石家庄市槐安西路395号 050021

中国绿色建筑与碳中和（香港）委员会
  联席主任：香港大学教授 刘少瑜
      香港房屋署前总建筑师 严汝洲
  秘 书 长：香港绿建科技顾问有限公司总裁 张智栋
  通信地址：香港九龙弥敦道610号荷李活商业中心18楼1805-1806室

重庆市绿色建筑与建筑产业化协会绿色建筑专业委员会
  主　　任：重庆大学土木工程学院教授　李百战
  秘 书 长：重庆大学土木工程学院教授　丁勇
  通信地址：重庆市沙坪坝区沙北街83号　400045

湖北省土木建筑学会绿色建筑与节能专业委员会
  主　　任：湖北省建筑科学研究设计院股份有限公司党委副书记、总经理
      李山虎
  秘 书 长：湖北省建筑科学研究设计院股份有限公司　丁云
  通信地址：武汉市武昌区中南路16号　430071

上海市绿色建筑协会
  会　　长：崔明华
  副秘书长（主持工作）：张俊
  通信地址：上海市宛平南路75号1号楼9楼　200032

安徽省建筑节能与科技协会
  会　　　　长：项炳泉
  副会长兼秘书长：叶长青
  通 信 地 址：合肥市包河区紫云路996号　230091

郑州市城科会绿色建筑与节能专业委员会
  主　　任：郑州交运集团原董事长　张遂生
  秘 书 长：河南沃德环境科技有限公司董事长　曹力锋
  通信地址：郑州市淮海西路10号B楼二楼东　450006

广东省建筑节能与绿色低碳协会
  会　　长：广东省住房和城乡建设厅原二级巡视员　廖江陵
  秘 书 长：广东省建筑设计研究院集团股份有限公司　赖文彬
  通信地址：广州市越秀区解放北路801号桂冠大厦13楼　510040

广东省建筑节能与绿色低碳协会绿色建筑专业委员会
  主　　任：广东省建筑科学研究院集团股份有限公司副总工程师
      节能所所长　周荃
  秘 书 长：广东省建筑科学研究院集团股份有限公司节能所所长助理　丁可
  通信地址：广州市先烈东路121号　510500

内蒙古绿色建筑协会
  理 事 长：内蒙古城市规划市政设计研究院有限公司董事长　杨永胜
  执行理事长：内蒙古城市规划市政设计研究院有限公司院长　王海滨
  秘 书 长：赵锐
  通 信 地 址：呼和浩特市如意开发区如意和大街万铭公馆505　010070

陕西省建筑节能协会
  会　　　长：陕西省住房和城乡建设厅原副巡视员　潘正成
  秘　书　长：陕西省建筑科学研究院有限公司原副院长　李荣
  通信地址：西安市新城区南新街30号公安厅家属院A-1902室　710000

河南省城科会生态城市与绿色建筑委员会
  主　　　任：刘寅
  秘　书　长：河南沃德环境科技有限公司董事长　曹力锋
  通信地址：郑州市金水路102号　450003

河南省城乡建设绿色发展协会
  主　　　任：王广国
  秘　书　长：河南省中原住宅与成品房研究中心主任　张弘
  通信地址：郑州市郑开大道75号河南建设大厦东塔819室　450000

浙江省绿色建筑与建筑工业化行业协会
  会　　　长：浙江省建筑科学设计研究院有限公司党委委员、副总经理　林奕
  常务副会长兼秘书长：浙江省建筑设计研究院绿色建筑工程设计院院长
  　　　　　　　　　袁静
  副秘书长：浙江省绿色建筑与建筑工业化行业协会秘书处　喻斌
  通信地址：杭州市滨江区江二路57号杭州人工智能产业园A座16楼　310000

宁波市绿色建筑与建筑节能工作组
  组　　　长：宁波市住建委科技处处长　张顺宝
  常务副组长：宁波市城市科学研究会副会长　陈鸣达
  通 信 地 址：宁波市江东区松下街595号　315040

湖南省建设科技与建筑节能协会绿色建筑专业委员会
  轮值主任：湖南大学建筑与规划学院院长　徐峰
  　　　　　湖南省建筑设计院集团股份有限公司副总建筑师　殷昆仑
  　　　　　湖南建设投资集团有限责任公司副总工程师　黄涛
  　　　　　中机国际工程设计研究院有限责任公司副总工程师　向宏
  　　　　　中国建筑第五工程局有限公司设计总院副院长　戴飞
  秘　书　长：湖南绿碳建筑科技有限公司总经理　王柏俊
  通信地址：长沙市雨花区高升路和馨家园2栋204　410116

湖南省绿色建筑与钢结构行业协会
  会　　　长：湖南鼎盛绿色建筑集团有限公司　胡继华
  副会长兼秘书长：黄洁
  通 信 地 址：湖南省长沙市雨花区高升路268号和馨佳园2栋1单元
  　　　　　　301室

黑龙江省土木建筑学会绿色建筑专业委员会

  主　　　任：金虹
  常务副主任：哈尔滨工业大学　黄锰
  副　主　任：哈尔滨工业大学　孙澄
  秘　书　长：哈尔滨工业大学　苏万庆
  通 信 地 址：哈尔滨市南岗区西大直街92号　150001

中国绿色建筑与节能（澳门）协会

  会　　　长：四方发展集团有限公司主席　卓重贤
  理　事　长：汇博顾问有限公司理事总经理　李加行
  秘　书　长：刘方圆
  通信地址：澳门友谊大马路918号，澳门世界贸易中心7楼B-C座

大连市绿色建筑行业协会

  会　　　长：大连亿达集团有限公司副总裁　秦学森
  常务副会长兼秘书长：徐梦鸿
  通信地址：辽宁省大连市沙河口区东北路99号亿达广场4号楼5楼　116021

北京市建筑节能与环境工程协会生态城市与绿色建筑专业委员会

  会　　　长：北京市住宅建筑设计研究院有限公司董事长　李群
  秘　书　长：北京市住宅建筑设计研究院　白羽
  通信地址：北京市东城区东总布胡同5号　100005

甘肃省土木建筑学会节能与绿色建筑学术委员会

  主任委员：兰州城市建设设计研究院有限公司院长　金光辉
  秘　书　长：兰州城市建设设计研究院有限公司总建筑师　刘元珍
  通信地址：兰州市七里河区西津东路120号　730050

东莞市绿色建筑协会

  会　　　长：广东维美工程设计有限公司董事长　邓建军
  秘　书　长：叶爱珠
  通信地址：广东省东莞市南城区新基社区城市风情街
      原东莞市地震局大楼1楼　523073

苏州市绿色建筑行业协会

  会　　　长：苏州北建节能技术有限公司　总经理　蔡波
  秘　书　长：朱向东
  通信地址：苏州市吴中区东太湖路66号1号楼5层　215104

西藏自治区勘察设计与建设科技协会

  理　事　长：傅治国
  副理事长兼秘书长：陶昌军
  通信地址：西藏自治区拉萨市城关区林廓北路17号　850000

海南省绿色建筑学会
  理 事 长：中海工程建设总局有限公司海南分公司总经理 杨海军
  秘 书 长：叶 书
  通信地址：海口市大英山西二街国机中洋公馆 1 号楼 B-1405 室 570203

江西省绿色建筑协会
  会 长：江西省咨询投资集团有限公司党委委员、副总经理 郭晓明
  秘 书 长：江西师范大学双碳研究中心副主任 刘谨
  副秘书长：江西省咨询投资集团有限公司重大项目推进部副部长 周臻
  通信地址：江西省南昌市红谷滩区凤凰中大道 929 号吉成大厦 1501 330000

三、绿色建筑专业学术小组

绿色工业建筑组
  组 长：全国工程勘察设计大师；中国建筑科学研究院首席科学家、总工程师 徐伟
  副 组 长：中国电子工程设计院科技工程院院长 王立
      机械工业第六设计研究院有限公司副总经理 刘勇
  秘 书 长：中国建筑科学研究院有限公司环能科技副总经理 袁闪闪

绿色智慧城市与数字化组
  组 长：上海碳之衡能源科技有限公司 董事长兼总经理 于兵
  副 组 长：同济大学浙江学院教授、实验中心主任 沈晔

绿色建筑规划设计组
  组 长：华东建筑集团股份有限公司总裁、党委副书记、副总建筑师 沈立东
  副 组 长：深圳市建筑科学研究院股份有限公司董事长 叶青
      浙江省建筑设计研究院副院长 许世文
  秘 书 长：华东建筑集团股份有限公司上海科技发展分公司副总经理 瞿燕

绿色建材与设计组
  组 长：中国中建设计研究院有限公司总建筑师 薛峰
  副 组 长：中国建筑科学研究院建筑材料研究所副所长 黄靖
      中国建筑一局集团科技与设计管理部副总经理 唐一文
  秘 书 长：中国中建设计研究院有限公司科技质量部高级经理 吕峰

零能耗建筑与社区组
  组 长：全国工程勘察设计大师；中国建筑科学研究院首席科学家、总工程师 徐伟
  副 组 长：北京市建筑设计研究院专业总工 徐宏庆
  联 系 人：中国建筑科学研究院建筑环境与能源研究院副主任 陈曦

绿色建筑理论与实践组
  名誉组长：清华大学建筑学院教授 袁镔
  组 长：清华大学建筑学院所长、教授
      清华大学建筑设计研究院有限公司 副总建筑师 宋晔皓
  副 组 长：华中科技大学建筑与城市规划学院院长、教授 李保峰
      东南大学建筑学院院长、教授 张彤
      绿地集团总建筑师、教授级高工 戎武杰
      北方工业大学建筑与艺术学院教务长、教授 贾东
      华南理工大学建筑学院教授、博导 王静
      清华大学建筑设计研究院有限公司第六分院 副院长、高工 袁凌
  秘 书 长：清华大学建筑学院 院长助理、副教授 周正楠
      东北大学建筑学院 教授、博导 丁建华
      清华大学建筑学院 副教授 朱宁

绿色建造组
  组 长：北京城建集团有限责任公司副总经理 张晋勋
  副 组 长：北京住总集团有限责任公司总工程师 杨健康
      中国土木工程学会总工程师工作委员会秘书长 李景芳
  秘 书 长：北京城建五建设集团有限公司总工程师 彭其兵

绿色校园组
  组 长：中国工程院院士 吴志强
  副 组 长：沈阳建筑大学教授 石铁矛
      苏州大学金螳螂建筑与城市环境学院院长 吴永发

立体绿化组
  组 长：北京市植物园原园长 张佐双
  副 组 长：中国城市建设研究院有限公司城乡生态文明研究院院长 王香春
      北京市园林绿化科学研究院绿地与健康研究所所长 韩丽莉
  副组长兼秘书长：中国中建设计研究院有限公司工程技术研究院 副院长 王珂
  联 系 人：中国建筑技术集团有限公司生态宜居环境建设研究中心主任 李慧

绿色轨道交通建筑组
  组 长：北京城建设计发展集团股份有限公司副总经理 金淮
  副 组 长：北京城建设计发展集团副总建筑师 刘京
      中国地铁工程咨询有限责任公司副总工程师 吴爽

绿色小城镇组
  组 长：清华大学建筑学院教授、原副院长 朱颖心
  副 组 长：中建集团双碳办副主任、中国城科会绿建委副秘书长 李丛笑
      清华大学建筑学院教授、副院长 杨旭东
  秘 书 长：武汉科技大学 陈敏

绿色物业与运营组
  组 长：天津城建大学教授 王建廷
  副 组 长：新加坡建设局国际开发署高级署长 许麟济
      中国建筑科学研究院环境与节能工程院副院长 路宾
      广州粤华物业有限公司董事长、总经理 李健辉
      天津市建筑设计院总工程师 刘建华
  秘 书 长：天津城建大学研究生院院长 刘戈

绿色建筑软件和应用组
  组 长：建研科技股份有限公司副总裁 马恩成
  副 组 长：清华大学教授 孙红三
      欧特克软件（中国）有限公司中国区总监 李绍建
  秘 书 长：北京构力科技有限公司经理 张永炜

绿色医院建筑组
  组 长：中国建筑科学研究院有限公司建科环能科技有限公司顾问总工 邹瑜
  副 组 长：中国中元国际工程有限公司医疗建筑设计一院院长 李辉
      天津市建筑设计院院总建筑师 孙鸿新
  秘 书 长：中国建筑科学研究院有限公司环能科技副总经理 袁闪闪

建筑室内环境组
  组 长：重庆大学土木工程学院教授 李百战
  副 组 长：清华大学建筑学院副院长 林波荣
      西安建筑科技大学副主任 王怡
  秘 书 长：重庆大学土木工程学院教授 丁勇

绿色建筑检测学组
  组 长：国家建筑工程质量监督检验中心副主任 袁扬
  副 组 长：广东省建筑科学研究院集团股份有限公司总经理 杨仕超
  秘 书 长：中国建筑科学研究院有限公司研究员 叶凌

四、绿色建筑基地

北方地区绿色建筑基地
  依托单位：中新（天津）生态城管理委员会

华东地区绿色建筑基地
  依托单位：上海市绿色建筑协会
南方地区绿色建筑基地
  依托单位：深圳市建筑科学研究院有限公司
西南地区绿色建筑基地
  依托单位：重庆市绿色建筑专业委员会

  五、国际合作交流机构

中国城科会绿色建筑与节能委员会日本事务部
Japanese Affairs Department of China Green Building Council
  主　　　任：北九州大学名誉教授　黑木莊一郎
  常务副主任：日本工程院外籍院士、北九州大学教授　高伟俊
  办 公 地 点：日本北九州大学

中国城科会绿色建筑与节能委员会英国事务部
British Affairs Department of China Green Building Council
  主　　　任：雷丁大学建筑环境学院院长、教授　Stuart Green
  副 主 任：剑桥大学建筑学院前院长、教授　Alan Short
  　　　　　　卡迪夫大学建筑学院前院长、教授　Phil Jones
  秘 书 长：重庆大学教育部绿色建筑与人居环境营造国际合作联合实验室主
  　　　　　　任、雷丁大学建筑环境学院教授　姚润明
  办公地点：英国雷丁大学。

中国城科会绿色建筑与节能委员会德国事务部
German Affairs Department of China Green Building Council
  副主任（代理主任）：朗诗欧洲建筑技术有限公司总经理、德国注册建筑师
  　　　　　　陈伟
  副 主 任：德国可持续建筑委员会-DGNB 首席执行官　Johannes Kreissig
  　　　　　　德国 EGS-Plan 设备工程公司/设能建筑咨询（上海）有限公司总
  　　　　　　经理　Dr. Dirk Schwede
  秘 书 长：费泽尔　斯道布建筑事务所创始人/总经理　Mathias Fetzer
  办公地点：朗诗欧洲建筑技术有限公司（法兰克福）

中国城科会绿色建筑与节能委员会美东事务部
China Green Building Council North America Center (East）
  主　　　任：美国普林斯顿大学副校长　Kyu-Jung Whuang
  副 主 任：中国建筑美国公司高管　Chris Mill
  秘 书 长：康纳尔大学助理教授　华颖

办公地点：美国康奈尔大学。
中美绿色建筑中心
U.S. - China Green Building Center
  主   任：美国劳伦斯伯克利实验室建筑技术和城市系统事业部主任
         Mary Ann Piette
  常务副主任：美国劳伦斯伯克利实验室国际能源分析部门负责人 周南
  秘 书 长：美国劳伦斯伯克利实验室中国能源项目组 冯威
  办公地点：美国劳伦斯·伯克利国家实验室

中国城科会绿色建筑与节能委员会法国事务部
French Affairs Department of China Green Building Council
  主   任：法国绿建委主席 Marjolaine MEYNIER-MILLEFERT
  执行主任：法国建筑与房地产联盟中国发展总监 曾雅薇
  副 主 任：中建阿尔及利亚公司总经理、法国地中海公司负责人 罗建鹏
        法国建筑科学技术中心 CSTB 董事局成员兼法国绿色建筑认证公
        司总裁 Patrick Nossent

附录3 中国城市科学研究会绿色建筑研究中心简介

Brief introduction to CSUS Green Building Research Center

中国城市科学研究会绿色建筑研究中心（CSUS Green Building Research Center）成立于2009年，是我国绿色建筑大领域重要的理论研究、标准研编、科学普及与行业推广机构，同时也是面向市场提供绿色建筑标识评价、技术支撑等服务的综合性技术机构。主编或主要参编了《绿色建筑评价标准》《健康建筑评价标准》《健康社区评价标准》等系列标准，在全国范围内率先开展了绿色建筑新国标项目、健康建筑标识项目、既有建筑绿色改造标识项目、绿色生态城区标识项目、健康社区标识项目、国际双认证项目、健康小镇标识项目、碳中和建筑标识项目以及智慧建筑标识项目评价业务，为我国绿色建筑的量质齐升贡献了巨大力量。

绿色建筑研究中心的主要业务分为三大版块：**一、标识评价**。包括绿色建筑标识（包括普通民用建筑、既有建筑、工业建筑等）、健康建筑标识（包括健康社区、健康小镇、既有住区健康改造）、绿色生态城区标识、碳中和建筑标识、智慧建筑标识、国际双认证评价。**二、课题研究与标准研发**。主要涉及绿色建筑、健康建筑、超低能耗建筑、绿色生态城区、低碳建筑、碳中和建筑、智慧建筑等领域。**三、教育培训、行业服务、高端咨询等**。

标识评价方面：截至2024年底，中心共开展了3439个绿色建筑标识评价（包括133个绿色建筑运行标识，2921个绿色建筑设计标识，378个2019版预评价项目），其中包括15个香港地区项目、1个澳门地区项目以及15个国际双认证评价项目；114个绿色工业建筑标识评价；32个既有建筑绿色改造标识评价；18个绿色生态城区实施运管标识评价；9个绿色铁路客站项目；3个绿色照明项目；2个绿色医院项目；2个绿色数据中心项目。327个健康建筑标识评价（包括13个健康建筑运行标识，314个健康建筑设计标识）；38个健康社区标识评价（1个健康社区运营标识，37个健康社区设计标识）；4个健康小镇设计标识评价；10个既有住区健康改造标识评价；10个宁静住宅。7个智慧建筑及14个碳中和建筑标识评价。

信息化服务方面：截至 2024 年底，中心自主研发的绿色建筑在线申报系统已累积评价项目 1987 个，并已在北京、江苏、重庆、宁波、贵州等地方评价机构投入使用；健康建筑在线申报系统已累积评价项目 327 个；建立"城科会绿建中心"、"健康建筑"官网以及微信公众号，持续发布绿色建筑及健康建筑标识评价情况、评价技术问题、评价的信息化手段、行业资讯、中心动态等内容；自主研发了绿色建筑标识评价 App 软件"中绿标"（Android 和 IOS 两个版本）以及绿色建筑评价桌面工具软件（PC 端评价软件），具有绿色建筑咨询、项目管理、数据共享等功能。

标准编制及科研方面：中心主编或参编国家、行业及团体标准《健康建筑评价标准》《绿色建筑评价标准》《绿色工业建筑评价标准》《绿色建筑评价标准（香港版）》《既有建筑绿色改造评价标准》《健康社区评价标准》《健康小镇评价标准》《健康医院评价标准》《健康养老建筑评价标准》《城市旧居住小区综合改造技术标准》等；主持或参与国家"十三五"课题、住建部课题、国际合作项目、中国科学技术协会课题《绿色建筑标准体系与标准规范研发项目》《基于实际运行效果的绿色建筑性能后评估方法研究及应用》《可持续发展的新型城镇化关键评价技术研究》《绿色建筑运行管理策略和优化调控技术》《健康建筑可持续运行及典型功能系统评价关键技术研究》《绿色建筑年度发展报告》《北京市绿色建筑第三方评价和信用管理制度研究》等。

交流合作方面：截至 2024 年底，中心与英国 BREEAM、法国 HQE 和德国 DGNB 等海外绿色建筑机构达成标准和评价的双认证合作协议，建立伙伴关系，并落地多个联合认证项目；推进科研交流，共同承担国家级课题、参编国际标准《国际多边绿色建筑评价标准》；发布中德、中英、中法绿色建筑标准对比手册，实现部分技术条款的互通。与德国能源署 dena 共同编制和发布《超低能耗建筑评价标准》。与世界绿色建筑协会 WorldGBC 达成合作协议，参与世界绿色建筑平台工作，交流实践案例，推荐中国优秀项目参与世界评比并获奖。启动中国绿色建筑国际化工作，累计评价 4 个海外绿建项目，扩展了国际影响力。与江苏省住房和城乡建设厅科技发展中心、四川省建设科技协会、深圳市绿色建筑协会达成健康建筑标识项目联合评价友好合作协议，并与美国 IWBI 和 UL 公司达成联合互认友好合作意向。

绿色建筑研究中心有效整合资源，充分发挥有关机构、部门的专家队伍优势和技术支撑作用，按照住房和城乡建设部和地方相关文件要求开展绿色建筑评价工作，保证评价工作的科学性、公正性、公平性，创新形成了具有中国特色的"以评促管、以评促建"以及"多方共享、互利共赢"的绿色建筑管理模式，已经成为我国绿色建筑标识评价以及行业推广的重要力量。并将继续在满足市场需求、规范绿色建筑评价行为、引导绿色建筑实施、探索绿色建筑发展等方面发挥积极作用。

联系地址：北京市海淀区三里河路9号院（住房城乡建设部大院）
中国城市科学研究会西办公楼4楼（100835）
公 众 号：城科会绿建中心
电　　话：010-58933142
传　　真：010-58933144
E-mail：gbrc@csus-gbrc.org
网　　址：http:www.csus-gbrc.org

附录4 中国绿色建筑大事记（2023—2024）
Milestones of China green building development in 2023—2024

2023年1月3日，生态环境部会同住房和城乡建设部、交通运输部、公安部等16个部门和单位联合印发《"十四五"噪声污染防治行动计划》，明确通过实施噪声污染防治行动，基本掌握重点噪声源污染状况，不断完善噪声污染防治管理体系。提出到2025年，全国声环境功能区夜间达标率达到85%，推动实现全国声环境质量持续改善。

2023年1月5日，中国人民银行、银保监会公布《关于建立新发放首套住房个人住房贷款利率政策动态调整长效机制的通知》，地方可因城施策下调或取消利率下限。

2023年1月6日，住房和城乡建设部、中国残联组织召开无障碍环境建设工作电视电话会议，深入学习贯彻党的二十大精神，总结党的十八大以来无障碍环境建设工作成绩和经验，分析当前面临的形势和任务，研究部署下一阶段重点工作，指导各地开展全国无障碍建设示范城市（县）创建，推动无障碍环境建设高质量发展。

2023年1月17日，全国住房和城乡建设工作会议在北京以视频形式召开。会议以习近平新时代中国特色社会主义思想为指导，全面学习贯彻党的二十大精神，认真落实中央经济工作会议精神，总结回顾2022年住房和城乡建设工作与新时代10年住房和城乡建设事业发展成就，分析新征程上面临的形势与任务，部署2023年重点工作。会议传达学习国务院领导同志重要批示。住房和城乡建设部党组书记、部长倪虹出席会议并讲话。

2023年1月28日，国家发展改革委联合财政部、中国人民银行、住房和城乡建设部、国家乡村振兴局等18个部门联合印发《关于推动大型易地扶贫搬迁安置区融入新型城镇化实现高质量发展的指导意见》，明确了今后一个时期推动大型易地扶贫搬迁安置区融入新型城镇化、实现高质量发展的总体要求、主攻方向、主要任务和支持政策。

2023年1月31日，住房和城乡建设部办公厅关于开展城市公园绿地开放共享试点工作的通知，在公园草坪、林下空间以及空闲地等区域划定开放共享区域，完善配套服务设施，更好地满足人民群众搭建帐篷、运动健身、休闲游憩等亲近自然的户外活动需求。

2023年2月6日，中共中央、国务院印发《质量强国建设纲要》，提出到2025年，质量整体水平进一步全面提高，中国品牌影响力稳步提升。

2023年2月16日，文化城市建设中的文化遗产保护与传承研讨会暨第七批中国20世纪建筑遗产项目推介公布活动在广东茂名市举行。在全国建筑、文博专家的共同见证下，共推介了100个第七批"中国20世纪建筑遗产"项目，国家植物园北园（含历史建筑）、广东茂名露天矿生态公园与"六百户"民居及建筑群、四川美术学院历史建筑群、江湾体育场、北京大学百周年纪念讲堂、梁思成先生设计的墓园及纪念碑等入选其中。

2023年2月20日，国家发展改革委、住房和城乡建设部等9部门联合印发《关于统筹节能降碳和回收利用 加快重点领域产品设备更新改造的指导意见》，指出产品设备广泛应用于生产生活各个领域，统筹节能降碳和回收利用，加快重点领域产品设备更新改造，对加快构建新发展格局、畅通国内大循环、扩大有效投资和消费、积极稳妥推进碳达峰碳中和具有重要意义。

2023年2月21日，诺贝尔可持续发展基金会主席彼得·诺贝尔宣布，将首届可持续发展特别贡献奖授予中国气候变化事务特使解振华，以表彰他对全球应对气候变化以及可持续发展事业的巨大贡献。

2023年3月9日，北京市发展和改革委员会、北京市规划和自然资源委员会、北京市住房和城乡建设委员会、北京市财政局联合印发《关于推进光伏发电高质量发展的实施意见》，要求将光伏发电等可再生能源应用要求作为城市规划体系的重要内容，研究推动规划落地实施的政策措施，并根据《北京市碳达峰实施方案》要求，新建公共机构建筑、新建园区、新建厂房屋顶光伏覆盖率不低于50%。

2023年3月20日，工业和信息化部、住房和城乡建设部、农业农村部、商务部、国家市场监督管理总局、国家乡村振兴局联合印发《关于开展2023年绿色建材下乡活动的通知》通知要求，试点地区选择具有建材产业基础和区位优势的县域、乡镇等，发挥"链主"企业带动作用，促进绿色建材产业链上下游、大中小企业发展，推动绿色建材生产、认证、流通、应用、服务全产业链发展，打造特色产业集群。支持企业针对农村市场开发贴近施工、应用的绿色建材产品和整体解决方案。

2023年3月21日，中国城市科学研究会正式发布《绿色建筑应用技术指南》，并于2023年4月21日起实施。

2023年3月22日，财政部办公厅、住房和城乡建设部办公厅、工业和信息化部办公厅联合印发《政府采购支持绿色建材促进建筑品质提升政策项目实施指南》，明确施工单位应严格按照设计文件和《绿色建筑和绿色建材政府采购需求标准》的规定以及相关建设工程标准进行施工。同时，应建立相应的施工管理体系和组织机构，确定绿色建筑和绿色建材应用工作责任人。

2023年3月23日，住房和城乡建设部建筑市场监管司在江苏省苏州市召开智能建造试点工作推进会，深入贯彻落实全国住房和城乡建设工作会议精神，交流研讨各地发展智能建造的经验做法，部署推进智能建造城市试点工作，加快推动建筑业向工业化、数字化、绿色化转型。

2023年3月31日，住房和城乡建设部正式发布《建设工程质量检测机构资质标准》，作为《建设工程质量检测管理办法》（住建部令第57号）的重要配套文件，对进一步强化建设工程质量检测资质管理，提高检测机构专业技术能力，对促进建设工程质量检测行业健康发展，保障建设工程质量具有重要意义。

2023年4月2日，住房和城乡建设部部长倪虹会见了马来西亚地方政府发展部部长倪可敏一行，双方就深化双边、中国—东盟在住房和城乡建设领域的合作，以及加强在联合国人居署的协作等方面进行了交流。

2023年4月9日，"第四届教学大师奖、杰出教学奖和创新创业英才奖"颁奖典礼在重庆大学虎溪校区体育中心举行。重庆大学教授李百战荣获2022年度杰出教学奖，这是重庆大学首次获得杰出教学奖。

2023年4月21日，国家发展改革委、国家能源局、国家标准委、工业和信息化部、自然资源部、生态环境部、住房和城乡建设部、交通运输部、中国人民银行、中国气象局、国家林草局11个部门联合发布《碳达峰碳中和标准体系建设指南》，提出碳达峰碳中和标准体系包含基础通用标准、碳减排标准、碳清除标准和市场化机制标准4个一级子体系、15个二级子体系和63个三级子体系，细化了每个二级子体系下标准制修订工作的重点任务。

2023年4月21日，第54届世界地球日暨第八届大连绿色建筑公益周活动开幕式在沈阳建筑大学绿色能源建筑与城市研究院圆满举行。活动以"珍爱地球，人与自然和谐共生"为主题，宣传引导大家树立"尊重自然、顺应自然、保护自然"的生态文明理念，进一步凝聚"人与自然是生命共同体"的广泛共识。

2023年4月26日，住房和城乡建设部副部长姜万荣会见新加坡共和国永续发展与环境部常任秘书罗家良。双方就中新天津生态城、市政环境治理、可持续水环境发展等方面的合作进行交流。

2023年4月26日，中国贸促会举办新闻发布会，对外公布了2025年日本大阪世博会中国馆的建筑设计方案。

2023年4月26日，住房城乡建设部、财政部、水利部联合发布《关于开展"十四五"第三批系统化全域推进海绵城市建设示范工作的通知》，第三批海绵城市建设示范城市总数15个，通过竞争性选拔方式确定。中央财政按区域对示范城市给予定额补助。

附录篇

2023年5月6日，中国最大装配式保障性住房、中国最大装配式智慧社区凤凰英荟城正式迎接新住户。长城物业作为凤凰英荟城的物业服务商，恭迎7056户家庭乔迁新居。

2023年5月9日，国家建筑绿色低碳技术创新中心揭牌仪式在中国建设科技集团总部举行。

2023年5月15—17日，"第十九届国际绿色建筑与建筑节能大会暨新技术与产品博览会"和"第十届中国（沈阳）国际现代建筑产业博览会"在沈阳市举行，大会以"推广绿色智能建筑，促进城市低碳更新"为主题。

2023年5月15日，中国城市科学研究会绿色建筑与节能专业委员会第十五次全体委员会议在沈阳召开。

2023年6月2—4日，2023年全国建筑钢结构行业大会在上海举行。大会以"绿色低碳、智能建造、推进钢结构建筑产业高质量发展"作为大会主题，把工作立足点转到质量和效益上，全面提高钢结构建筑质量、技术与应用水平，推动钢结构建筑精益制造和产业链深度融合，促进钢结构全产业链转型升级，实现绿色低碳和高质量发展。

2023年6月5日，国新办举行国务院政策例行吹风会，介绍建设全国统一大市场有关情况。国家发改委副主任李春临在会上表示，将加快完善建设全国统一大市场的配套政策。

2023年6月5—9日，第二届联合国人居大会在肯尼亚内罗毕联合国人居署总部召开。住房和城乡建设部部长倪虹率中国政府代表团出席会议，分别在全体会议和高级别对话上发言，并借大会契机开展了一系列多边和双边活动。

2023年6月13日，2023上海绿色建筑国际论坛在锦江饭店小礼堂成功举办，论坛以"绿色低碳，助力城市高质量发展"为主题。

2023年7月26—27日，金砖国家城镇化论坛在南非德班举办。住房和城乡建设部副部长秦海翔率团出席论坛，并分别在开、闭幕式，主题论坛上发言。

2023年8月4日，国家发展改革委、住房城乡建设部等10部门联合印发《绿色低碳先进技术示范工程实施方案》，提出到2025年，通过实施绿色低碳先进技术示范工程，一批示范项目落地实施，一批先进适用绿色低碳技术成果转化应用，若干有利于绿色低碳技术推广应用的支持政策、商业模式和监管机制逐步完善，为重点领域降碳探索有效路径。到2030年，通过绿色低碳先进技术示范工程带动引领，先进适用绿色低碳技术研发、示范、推广模式基本成熟，相关支持政策、商业模式、监管机制更加健全，绿色低碳技术和产业国际竞争优势进一步加强，为实现碳中和目标提供有力支撑。

2023年8月15日，首个全国生态日主场活动现场，中国国土勘测规划院组织编撰的《中国生态保护红线蓝皮书（2023年）》首次与社会公众见面。这是我国首部生态保护红线蓝皮书，系统总结了全面完成生态保护红线划定的历程、方法、成果和实践案例，提出了加强生态保护红线监管、完善生态保护红线制度的思路和建议。

2023年8月18日，生态环境部等8部门日前联合印发《关于深化气候适应型城市建设试点的通知》，鼓励2017年公布的28个气候适应型城市建设试点继续申报深化试点，同时也进一步明确试点申报城市一般应为地级及以上城市，鼓励国家级新区申报。这是继去年生态环境部等17部门联合印发《国家适应气候变化战略2035》、生态环境部印发《省级适应气候变化行动方案编制指南》后，我国推进气候适应工作的又一举措。

2023年8月25日，以"健康建筑与健康社区助力新时代好房子好社区建设"为主题的"2023（第五届）健康建筑大会"在北京隆重召开。大会由健康建筑产业技术创新战略联盟、中国建筑科学研究院有限公司、中国绿发投资集团有限公司联合主办。

2023年8月28日，以"推动绿色发展，助力双碳目标"为主题的"第十届严寒寒冷地区绿色建筑联盟大会暨绿色发展新技术新产品展览会"在呼和浩特隆重召开。本次大会由中国城市科学研究会绿色建筑与节能专业委员会、内蒙古绿色建筑协会共同主办；内蒙古城市规划市政设计研究院有限公司、青岛海尔空调电子有限公司、内蒙古国建绿业科技发展有限公司、磐基国际展览（北京）有限公司承办；北京市建筑节能与环境工程协会生态城市与绿色建筑专业委员会、天津市城市科学研究会绿色建筑专业委员会、山东省土木建筑学会绿色建筑与（近）零能耗建筑专业委员会、辽宁省土木建筑学会绿色建筑专业委员会、河北省土木建筑学会绿色建筑与超低能耗建筑学术委员会、陕西省建筑节能协会、河南省城市科学研究会、黑龙江省土木建筑学会绿色建筑专业委员会、甘肃省土木建筑学会绿色建筑专业委员会、大连市绿色建筑行业协会、内蒙古建筑职业技术学院建筑与规划学院、内蒙古自治区建筑业协会、内蒙古自治区勘察设计协会、内蒙古自治区房地产业协会、内蒙古建筑节能协会、内蒙古绿色建材行业协会、内蒙古自治区物业管理协会、内蒙古建设教育和劳动协会、内蒙古碳中和产业协会、内蒙古太阳能行业协会、内蒙古自治区建筑业协会建筑装饰分会、包头市绿色建筑协会等二十余家省、直辖市、自治区行业协会联合协办，大会得到了内蒙古自治区住房和城乡建设厅的支持和指导。

2023年9月11—15日，世界绿色建筑委员会（WGBC）2023年绿色建筑周，期间遍布全球的工作小组将举办多样的活动，并带来关于建筑转型三个重点方面的案例分享："能源转型""再生转型""公正转型"。

2023年9月11日，由教育部建筑环境与能源应用工程专业教学指导委员会指导，中国城市科学研究会绿色建筑与节能专业委员会、中国建设教育协会主办，西安建筑科技大学、北京绿建软件股份有限公司承办、隆基乐叶光伏科技有限公司、清华大学建筑设计研究院有限公司、知识产权出版社有限责任公司、筑龙学社、长安大学协办的第六届"绿色建筑"技能大赛通知发布。自 2019 年举办首届以来，大赛已成功举办五届，并获得全国各建筑类高校的关注和参与。

2023 年 9 月 16 日，首届中国-东盟建设部长圆桌会议在南宁举行。中国和文莱、柬埔寨、印度尼西亚、老挝、马来西亚、缅甸、菲律宾、新加坡、越南 9 国的建设主管部门部长和部长代表齐聚邕城，商讨加强住房城乡建设领域交流合作，持续深化中国-东盟全面战略伙伴关系，推动共同建设和平家园、安宁家园、繁荣家园、美丽家园、友好家园。

2023 年 9 月 17 日，由住房城乡建设部、广西壮族自治区人民政府主办，住房城乡建设部计划财务与外事司、广西壮族自治区住房城乡建设厅、中国建设报社承办的第二届中国-东盟建筑业合作与发展论坛在广西壮族自治区南宁市召开。本届论坛以"开放合作 互利共赢 共享中国-东盟建设领域合作新机遇"为主题，旨在深入贯彻落实习近平总书记提出的构建人类命运共同体重要思想，深化中国与东盟住房城乡建设领域交流合作，共谋中国-东盟住房城乡建设行业未来发展新方向。

2023 年 9 月 14 日，国家标准化管理委员会会同工业和信息化部、民政部、生态环境部、住房城乡建设部、应急管理部制定了《城市标准化行动方案》。方案要求，加快构建推动城市高质量发展的标准体系，为城市科学化、精细化、智能化治理提供有力支撑，助力提升城市韧性和可持续发展水平，加快推进城市治理体系和能力现代化。在城市可持续发展、新型城镇化建设、智慧城市、公共服务、城市治理、应急管理、绿色低碳、生态环境、文化服务、基础设施等领域制修订国家标准、行业标准 150 项以上，实现城市标准化全领域覆盖、全流程控制、全手段运用。

2023 年 10 月 2—7 日，在由库珀·休伊特-史密森尼国家设计博物馆（Cooper Hewitt - Smithsonian Design Museum）主办的美国"国家设计周"上，中国城市科学研究会副理事长俞孔坚荣获风景园林国家设计奖（National Design Awards for Landscape Architecture）。作为中国海绵城市建设实践及学术研究的杰出代表，俞孔坚副理事长获得这一奖项，标志着中国海绵城市建设成就受到世界瞩目。

2023 年 10 月 8 日，由中国建研院、国家建筑工程技术研究中心、建筑安全与环境国家重点实验室主办的第三届中国建筑科学大会在北京北人亦创国际会展中心隆重开幕。大会以"智者创物七十载，砥砺奋进新征程"为主题，聚焦建筑行业科技创新，探讨行业发展方向，分享行业科技成果与前沿技术，围绕双碳、城市更新、数字化转型等新领域深入交流。

2023 年 10 月 18 日，在第三届"一带一路"国际合作高峰论坛开幕式上中国宣布支持高质量共建"一带一路"的八项行动。其中第四项"促进绿色发展"中提出："中方将持续深化绿色基建、绿色能源绿色交通等领域合作，加大对'一带一路'绿色发展国际联盟的支持，继续举办'一带一路'绿色创新大会，建设光伏产业对话交流机制和绿色低碳专家网络。"

2023年10月18日，第三届"一带一路"国际合作高峰论坛绿色发展高级别论坛开幕，论坛以"共建绿色丝路促进人与自然和谐共生"为主题，由生态环境部、国家发展改革委主办，来自40余个国家共400余人出席论坛。

2023年10月22日，由中国科协和安徽省人民政府共同主办的第二十五届中国科协年会在合肥召开。大会以"创新引领 自立自强——打造高质量科技创新策源地"为主题，围绕"科技自立自强""学术跨界融合""服务地方：建设科创高地"三大板块开展20项专题活动，充分展现科技工作者"主角"风采，发挥全国学会"主体"作用，增强举办地"主场"获得感。

2023年10月28日，全球可持续发展城市奖（上海奖）颁奖活动暨2023年世界城市日中国主场活动开幕式在上海举行。中共中央政治局委员、国务院副总理何立峰出席开幕式并为首届获奖城市颁奖。世界城市日全球主场活动在土耳其伊斯坦布尔举办，主题为"汇聚资源，共建可持续的城市未来"。中国主场活动由住房城乡建设部、联合国人居署、上海市人民政府共同主办，包括开幕式、系列论坛、展览展示及主题考察等。

2023年10月20日，国家发展改革委印发《国家碳达峰试点建设方案》，首批在15个省区开展碳达峰试点建设。

2023年10月24日，住房城乡建设部部长倪虹会见联合国副秘书长、联合国人居署执行主任麦穆娜·谢里夫。双方就推动全球城市可持续发展、深化双方合作交换了意见。

2023年10月31日，世界城市日全球主场活动在土耳其伊斯坦布尔举办。联合国秘书长古特雷斯发来贺信，联合国副秘书长、联合国人居署执行主任迈穆娜·穆赫德·谢里夫发表致辞，住房城乡建设部副部长董建国率团出席活动，并作为嘉宾发言。

2023年11月2—3日，住房和城乡建设部标准定额司在琼海博鳌召开2023年全国建筑节能降碳工作推进会。住房和城乡建设部标准定额司、31个省（区、市）、新疆生产建设兵团以及5个计划单列市建筑节能负责同志以及部科技与产业化发展中心、部建筑杂志社、中国建筑节能协会相关负责同志参加了会议。

2023年11月8日，住房城乡建设部部长倪虹会见了香港特别行政区政府发展局局长甯汉豪一行，就推动内地与香港在建筑领域的合作迈上新台阶进行深入探讨。

2023年11月13日，国家发展改革委、住房城乡建设部、工业和信息化部、市场监管总局、交通运输部发布《关于加快建立产品碳足迹管理体系的意见》，提出到 2025 年，国家层面出台 50 个左右重点产品碳足迹核算规则和标准，一批重点行业碳足迹背景数据库初步建成，国家产品碳标识认证制度基本建立，碳足迹核算和标识在生产、消费、贸易、金融领域的应用场景显著拓展，若干重点产品碳足迹核算规则、标准和碳标识实现国际互认。到 2030 年，国家层面出台 200 个左右重点产品碳足迹核算规则和标准，一批覆盖范围广、数据质量高、国际影响力强的重点行业碳足迹背景数据库基本建成，国家产品碳标识认证制度全面建立，碳标识得到企业和消费者的普遍认同，主要产品碳足迹核算规则、标准和碳标识得到国际广泛认可，产品碳足迹管理体系为经济社会发展全面绿色转型提供有力保障。

2023 年 11 月 16 日，由中国城市科学研究会绿色建筑与节能专业委员会与安徽省建筑节能与科技协会主办，安徽省建筑科学研究设计院、安徽省建设领域碳达峰碳中和战略研究院等单位联合承办，上海市、江苏省、浙江省、湖南省、湖北省、重庆市、四川省、江西省绿色建筑相关协会协办的"第十三届夏热冬冷地区绿色建筑联盟大会暨第二届长三角（安徽）建设领域碳达峰碳中和大会"于 11 月 16 日在合肥市顺利召开。大会以"聚焦双碳目标，践行绿色发展"为主题，开设了一个主论坛，三个分论坛。

2023 年 11 月 24 日，北京市十六届人大常委会第六次会议表决通过了《北京市建筑绿色发展条例》。根据条例，北京将推动建材绿色供应链建设，培育建材集成供应企业，鼓励通过绿色生产、绿色包装、绿色运输、废弃产品回收利用等方式，实现建材供应全链条绿色环保。

2023 年 12 月 1 日，第十三届热带、亚热带（夏热冬暖）地区绿色低碳建筑技术论坛在福建省漳州市顺利召开。本次论坛由中国城市科学研究会绿色建筑与节能专业委员会、福建省土木建筑学会绿色建筑与建筑节能专业委员会、福建漳龙集团有限公司和福建漳州城投集团有限公司联合主办。论坛紧密围绕"推进节能降碳实践，共创绿色经济繁荣"主题，邀请了气候区的权威专家、学者进行主题报告和信息分享，从不同建筑类型、绿色低碳技术、产业转型、建筑性能提升和改造等方面，共同探讨国家"双碳"背景下热带、亚热带地区的绿色发展共性问题和热点话题，探索地方传统文化特色下的可持续建筑发展方向，促进住房和城乡建设领域科技创新及绿色建筑高质量发展。共有来自福建、广东、广西、海南、澳门、深圳、东莞等热带和亚热带（夏热冬暖）地区及全国其他省市的 200 多位代表参加了本次论坛。

2023 年 12 月 6 日，第二次城市化和气候变化部长级会议在阿联酋迪拜举行。住房城乡建设部副部长姜万荣率团出席会议并作主旨发言。

2023 年 12 月 10 日，中国建筑业协会在京召开 2023 年度行业技术创新暨

2022—2023年度中国建设工程鲁班奖（国家优质工程）颁奖大会，表彰246项鲁班奖工程，同期还发布了大型双层车场铁路站房综合体施工关键技术等2023年度行业十大技术创新成果和《建筑业技术发展报告（2023）》。

2023年12月15日，国家发展改革委、国家邮政局、工业和信息化部、财政部、住房城乡建设部、商务部、市场监管总局、最高人民检察院发布《深入推进快递包装绿色转型行动方案》。行动方案提出，加大力度扎实推进快递包装减量化，加快培育可循环快递包装新模式，持续推进废旧快递包装回收利用，提升快递包装标准化、循环化、减量化、无害化水平，促进电商、快递行业高质量发展，为发展方式绿色转型提供支撑。

2023年12月18日，由中国建筑科学研究院有限公司和中国建筑节能协会主编，会同国内有关设计、科研和高等院校等49家单位共同编制的国家标准《零碳建筑技术标准》（送审稿）审查会议在北京召开。

2023年12月21—22日，全国住房城乡建设工作会议在北京召开。会议以习近平新时代中国特色社会主义思想为指导，全面贯彻落实党的二十大精神，认真落实中央经济工作会议精神，系统总结2023年工作，分析形势，明确2024年重点任务，推动住房城乡建设事业高质量发展再上新台阶。

2024年1月12日，由江苏省地下空间学会和中国城市科学研究会地下空间专业委员会联合主办的"第一届城市地下空间科学与发展高峰论坛暨第五届江苏省地下空间学术大会"在南京召开，本届会议主题为"数字地下空间资源助力城市高质量发展"。来自国内外地下空间领域300余名专家学者和参会代表参加会议，网络直播超28000人次在线观看。

2024年1月29日，国家发展改革委、住房城乡建设部等六部门印发了《重点用能产品设备能效先进水平、节能水平和准入水平（2024年版）》在已明确能效水平的20种产品设备基础上，增加工业锅炉、数据中心、服务器、充电桩、通信基站、光伏组件等23种产品设备，扩大至43种。同时要求加快提升产品设备节能标准，统筹推进更新改造和回收利用，大力倡导绿色低碳消费，加大应用实施和监督检查力度，强化综合性政策支持。

2024年1月30日，住房城乡建设部部长倪虹会见阿尔及利亚民主人民共和国住房、城市规划和城市部部长贝勒阿里比。双方围绕新城建设、抗震规范等方面的合作进行深入交流。

2024年2月7日，住房城乡建设部印发《住房城乡建设部科技创新平台管理暂行办法》，规范住房城乡建设部科技创新平台建设管理，提高住房城乡建设领域科技创新能力；《国家城乡建设科技创新平台管理暂行办法》同时废止。

2024年2月29日，国家统计局发布2023年国民经济和社会发展统计公报。初步核算，全年国内生产总值1260582亿元，比上年增长5.2%。其中，全年建筑业增加值 85691 亿元，比上年增长 7.1%。

2024 年 3 月 1 日，工业和信息化部等七部门联合发布《关于加快推动制造业绿色化发展指导意见》，明确提出到 2030 年将进一步健全绿色低碳标准体系，完成 500 项以上碳达峰急需标准制修订。

2024 年 3 月 1 日，住房城乡建设部在陕西省西安市召开全国保障性住房建设工作现场会。会议认真贯彻落实党中央、国务院关于推进保障性住房建设的决策部署，交流推广经验做法，部署做好下一步工作，推动加大保障性住房建设和供给。住房城乡建设部党组成员、副部长董建国出席会议并讲话。18 个城市政府分管负责同志、住房城乡建设部门主要负责同志参加会议并作交流发言。

2024 年 3 月 12 日，由江苏省绿色建筑协会、东南大学主编的标准《建筑节能与碳排放量计算核定标准（送审稿）》审查会在南京顺利召开。

2024 年 3 月 15 日，国家发展改革委、住房城乡建设部联合发布《加快推动建筑领域节能降碳工作方案》强调了高效低碳节能设备、建筑节能改造的重要性，并明确提出强化建筑运行节能降碳管理。

2024 年 3 月 21—23 日，联合国人居署治理机构联合主席团会议在墨西哥城举行。住房城乡建设部副部长董建国率团出席会议并作主旨发言。

2024 年 3 月 23—26 日，住房城乡建设部副部长董建国率团访问巴拿马，与巴拿马住房及土地管理部部长帕雷德斯举行双边会谈，就推动双方在住房城乡建设领域的合作进行了深入交流。

2024 年 3 月 27 日，住房城乡建设部印发《推进建筑和市政基础设施设备更新工作实施方案》，部署各地以大规模设备更新为契机，加快行业领域设施设备补齐短板、升级换代、提质增效，提升设施设备整体水平，满足人民群众高品质生活需要，推动城市高质量发展。

2024 年 3 月 29 日，《广州市城中村改造条例》获广东省人大常委会批准，该条例是全国首个专门针对城中村改造的地方性法规条例。

2024 年 4 月 2 日，住房城乡建设部党组书记、部长倪虹到中国建筑文化中心大楼调研参观"好房子"科技产业展厅和新城建展览展示中心。驻部纪检监察组组长宋寒松，副部长秦海翔、王晖，部总工程师江小群等参加调研。

2024 年 4 月 8 日，中华人民共和国科学技术部发布《国家科学技术奖励工作办公室公告第 100 号》，公布 2023 年度国家科学技术奖初评结果。中国城市科学研究会副理事长曲久辉领衔完成的"饮用水安全保障技术体系创建与应用"项目初评国家科学技术进步奖特等奖。

2024 年 4 月 9 日，住房城乡建设部在浙江省杭州市召开保障性住房建设工作现场会。会议认真贯彻落实党中央、国务院关于推进保障性住房建设的决策部署，交流推广经验做法，了解城市工作进展，征询有关意见建议，安排下步工作任务，对加大保障性住房建设和供给进行再动员再部署。住房城乡建设部党组成员、副部长董建国出席会议并讲话。17个城市政府分管负责同志、住房城乡建设部门主要负责同志参加会议并作交流发言。

2024年4月15日，德国总理朔尔茨朔尔茨在中国城市科学研究会副理事长吴志强陪同下漫步上海外滩，欣赏外滩"万国建筑群"，进一步了解当下中国城市的发展建设。

2024年4月16日，全国政协推动建筑业绿色低碳发展座谈会在中建集团所属中建技术中心召开。全国政协党组成员、副主席沈跃跃出席会议并讲话。全国政协常委、人口资源环境委员会主任车俊，全国政协常委、人口资源环境委员会副主任潘立刚、王金南、易军，驻会副主任欧青平参加，座谈会由易军主持。中国土木工程学会副理事长尚春明，中建集团党组书记、董事长郑学选作专题汇报；全国政协委员李兴钢、戴和根、张广汉，中国工程院院士任南琪、刘加平，建筑业专家倪江波、王有为、毛志兵、叶浩文、徐伟、陈硕晖作交流发言。

2024年4月18日，适值国际古迹遗址日，为更好地保护中国古建筑遗产，宣传古建筑测绘的重要意义，以探索古建筑记录、研究与保护的多种可能，古建筑的"记录、研究与保护学术研讨会暨'中国古建筑测绘大系'丛书首发仪式"，在北京市天坛公园成功举办，活动由中国建筑出版传媒有限公司主办、《建筑师》杂志承办、北京市天坛公园管理处协办，三十多位古建行业领导、专家、学者出席活动。

2024年4月19日，中国城市科学研究会建设互联网与BIM专业委员会换届工作会议在上海顺利召开。

2024年4月20日，2024中国城市科学研究会建设互联网与BIM大会在上海顺利召开，会议以"数智融合，创变未来"为主题。本次会议由中国城市科学研究会建设互联网与BIM专业委员会、同济大学联合主办，中国城市科学研究会、上海市静安区建设和管理委员会、上海市绿色建筑协会、上海建筑信息模型技术应用推广中心指导，鲁班软件股份有限公司承办，世界规划教育组织（WUPEN）、联合国教科文组织IKCEST-iCity智能城市平台、同济大学建筑产业发展研究院、上海市北高新(集团)有限公司支持,中国城市科学研究会—BIM志愿服务队协办。

2024年4月20日，由教育部建筑环境与能源应用工程专业教学指导委员会指导，中国城市科学研究会绿色建筑与节能专业委员会、中国建设教育协会主办，西安建筑科技大学、北京绿建软件股份有限公司承办，隆基乐叶光伏科技有限公司、清华大学建筑设计研究院有限公司、知识产权出版社有限责任公司、筑龙学社、长安大学协办的"第六届高等院校绿色建筑技能大赛"决赛评选会在西安建筑科技大学顺利召开。评选会专家组由中国工程院院士刘加平担任主任，分为两个评选组，共计二十五位评选专家，对本次决赛作品进行全方位的综合评选。

附录篇

2024年4月22日，以"隧道让生活更美好"为主题的2024年世界隧道大会在深圳开幕。世界隧道大会是世界隧道工程领域规模最大、规格最高、影响最广的专业盛会。本届大会是继1990年之后，时隔34年再次在中国举办。来自60多个国家的专家学者、业界代表等2500多人参加大会。住房城乡建设部倪虹部长出席大会开幕式并致辞。联合国助理秘书长、联合国人居署代理执行主任米哈尔·姆利纳尔受联合国秘书长安东尼奥·古特雷斯委托来华参会并致辞。国际隧道和地下空间协会主席阿诺德·迪克斯，中国土木工程学会理事长易军、深圳市市长覃伟中等参会并致辞。

2024年4月27日，"公众视野下的20世纪遗产——第九批中国20世纪建筑遗产项目推介暨20世纪建筑遗产活化利用城市更新优秀案例研讨会"在"第六批中国20世纪建筑遗产推介项目"天津市第二工人文化宫隆重举行。在全国建筑、文博专家的共同见证下，共推介了102个第九批中国20世纪建筑遗产推介项目。

2024年4月28日，住房城乡建设部部长倪虹会见孟加拉国地方政府、农村发展与合作部部长穆罕默德·塔兹·伊斯兰。双方就深化住房城乡建设领域合作进行交流。

2024年4月29日，住房城乡建设部部长倪虹会见沙特城乡和住房事务大臣马吉德·胡盖勒。双方就深化住房城乡建设领域合作进行交流。

2024年4月30日，财政部办公厅、住房城乡建设部办公厅联合发布《关于开展城市更新示范工作的通知》。自2024年起，中央财政创新方式方法，支持部分城市开展城市更新示范工作，重点支持城市基础设施更新改造，进一步完善城市功能、提升城市品质、改善人居环境，推动建立"好社区、好城区"，促进城市基础设施建设由"有没有"向"好不好"转变，着力解决好人民群众急难愁盼问题，助力城市高质量发展。

2024年4月30日，中共中央政治局召开会议，会议强调，继续坚持因城施策，压实地方政府、房地产企业、金融机构各方责任，切实做好保交房工作，保障购房人合法权益。

2024年5月8—9日，住房和城乡建设部标准定额研究所与乌兹别克斯坦共和国住房建设和公共服务部建筑技术法规与标准化研究所在北京正式签署了关于在工程建设标准规范领域合作的谅解备忘录，并就下一步具体合作计划进行了交流研讨。

2024年5月12—14日，以"助推绿色建筑高质量发展，引领城乡建设绿色低碳转型"为主题，由中国城市科学研究会等机构联合主办的"2024（第二十届）国际绿色建筑与建筑节能大会暨新技术与产品博览会"于在郑州市召开。住房城乡建设部党组成员、副部长王晖出席会议并讲话。

2024年5月13日，中国城市科学研究会绿色建筑与节能专业委员会第十六次全体委员会议于在郑州召开。

2024年5月16日，住房城乡建设部在辽宁省沈阳市召开全国城镇老旧小区改造工作现场会，深入学习贯彻习近平总书记关于城镇老旧小区改造的重要指示精神，认真落实党中央、国务院决策部署，总结工作成效，交流经验做法，部署做好下一步工作，推动打造城镇老旧小区改造"升级版"，让人民群众共享中国式现代化建设成果。住房城乡建设部党组书记、部长倪虹出席会议并讲话。辽宁省委副书记、省长李乐成出席会议并致辞。辽宁省委副书记、沈阳市委书记王新伟出席会议并介绍了沈阳市城镇老旧小区改造工作情况。住房城乡建设部党组成员、副部长秦海翔主持会议。

2024年5月16日，中国城市科学研究会绿色建筑委员会主任王有为一行莅临基地单位杭州澎诚中学考察交流，研讨绿色低碳科普教育基地的下一步工作。浙江大学竺可桢学院常务副院长兼党委书记葛坚、杭州市上城区教育发展服务中心副主任傅万祥、杭州采实集团何志英理事长、澎诚中学夏明校长、倪峰校长等陪同调研。

2024年5月24日，由住房城乡建设部主办，苏州市人民政府承办的"全民践行新时尚 垃圾分类进万家"活动，在全国297个城市同步开展。

2024年5月26—28日，住房城乡建设部副部长王晖率团访问瑞士，调研瑞士绿色创新建筑以及先进技术和管理经验，与瑞士联邦能源署署长伯努瓦·雷瓦兹、瑞士发展合作署署长帕特里夏·丹兹举行双边会谈，就推动双方在住房城乡建设领域合作进行了深入交流。

2024年5月26日，中共中央政治局常委、国务院副总理丁薛祥在京出席2024年全国科技活动周暨北京科技周主场活动。他强调，要深入学习贯彻习近平总书记重要指示精神，大力弘扬科学家精神，营造尊重科学、崇尚创新的社会环境，为建设科技强国汇聚智慧和力量。

2024年5月29日，国务院印发《2024—2025年节能降碳行动方案》，提出2024年单位国内生产总值能源消耗和二氧化碳排放分别降低2.5%左右、3.9%左右，规模以上工业单位增加值能源消耗降低3.5%左右，非化石能源消费占比达到18.9%左右，重点领域和行业节能降碳改造形成节能量约5000万吨标准煤、减排二氧化碳约1.3亿吨。2025年，非化石能源消费占比达到20%左右，重点领域和行业节能降碳改造形成节能量约5000万吨标准煤、减排二氧化碳约1.3亿吨。

2024年5月29日，北京建筑大学大型多功能振动台阵实验室顺利通过专家组成果验收，标志着这项历时9年、投资近3亿元的重大科技基础设施全面建成，该实验室共建设有4台三向六自由度多功能振动台，可用于地震和振动模拟，其性能在国内外同类型设备中处于领先水平，未来将面向国内外科研团队开放，推动行业科研创新和技术进步，为行业高质量可持续发展贡献重要力量。

附录篇

2024年5月29—30日，住房城乡建设部副部长王晖应邀率团访问丹麦，调研丹麦节能建筑、低碳社区和建筑能效的先进做法，与丹麦气候、能源和能效部国务秘书彼得森举行双边会谈，就推动双方在住房城乡建设领域的合作进行了深入交流。

2024年6月4日，国家发展和改革委员会联合生态环境部会同国家发展改革委、工业和信息化部、财政部、人力资源社会保障部、住房城乡建设部、交通运输部、商务部、中国人民银行、国务院国资委、海关总署、市场监管总局、金融监管总局、中国证监会、国家数据局制定了《关于建立碳足迹管理体系的实施方案》，提出到2027年，碳足迹管理体系初步建立。制定发布与国际接轨的国家产品碳足迹核算通则标准，制定出台100个左右重点产品碳足迹核算规则标准，产品碳足迹因子数据库初步构建，产品碳足迹标识认证和分级管理制度初步建立，重点产品碳足迹规则国际衔接取得积极进展。

2024年6月6日，由中国城市科学研究会绿色建筑与节能专业委员会联合首批科普教育基地支撑单位（澳门科学馆、杭州市澎诚中学、上海市曹杨中学、天津外国语大学附属滨海外国语学校高中部、深圳实验学校高中园、哈尔滨市第二十四中学）及浙江、上海、深圳、重庆、黑龙江、天津、河南、东莞等绿色建筑地方机构齐聚杭州市澎诚中学，以"绿色、低碳"为主题开展公益科普知识讲座，澎诚中学300余名师生参加本次活动。教育部学校规划建设发展中心、浙江大学竺可桢学院、杭州市上城区教育局等单位领导受邀出席。

2024年6月11日，国家发展改革委、科技部、住房城乡建设部等八部门联合印发《绿色技术推广目录（2024年版）》，遴选了节能降碳产业、环境保护产业、资源循环利用产业、能源绿色低碳转型、生态保护修复和利用、基础设施绿色升级、绿色服务7大类产业112项先进绿色技术，列明了每项技术的工艺技术内容、主要技术参数、实际应用案例、生态效益等。各有关单位可据此了解相关技术的主要原理、路径方向以及应用场景和实施效果，结合自身实际进行推广和使用。

2024年6月12日，首届21世纪中国城市名片摄影作品展评选会在中艺文旅会议室举行。

2024年6月14日，中国科协召开2024重大科学问题、工程技术难题和产业技术问题终选会。会议由中国科协主席、终选学术委员会主任万钢主持。30位两院院士组成的终选学术委员会从前沿性、引领性、创新性、战略性四个方面严格把关，经过严谨规范的审读、评议、投票等程序，最终选出10个前沿科学问题、10个工程技术难题和10个产业技术问题。中国科协专职副主席、书记处书记孟庆海出席会议。

2024年6月17日，住房和城乡建设部等十一部门联合印发《关于实施公共安全标准化筑底工程的指导意见》，提出到2027年，我国在社会治安、交通运输、安全生产、消防救援、公共卫生、网络和数据安全等15个重点领域制修订公共安全国家和行业标准300项以上。

2024年6月19日，住房城乡建设部官网发布公告，批准国家标准《绿色建筑评价标准》GB/T 50378—2019局部修订的条文，自2024年10月1日起实施。

2024年6月21—22日，金砖国家城镇化论坛在俄罗斯莫斯科举办。住房城乡建设部副部长秦海翔率团出席论坛，并在论坛全体大会上发言。

2024年6月24日，2023年度国家科学技术奖励在京揭晓，中国工程院院士、中国科学院生态环境研究中心研究员、中国城市科学研究会副理事长曲久辉获2023年度国家科技进步奖一等奖。

2024年6月26日，北京市住房和城乡建设委、中国人民银行北京市分行、国家金融监督管理总局北京监管局、北京住房公积金管理中心发布《关于优化本市房地产市场平稳健康发展政策措施的通知》，首套房贷最低首付比例调整至20%，利率最低调整为3.5%。

2024年6月26日，中国常驻联合国日内瓦办事处和瑞士其他国际组织代表团与墨西哥、土耳其、希腊、孟加拉国等国常驻日内瓦代表团、联合国人权高专办等共同举办"高质量发展推动无障碍建设"主题活动。70多国常驻代表和高级外交官、联合国人权高专办及非政府组织代表等100余人参加。

2024年6月27日，第21届中国国际住宅产业暨建筑工业化产品与设备博览会和第22届中国国际城市建设博览会在中国国际展览中心开幕。住房城乡建设部党组书记、部长倪虹带领全体在京领导班子成员和总师出席开幕启动仪式并巡馆。本届住博会以"好房子 好生活 新科技 新动能"为主题，聚焦好房子设计、建造、使用、服务等各环节技术创新和工程实践，展示国内外住宅设计建造新技术、新产品，推动科技创新成果应用，激发新动能、开辟新赛道。

2024年6月28日，住房城乡建设部部长倪虹会见秘鲁住房、建设和用水部部长阿尼娅·佩雷斯·德奎利亚尔。双方就深化住房城乡建设领域合作进行交流。

2024年6月30日，由空港物流园区建设的鄂尔多斯市空港物流集散中心绿色低碳建筑光伏一体化4号库项目并网发电，实现鄂尔多斯市首例兆瓦级以上BIPV绿色建筑光伏一体化建设模式。

2024年7月4日，第二届中国-东盟建设住房部长圆桌会议在马来西亚吉隆坡召开。住房城乡建设部部长倪虹率团出席会议，致开幕辞并作总结发言。本次会议以"建设可持续未来：深化中国-东盟住房城市建设合作，共促繁荣"为主题。

2024年7月8—11日，中国城市科学研究会韧性城市专委会年会暨城市可持续发展国际研讨会在福州召开。本次会议以"可持续发展与韧性城市"为主题，旨在从生态韧性的视角探讨如何推动城市的可持续发展，深化国际合作，互学互鉴，分享韧性城市发展理念，共谋绿色低碳发展战略，共创城市可持续发展的未来。

2024年7月10日，住房城乡建设部部长倪虹会见巴林王国住房和城市规划部大臣阿慕娜·鲁迈希。双方就深化住房保障等相关领域合作进行交流。

2024年7月12—13日，中国城市科学研究会总经济师周卫与德国能源署署长克里斯蒂娜·哈弗坎普（Kristina Haverkamp）代表中德双方，对安徽亳州芜湖现代产业园区"中德低碳生态城市（区）"进行了申报一年期成果考察，实地了解亳州芜湖现代产业园区低碳生态示范工作建设开展情况并开展座谈。

2024年7月19—21日，"第二届城市地下空间科学与发展高峰论坛"于世界硅都——内蒙古包头顺利召开。论坛由中国城市科学研究会地下空间专业委员会和内蒙古科技大学联合主办、内蒙古科技大学土木工程学院等单位承办，旨在积极应对城市地下空间资源开发利用带来的新机遇、新挑战，推动地下空间行业高质量发展。

2024年7月26—28日，第八届城市更新大会在广州成功举行，本次大会由中国城市科学研究会城市更新专业委员会、中城更新（广东）城市发展规划研究有限公司主办；广州市城市规划勘测设计研究院有限公司、广州市城市规划设计有限公司承办，广东省建筑设计研究院等22家单位（机构）参与协办。来自全国180多家高等院校、科研院所、专家智库、地方政府部门、相关联企业等单位的近500名城市更新领域的研究者、管理者、从业者参加了本次大会。

2024年7月30日，住房城乡建设部与中国气象局签署战略合作框架协议，将不断提升气象全面保障宜居城市、韧性城市、智慧城市等建设的能力，联合强化农村气象灾害防御体系建设，以气象高质量发展促进城乡建设高质量发展。住房城乡建设部党组书记、部长倪虹，中国气象局党组书记、局长陈振林见证协议签署并座谈交流。住房城乡建设部党组成员、副部长秦海翔，中国气象局党组成员、副局长宋善允代表双方签署协议。

2024年8月3日，国务院发布《关于促进服务消费高质量发展的意见》，优化和扩大服务供给，释放服务消费潜力，更好满足人民群众个性化、多样化、品质化服务消费需求；提出要结合老旧小区改造、完整社区建设、社区生活圈建设、城市社区嵌入式服务设施建设，优化家政、养老、托育、助餐等服务设施布局。严格落实新建住宅小区与配套养老托育服务设施同步规划、同步建设、同步验收、同步交付要求。

2024年8月11日，中共中央、国务院印发的《关于加快经济社会发展全面绿色转型的意见》意见提出系列目标：到2030年，节能环保产业规模达到15万亿元左右；非化石能源消费比重提高到25%左右；营运交通工具单位换算周转量碳排放强度比2020年下降9.5%左右；大宗固体废弃物年利用量达到45亿吨左右等。

2024年8月11—15日，国际水协会（IWA）世界水大会在多伦多隆重召开，万众瞩目的两年一度项目创新奖（PIA）、创新大奖（the Grand Prize）于当地时间13日正式揭晓，由中国城市污水处理概念厂专家委员会、中持水务股份有限公司承担的"激发技术与市场变革：中国污水资源概念厂"项目从一众优秀案例中脱颖而出，荣获PIA"改变市场的水技术与基础设施类"金奖，同时在PIA金奖获得者中，被授予2024年度"全球唯一"的IWA创新大奖。这是迄今为止中国项目首次获得IWA创新大奖。

2024年8月14日，2024年世界青年发展论坛青年发展型城市主题论坛在浙江省杭州市举办。论坛以"发展新动力，城市新活力，青年新担当"为主题，共同探讨深化青年发展型城市建设、助力全面深化改革之道。住房城乡建设部党组成员、副部长王晖出席开幕式并致辞，住房城乡建设部原总经济师、中国城市规划学会理事长杨保军发表主旨演讲。

2024年8月23日，国务院新闻办公室举行"推动高质量发展"系列主题新闻发布会，住房和城乡建设部部长倪虹、住房和城乡建设部副部长董建国、住房和城乡建设部副部长秦海翔出席介绍情况，并答记者问。

2024年8月24日，中央网信办秘书局、国家发展改革委办公厅、住房城乡建设部办公厅等十部门联合印发《数字化绿色化协同转型发展实施指南》其中指出，通过基础设施降碳，优化新能源供给方式，加快推进应用侧节能，提高水资源利用效率，实施动态化精准管理等手段，共同推动绿色数据中心建设。

2024年8月28日，由中国城市科学研究会地下空间专业委员会、重庆市矿山学会及江苏省地下空间学会联合举办的第二届地下空间科普创意大赛（"倬方杯"）科普宣传月暨第一届大赛获奖作品展启动仪式在重庆自然博物馆隆重举行，会议由倬方钻探工程集团有限责任公司、重庆自然博物馆、重庆市北碚区民营经济协会、重庆市北碚区市场监督管理局及重庆市北碚职业教育中心单位承办。倬方实训制大学（产教基地联盟）、重庆市北碚区倬方科学教育中心参与协办。会议由倬方集团董事长姜来峰博士主持。会议邀请了来自全国各地的专家学者、高校教师及企事业单位代表共襄盛举。

2024年9月3日，国家卫生健康委、国家发展改革委、住房城乡建设部等14个部门联合制定的《关于推进健康乡村建设的指导意见》公布，明确提出健康乡村建设的目标和任务，要求为建设宜居宜业和美乡村、推进乡村全面振兴提供坚实健康保障。

2024年9月3日，住房城乡建设部部长倪虹会见埃及驻华大使哈奈菲。双方就深化住房城乡建设领域合作进行交流。

2024年9月4日，工业和信息化部、中央网信办、住房城乡建设部等11部门联合印发《关于推动新型信息基础设施协调发展有关事项的通知》，从全国统筹布局、跨区域协调、跨网络协调、跨行业协调、发展与绿色协调、发展与安全协调、跨部门政策协调等方面明确具体举措，推动新型信息基础设施协调发展。

2024年9月12日，中国城市科学研究会党建强会"党建+"特色主题活动暨零碳城区建设技术创新与示范研讨会在北京城市副中心圆满召开。会议以贯彻落实《中共中央关于进一步全面深化改革　推进中国式现代化的决定》为目标，以国际专业交流合作为载体，以探索零碳城区建设技术创新与示范为主题，提升城市科研对中央重点支持的北京城市副中心国家绿色发展示范区建设的服务水平，进一步增强合作交融在科技战略决策咨询中的综合能力，推动城市科学在国家创新体系和社会治理体系中发挥更大作用。

2024年9月12日，由教育部建筑环境与能源应用工程专业教学指导委员会指导、中国城市科学研究会绿色建筑与节能专业委员会主办，清华大学建筑设计研究院有限公司、隆基森特新能源有限公司、知识产权出版社有限责任公司、筑龙学社、《碳中和技术》公开课、广东白云学院、广州番禺职业技术学院协办，华南理工大学、深圳大学、北京绿建软件股份有限公司承办的第七届"绿色建筑"技能大赛通知发布。自2019年举办首届以来，大赛已成功举办六届，并获得全国各建筑类高校的关注和参与。

2024年9月18日，国家疾控局、国家发展改革委、住房城乡建设部等13部门发布《国家气候变化健康适应行动方案（2024—2030年）》，提出到2025年，健全完善多部门气候变化与健康工作协作机制；到2030年，气候变化与健康相关政策和标准体系基本形成。

2024年9月11日，中国企业联合会、中国企业家协会发布"2024中国企业500强"，中国建筑股份有限公司、万科企业股份有限公司等多家建筑企业、房地产企业上榜！

2024年9月12日，2024年中国国际服务贸易交易会全球服务贸易峰会在北京举行。中共中央政治局委员、北京市委书记尹力在峰会上宣读了习近平主席的贺信。中共中央政治局常委、国务院副总理丁薛祥出席峰会并发表主旨演讲。

2024年9月21日，由中国城市科学研究会主办，北京建筑大学支持，北京建筑大学城市管理研究院、建筑与城市规划学院、研究生院、科学技术发展研究院协办的"党建＋国际合作特色活动：安全韧性城市与社区高质量创新发展论坛"于在北京建筑大学顺利召开。论坛突出党建引领，聚焦韧性城市规划与发展、气候安全韧性及社区建设等主题，汇集安全韧性领域的知名专家和国际机构代表，集思汇智，探讨国内外韧性城市、韧性社区的政策要求、发展现状、实施方式、典型案例及未来发展趋势等，并结合中国城市科学研究会团体标准《韧性社区评价标准》等内容进行学术交流研讨，有效促进城市与社区安全韧性高质量发展。

2024年9月22日，中国城市科学研究会智慧城市基础设施与智能网联汽车协同发展专业委员会2024年年会暨第二届"双智城市"论坛大会在武汉召开。本次会议由中国城市科学研究会指导、中国城市科学研究会智慧城市基础设施与智能网联汽车协同发展专业委员会（以下简称"双智委"）主办。由双智委副主任单位中国市政中南院与副秘书长单位东风公司达安汽车检测中心联合承办本次大会。

2024年9月23日，中国城市科学研究会标准《城市照明碳排放计算标准（送审稿）》，《照明产品碳足迹核算标准（送审稿）》顺利通过审查。

2024年9月24日，中国城市科学研究会第二届地下空间科普创意大赛（"倬方杯"）颁奖仪式暨2024首届绿色勘探高峰论坛在重庆自然博物馆顺利召开。中国工程院院士、重庆大学原常务副校长刘汉龙，重庆市科学技术协会党组成员、副主席戈帆，重庆市北碚区政协党组副书记、一级巡视员董江民，自然资源部咨询研究中心咨询委员、俄罗斯自然科学院院士关凤峻，中国城市科学研究会地下空间专业委员会常务副主任委员、北京交通大学川藏铁路研究院院长张顶立，江苏省地下空间学会理事长黄富民，重庆市矿山学会理事长黄声树等嘉宾出席会议。本次活动吸引了来自政府、学术界、产业界的专家以及青年学生，共同探讨地下空间开发与绿色勘探技术的未来发展，推动地下空间科普事业发展和行业创新。

2024年9月26日，世界建筑节WAF评奖委员会宣布，由中国城市科学研究会副理事长、北京大学教授俞孔坚团队设计的"茅台生态元宇宙"荣获2024年高仪水奖。获奖项目为"茅台中华污水处理厂环保生态提升工程"。

2024年9月26日，由中华人民共和国住房和城乡建设部、新加坡国家发展部、天津市人民政府主办的"2024中新绿色低碳发展论坛"在中新天津生态城举行。本次论坛以"推进中新绿色低碳发展 共建'一带一路'国际合作"为主题，住房城乡建设部副部长王晖、新加坡国家发展部部长李智陞、天津市市长张工出席活动并致辞。

2024年9月27日，第三届北京城市更新论坛暨第二届北京城市更新周在东城区钟鼓楼文化广场开幕。住房城乡建设部党组书记、部长倪虹，北京市委副书记、市长殷勇出席活动并致辞。住房城乡建设部党组成员、副部长秦海翔，北京市人民政府党组成员、副市长谈绪祥参加活动。

2024年10月8日，国家发展改革委、生态环境部、国家统计局、工信部、住房城乡建设部、交通运输部、市场监管总局、国家能源局等八部门联合印发《完善碳排放统计核算体系工作方案》，指出要以钢铁、有色、建材、化工等工业行业和城乡建设、交通运输等领域为重点，根据行业特点和管理需要，合理划定行业领域碳排放核算范围；研究制定重点行业建设项目温室气体排放环境影响评价技术标准、规范或指南，健全环境影响评价技术体系。

2024年10月9日，住房城乡建设部党组书记、部长倪虹带队赴北京首钢园调研参观中国建筑科技展，中央纪委国家监委驻部纪检监察组组长、部党组成员宋寒松，部党组成员、副部长姜万荣、王晖，总经济师曹金彪参加调研。展览由中国建筑集团主办，以"科技赋能美好生活 创新引领中国建造"为主题，从项目应用、问题解决、创新方案等不同角度，集中展出167项数字化、工业化、智能化发展的新成果、新技术和新应用。

2024年10月10—11日，为期两天的"中国碳达峰碳中和高端讲座"在北京新世纪饭店成功举办。本次活动由中国绿色建筑与碳中和（香港）委员会主办，得到了中国城市科学研究会绿色建筑与节能专业委员会的指导和粤港澳大湾区绿色建筑产业联盟的支持。众多来自香港建筑业界以及联盟各地方绿色建筑协会的会长等业内精英齐聚一堂，共同探讨了碳达峰碳中和领域的最新发展动态和技术趋势。

2024年10月11日，住房城乡建设部副部长姜万荣会见新加坡共和国永续发展与环境部常任秘书罗家良。双方就中新天津生态城、市政垃圾处理、落实两部合作文件等方面进行交流。

2024年10月13—14日，中国城市科学研究会数字孪生与未来城市专业委员会携手广西壮族自治区城乡规划设计院，在广西南宁成功举办了一场以"AI重构数字孪生城市，助力新质生产力发展"为主题的学术研讨会。此次会议旨在探讨人工智能技术更好地落地城市应用，促进数字孪生城市建设与迭代演化，推动智能建造与建筑行业的发展，助力新质生产力发展与城市智慧化可持续发展。来自海内外的29所高校、42家企业、23家科研单位、设计院在线下全程参与，以泰国为代表的东盟各国商会、企业、投资商等在线上参加了会议。约430人在线下参加了大会，近千人在线上直播平台观看了大会直播。会上，高校、科研单位、设计院等学者团队，就AI技术在城市规划、建筑设计、决策管理、内容分析统计方面的最新应用与研究，在会上进行了交流分享；腾讯、京东、百度等科技巨头分享了数字孪生与智能建造在设计实践中的应用案例。

2024年10月19日，建设"好房子"暨"中国建造"高质量发展论坛（全国"好房子"建设推进会），在北京首钢国际会展中心开幕。住房城乡建设部党组书记、部长倪虹，北京市人民政府党组成员、副市长谈绪祥，中国建筑集团党组书记、董事长郑学选出席论坛开幕式并致辞。住房城乡建设部党组成员、副部长王晖主持开幕式。中国建筑集团党组副书记、总经理文兵，住房城乡建设部总工程师江小群出席开幕式。

2024年10月24日，住房城乡建设部部长倪虹会见联合国人居署新任执行主任阿纳克劳迪娅·罗斯巴赫。双方就进一步深化双方合作、推动城市可持续发展进行了深入交流。

2024年10月25—31日，由住房城乡建设部标准定额司主办的"住房城乡建设领域科技标准国际交流周"顺利开展。交流周以"分享新城新区综合开发技术推进国际科技标准交流合作"为主题，组织中国建设科技有限公司、中国城市规划设计研究院、中国建筑集团有限公司、中国建筑节能协会等单位，举行了10余场形式多样、内容丰富的交流活动，吸引了来自中国及阿尔及利亚、老挝、乌兹别克斯坦、蒙古等27个国家近700位代表参加。

2024年10月26日，2024年世界城市日中国主场活动开幕式在山东威海举行。全国政协副主席朱永新出席并讲话。住房城乡建设部党组书记、部长倪虹，山东省委书记、省人大常委会主任林武，联合国副秘书长兼人居署执行主任阿纳克劳迪娅·罗斯巴赫等出席并分别致辞。山东省委副书记、省长周乃翔主持嘉宾致辞环节。住房城乡建设部副部长秦海翔出席活动。

2024年10月29日，住房城乡建设部副部长姜万荣会见芬兰气候与环境部部长凯·米凯宁。双方就建筑业节能降碳、标准对接、续签两部合作文件等方面进行交流。

2024年11月5日，第十二届世界城市论坛部长级圆桌会议在埃及首都开罗举行。与会人士包括70多个国家政府和区域政治机构的部长和高级代表，就"通过多层次治理打造可持续的城市未来"主题进行交流。中国住房和城乡建设部部长倪虹在会上介绍了中国城市以人民为中心的发展理念，打造宜居、韧性、智慧城市，努力为人民群众创造高品质生活空间。倪虹表示，城市是实现可持续发展目标的关键。过去几十年，中国经历了人类历史上规模最大、速度最快的城镇化进程，城市发展成就举世瞩目，中国愿意与大家共享发展经验。

2024年11月8日，由中国城市科学研究会指导，中国城市科学研究会城市转型与创新研究专业委员会主办，浙江大学公共管理学院、*Journal of Urban Management*、浙江大学城镇化与空间治理研究中心共同承办，北京大学深圳研究生院城市规划与设计学院、浙江大学建筑设计研究院有限公司、中央财经大学全球经济与可持续发展研究中心、河北经贸大学管理科学与信息工程学院、北京建筑大学城市经济与管理学院、北京北达城市规划设计研究院等单位参与协办的城市高质量发展与区域协同创新学术年会顺利开幕。大会深入学习贯彻党的二十大和二十届三中全会精神，以"城市高质量发展与区域协同创新"为主题，来自全国城市经济、产业发展、空间规划、城市交通、社区治理、土地资源管理等领域的专家巨擘、业界翘楚云端相聚，共商新时代城市高质量发展与区域协同创新。

2024年11月8日，全国住房城乡建设法治工作会议在山东省济南市召开。会议以习近平新时代中国特色社会主义思想为指导，深入贯彻落实党的二十大和二十届二中、三中全会精神，全面贯彻习近平法治思想，系统总结近年来住房城乡建设法治工作，分析形势，明确当前和今后一个时期法治工作重点任务。住房城乡建设部党组成员、副部长王晖出席会议并讲话。山东省人民政府党组成员、副省长邓云锋等领导出席会议并致辞。

附录篇

2024年11月13日，世界绿色建筑委员会（WorldGBC）亚太地区2024绿色建筑先锋奖颁奖庆典在印度班加罗尔（Bengaluru）顺利举行，会上WorldGBC公布了获奖名单并为获奖代表举行了颁奖典礼。由中国城市科学研究会绿色建筑研究中心协助组织，并经本会提名的桂林.十如（Integral，由吕元祥建筑师事务所提交）和中新天津生态城不动产登记服务中心（Tianjin Eco-City Real Estate Registration Service Center，由天津生态城绿色建筑研究院有限公司提交）分别在可持续设计与性能先锋奖商业类目和公共服务类目中脱颖而出并摘得大奖。此外，由本会提名的中国城科会绿色建筑与节能专委会委员、浙江大学竺可桢学院常务副院长兼党委书记葛坚教授获亚太地区绿色建筑女性先锋"崇高荣誉奖"（Highly Commended Award）。

2024年11月15日，商务部、住房城乡建设部等7部门近日联合印发《零售业创新提升工程实施方案》聚焦百货店、购物中心、超市、社区商业中心等零售商业设施改造提升和创新转型；提出力争到2029年，初步形成供给丰富、布局均衡、渠道多元、服务优质、智慧便捷、绿色低碳的现代零售体系；部署五个方面的工作任务，推动场景化改造，推动品质化供给，推动数字化赋能，推动多元化创新，推动供应链提升，引导零售企业诚信经营、品质当先、服务至上，满足老百姓美好生活需要。

2024年11月16—17日，第十一届严寒寒冷地区绿色建筑联盟大会在天津市胜利召开。此次大会由中国城市科学研究会绿色建筑与节能专业委员会、天津市城市科学研究会以及天津城市科学研究会绿色建筑专业委员会共同主办，天津市建筑设计研究院有限公司、天津生态城绿色建筑研究院有限公司、天津城建大学、中国建筑科学研究院天津分院、中国建筑第八工程局有限公司华北分公司等九家天津绿色建筑专委会成员单位承办。大会以"生态'智'汇，'碳'索未来"为主题，深入探讨了严寒寒冷地区建筑在绿色、智慧、低碳发展方面的最新趋势、研究成果与成功案例。来自北京市、河北省、河南省、山东省、黑龙江省、吉林省、辽宁省、大连市、陕西省、内蒙古自治区、新疆维吾尔自治区以及天津市等严寒寒冷地区的绿色建筑行业协会、建设行政主管部门的有关领导、负责人，以及各联盟成员单位的专家学者、企业代表等共计200余人参加了此次大会，为推动严寒寒冷地区绿色建筑与建筑节能事业的发展积极交流经验、分享成果，共同探讨未来发展之路。

2024年11月16—17日，由中国科协立项支持，中国城市科学研究会承担的碳达峰碳中和青年科学家沙龙在中国科技会堂举办，来自高校、科研院所及企业的20余位青年科学家开展交流研讨。

2024年11月18日，中共中央政治局常委、国务院总理李强参观调研中国建筑科技展。强调要深入贯彻落实习近平总书记关于住房和城乡建设的重要指示精神，以科技创新赋能中国建造，着力建设安全、舒适、绿色、智慧的好房子，推动构建房地产发展新模式，更好满足人民群众高品质居住需求。

2024年11月18日，北京市住房城乡建设委、市财政局、北京市税务局等三部门联合印发《关于取消普通住房标准有关事项的通知》，明确北京市取消普通住房和非普通住房标准。取消普通住房和非普通住房标准后，个人将购买2年以上（含2年）的住房对外销售的，免征增值税。个人将购买不足2年的住房对外销售的，按照5%的征收率全额缴纳增值税。

2024年11月19日，根据《中国城市科学研究会章程》规定，中国城市科学研究会以线上和线下相结合的方式在无锡召开了第七届二次会员代表大会暨第七届三次理事会。中国城市科学研究会党委书记仇保兴，中国城市科学研究会理事长杨焕明，中国城市科学研究会副理事长吴志强、张爱林、俞孔坚出席本次会议，中国城市科学研究会副理事长兼秘书长余刚等其他城科会领导线上参会。中国城市科学研究会副秘书长乐可锡代表城科会秘书处作了2024年度中国城市科学研究会工作报告。会议由中国城市科学研究会副秘书长沈迟主持。

2024年11月20日，为进一步贯彻落实党中央决策部署，健全城市规划体系、提升城市安全韧性，完善生态文明制度体系，协同推进降碳、减污、扩绿、增长，发展节水产业推动水资源利用效率提升，构建人与自然和谐共生的中国式现代化。本次"2024（第十八届）中国城镇水务发展国际研讨会与新技术设备博览会"和"2024（第十八届）城市发展与规划大会"两场盛会在无锡国际会议中心顺利召开。两场盛会分别以"提升城镇水务韧性，统筹减污降碳效能"和"规划引导，智能迭代，共创宜居韧性（低碳）城乡"为主题。

2024年11月22—23日，为深入贯彻党的二十大会议精神，落实国家"碳达峰、碳中和"重大战略决策部署，推动夏热冬冷地区绿色建筑高质量发展，由中国城市科学研究会绿色建筑与节能专业委员会、浙江省绿色建筑与建筑工业化行业协会主办，浙江省建筑科学设计研究院有限公司、浙江省建筑设计研究院有限公司、浙江大学建筑设计研究院有限公司、泰山玻璃纤维有限公司、上海圣奎塑业有限公司、浙江浙建云采科技有限公司、中建三局集团有限公司联合承办，上海市、江苏省、安徽省、重庆市、湖南省、湖北省、四川省、江西省绿色建筑相关协会协办的"第十四届夏热冬冷地区绿色建筑联盟大会"在杭州召开。来自夏热冬冷地区相关主管部门、绿色建筑相关领域专家、省内外高校、科研院所、各大设计院、生产企业代表七百余人参加了会议。大会以"绿动未来 筑梦低碳"为主题，开设了一个主论坛和六个分论坛，分论坛主题分别为"围护结构节能暨绿色低碳建材创新发展""智慧建筑光伏一体化创新与能效管理""绿色低碳设计技术创新与应用""低碳城区建设与城市有机更新""绿色建造与数字技术融合创新及实践""双碳目标下暖通节能与绿色创新"。

附录篇

2024年11月26日，中共中央办公厅、国务院办公厅发布了《关于推进新型城市基础设施建设打造韧性城市的意见》，提出到2027年，新型城市基础设施建设取得明显进展，对韧性城市建设的支撑作用不断增强，形成一批可复制可推广的经验做法。到2030年，新型城市基础设施建设取得显著成效，推动建成一批高水平韧性城市，城市安全韧性持续提升，城市运行更安全、更有序、更智慧、更高效。

2024年11月28—29日，住房城乡建设部标准定额司在陕西西安召开2024年全国建筑可再生能源应用推进会，会议深入贯彻党的二十大及二十届二中、三中全会精神，围绕《关于加快经济社会发展全面绿色转型的意见》《加快推动建筑领域节能降碳工作方案》等文件，认真落实李强总理在参观中国建筑科技展时强调"着力建设安全、舒适、绿色、智慧好房子"的要求，深入研究推进建筑可再生能源应用。

2024年12月5—23日，绿色建筑全国重点实验室主任刘加平院士作为中国第41次南极科学考察队成员，圆满完成在南极大陆为期2周的考察任务并顺利返回国内。考察期间，刘加平院士深入调研了中山站、俄罗斯进步站、俄罗斯新拉扎列夫站、印度巴拉提站、澳大利亚南极戴维斯站、比利时伊丽莎白公主站，以及"雪龙"号和"雪龙2"号破冰船等，并完成了极地极端气候环境、建筑及设施运行情况的科考任务，为极地建筑研究积累了重要的数据与经验，为后续实验室在极地建筑领域的研究奠定了坚实的基础。

2024年12月17日，中国-阿拉伯国家住房建设和城市发展领域部长级会议在阿尔及利亚首都阿尔及尔召开，深入交流实践经验，共商合作发展。中国住房和城乡建设部部长倪虹率团出席会议并发言。阿拉伯国家联盟助理秘书长马利基、阿尔及利亚住房、城市规划和城市部部长贝勒阿里比等22位阿拉伯国家部长或部长代表出席会议。

2024年12月24—25日，全国住房城乡建设工作会议在北京召开。会议以习近平新时代中国特色社会主义思想为指导，全面贯彻党的二十大和二十届二中、三中全会精神，认真落实中央经济工作会议精神，系统总结2024年工作，部署进一步全面深化住房城乡建设领域改革，明确2025年重点任务，奋力推进住房城乡建设事业高质量发展。

英文对照
参考信息

Foreword

2023-2024 is a crucial stage for fully implementing the "14th Five Year Plan" for building energy conservation and green building development, and promoting high-quality industry development. During this period, the concept of "four good" construction continued to deepen, and the concept of "good houses, good communities, good neighborhoods, and good urban areas" centered on "safety, comfort, green, and wisdom" was accelerated and implemented; the standard system is constantly improving, and key standards such as green building evaluation standards and existing building green renovation evaluation standards are being revised; the strong momentum of technological innovation and the breakthrough development of cutting-edge technologies such as artificial intelligence inject new vitality into the transformation and upgrading of the industry.

In order to comprehensively and systematically summarize the research results and practical experience of green buildings in China, guide the construction, operation, and recycling of green buildings throughout their entire life cycle, promote the concept of green buildings, and drive industry development, China Green Building Council organized the preparation of the annual development report of green building. This book is the 17th in a series of reports, presenting the development panorama of green buildings in China in 2023-2024. This book total of 7 parts: Integrated Frontier, Standard, Scientific Research Projects, Technical Communication, Local Experience, Engineering Practices and Appendix.

The first part is Integrated Frontier, which introduces and analyzes current new trends, ideas, and measures from an industry perspective. This part elaborates on the independent renewal of old residential areas in China, the transformation path of zero carbon thermal systems, key technologies for ultra-low energy consumption buildings in extreme climate zones and the construction of winter sports venues, the exemplary construction system of green buildings in Xiong'an, a global overview of green and low-carbon technologies and environmental considerations, and low-carbon development paths in multiple countries such as the UK.

The second part is Standard. Three representative national standards, one local standard and four group standards are selected to introduce the latest progress of standards in the field of green construction from the aspects of compiling background, compiling work, main technical content and main characteristics.

The third part is the Scientific Research Projects, which reflects the progress and prospects of green building technology during the 14th Five Year Plan period by introducing 7 representative research projects. In order to jointly improve the new concepts and technologies of green buildings and provide systematic solutions for building a livable, resilient, intelligent, and low-carbon living environment through multiple discussions and exchanges.

The fourth part is Technical Exchange, which is jointly compiled by various academic groups of Green Building and Energy Conservation Committee of Chinese Society for Urban Science, aiming to reveal the related technologies and development trends of green building for readers and promote the development of green building in China.

The fifth chapter is Local Experience, which mainly introduces the green building related work in Beijng, Shanghai, Shenzhen, Zhejiang, Jiangsu, Chongqing, Hubei, Anhui, Shandong and Hong Kong and other provinces and cities, including the local green building development policies and regulations, major experiences and practices, as well as development plans and recommendations.

The sixth part is Engineering Practices. This part selects 6 representative cases from the 2023-2024 new national standard Green building project, Green ecological urban areas, Carbon neutralization building, and Quiet residential building label, and introduces them from the project background, main technical measures, implementation effects, social and economic benefits, etc.

The Appendix introduces the definition and standard system of green buildings, the China Green Building Council and the Green Building Research Center of China Society for Urban Sciences, and summarizes the research, practice and important activities of China's green building in 2023-2024, presenting them in the form of memorabilia.

The book can be used for reference by professional and technical personnel, government administrative departments and teachers and students of colleges and universities who are engaged in technical research, planning, design, construction, operation and management in the field of green building.

The book is the result of the hard work of experts from China Green Building Council, local green building institutions and professional groups. Although the process of writing has undergone several revisions, because of the short editing cycle, and heavy task, your suggestions on the inadequacies in this manuscript would be sincerely appreciated.

Editorial Committee
March 18, 2025

Content

Part 1　Frontier Synthesis Section ··· 1

1　Self-Renewal of Old Communities and Green Low-Carbon Strategies ················ 3
2　Thermal Systems in the Context of Carbon Neutrality in China ······················ 6
3　Key Technologies and Applications of Ultra-Low Energy Buildings
　　in Extreme Climate Zones ·· 20
4　The development, current status, and future of prefabricated buildings ············· 25
5　Development trend of green and low-carbon construction materials ················· 35
6　Green Buildings: Current Status and Prospects of
　　Carbon Neutrality and Sustainable Development Technologies ······················ 45
7　How to Transform Old Residential Communities
　　into Desired "Better Neighborhoods and Better Homes" ······························ 61
8　Green Construction Technology for Winter Games Stadiums ························· 68
9　Research and Application of the Green Building Model System
　　in Xiong'an New Area ··· 74
10　Systemic Transformation of the Global Built Environment:
　　From Consensus to Action ·· 79
11　Study on the Development Trend of Low-Carbon Building Technology
　　in the Asia-Pacific Region and Practice in Japan ······································ 87
12　Policies and pathways for building energy efficiency and carbon reduction
　　in UK and EU responding to global climate change ··································· 97
13　Introduction to the Recent Development of the German Sustainable
　　Building Council (DGNB) ·· 105

Part 2　Standards ··· 111

1　*Assessment standard for green retrofitting of*
　　existing building GB/T 51141—2015 ··· 113
2　*Test method for thermal insulating performance of*

  curtain walls GB/T 29043—2023 ······ 120
 3 *Technical specification at the project level for assessment of greenhouse gas emission reductions—Solar thermal applications* GB/T 44818—2024 ······ 127
 4 *Standard for acceptance of green building engineering* DB64/T 1910—2023 ······ 133
 5 *Technical guideline of better neighborhood* T/CECS 1801—2024、 *Technical guideline of better community* T/CECS 1802—2024 ······ 137
 6 *Technical standard for healthy and ultra-low energy building* T/ASC 48—2024 ······ 144
 7 *Standard for evaluation of zero-carbon countryside* T/CECS 1700—2024 ······ 149
 8 *Technical standards for intelligent aged residential buildings* T/ASC 47—2024 ······ 153

Part 3 Scientific Research Projects ······ 161
 1 Research and Application of Key Technologies to Improve the Quality of Livable Urban Environment ······ 163
 2 Research and Application of Key Technologies for Resilience Improvement of Urban System ······ 168
 3 Research and Application Demonstration of Key Technologies for Low-Carbon Ecological Rural Community Construction ······ 172
 4 Research and Application of Key Technologies for the Construction of All-Age Friendly Integrated Communities and the Enhancement of Home Environments for Aging in Place ······ 177
 5 Research and application of key technologies for building DC distribution system integrated with Photovoltaics, Energy Storage, Direct Current and Flexibility (PEDF) ······ 181
 6 Key Technologies and Applications of Materials for Healthy Indoor Environments ······ 186
 7 Development and Application of High Efficiency Intelligent Building Envelope ······ 190

Part 4 Technical Communication ······ 195
 1 Opportunities and challenges of artificial intelligence technology

	in promoting energy conservation and carbon reduction in the building industry ·· 197
2	Research on industry specific AI algorithm for energy efficiency in building operation: intelligent optimization and model innovation ············· 206
3	Comprehensive integration of DeepSeek's full AI model suite to revolutionize digital city construction and operations development ············· 216
4	Zero-carbon industrial park solutions and practices ······································ 223
5	Exploration and practice of zero-carbon comprehensive application of hydrogen energy in northern cities ·· 229
6	Exploration and development of green and low-carbon building materials in green buildings ·· 237
7	Innovative practices in carbon emission accounting for construction enterprises: a case study on China State Construction Engineering Corporation ································ 243

Part 5 Local Experience ·· 251

1 High-quality development of green buildings in Beijing ·································· 253
2 Legislation leading the way, multiple measures implemented: Shanghai promotes high-quality development of green buildings ··················· 259
3 Building a talent reservoir for market advancement: work experience of Shenzhen Green Building Association ······················· 266
4 Green eco-district promotes the green development of urban and rural construction in Zhejiang ·· 271
5 Pilot projects to lead the improvement of green quality in Jiangsu ················ 280
6 Chongqing improves standard system construction to promote green development in urban and rural construction ······················· 287
7 Legislation ensures green and low-carbon development, outlining the distinctive features of urban and rural construction in Hubei ·· 295
8 Policies and standards work together to boost the high-quality development of green buildings in Anhui ················ 300
9 Green and low-carbon development of urban and rural construction in Shandong ·· 304
10 Hong Kong's experience in moving from green to carbon neutrality ············· 312

Part 6　Engineering Practices ···319

    1　Zero energy consumption project of Yangtze River Delta
       Green Technology Demonstration Building ···321
    2　Wuxi Guangyi ECO Innovation Center ··328
    3　One Academy Mansion high-standard commodity residential building ············335
    4　Yaowanjiang Headquarters Gathering Area,
       Shaoxing Jianshui Science and Technology City ·······································342
    5　Nearly Zero-Energy CSCEC Science and Technology Innovation Building ········349
    6　Quiet residential project of Phase V of Zhonghai Daguan Tianxia, Weifang ·······356

Appendix ···363

    Appendix 1　Definition and standard system of green buildings ······················· 365
    Appendix 2　Brief introduction to CSUS's green building council ···················· 367
    Appendix 3　Brief introduction to CSUS Green Building Research Center ·········· 378
    Appendix 4　Milestones of China green building development
                  in 2023—2024 ··· 381

Part 1 Frontier Synthesis Section

In March 2024, the National Development and Reform Commission and the Ministry of Housing and Urban-Rural Development jointly issued the *Work Plan for Accelerating Energy Conservation and Carbon Reduction in the Construction Sector*, which aims to establish a number of green, low-carbon, and high-quality buildings by 2027. In December 2024, the Ministry of Housing and Urban-Rural Development, along with three other departments, issued the *Notice on Further Expanding the Scope of Government Procurement Policies to Support Green Building Materials and Promote Building Quality Enhancement*, which mandates the inclusion of green buildings and green building materials as compulsory standards in government procurement projects, thereby promoting the development of the green building materials industry chain. Furthermore, in January 2025, the Ministry of Ecology and Environment, in collaboration with eleven other departments, issued the *Implementation Plan for Beautiful City Construction*, requiring an increase in the proportion of star-rated green buildings in new construction projects.

This article compiles the latest research from multiple authoritative experts on key technologies, transformation pathways, and empirical insights. Qiu Baoxing, Academician of the International Eurasian Academy of Sciences and former Vice Minister of the Ministry of Housing and Urban-Rural Development, discusses the importance, models, and green low-carbon strategies for the autonomous renewal of old residential communities. Jiang Yi, Academician of the Chinese Academy of Engineering, focuses on heat pumps, waste heat sharing, and inter-seasonal heat storage technologies, analyzing pathways for the transformation of China's zero-carbon thermal energy system. Liu Jiaping, Academician of the Chinese Academy of Engineering, explores key technologies and applications for ultra-low-energy buildings in extreme climate regions (such as the South China Sea islands and reefs, the Qinghai-Tibet Plateau) and examines major technological approaches and challenges in green and low-carbon building materials. Zhao Xudong, Fellow of the Royal Academy of Engineering (UK), Fellow of the European Academy of Sciences, and recipient of the Lifetime Achievement Award in International Energy, discusses the current technological landscape and future prospects of green buildings in achieving carbon neutrality and sustainable development. Xue Feng, National Distinguished Engineer and Chief Architect of China State Construction Engineering Design and Research Institute Co., Ltd., emphasizes the need for a comprehensive integration of policy mechanisms and technical support in the renovation of old residential communities and advocates for sustainable renewal through innovative models and collaborative development. Li Jiulin, National Distinguished Engineer and Chief Engineer of Beijing Urban Construction Group Co., Ltd., examines green construction technologies for winter sports venues, with a focus on sustainable building practices implemented in the Beijing Winter Olympics and Harbin Asian Winter Games venues. Wang Qingqin, Chief Technology Officer of the China Society for Urban Studies, former Deputy General Manager of China Academy of Building Research Co., Ltd., and a recipient of the national-level *New Century Talents Project*, discusses the research and application of green building models in Xiong'an New Area. Gai Jiazi, Asia-Pacific Regional Director of the World Green Building Council, explores the transformation and responsibilities of the global construction industry in addressing climate change and resource consumption challenges. Gao Weijun, the Japanese Academy of Engineering, who explores the development trends of low-carbon building technologies in the Asia-Pacific region, with a focus on Japan's practical experiences in zero-energy buildings (ZEB) and building energy management systems (BEMS). Professor Li Baizhan of Chongqing University introduces the policy and technological pathways for building energy efficiency and carbon reduction in the UK and the European Union under the context of climate change. Mr Zhang Kai, Senior Assistant for China Affairs at the German Sustainable Building Council (DGNB), contributes an article on the recent developments of the DGNB and the updates to its new construction certification system in 2023.

Green buildings contribute to the creation of healthy and livable environments, while low-carbon designs help reduce energy consumption costs. It is hoped that readers will gain a deeper understanding of industry development trends through the insights presented in this article.

Part 2　Standards

The report of the 20th National Congress of the Communist Party of China clearly states that through improving the levels of urban and rural planning, construction and governance, implementing the urban renewal initiative, strengthening infrastructure construction, and creating livable, resilient and smart cities as well as beautiful and livable villages, the quality of life for the people should be enhanced. With the development of the times and the improvement of people's living standards, people have higher demands for housing quality, community environment, supporting facilities and operation services. At the National Housing and Urban-Rural Construction Work Conference held in January 2023, Minister Ni Hong clearly pointed out that the overall requirement for housing and urban-rural construction work in the current and future period is to firmly grasp the basic point of ensuring people's housing security, with the goal of enabling people to live in better houses, from good houses to good communities, from good communities to good neighborhoods, and then to good urban districts, and to plan, build and govern cities well. The 2024 National Housing and Urban-Rural Construction Work Conference pointed out that building safe, comfortable, green and smart houses is one of the key tasks for 2025. Therefore, building high-quality green buildings, optimizing the energy structure of buildings, promoting green and low-carbon construction, and in-depth research on the innovative theories and technologies of "good houses" are important measures for the construction industry to implement the "Dual-carbon Goals", implement the key work deployment of the Ministry of Housing and Urban-Rural Development on "four better" constructions, and promote the high-quality development of "China Construction".

This article collects the latest achievements of standards work in the fields of green buildings, "Dual-carbon", and "good houses" released and to be released from 2023 to 2024, including national standards, local standards and group standards. It covers topics such as green renovation of existing buildings, thermal insulation performance testing of building curtain walls, assessment of greenhouse gas emission reduction, acceptance of green building projects, better communities and better neighborhoods, healthy ultra-low energy consumption buildings, zero-carbon village evaluation, and intelligent and elderly-friendly residential buildings. These standard projects lay a solid foundation for improving living quality, supporting urban renewal and achieving the "Dual-carbon Goals", and promoting the "four better" construction.

Part 3　Scientific Research Projects

According to data measured by the China Association of Building Energy Efficiency, in 2020, the total carbon emissions from the construction and operation of buildings account for 50.9% and 21.7% of the country's carbon emissions respectively. In the background of global climate change and the "Dual-carbon" strategy, the urban-rural development of China faced a historic revolution in the development model. Therefore, to overcome technical bottlenecks, the 14th Five-Year Plan of the State Key Research and Development Program carries out systematic research around green empowerment and low-carbon transformation, focusing on building a whole-chain innovation system of "basic theories—key technologies—standard system—application demonstration". Through scientific and technological innovation, achieving the goal of carbon peak, and provide systematic solutions for building a livable, resilient, intelligent, and low-carbon living environment.

The scientific research projects selected for this part include research and application of key technologies to improve the quality of the livable urban environment, research and application of key technologies for resilience improvement of urban systems, research and application demonstration of key technologies for low-carbon ecological rural community construction, research and application of key technologies for the construction of all-age friendly integrated communities and the enhancement of home environments for aging in place, research and application of key technologies for building DC distribution system integrated with photovoltaics, energy storage, direct current and flexibility (PEDF), key technologies and applications of materials for healthy indoor environments, development and application of high-efficiency intelligent building envelope. These projects cover the three spatial dimensions of urban renewal, rural construction, and community development, and run through the three technological levels of physical environment, components, and functional materials. The core objective of these projects is to promote the sustainable development of green buildings, cities, and villages through technological innovations, focusing on energy saving, low carbon, health and comfort, intelligence and resilience, eco-friendliness, and social inclusiveness. The achievements of these projects will provide important support for the development of green buildings and achieving the goal of carbon neutrality and the construction of a high-quality living environment.

Part 4   Technical Communication

This part highlights the key topics, frontier theoretical research, and innovative technological practices in the development of green buildings. Seven representative articles were selected from the academic group's submissions, showcasing the current diversified development status and future trends of green buildings across multiple dimensions, including artificial intelligence integration, zero-carbon industrial parks, efficient hydrogen utilization, green building material advancements, intelligent building operation and maintenance, and corporate carbon inventory practices. This part acts as a platform for exchange within the green building sector, consolidating novel concepts and technologies to collectively enhance the core technological capabilities of green buildings and provide robust support for the high-quality development of green buildings in China.

In the context of rapid technological advancement, AI has demonstrated advanced features such as large language models, computer vision, embodied intelligence, and multimodal data mining. The article *"Opportunities and challenges of artificial intelligence technology in promoting energy conservation and carbon reduction in the building industry"* by the Building Interior Environment Group elaborates on the innovative paths of AI in energy-saving and carbon reduction in architectural design optimization, precision construction, and operation and maintenance monitoring. This promotes intelligent management and systematic carbon reduction across the entire chain. The industrial sector has long been a major source of carbon emissions, making industrial parks a key setting for achieving emission reduction goals. The Green Hospital Building Group shares a comprehensive solution for zero-carbon industrial parks. This solution covers energy transformation, process upgrades, zero-carbon buildings, transportation decarbonization, and carbon offsetting/trading. They summarizes replicable and scalable experiences through typical domestic and international park cases. Hydrogen, a promising clean energy with high efficiency, cleanliness, and renewability, has broad prospects in the construction sector. China Northwest Architectural Design and Research Institute publishes *"Exploration and practice of zero-carbon comprehensive application of hydrogen energy in northern cities*". Through the Yulin Science and Technology Innovation City Zero-carbon Distributed Smart Energy Center demonstration project, it showcases a hydrogen-based energy supply model integrated with solar and geothermal energy. This model achieves zero-carbon heating, electricity, and cooling. The Green Building Materials and Design Group focuses on evaluation standards, proposing carbon reduction approaches like optimizing concrete mix ratios and CO_2 curing technology. These are expected to exceed 80% penetration in new buildings by 2030, driving the development of a green building materials ecosystem. As urban planning shifts from expansion to renewal, AI, with its real-time monitoring, smart decision-making, and self-learning capabilities, is set to become a core technology in building operations. China Overseas Group's case shows that AI can achieve a raise of 10%-30% in energy savings without major hardware upgrades, with a payback period of mere 2-5 years. Faced with the construction sector's tough emission reduction tasks, the Green Town Group shares "*Innovative Practices in Carbon Emission Accounting for Construction Enterprises*", using China State Construction Group as an example. It introduces the "work camp" mode for carbon emission accounting and establishes China's first project-based carbon emission database. This provides strong technical and data support for low-carbon transitions. The Green Smart City and Digital Transformation Group introduced the innovative application of DeepSeek's full series of large models in the construction industry via Tiangong Cloud. This application covers intelligent Q&A, list matching, and virtual digital humans, offering comprehensive support for smart construction and low-carbon operations.

Part 5　Local Experience

　　In the Government Work Report delivered at the Third Session of the 14th National People's Congress, it is emphasized that efforts should be made to synergistically advance carbon reduction, pollution control, green expansion, and economic growth. This involves accelerating the comprehensive green transformation of economic and social development and continuously enhancing the level of green and low-carbon development. The report underscores the importance of actively and steadfastly pursuing the goals of carbon peaking and carbon neutrality, optimizing the energy structure, promoting the development and utilization of new energy, and driving the green and low-carbon transformation of traditional industries, as well as energy-saving and carbon-reduction upgrades in key sectors. Additionally, the report calls for accelerating green technology innovation and supporting the development of energy-saving and environmental protection industries. At the lifestyle level, it advocates green consumption, promotes energy-saving and environmental-friendly products, and encourages the adoption of green and low-carbon production and lifestyle practices. This aims to raise the awareness of green and low-carbon development across society and foster a positive atmosphere of widespread participation.

　　Green buildings serve as a crucial vehicle for green and low-carbon development, meeting the ever-increasing quality demands of the people while playing a pivotal role in advancing the green transformation of urban and rural development. By improving standard systems, promoting energy-saving and environmental-friendly materials, optimizing architectural design, and enhancing energy efficiency, green buildings can effectively reduce carbon emissions while providing safe, healthy, and comfortable working and living environments for the public. Against the backdrop of promoting green and low-carbon development, accelerating the development of green buildings and facilitating the exchange of development experiences across regions are of significant importance for achieving the "dual carbon" goals and promoting the green transformation of urban and rural development.

　　This part provides an overview of the progress and experiences in green building and building energy efficiency in Beijing, Shanghai, Shenzhen, Zhejiang, Jiangsu, Chongqing, Hubei, Anhui, Shandong, and Hong Kong Special Administrative Region.

Through policy guidance, technological innovation, and international cooperation, China remains committed to pursuing a high-quality development path that prioritizes ecological conservation and green and low-carbon growth. This not only contributes to achieving the "dual carbon" goals and global climate controlling, but also offers Chinese wisdom and solutions to global green and low-carbon development.

Part 6　Engineering Practices

　　This part selects 6 representative cases completed between 2023-2024, introducing them from the aspects of project backgrounds, main technical measures, implementation effects, and socio-economic benefits. The 6 cases include 3 green building projects, 1 green eco-district project, 1 carbon-neutral building project, and 1 quiet residential building project.

　　The first green building project, the Zero Energy Consumption Project of Yangtze River Delta Green Technology Demonstration Building, actively explores the implementation path of carbon neutral buildings and integrates green concepts throughout design-construction-operation lifecycle; The Wuxi GuangYi ECO Innovation Center green building project combines the regional climate characteristics of the middle and lower reaches of the Yangtze River, the balance between functions and nature, and the requirements for cost and quality; The project One Academy Mansion High-standard Commodity Residential Building adheres to the core ideas of green, low-carbon, healthy and livable, as well as the Beijing High Standard Commercial Residential Construction Plan.

　　The green eco-district project, Yaowanjiang Headquarters Gathering Area, is located in Shaoxing Jianshui Science and Technology City. The project adheres to the concepts of green, low-carbon, and ecological, combining technological innovation, industrial agglomeration, ecological environment protection, and green building practice, creating a green eco-district with complete functional supporting facilities, and comprehensive transportation convenience, as well as future industrial green intelligence, and energy and resource intensity and efficiency.

　　The carbon-neutral building project is the Nearly Zero-Energy CSCEC Science and Technology Innovation Building. The project is positioned as "a model of architectural technology and a benchmark for innovative headquarters", drawing on the ecological concepts and traditional building characteristics of Lingnan region, integrating multiple energy-saving measures such as ultra-low energy consumption technology, efficient service systems, and widespread application of renewable energy to create China's first nearly zero energy high-rise building with the height of over 170 meters.

The quiet residential building project is the Phase V of Zhonghai Daguan Tianxia in Weifang. The project aims to build high-quality residential buildings, integrate all elements of quiet residential buildings, improve the external and internal acoustic environment, maintain a harmonious and peaceful living environment for residential users, and provide experience for the subsequent construction of quiet residential buildings.

Due to limited length, this part cannot fully showcase the quintessence of green building technologies in China, merely expecting to provide readers with some inspiration and reflection through these typical cases.